21世纪高等学校信息安全专业规划教材

信息安全原理与技术

（第3版）

郭亚军 宋建华 李莉 董慧慧 ◎ 编著

清华大学出版社

北京

内 容 简 介

本书系统地介绍了信息安全的基本原理和基本技术。全书共 11 章,包括信息安全的数学基础,对称密码技术、公钥密码技术、消息认证与数字签名、身份认证与访问控制、网络安全协议、公钥基础设施、防火墙、入侵检测和恶意代码等内容。

本书体现以读者为中心的思想。为了让读者充分理解每一章节内容以及它们之间的联系,每一章附有本章导读,并用大量的实例帮助读者理解重点知识和难点知识。

本书可作为计算机、信息安全、通信等专业的本科生以及低年级的研究生的教材,也可作为从事与信息安全相关专业的教学、科研和工程技术人员的参考书。

图书在版编目(CIP)数据

信息安全原理与技术/郭亚军等编著. —3 版. —北京:清华大学出版社,2017(2023.8重印)

(21 世纪高等学校信息安全专业规划教材)

ISBN 978-7-302-45007-8

Ⅰ.①信… Ⅱ.①郭… Ⅲ.①信息安全－安全技术 Ⅳ.①TP309

中国版本图书馆 CIP 数据核字(2016)第 216088 号

责任编辑:魏江江 王冰飞
封面设计:刘 键
责任校对:李建庄
责任印制:沈 露

出版发行:清华大学出版社
    网 址:http://www.tup.com.cn,http://www.wqbook.com
    地 址:北京清华大学学研大厦 A 座   邮 编:100084
    社 总 机:010-83470000   邮 购:010-62786544
    投稿与读者服务:010-62776969,c-service@tup.tsinghua.edu.cn
    质量反馈:010-62772015,zhiliang@tup.tsinghua.edu.cn
    课件下载:http://www.tup.com.cn,010-83470236
印 装 者:北京嘉实印刷有限公司
经 销:全国新华书店
开 本:185mm×260mm   印 张:19.25   字 数:464 千字
版 次:2008 年 9 月第 1 版 2017 年 5 月第 3 版   印 次:2023 年 8 月第 10 次印刷
印 数:38501～39500
定 价:39.50 元

产品编号:071250-01

出 版 说 明

由于网络应用越来越普及,信息化的社会已经呈现出越来越广阔的前景,可以肯定地说,在未来的社会中电子支付、电子银行、电子政务以及多方面的网络信息服务将深入到人类生活的方方面面。同时,随之面临的信息安全问题也日益突出,非法访问、信息窃取、甚至信息犯罪等恶意行为导致信息的严重不安全。信息安全问题已由原来的军事国防领域扩展到了整个社会,因此社会各界对信息安全人才有强烈的需求。

信息安全本科专业是 2000 年以来结合我国特色开设的新的本科专业,是计算机、通信、数学等领域的交叉学科,主要研究确保信息安全的科学和技术。自专业创办以来,各个高校在课程设置和教材研究上一直处于探索阶段。但各高校由于本身专业设置上来自于不同的学科,如计算机、通信和数学等,在课程设置上也没有统一的指导规范,在课程内容、深浅程度和课程衔接上,存在模糊不清、内容重叠、知识覆盖不全面等现象。因此,根据信息安全类专业知识体系所覆盖的知识点,系统地研究目前信息安全专业教学所涉及的核心技术的原理、实践及其应用,合理规划信息安全专业的核心课程,在此基础上提出适合我国信息安全专业教学和人才培养的核心课程的内容框架和知识体系,并设计新的教学模式和教学方法,对进一步提高国内信息安全专业的教学水平和质量具有重要的意义。

为了进一步提高国内信息安全专业课程的教学水平和质量,培养适应社会经济发展需要的、兼具研究能力和工程能力的高质量专业技术人次。在教育部相关教学指导委员会专家的指导和建议下,清华大学出版社与国内多所重点大学共同对我国信息安全人才培养的课程框架和知识体系,以及实践教学内容进行了深入的研究,并在该基础上形成了"信息安全人才需求与专业知识体系、课程体系的研究"等研究报告。

本系列教材是在课程体系的研究基础上总结、完善而成,力求充分体现科学性、先进性、工程性,突出专业核心课程的教材,兼顾具有专业教学特点的相关基础课程教材,探索具有发展潜力的选修课程教材,满足高校多层次教学的需要。

本系列教材在规划过程中体现了如下一些基本组织原则和特点。

(1)反映信息安全学科的发展和专业教育的改革,适应社会对信息安全人才的培养需求,教材内容坚持基本理论的扎实和清晰,反映基本理论和原理的综合应用,在其基础上强调工程实践环节,并及时反映教学体系的调整和教学内容的更新。

(2)反映教学需要,促进教学发展。教材要适应多样化的教学需要,正确把握教学内容和课程体系的改革方向,在选择教材内容和编写体系时注意体现素质教育、创新能力与实践能力的培养,为学生知识、能力、素质协调发展创造条件。

(3) 实施精品战略,突出重点。规划教材建设把重点放在专业核心(基础)课程的教材建设上;特别注意选择并安排一部分原来基础比较好的优秀教材或讲义修订再版,逐步形成精品教材;提倡并鼓励编写体现工程型和应用型的专业教学内容和课程体系改革成果的教材。

(4) 支持一纲多种,合理配套。专业核心课和相关基础课的教材要配套,同一门课程可以有多种具有各自内容特点的教材。处理好教材统一性与多样化,基本教材与辅助教材、教学参考书,文字教材与软件教材的关系,实现教材系列资源的配套。

(5) 依靠专家,择优落实。在制定教材规划时依靠各课程专家在调查研究本课程教材建设现状的基础上提出规划选题。在落实主编人选时,要引入竞争机制,通过申报、评审确定主编。书稿完成后认真实行审稿程序,确保出书质量。

繁荣教材出版事业,提高教材质量的关键是教师。建立一支高水平的、以老带新的教材编写队伍才能保证教材的编写质量,希望有志于教材建设的教师能够加入到我们的编写队伍中来。

21 世纪高等学校信息安全专业规划教材
联系人:魏江江 weijj@tup. tsinghua. edu. cn

第 3 版前言

本 书系统地介绍了信息安全的基本原理和基本技术。本书主要由四个部分组成：信息安全的数学基础、信息安全的基本原理和技术(如密码技术、认证和访问控制等)、信息安全技术的应用(如网络安全协议、PKI 等)和系统安全(如防火墙、入侵检测等)。本书内容全面、通俗易懂,讲述深入浅出,易于让读者"看透"信息安全基本原理和技术。

第 3 版修正了第 2 版中的一些错误,根据近年来信息安全的发展和一些读者建议,第 3 版扩充了部分内容,对有些章节进行了适当的增减。如增加了我国商用密码标准 SM2 和 SM4,在第 7 章修订了认证协议,删除了第 12 章无线网络安全。

本书作者多年从事信息安全课程的教学和研究,了解学生的需要,本书正是从满足学生需求出发编写的。此外,为了方便教师授课,我们还专门整理了本书的课件以及本书习题的全部答案,可在清华大学出版社网站(www.tup.com.cn)下载。

本书由郭亚军整体规划和统稿,郭亚军编写了第 1~4 章,宋建华编写了第 6、7、9、10 章,李莉编写了第 5、8 章,董慧慧编写了第 11 章,并参与了部分章节的扩充和内容的润色。本书在编写过程中查阅和参考了大量国内外文献和书籍,限于篇幅未能在书后参考文献中一一列出,在此,编者对原作者表示真诚的感谢!

在本书的编写过程中得到了许多同行的热情帮助和支持,得到了清华大学出版社编辑们的关心和帮助,在此一并表示衷心的谢意。

由于作者水平有限,书中疏漏和不当之处在所难免,敬请读者提出宝贵意见。

作 者
2017 年 1 月

第 2 版前言

随着计算机技术与网络技术的飞速发展,信息成为了社会发展的重要资源。信息安全的新技术、新标准也在不断涌现,我国已经把信息安全技术与产业列为今后一段时期的优先发展领域。信息安全是一门跨学科、跨专业的综合性学科,涉及的知识面很广,本书的目标是力图向读者系统地介绍信息安全的基本原理与技术。

本书的第 2 版仍然遵循第 1 版的思路,从深入浅出、通俗易懂的角度让读者"看透"信息安全基本技术。首先,从整体上先让读者了解其外貌,从全局的角度向读者揭示信息安全研究的基本内容和基本技术;其次,在每一章节都向读者展示应该学些什么以及它们的作用等(如导读部分);最后,每一章后面都列出了关键术语和精心编排的习题,让读者能够加强对每章所学基本概念和理论的理解,从而巩固所学的知识。

本书的第 2 版对第 1 版中的部分内容进行了修正,并增补了近年来密码学和网络安全领域出现的新理论和新技术。在本书第 3 章中增加了我国商用密码算法 SMS4 的内容;第 6 章在身份认证方面增加了 OpenID 和 OAuth 协议的内容;第 10 章增加了入侵防御系统技术的内容。另外,还增加了两个章节的内容:恶意代码(第 11 章)和无线网络安全(第 12 章)。

本书作者多年从事信息安全课程的教学和研究,了解学生的需要,因此本书始终是从读者的角度进行编写的。此外,为了方便教师授课,我们还专门整理了本书的课件以及本书习题的全部答案,可在清华大学出版社网站(http://www.tup.com.cn)下载。

本书由郭亚军整体规划和统稿,郭亚军编写了第 1 章、第 2 章、第 3 章、第 4 章,宋建华编写了第 6 章、第 7 章、第 9 章、第 10 章,李莉编写了第 5 章和第 8 章,董慧慧编写了第 11 章和第 12 章。在本书的编写过程中查阅和参考了大量国内外文献和书籍,限于篇幅未能在书后参考文献中一一列出,在此,编者对原作者表示真诚的感谢!

在本书的编写过程中我们得到了许多同行的热情帮助和支持,也得到了清华大学出版社编辑们的关心和帮助,在此一并表示衷心的谢意。

由于作者水平有限,书中难免会有错误和不当之处,敬请读者提出宝贵意见。

作　者
2012 年 10 月

第 1 版前言

信息安全涉及的知识面很广,本书的目标是力图向读者系统地介绍信息安全的基本原理与技术。全书主要由下面几个部分组成。

第一部分:信息安全的数学基础。这一部分介绍了信息安全所需要的数学知识,包括数论、代数基础、计算复杂性理论和单向函数等。

第二部分:信息安全的基本理论与技术。这一部分包括密码技术、认证、数字签名和访问控制等。

第三部分:信息安全技术在网络安全上的应用。这一部分重点介绍了 PKI 技术、网络安全协议。

第四部分:系统安全技术。这一部分简单介绍了保障系统安全的防火墙技术和入侵检测技术。

信息安全涉及许多复杂的概念和技术。为了处理这种复杂性,本书从两个方面让读者"看透"信息安全基本技术:一是从整体上让读者了解其外貌,从全局的角度向读者揭示信息安全研究的基本内容和基本技术,本书的章节安排体现了这一点;二是在局部方面向读者展示每一章应该学些什么以及它们的作用等(如导读部分)。

本书作者多年从事信息安全课程的教学和研究,了解学生的需要,因此本书始终是从读者的角度进行编写的。每一章的导读部分介绍了本章的知识要点、作用以及它们之间的联系。在正文中用大量的实例来帮助读者理解重点知识和难点知识。

为了方便教师授课,我们还专门整理了本书的课件以及本书习题的全部答案,可在清华大学出版社网站(www.tup.com.cn)下载。

本书由郭亚军整体规划和统稿,郭亚军编写了第 1、2、3、4 章,宋建华编写了第 6、7、9、10 章,李莉编写了第 5、8 章。本书在编写过程中参考了国内外许多文献和书籍,在此,编者对原作者表示真诚的感谢!

在本书的编写过程中得到了许多同行的热情帮助和支持,得到了清华大学出版社编辑们的关心和帮助,在此一并表示衷心的谢意。

由于作者水平有限,书中难免有不足之处,敬请读者提出宝贵意见。

作　者
2008 年 7 月

目　　录

第1章 引 言

本章导读

➤ 本章主要介绍安全攻击、安全机制、安全服务、安全需求和安全目标,以及它们之间的关系。最后介绍了信息安全模型以及网络安全协议。

➤ 安全攻击分为被动攻击和主动攻击。被动攻击的目的是获得传输的信息,不对信息做任何改动;主动攻击则旨在篡改或者伪造信息。

➤ 安全机制是阻止安全攻击,并对系统进行恢复的机制。

➤ 安全服务是加强数据处理系统和信息传输的安全性的一种服务,安全服务可利用一种或多种安全机制来阻止安全攻击。

➤ 实现用户所有的安全要求也就达到了用户的安全目标;不同的安全服务的联合能够实现不同的安全需求。

➤ 安全问题主要存在于网络传输过程中,以及对信息系统的访问中,本章给出了这两类安全模型。

➤ TCP/IP 参考模型的安全性是通过在各层增加一些安全协议来实现的。

近十年来,信息技术和信息产业得到了快速发展,与信息技术相关的各个学科和产业(如微电子、通信、计算机科学与工程等)受到各国政府、企业界和学术界的高度重视。现代信息系统的形式多种多样,除了我们日常生活必需的信息以外,还包括一些十分重要的信息,如政府或企业高度机密的信息、机构和个人的产权信息等。如果信息系统受到攻击致使系统瘫痪甚至崩溃,或者某些重要信息被泄露进而被利用,则会造成很大损失。

互联网的发展使用户之间的信息交换越来越方便,同时也使恶意攻击越来越容易。从国家计算机网络应急技术处理协调中心(简称 CNCERT/CC)近 10 年的网络安全工作报告中可以发现,每年接收到的安全事件越来越多。2004 年为 4485 件,2005 年为 9112 件,2006 年为 26 476 件。事件类型主要有网络仿冒、网页篡改、网页恶意代码、拒绝服务攻击、病毒、木马和蠕虫等。2006 年我国大陆地区约 4.5 万个 IP 地址的主机被植入木马;约 1 千多万个 IP 地址的主机被植入僵尸程序;大陆被篡改网站总数达到 24 477 个。近几年,随着我国互联网市场规模和用户体量高速增长,安全事件还出现了一些新的变化。如 2014 年,CNCERT/CC 协调处置涉及基础电信企业的漏洞事件 1578 起,是 2013 年的 3 倍。国家信息安全漏洞共享平台收录与基础电信企业软硬件资产相关的漏洞 825 个,其中与路由器、交换机等网络设备相关的漏洞占比达 66.2%,主要包括内置后门、远程代码执行等类型。这些漏洞将可能导致网络设备或节点被操控,出现窃取用户信息、传播恶意代码、实施网络攻击、破坏网络稳定运行等安全事件。针对云平台的攻击事件也逐年增多,仅由 CNCERT/CC 协助处置的大规模攻击事件就有十余起。域名系统面临的拒绝服务攻击威胁进一步加剧,针对重要网站的域名解析篡改攻击频发。据抽样监测,2014 年针对我国域名系统的流量规模达 1Gbit/s 以上的拒绝服务攻击事件日均约 187 起,约为 2013 年的 3 倍。网络攻击威胁日益向工业互联网领域渗透,已发现我国部分地址感染专门针对工业控制系统的恶意程序事件。分布式反射型的拒绝服务攻击日趋频繁,大量伪造攻击数据包来自境外网络。针对重要信息系统、基础应用和通用软硬件漏洞的攻击利用活跃,漏洞风险向传统领域、智能终端领域泛化演进。网站数据和个人信息泄露现象依然严重,移动应用程序成为数据泄露的新主体。可以看到,目前的网络攻击事件出现在各个领域,并且攻击事件的破坏性大,因此需要大量的技术和攻击来检测和抵抗这些攻击。

信息安全主要研究能够抵抗各种攻击的技术。在过去的几十年里,信息安全经历了几个阶段,每个阶段的侧重点不同,但本质一致。在计算机出现之前,主要靠物理安全和管理政策保护信息的安全性。在这个阶段,信息安全的主要目标是研究如何对信息保密。在计算机出现后,信息安全的主要目标则是研究计算机安全,即研究如何用一些工具来保护计算机系统自身的安全,保护计算机中的数据并阻止黑客攻击。国际标准化组织 ISO 将计算机安全定义为数据处理系统建立和采用的技术上和管理上的安全保护,保护计算机硬件、软件数据不因偶然和恶意的原因而遭到破坏、更改和泄露。在计算机网络出现以后,信息在传输、处理、存储时都存在安全问题,这个阶段的一个主要研究重点是网络安全,即如何保护数据在传输过程中的安全。在这个阶段,对信息安全的研究涉及传输网络、计算机系统、数据的安全保护。实际上,信息安全、网络安全以及计算机安全这些概念之间的区别已经越来越模糊。本书侧重讨论阻止、防止、检测和纠正信息传输中出现安全问题的措施。在讨论之前,先要了解"安全"的真正含义。"安全"的基本含义为"远离有危害的状态或特性"或"主观上不存在威胁、主观上不存在恐惧"。Bruce Schneier 的一段话形象地说明了安全的本质,"如果把一封信锁在保险柜中,把保险柜藏在纽约的某个地方,然后告诉你去看这封信,这并不是安全,而是隐藏;相反,如果把一封信锁在保险柜中,然后把保险柜及其设计规范和许多同样的保险柜给你,以便你和世界上最好的开保险柜的专家能够研究锁的装置,而你还是无法打开保险柜去读这封信,这才是安全……"中国的《孙子兵法》同样给出了安全的最本质含义。"用兵之法:无恃其不来,恃吾以有待也;无恃其不攻,恃吾有所不可攻也。"信息安全研究的最终目标是保证信息系统具有这样的安全性。

为了更好地理解信息安全的原理与技术,本章首先介绍一些重要概念,它们是安全攻击、安全机制、安全目标与安全需求、安全服务模型,然后给出它们之间的关系。最后介绍网络安全模型以及安全体系结构。

1.1　安　全　攻　击

信息在存储、共享和传输中,可能会被非法窃听、截取、篡改和破坏,这些危及信息系统安全的活动称为安全攻击。安全攻击分为被动攻击和主动攻击。被动攻击的特征是对传输进行窃听和监测。被动攻击的目的是获得传输的信息,不对信息做任何改动,如消息内容的泄露和流量分析等。在受到被动攻击时,系统的操作和状态不会改变,因此被动攻击主要威胁信息的保密性。主动攻击则旨在篡改或者伪造信息,也可以是改变系统的状态和操作,因此主动攻击主要威胁信息的完整性、可用性和真实性。常见的主动攻击包括伪装、篡改、重放和拒绝服务。

下面是一些常见的安全攻击。

- 消息内容的泄露：消息的内容被泄露或透露给某个非授权的实体。攻击者用各种可能的合法的或非法的手段窃取系统中的信息资源和敏感信息。例如，对通信线路中传输的信号搭线监听，或者利用通信设备在工作过程中产生的电磁泄露截取有价值的信息或者利用网络嗅探器窃听网络数据包。
- 流量分析(Traffic Analysis)：通过对系统进行长期监听，利用统计分析方法对诸如通信双方的标识、通信频度、消息格式、通信的信息流向、通信总量的变化等参数进行研究。从中发现有价值的信息和规律。在流量分析过程中，攻击者虽然不能获得消息的内容，但攻击者通过分析数据从哪里来到哪里去、传送多长时间、什么时候发送、发送频繁程度以及是否与其他事件有关联等信息可以判断通信的性质。
- 篡改：指对合法用户之间的通信消息进行修改或者改变消息的顺序。
- 伪装：指一个实体冒充另一个实体，通常攻击者通过欺骗通信系统(或用户)冒充成为合法用户，或者特权小的攻击者冒充成为特权大的用户。黑客大多采用的是伪装攻击。
- 重放：将获得的信息再次发送以期望获得合法用户的利益。重放攻击类似于现实生活中利用旧飞机票再次登机。
- 拒绝服务(Denial of Service)：指阻止对信息或其他资源的合法访问。常见的形式是破坏设备的正常运行和管理。或者一个实体抑制发往特定地址的所有信件。另外一种是将整个网络扰乱，扰乱的方法是发送大量垃圾信件使网络过载，以降低系统性能，使合法用户得不到应有的服务。

1.2　安　全　机　制

阻止安全攻击及恢复系统的机制称为安全机制。所有的安全机制都是针对某些安全攻击而设计的，可以按不同的方式单独或组合使用。合理地使用安全机制会在有限的投入下最大地降低安全风险。

安全机制是实现一个或多个安全服务的技术手段。OSI 安全框架将安全机制分为特定安全机制和普遍安全机制。一个特定安全机制是在同一时间只针对一种安全服务实施一种技术或软件。加密就是特定安全机制的一个例子。尽管可以通过使用加密来保护数据的保密性、完整性和不可否定性，但针对每种不同的服务，需要不同的加密技术。普遍安全机制和特定安全机制的一个明显区别是，一般安全机制不能应用到 OSI 参考模型的任意一层上。

特定安全机制包括加密、数字签名、访问控制、数据完整性、认证交换、流量填充、路由控制和公证。

- 加密机制：加密是提供数据保护最常用的方法，加密能够提供数据的保密性，并能对其他安全机制起到辅助作用或对它们进行补充。
- 数字签名机制：数字签名主要用来解决通信双方发生否认、伪造、篡改、冒充等问题。
- 访问控制机制：访问控制机制是按照事先制定的规则确定主体对客体的访问是否合法，以防止未经授权的用户非法访问系统资源。

- 数据完整性机制：用于保证数据单元完整性的各种机制。
- 认证交换机制：以交换信息的方式来确认对方身份的机制。
- 流量填充机制：指在数据流中填充一些额外数据，用于防止流量分析的机制。
- 路由控制机制：发送信息者可以选择特殊的安全线路发送信息。
- 公证机制：在两个或多个实体间进行通信时，数据的完整性、来源、时间、目的地等内容都由公证机制来保证。

普遍安全机制包括如下内容。
- 可信功能机制：主要加强现有的安全机制。包括扩展其他安全机制的应用范围，或者增加其他安全机制的效用。
- 安全标签机制：安全性细化，标明安全对象的敏感程度或保护级。
- 事件检测机制：检查和报告本地或远程发生的与安全相关的事件。既要检查安全破坏事件，也要检查正常事件。
- 审计跟踪机制：收集可用于安全审计的数据，检查系统记录和行为，测试系统控制信息是否正常，确保安全策略的正常实施。
- 安全恢复机制：对一些事件做出反应，包括对于已知漏洞创建短期和长期的解决方案，对受危害系统的修复等，即从安全受到破坏的状态恢复到安全状态。

在以上的安全机制中，与安全服务有关的机制是加密、数字签名、访问控制、数据完整性、认证交换、流量填充、路由控制和公证。与管理相关的机制是可信功能机制、安全标签机制、事件检测机制、审计跟踪机制和安全恢复机制。

1.3 安全目标与安全需求

信息安全是指信息系统的硬件、软件及其系统中的数据受到保护，不会因偶然的或者恶意的原因而遭到破坏、更改、泄露，系统连续、可靠、正常地运行，使信息服务不中断。信息安全的目标是指能够满足一个组织或者个人的所有安全需求。通常强调 CIA (Confidentiality，Integrity，Availability)三元组的目标，即保密性、完整性和可用性。它们之间的关系如图 1.1 所示。信息安全主要致力于这些目标，由于这些目标常常是互相矛盾的，因此需要在这些目标中找到一个合适的平衡点。例如，简单地阻止所有人访问一个资源，就可以实现该资源的保密性，但这样做就不满足可用性。因此应该在两者之间找到一个平衡点。

可通过考虑一些安全需求来满足安全目标。安全需求主要包括如下一些内容。

- 可用性(Availability)：确保授权的用户在需要时可以访问信息。系统可用性保证系统能够正常工作，合法用户对信息

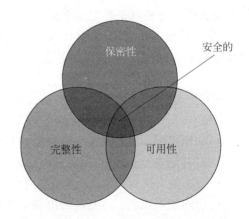

图 1.1 保密性、完整性和可用性之间的关系

和资源的使用不会被不合理地拒绝。可用性是对信息资源服务功能和性能可靠性的度量，是对信息系统总体可靠性的要求。

- 完整性(Integrity)：保护信息和信息处理方法的准确性和原始性。主要指信息在生成、传输、储存和使用过程中没有被篡改、丢失等。完整性包括数据完整性和系统完整性。数据完整性指数据没有被非授权操纵，非授权数据操纵可能发生在数据储存、处理和传输的过程中。类似于数据完整性，系统完整性表示系统没有被非授权操纵，或者以非授权方式访问。

- 保密性(Confidentiality)：确保信息只被授权人访问。保密性是指信息不被泄露给非授权者。保密性可使机密信息不被窃听，或窃听者不能了解信息的真实含义。

- 可追溯性(Accountability)：可追溯性需求是确保实体的行动可被跟踪。可追溯性常常是一个组织策略要求，直接支持不可否认、故障隔离、入侵检测、事后恢复和诉讼。

- 保障(Assurance)：保障是对安全措施信任的基础，保障是指系统具有足够的能力保护无意的错误以及能够抵抗故意渗透。没有保障需求，其他的安全需求将不能满足。

上面提到的 5 个安全需求是相互关联和相互依赖的，它们之间的关系如图 1.2 所示。

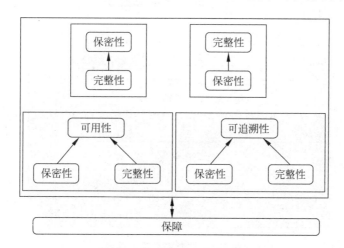

图 1.2　安全需求之间的关系

从图 1.2 中可以看到，保密性依赖于完整性，如果系统没有完整性，保密性就会失去意义。同样完整性也依赖于保密性，如果不能保证保密性，完整性也将不能成立。假如某个信息的保密性不存在(如超级用户密码丢失)，那么攻击者可以使用旁路控制的方法破坏系统的完整性。旁路控制是指攻击者利用系统的安全缺陷或安全性上的脆弱之处获得非授权的权利或特权。例如，攻击者通过各种攻击手段发现原本应保密，但是却又暴露出来的一些系统"特性"，利用这种"特性"，攻击者可以绕过防线守卫者侵入系统的内部。可用性和可追溯性都由保密性和完整性支持。上面提到的这些安全需求都依赖于保障。

1.4　安全服务模型

安全服务是加强数据处理系统和信息传输的安全性的一种服务,是指信息系统为其应用提供的某些功能或者辅助业务。安全机制是安全服务的基础。安全服务是利用一种或多种安全机制阻止安全攻击,以保证系统或者数据传输有足够的安全性。图1.3给出了一个综合安全服务模型,该模型揭示了主要安全服务和支撑安全服务之间的关系。该模型主要由3个部分组成:支撑服务、预防服务和检测与恢复相关的服务。

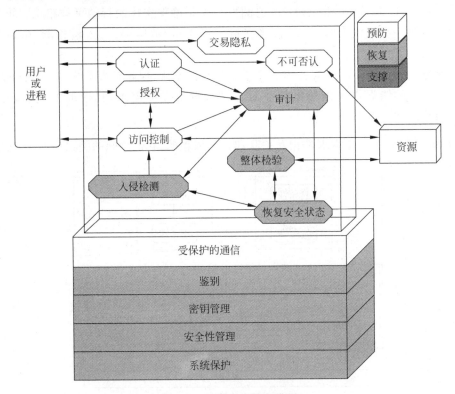

图 1.3　综合安全服务模型

1.4.1　支撑服务

支撑服务是其他服务的基础,主要包括如下一些内容。

- 鉴别(Identification):它表示能够独特地识别系统中所有实体,这些实体可能是用户、进程或者信息资源。
- 密钥管理:该服务表示以安全的方式管理密钥。密钥常常用于鉴别一个实体。
- 安全性管理(Security Administration):系统的所有安全属性必须进行管理。如安装新的服务,更新已有的服务,监控以保证所提供的服务是可操作的。
- 系统保护:系统保护通常表示对技术执行的全面信任。如剩余信息保护、过程分离、最小特权、模块性以及信任的最小化等。

1.4.2　预防服务

预防服务能够阻止出现安全漏洞。

- 受保护的通信：该服务是保护实体之间的通信。该服务是保证完整性、可用性以及保密性的基础。
- 认证(Authentication)：保证通信的实体是它所声称的实体，也就是验证实体身份。
- 授权(Authorization)：授权表示允许一个实体对一个给定系统做一些操作。如访问一个资源。
- 访问控制(Access Control)：防止非授权用户使用资源，即控制谁访问资源、在什么条件下访问、能够访问什么等。
- 不可否认(Non-repudiation)：它是与责任相关的服务，指发送方和接收方都不能否认发送和接收到的信息。
- 交易隐私(Transaction Privacy)：该服务用于保护任何数字交易的隐私。

1.4.3　检测与恢复服务

检测与恢复服务主要用于对安全漏洞的检测，以及采取行动恢复或者降低这些安全漏洞产生的影响，主要包括如下一些内容。

- 审计(Audit)：当安全漏洞被检测到时，审计安全相关的事件是非常重要的。它是在系统发现错误或受到攻击时能定位错误和找到攻击得逞的原因，以便对系统进行恢复。
- 入侵检测(Intrusion Detection)：该服务主要监控危害系统安全的可疑行为，以便尽早地采用额外的安全机制来使系统更安全。
- 整体检验(Proof of Wholeness)：整体检验服务主要用于检验系统或者数据是否仍然是完整的。
- 恢复安全状态(Restore Secure State)：该服务用于保证当发生安全漏洞时，系统必须能够恢复到安全的状态。

1.5　安全目标、安全需求、安全服务和安全机制之间的关系

前面我们已经介绍了安全目标、安全需求、安全服务和安全机制，它们之间的大致关系可用图 1.4 表示。

实现全部安全需求才能达到安全目标，不同的安全服务的组合能够实现不同的安全需求，一个安全服务可能是多个安全需求的组成要素。同样，不同的安全机制组合能够完成不同的安全服务，一个安全机制也可能是多个安全服务的构成要素。表 1.1 表示了一些安全服务和安全需求之间的关系。

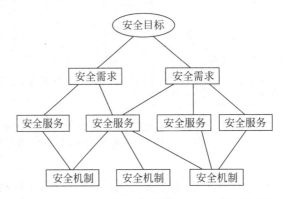

图 1.4 安全目标、安全需求、安全服务和安全机制之间的关系

表 1.1 安全服务和安全需求之间的关系

安全需求 安全服务	可 用 性	完 整 性	保 密 性	可 追 溯 性	保 障
鉴别		√	√	√	
密钥管理		√	√	√	
安全性管理					√
系统保护					√
受保护的通信	√	√	√		√
认证	√			√	√
授权		√	√	√	
访问控制	√	√	√	√	√
不可否认				√	
交易隐私			√		
审计				√	
入侵检测	√	√		√	√
整体检验	√	√		√	√
恢复安全状态	√	√			√

  表 1.1 也说明了不是所有的安全需求都强制性地要求所有安全服务可用,但是这些安全服务并不是完全可以忽略的,因为这些安全服务可能被间接地使用。如表 1.1 中的鉴别和密钥管理两个安全服务仅仅是完整性、保密性和可追溯性所要求的,不是可用性和保障必须的,但可用性是依赖于完整性和保密性的。保障则与可用性、完整性、保密性和可追溯性相关。所以一个密钥管理服务将影响到所有的安全需求。

1.6 网络安全模型

  大多数信息安全涉及通信双方在网络传输过程中的数据安全和计算机系统中数据安全。图 1.5 是一个典型的网络安全模型。

  通信一方要通过传输系统将消息传送给另一方,由于传输系统提供的信息传输通道是不安全的,存在攻击者,所以在将敏感消息通过不安全的通道传给接收方之前,一般先要对

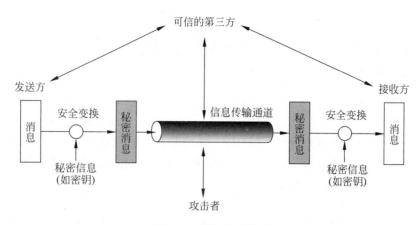

图 1.5　网络安全模型

消息进行安全变换,以得到一个秘密的安全消息,这样可以防止攻击者危害消息的保密性和真实性。安全秘密消息到达接收方后,再经过安全变换的逆变换,这样秘密消息可被恢复成原始的消息。在大多数情况下,对消息的安全变换是基于密码算法来实现的,在变换过程中使用的密码算法不能被攻击者窃取。

为了保证传输安全,需要有大家都信任的第三方,如第三方负责将秘密信息分配给通信双方,或者当通信的双方就关于信息传输的真实性发生争执时,由第三方来仲裁。

从网络安全模型可以看到,设计安全服务应包括以下 4 个方面的内容。

(1) 设计一个恰当的安全变换算法,该算法应有足够强的安全性,不会被攻击者有效地攻破。

(2) 创建安全变换中所需要的秘密信息,如密钥。

(3) 设计分配和共享秘密信息的方法。

(4) 指明通信双方使用的协议,该协议利用安全算法和秘密信息实现系统所需要的安全服务。

图 1.6 是网络访问信息系统的安全模型。该模型能保护信息系统不受有害的访问,如阻止黑客试图通过网络访问信息系统,或者阻止有意和恶意的破坏,或者阻止恶意软件利用系统的弱点来影响应用程序的正常运行。

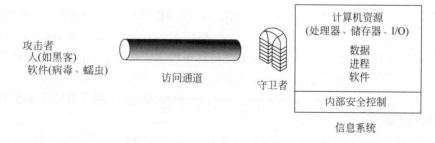

图 1.6　网络访问信息系统的安全模型

对付有害访问的安全机制分为两类。一类是具有门卫功能的守卫者,它包含基于认证的登录过程,只允许授权的实体不越权限地合法使用系统资源;另一类称为信息系统内部安全机制,它是用于检测和防止入侵者在突破了守卫者之后对信息系统内部的破坏。

1.7　网络安全协议

在 TCP/IP 刚出现时,协议设计者对网络安全方面的考虑较少。随着 Internet 的快速发展,越来越多的人开始使用 TCP/IP,因此,它的各种安全脆弱性逐步体现出来,但目前又不能设计出一种全新的协议来取代 TCP/IP。一种解决方法是在 TCP/IP 参考模型的各层增加一些安全协议来保证安全。这些安全协议主要分布在最高三层,主要有如下一些协议。

- 网络层的安全协议:IPSec。
- 传输层的安全协议:SSL/TLS。
- 应用层的安全协议:SHTTP(Web 安全协议)、PEM(电子邮件安全协议)、MOSS (电子邮件安全协议)、PGP(电子邮件安全协议)、S/MIME(电子邮件安全协议)、SSH(远程登录安全协议)、Kerberos(网络认证协议)等。

IPSec(IP Security)是 IETF 制定的一系列安全标准协议,它为在不可信的网络上的 IP 数据包传输提供了一个安全框架。IPSec 能够保证 IP 协议及上层协议的安全性。

SSL/TLS(Secure Socket Layer/Transport Layer Security)。SSL 是 1994 年 Netscape 公司设计的用于 HTTP 协议加密的安全传输协议。SSL 工作于传输层和应用程序之间,为 TCP 提供可靠的端对端安全服务。IETF 于 1997 年基于 SSL 3.0 协议发布了 TLS 1.0,并于 1999 年正式作为标准,即 RFC2246。因此 TLS 1.0 相当于 SSL 3.1。

SHTTP(Secure Hypertext Transfer Protocol)是一种结合 HTTP 而设计的消息的安全通信协议。最初由企业集成技术公司(Enterprise Integration Technology Corporation, EIT)提出。SHTTP 通过把加密增强功能集成到 HTTP 通信流中,在应用层上实现对 WWW 的安全支持。SHTTP 1.0 于 1994 年 6 月发布,SHTTP 1.4 版本(RFC2660)于 1999 年 8 月发布。

PEM(Privacy Enhanced Mail)是 20 世纪 80 年代末 90 年代初发展起来的、第 1 个描述电子邮件安全的标准(RFC1421-1424)。它在 Internet 电子邮件标准格式上增加了加密、认证、密钥管理等功能。但只能适用保密文本信息非常简单的消息格式。

MOSS(MIME Object Security Service)是 1995 年提出的电子邮件安全协议,它包含了 PEM 的大部分特性和协议规范。它是将 PEM 和 MIME 两种协议相结合的一种电子邮件安全技术。其中 MIME(Multipurpose Internet Mail Extensions)是一种 Internet 邮件标准化的格式,它允许以标准化的格式在电子邮件消息中包含增强文本、音频、图形、视频和类似的信息。然而,MIME 不提供任何安全性元素。

PGP(Pretty Good Privacy)是由 Philip Zimmermann 在 1991 年开发的带加密及签名功能的安全邮件系统。

S/MIME(Secure/MIME)是由 RSA 公司于 1995 年提出的电子邮件安全协议,与传统的 PEM 不同,由于其内部采用了 MIME 的消息格式,因此不仅能发送文本,还可以携带各种附加文档,如包含国际字符集、HTML、音频、语音邮件、图像、多媒体等不同类型的数据内容,目前大多数电子邮件产品都包含了对 S/MIME 的内部支持。

SSH(Secure Shell)是一种远程登录安全协议,主要由芬兰赫尔辛基大学的 Tatu Ylonen

开发,它提供了一条安全的远程登录通道。

　　Kerberos 协议是 20 世纪 80 年代由 MIT 开发的一种网络认证协议。Kerberos 是希腊神话故事中的一种有三个头的狗,还有一个蛇形尾巴,它是地狱之门的守卫者。Kerberos 这个名字的含义是要有三个“头”来守卫网络之门,三个“头”包括认证(Authentication)、清算(Accounting)和审计(Audit)。

　　上面提到的一些协议将在本书后面的章节中进行详细介绍。

1.8　关键术语

安全攻击(Security Attack)

安全机制(Security Mechanism)

安全服务(Security Service)

安全目标(Security Goal)

鉴别(Identification)

认证(Authentication)

授权(Authorization)

访问控制(Access Control)

数据保密性(Data Confidentiality)

数据完整性(Data Integrity)

不可否认(Non-repudiation)

可用性(Availability)

可追溯性(Accountability)

拒绝服务(Denial of Service)

重放攻击(Replay Attack)

1.9　习　题　1

1.1　主动攻击和被动攻击的区别是什么?

1.2　列出一些主动攻击和被动攻击的例子。

1.3　列出安全机制的种类,并进行简单定义。

1.4　安全服务模型主要由几个部分组成? 它们之间存在什么关系?

1.5　说明安全目标、安全要求、安全服务以及安全机制之间的关系。

1.6　说明在网络安全模型中可信的第三方所起的作用。

第2章 数学基础

本章导读

➤ 本章介绍的数学知识是学习后面章节(特别是密码学部分)的基础。主要包括数论、代数基础、计算复杂性理论和单向函数。

➤ 两个整数的最大公因子是可以整除这两个整数的最大整数。计算两个数的最大公因子的、最容易的方法是欧几里得算法。

➤ 素数表示只能被自身和1整除的数。许多密码算法需要选取一个大的素数,判断一个随机选取的大整数是否是素数是一个非常有意义的研究课题。

➤ 模运算就是求余运算。求余运算 $a \bmod m$ 是将 a 映射到集合 $\{0,1,\cdots,m-1\}$ 中。

➤ 模算术运算类似于普通的实数域上的加法和乘法,它同样是可交换的、可结合的、可分配的,并且简化运算每一个中间结果的模运算,其作用与先进行全部运算,然后再简化模运算的效果一样。

➤ 扩展欧几里得算法可以同时求最大公因子和模逆元。

➤ 公钥密码体制中两个非常重要的定理是费马定理和欧拉定理。

➤ 离散对数、中国剩余定理和二次剩余是一些公钥密码算法的基础。

➤ 有限域在密码学中拥有非常重要的地位。有限域表示域中的元素个数是有限的。

➤ 计算复杂性理论是分析不同密码技术和算法的计算复杂性的方法,是安全的现代密码系统构造方法的理论依据。

➤ 单向函数是计算其函数值容易,但求其逆很难的函数。单向陷门函数是在不知陷门信息的情况下求逆困难的函数;当知道陷门信息后,求逆是易于实现的。在密码学中使用的是单向陷门函数。

信息安全是一门交叉学科,它涉及许多学科,诸如数学、计算机科学、通信、信息论等。本章主要介绍本书中所用到的一些数学知识。

2.1 数 论

数论是一个用数学方法研究整数性质的、古老的数学分支,它是近代密码学的重要基础之一。

2.1.1 因子

设 Z 表示全体整数所构成的集合。

定义 2.1 设 $a,b \in Z,a \neq 0,c \in Z$,使得 $b=ac$,则称 a 整除 b,并称 a 是 b 的因子或者约数,b 是 a 的倍数,记为 $a \mid b$。

由整除的定义可知,它具有如下性质:若 $a \neq 0, b \neq 0$,则:

(1) $a \mid a$。

(2) 如果 $a \mid b, b \mid c$,则 $a \mid c$。

(3) 如果 $a \mid c$,则 $ab \mid cb$。

(4) 如果 $a \mid d, a \mid e$,则对所有的 $x, y \in Z$,有 $a \mid (dx + ey)$。

(5) 如果 $a \mid b, b \mid a$,则 $a = \pm b$。

定理 2.1(带余除法) 设 $a, b \in Z, b \geqslant 1$,则存在唯一的整数 q 和 r,使得 $a = qb + r$,$0 \leqslant r < b$。q 称为 a 除以 b 所得的商,r 称为 a 除以 b 所得的最小非负剩余。

定义 2.2 设 $a, b \in Z, a, b$ 不全为 0,如果 $c \mid a$ 且 $c \mid b$,则称 c 为 a 和 b 的公因子。特别地,我们把 a 和 b 的所有公因子中最大的,称为 a 和 b 的最大公因子,记为 $\gcd(a, b)$。

如果正整数 d 满足下面两个条件,那么它即为 a 和 b 的最大公因子。

(1) d 是 a 和 b 的公因子。

(2) 对 a 和 b 的任何一个公因子 c,有 $c \mid d$。

可以证明 a 和 b 的最大公因子必然存在,且唯一。

定义 2.3 设 $a, b \in Z, a, b$ 不全为 0,如果 $a \mid D$ 且 $b \mid D, D \geqslant 1$,则称 D 为 a 和 b 的公倍数。我们把 a 和 b 的所有公倍数中最小的正数,称为 a 和 b 的最小公倍数。记为 $\mathrm{lcm}(a, b)$。

a 和 b 的最小公倍数一定存在,且唯一。对于两个正整数 a 和 b,可以证明:

$$ab = \gcd(a, b) \cdot \mathrm{lcm}(a, b)$$

定理 2.2 设 a 和 b 都是正整数 $(a > b)$,且:

$$a = bq + r \quad 0 < r < b$$

其中 q 和 r 都是正整数,则:

(1) a 和 b 的任意一个公因子也是 b 和 r 的公因子。

(2) b 和 r 的任意一个公因子也是 a 和 b 的公因子。

(3) $\gcd(a, b) = \gcd(b, r)$。

(4) 若 $\gcd(a, b) = d$,则 $\gcd(a \mid d, b \mid d) = 1$。

计算两个数的最大公因子的最容易的方法是用欧几里得(Euclid)算法,它通过一个简单过程来确定两个正整数的最大公因子。

定理 2.3(欧几里得算法) 给定整数 a 和 b,且 $b > 0$,重复使用带余除法,即每次的余数为除数去除上一次的除数,直到余数为 0,这样可以得到下面一组方程。

$$\begin{aligned}
a &= bq_1 + r_1, && 0 < r_1 < b \\
b &= r_1 q_2 + r_2, && 0 < r_2 < r_1 \\
r_1 &= r_2 q_3 + r_3, && 0 < r_3 < r_2 \\
&\vdots \\
r_{j-1} &= r_j q_{j+1}
\end{aligned}$$

最后一个不为 0 的余数 r_j 就是 a 和 b 的最大公因子。

例 2.1 求 $\gcd(1970, 1066)$。

解:用欧几里得算法进行计算的过程如下。

$$1970 = 1 \times 1066 + 904$$
$$1066 = 1 \times 904 + 162$$

$$904 = 5 \times 162 + 94$$
$$162 = 1 \times 94 + 68$$
$$94 = 1 \times 68 + 26$$
$$68 = 2 \times 26 + 16$$
$$26 = 1 \times 16 + 10$$
$$16 = 1 \times 10 + 6$$
$$10 = 1 \times 6 + 4$$
$$6 = 1 \times 4 + 2$$
$$4 = 2 \times 2 + 0$$

因此 $\gcd(1970, 1066) = 2$。

下面给出欧几里得算法的另一种等价形式。

定理 2.4 对任何非负整数 a 和正整数 b，有 $\gcd(a,b) = \gcd(b, a \bmod b)$。

基于定理 2.4，欧几里得算法的过程描述如下(算法中假设 $a > b > 0$)：

EUCLID (a, b)

　　(1) $X \leftarrow a$; $Y \leftarrow b$;

　　(2) if $Y = 0$ then return $X = \gcd(a, b)$;

　　(3) $R = X \bmod Y$;

　　(4) $X \leftarrow Y$;

　　(5) $Y \leftarrow R$;

　　(6) Goto 2。

2.1.2 素数

定义 2.4 设 $p \in Z$, $p \geqslant 2$，如果 p 的正因子只有 1 和 p，则称 p 为素数，否则为合数。

由该定义可知，正整数集合可分为 3 类：素数、合数和 1。其中 2 属于素数。

定义 2.5 若正整数 a 有一因子 b，而 b 又是素数，则称 b 为 a 的素因子。

例如 $12 = 3 \times 4$，其中 3 是 12 的素因子，而 4 则不是。

定理 2.5 若 a 是大于 1 的整数，则 a 的大于 1 的最小因子一定是素数。

本定理说明了任何大于 1 的整数均可被一素数整除，或者说都至少有一素因子。

对于素数，具有下面一些结论：

(1) 如果 p 是素数，且 $p | ab$，则 $p | a$ 或 $p | b$。

(2) 对于任意大于 1 的整数 m，都有唯一分解式：

$$m = p_1^{a_1} p_2^{a_2} \cdots p_n^{a_k}$$

其中 $p_1, p_2, \cdots, p_n$ 均为素数，$p_i > p_j (i < j)$，且 a_i 都是正整数。

(3) 有无穷多个素数。

(4) 素数定理：设 $\pi(x)$ 表示不大于 x 的素数的数目，则 $\lim_{x \to \infty} (\pi(x)\ln(x))/x = 1$。素数定理表明，对充分大的 x，$\pi(x)$ 可用 $x/\ln x$ 来近似表示。

定义 2.6 如果整数 a 与整数 b 的最大公因子是 1，即 $\gcd(a,b) = 1$，则称 a 与 b 互为素

数,简称互素。

定义 2.7 设 $\varphi(m)$ 为小于或等于 m 且与 m 互素的正整数个数,则称其为欧拉(Euler)函数。

由定义易知,$\varphi(1)=1,\varphi(2)=1,\varphi(3)=2,\varphi(5)=4,\varphi(8)=4$。

需要注意的是,在互素的正整数中,不一定有素数。例如 $\gcd(25,36)=1$,但 25 和 36 都不是素数而是合数。

素数有无穷多个,但人们至今没有找到一个可用来表示全体素数的暂用公式。素数在自然数列中的分布是很不规则的,越往后越稀疏。例如,对于每个大于或等于 2 的整数 n,连续 $n-1$ 个整数 $n!+2,n!+3,\cdots,n!+n$ 都不是素数。可见在正整数序列中,有任意长的区间中不包含素数。另一方面,任意两个相邻的正整数 n 和 $n+1(n>3)$ 中必有一个不是素数。相邻两整数均为素数只有 2 和 3。但是 n 和 $n+2$ 均为素数的则有很多,这样一对素数称为孪生素数。例如在 100 以内有 7 对孪生素数:$(3,5)$、$(5,7)$、$(11,13)$、$(29,31)$、$(41,43)$、$(59,61)$ 和 $(71,73)$。

2.1.3 同余与模运算

1. 同余

用 Z_m 表示正整数 $\{0,1,\cdots,m-1\}$ 的集合。

定义 2.8 两个整数 a 和 b 分别被 m 除,如果所得的余数相同,则称 a 与 b 对模 m 是同余的,记为 $a\equiv b(\bmod m)$,正整数 m 称为模数。

求余运算 $a \bmod m$ 是将 a 映射到集合 $\{0,1,\cdots,m-1\}$ 中,求余运算称为模运算。

同余具有下面的性质。

(1) 若 $a\equiv b(\bmod m)$,则 $m|(b-a)$。反过来,若 $m|(b-a)$,则 $a\equiv b(\bmod m)$。

(2) 如果 $a=km+b(k$ 为整数),则 $a\equiv b(\bmod m)$。

(3) 每个整数恰与 $0,1,\cdots,m-1$ 这 m 个整数中的某一个对模 m 同余。

(4) 同余关系是一种等价关系。

(5) $a\equiv b(\bmod m)$ 当且仅当 $a \bmod m=b \bmod m$。

由于相对于某个固定模数 m 的同余关系,是整数间的一种等价关系,因此它具有等价关系的 3 个基本性质。

(1) 自反性:$a\equiv a(\bmod m)$。

(2) 对称性:若 $a\equiv b(\bmod m)$,则 $b\equiv a(\bmod m)$。

(3) 传递性:若 $a\equiv b(\bmod m)$,且 $b\equiv c(\bmod m)$,则 $a\equiv c(\bmod m)$。

定理 2.6 设 a、b、c、d 为整数,m 为正整数,若 $a\equiv b(\bmod m)$,$c\equiv d(\bmod m)$,则:

(1) $ax+cy\equiv bx+dy(\bmod m)$,$x$、$y$ 为任意整数,即同余式可以相加。

(2) $ac\equiv bd(\bmod m)$,即同余式可以相乘。

(3) $an\equiv bn(\bmod m)$,$n>0$。

(4) $f(a)\equiv f(b)(\bmod m)$,$f(x)$ 为任意一个整系数多项式。

定理 2.7 设 a、b、c、d 为整数,m 为正整数,则:

(1) 若 $a\equiv b(\bmod m)$,且 $d|m$,则 $a\equiv b(\bmod d)$。

(2) 若 $a\equiv b(\bmod m)$,则 $\gcd(a,m)=\gcd(b,m)$。

(3) $a\equiv b(\bmod m_i)(1\leqslant i\leqslant n)$ 同时成立,当且仅当 $a\equiv b(\bmod [m_1,m_2,\cdots,m_n])$。

定理 2.8(乘法消去律)　对于 $ab\equiv ac(\bmod m)$ 来说,若 $\gcd(a,m)=1$ 则 $b\equiv c(\bmod m)$。

定理 2.9(加法消去律)　如果 $a+b\equiv a+c(\bmod m)$,则 $b\equiv c(\bmod m)$。

注意:加法消去律是没有条件的,但乘法消去律的条件是 $\gcd(a,m)=1$,即 a 和 m 互素。例如 $6\times 3\equiv 6\times 7\equiv 2 \bmod 8$,但 $3\equiv 7 \bmod 8$ 不成立。

定义 2.9　由于模 m 同余关系是一个等价关系,若将 Z 中同余的数归为一类,不同余的数归为不同的类,则将 Z 分为 m 个类,称为模 m 的剩余类或同余类。

若用 $[r]$(或 $r \bmod m$)表示 r 所属的模 m 的剩余类,则 $[r]=\{i\,|\,i\equiv r(\bmod m),i\in Z\}$。

例如模 m 的同余类是:

$$0(\bmod m),1(\bmod m),\cdots,m-1(\bmod m)$$

定理 2.10　设 $m>0,[0]$、$[1]$、$\cdots$、$[m-1]$ 是模 m 的剩余类,则:

(1) 每个整数包含在某一剩余类 $[r]$ 中,$0\leqslant r\leqslant m-1$。

(2) 两个整数 a、b 属于同一剩余类,当且仅当 $a\equiv b(\bmod m)$。

定义 2.10　在模 m 剩余类 $[0]$,$[1]$,$\cdots$,$[m-1]$ 中各取一数 $a_0,a_1,\cdots,a_{m-1}$,该 m 个数 $a_0,a_1,\cdots,a_{m-1}$ 称为模 m 的一个完全剩余系,将 $\{0,1,\cdots,m-1\}$ 记为 Z_m,称为模 m 的非负最小完全剩余系。

定义 2.11　若模 m 剩余类中的数与 m 互素,称它为与模 m 互素的剩余类,在与模 m 互素的所有剩余类中各取一数所组成的集合,称为模 m 的一个简化剩余系,Z_m 的简化剩余系记为 Z_m^*。

例 2.2　证明 6、9、12、15、18、21、24、27 是模 8 的一个完全剩余系,而其中 9、15、21、27 是模 8 的一个简化剩余系。

证明:因为 $6\equiv 6(\bmod 8)$,$9\equiv 1(\bmod 8)$,$12\equiv 4(\bmod 8)$,$15\equiv 7(\bmod 8)$,$18\equiv 2(\bmod 8)$,$21\equiv 5(\bmod 8)$,$24\equiv 0(\bmod 8)$,$27\equiv 3(\bmod 8)$,所以 6、9、12、15、18、21、24、27 是模 8 的一个完全剩余系。

因为 9、15、21、27 分别取自与 8 互素的所有剩余类中,所以 9、15、21、27 是模 8 的一个简化剩余系。

定义 2.12　若 a、b 都是整数,且 m 不能整除 a,则称 $ax\equiv b(\bmod m)$ 为模 m 的一次同余方程。

若 x_0 满足 $ax_0\equiv b(\bmod m)$,则 $x\equiv x_0(\bmod m)$ 称为它的解。其全部解可表示为 x_0+mk,$k=0,\pm 1,\pm 2,\cdots$

不同的解是指互不同余的解。

定理 2.11　设 $a\in Z_m$,对于任意的 $b\in Z_m$,同余方程 $ax\equiv b(\bmod m)$ 有唯一解 $x\in Z_m$ 的充分必要条件是 $\gcd(a,m)=1$。

定理 2.12　设 $\gcd(a,m)=d,m>0$,则 $ax\equiv b(\bmod m)$ 有解,当且仅当 $d\,|\,b$。

2. 模运算

下面定义了模 m 上的算术运算,在 Z_m 上定义加法和乘法,其运算类似于普通实数域上的加法和乘法,所不同的只是所得的值是去模后的余数。它同样是可交换的、可结合的、可分配的,并且可简化每一个中间结果的模 m 运算,其作用与先进行全部运算,然后再简化模

m 运算是一样的。下面是模运算的一些性质。

(1) $(a+b) \bmod m = ((a \bmod m) + (b \bmod m)) \bmod m$.

(2) $(a-b) \bmod m = ((a \bmod m) - (b \bmod m)) \bmod m$.

(3) $(a \times b) \bmod m = ((a \bmod m) \times (b \bmod m)) \bmod m$.

(4) $(a \times (b+c)) \bmod m = ((a \times b) \bmod m) + ((a \times c) \bmod m) \bmod m$.

例如：

$$11 \bmod 8 = 3, \ 15 \bmod 8 = 7$$

那么：

$$(11 \bmod 8) + (15 \bmod 8) \bmod 8 = (3+7) \bmod 8 = 2$$
$$(11+15) \bmod 8 = 26 \bmod 8 = 2$$

在模运算中，加法单位元是 0，$(0+a) \bmod m = a \bmod m$；乘法单位元是 1，$(1 \times a) \bmod m = a \bmod m$。

定义 2.13 对 $a \in Z_m$，存在 $b \in Z_m$，使得 $a+b \equiv 0 (\bmod m)$，则 b 是 a 的加法逆元，记 $b = -a$。

定义 2.14 对 $a \in Z_m$，存在 $b \in Z_m$，使得 $a \times b \equiv 1 (\bmod m)$，则称 b 为 a 的乘法逆元。

加法一定存在逆元，乘法不一定存在逆元。

在密码学中，特别是非对称密码体制中，常常需要求模逆元，求模逆元就是求乘法逆元。即寻找一个 x，使得 $a \times x \equiv 1 \bmod m$ 成立。

上式也可以写为 $1 \equiv (a \times x) \bmod m$ 或者 $a^{-1} \equiv x (\bmod m)$。

例如，寻找一个 x，使得：

$$4 \times x \equiv 1 (\bmod 7)$$

这个方程等价于寻找一组 x 和 k，使 $4x = 7k+1$，其中 x 和 k 均为整数。

求模逆元问题很困难，有时有结果，有时没有结果。一般来说，如果 a 和 m 互素，那么 $a^{-1} \equiv x (\bmod m)$ 有唯一解；如果 a 和 m 不是互素的，那么 $a^{-1} \equiv x (\bmod m)$ 没有解。如果 m 是一个素数，那么 $1 \sim m-1$ 的每一个数与 m 都是互素的，且在这个范围内恰好有一个逆元。利用扩展欧几里得算法能够计算出模逆元。

图 2.1 是模 8 运算的例子。从图 2.1 可以发现，模 8 的加法和乘法运算与普通运算一样，只是将所得的值再进行模 8 运算即可。在图 2.1(c) 中，对每一个 x 都有一个对应的 y，使得 $x+y \equiv 0 \bmod 8$，则 y 是 x 的加法逆元。如对 2，有 6，使得 $2+6 \equiv 0 \bmod 8$，那么 6 是 2 的加法逆元。如果对 x，存在 y，使得 $x \times y \equiv 1 \bmod 8$，则 y 为 x 的乘法逆元。如 $3 \times 3 \equiv 1 \bmod 8$，因此 3 的乘法逆元是 3。

+	0	1	2	3	4	5	6	7
0	0	1	2	3	4	5	6	7
1	1	2	3	4	5	6	7	0
2	2	3	4	5	6	7	0	1
3	3	4	5	6	7	0	1	2
4	4	5	6	7	0	1	2	3
5	5	6	7	0	1	2	3	4
6	6	7	0	1	2	3	4	5
7	7	0	1	2	3	4	5	6

×	0	1	2	3	4	5	6	7
0	0	0	0	0	0	0	0	0
1	0	1	2	3	4	5	6	7
2	0	2	4	6	0	2	4	6
3	0	3	6	1	4	7	2	5
4	0	4	0	4	0	4	0	4
5	0	5	2	7	4	1	6	3
6	0	6	4	2	0	6	4	2
7	0	7	6	5	4	3	2	1

a	$-a$	a^{-1}
0	0	—
1	7	1
2	6	—
3	5	3
4	4	—
5	3	5
6	2	—
7	1	7

(a) 模 8 加法　　　　　　　(b) 模 8 乘法　　　　　(c) 模 8 的加法逆元和乘法逆元

图 2.1　模 8 运算

3. 扩展欧几里得算法

扩展欧几里得算法不仅能够确定两个正整数的最大公因子,如果这两个正整数互素,还能确定它们各自的逆元。如果整数 $m \geqslant 0$,$\gcd(d,m)=1$,那么 d 有一个模 m 的乘法逆元。用扩展欧几里得算法求模逆元的描述如下。

Extended EUCLID (d,m)

(1) $(X_1,X_2,X_3) \leftarrow (1,0,m)$;$(Y_1,Y_2,Y_3) \leftarrow (0,1,d)$。

(2) 如果 $Y_3=0$ 返回 $X_3=\gcd(d,m)$;无逆元。

(3) 如果 $Y_3=1$ 返回 $Y_3=\gcd(d,m)$;$Y_2=d^{-1} \bmod m$。

(4) $(Q=\lfloor X_3/Y_3 \rfloor)$($\lfloor x \rfloor$ 表示取 x 的整数部分)。

(5) $(T_1,T_2,T_3) \leftarrow (X_1-QY_1, X_2-QY_2, X_3-QY_3)$。

(6) $(X_1,X_2,X_3) \leftarrow (Y_1,Y_2,Y_3)$。

(7) $(Y_1,Y_2,Y_3) \leftarrow (T_1,T_2,T_3)$。

(8) 返回(2)。

算法运行的最后结果的 Y_3 是最大公因子,Y_2 是 d 的模 m 逆元。

例 2.3　用扩展欧几里得算法求 $\gcd(550,1769)$ 和 $550^{-1} \bmod 1769$。

解:计算过程如表 2.1 所示。

表 2.1　用扩展欧几里得算法求解最大公因子和模逆元过程

循环次数	Q	X_1	X_2	X_3	$Y_1(T_1)$	$Y_2(T_2)$	$Y_3(T_3)$
初始值	-	1	0	1769	0	1	550
1	3	0	1	550	1	−3	119
2	4	1	−3	119	−4	13	74
3	1	−4	13	74	5	−16	45
4	1	5	−16	45	−9	29	29
5	1	−9	29	29	14	−45	16
6	1	14	−45	16	−23	74	13
7	1	−23	74	13	37	−119	3
8	4	37	−119	3	−171	550	1

可见 $\gcd(550,1769)=1$,$550^{-1} \bmod 1769=550$,即 $550 \times 550 \equiv 1 \bmod 1769$。

4. 快速指数模运算

在非对称密码体制(公钥密码体制)中常常涉及指数模运算,如计算 $73^{327} \bmod 37$。直接计算 73 的 327 次方后再模 37 肯定不行。一种方法是利用前面介绍的模运算性质 $(a \times b) \bmod m = ((a \bmod m) \times (b \bmod m)) \bmod m$,将指数模运算看作是多次重复乘法,并且在计算中间结果时就取模。可以进行类似变换:$a^e \bmod m = ((a \bmod m)^e) \bmod m$。

例如:计算 $11^7 \bmod 13$,可以按照下面的思路。

$$11^2 = 121 \equiv 4 \bmod 13$$

$$11^4 = (11^2)2 \equiv 4^2 \bmod 13 \equiv 3 \bmod 13$$

$$11^7 = 11 \times 11^2 \times 11^4 \equiv 11 \times 4 \times 3 \bmod 13 \equiv 132 \bmod 13 \equiv 2 \bmod 13$$

用上面的方法计算一个大整数的大整数次幂还是比较麻烦的,下面介绍两种快速求指数模的算法。

1) 快速求 $m^e \bmod n$ 算法 1

快速求 $m^e \bmod n$ 算法 1

（1）$a \leftarrow e, b \leftarrow m, c \leftarrow 1$,其中 a、b、c 为三大整数寄存器。

（2）如果 $a = 0$,则输出结果 c 即为所求的模 n 的大整数次幂。

（3）如果 a 是奇数,转第（5）步。

（4）$a \leftarrow (a \div 2), b \leftarrow (b \times b) \bmod n$,转第（3）步。

（5）$a \leftarrow (a - 1), c \leftarrow (c \times b) \bmod n$,转第（2）步。

例 2.4　计算 $30^{37} \bmod 77$。

解：在实际应用中,可以将上面的算法转换为表格的形式进行求解。计算过程如表 2.2 所示。

表 2.2　快速计算 $30^{37} \bmod 77$ 的过程

a	b	c
37	30	1
36	与前一次值相同	$(30 \times 1) \bmod 77 = 30$
18	$(30 \times 30) \bmod 77 = 53$	与前一次值相同
9	$(53 \times 53) \bmod 77 = 37$	与前一次值相同
8	与前一次值相同	$(37 \times 30) \bmod 77 = 32$
4	$(37 \times 37) \bmod 77 = 60$	与前一次值相同
2	$(60 \times 60) \bmod 77 = 58$	与前一次值相同
1	$(58 \times 58) \bmod 77 = 53$	与前一次值相同
0	与前一次值相同	$(53 \times 32) \bmod 77 = 2$

由最后一行可知,$c = 2$,即 $30^{37} \bmod 77 = 2$。

2) 快速求 $m^e \bmod n$ 算法 2

将 e 表示为二进制形式 $b_k b_{k-1} \cdots b_0$,即 $e = \sum_{b_i \neq 0} 2^i$,将 e 代入 m^e 中,可得：

$$m^e = \prod_{b_i \neq 0} m^{2^i}$$

因此 $m^e \bmod n = \left(\prod_{b_i \neq 0} m^{2^i} \right) \bmod n = \prod_{b_i \neq 0} (m^{2^i} \bmod n)$

快速求 $m^e \bmod n$ 算法 2

（1）$d = 1$;

（2）for $i = k$ downto 0 do

$\qquad d = (d \times d) \bmod n$;

$\qquad$ if $b_i = 1$ then $d = (d \times m) \bmod n$;

（3）return d;

算法中最后的 d 即为所求值。

例 2.5 计算 $7^{560} \bmod 561$。

解：将 560 表示为 1000110000，算法的中间结果如表 2.3 所示。

表 2.3 快速计算 $7^{560} \bmod 561$ 的过程

i		9	8	7	6	5	4	3	2	1	0
b_i		1	0	0	0	1	1	0	0	0	0
d	1	7	49	157	526	160	241	298	166	67	1

所以 $7^{560} \bmod 561 = 1$。

2.1.4 费马定理和欧拉定理

费马定理和欧拉定理在公钥密码体制中占有非常重要的地位。

定理 2.13（费马定理 Format） 若 p 是素数，且 a 是正整数，且 $\gcd(a,p)=1$，则：

$$a^{p-1} \equiv 1 (\bmod \ p)$$

例如：当

$$a=7, p=19, \gcd(a,p)=1$$
$$7^2 = 49 \equiv 11 \bmod 19$$
$$7^4 \equiv 121 \bmod 19 \equiv 7 \bmod 19$$
$$7^8 \equiv 49 \bmod 19 \equiv 11 \bmod 19$$
$$7^{16} \equiv 121 \bmod 19 \equiv 7 \bmod 19$$
$$a^{p-1} = 7^{18} = 7^{16} \times 7^2 \equiv 7 \times 11 \bmod 19 \equiv 1 \bmod 19$$

费马定理也常常称为费马小定理。费马定理的另一种表示形式如下。

费马定理推论：设 p 是素数，对于任意正整数 $a, a^p \equiv a (\bmod \ p)$。

注意费马定理的推论不要求 a 和 p 互素。

例如，当 $a=10, p=5, \gcd(a,p)=5, a$ 和 p 不互素，但：

$$a^p = 10^5 \equiv 10 \bmod 5 \equiv 0 \bmod 5 \equiv a (\bmod \ p)$$

前面我们已经给出了欧拉(Euler)函数 $\varphi(n)$ 的定义。

当 $n=1$ 时，$\varphi(1)=1$；当 $n>1$ 时，它的值 $\varphi(n)$ 等于比 n 小而与 n 互素的正整数的个数。

如当 $n=24$ 时，比 24 小而与 24 互素的正整数为 $1,5,7,11,13,17,19,23$。因此，可得 $\varphi(24)=8$。

欧拉(Euler)函数 $\varphi(n)$ 具有以下性质：

(1) 如果 n 是素数，则 $\varphi(n)=n-1$，因为与 n 互素的数有 $1,2,3,\cdots,n-1$。

(2) 如果 $\gcd(m,n)=1$，则 $\varphi(mn)=\varphi(m)\varphi(n)$。

例如 $\varphi(21)=\varphi(3 \times 7)=\varphi(3)\varphi(7)=2 \times 6=12$，这 12 个数是 $1,2,4,5,8,10,11,13,16,17,19,20$。

(3) 如果 $n=p_1^{a_1} p_2^{a_2} \cdots p_m^{a_k}$ 是 n 的一个典型分解式，则 $\varphi(n)=n(1-1/p_1)(1-1/p_2) \cdots (1-1/p_m)$，其中 $p_1, p_2, \cdots, p_m$ 均为素数。

(4) 假设有两个素数 p 和 q，那么对于 $n=pq$，有 $\varphi(n)=\varphi(pq)=\varphi(p) \times \varphi(q)=(p-1)(q-1)$。

(5) $n=p^2$，并且 p 是素数时，有 $\varphi(n)=p(p-1)$。

(6) 若 p 是素数,则 $\varphi(p^i) = p^i - p^{i-1}$。

定理 2.14(欧拉定理)   对于任何互素的两个整数 a 和 n,有:

$$a^{\varphi(n)} \equiv 1 \bmod n$$

例如:

- 当 $a=3, n=10$;$\varphi(10)=4, a^{\varphi(n)}=3^4=81 \equiv 1 \bmod 10 = 1 \bmod n$
- 当 $a=2, n=11$;$\varphi(11)=10, a^{\varphi(n)}=3^{10}=1024 \equiv 1 \bmod 11 = 1 \bmod n$

对于欧拉定理,有:

(1) 当 $n=p$ 时,有 $a^{p-1} \equiv 1 \bmod p$,为费马定理。

(2) 易见 $a^{\varphi(n+1)} \equiv a \bmod n$(欧拉定理的另一种形式,不要求 a 和 n 互素)。

例 2.6   求 13^{2001} 被 60 除所得的余数。

解:因为 $\gcd(13,60)=1$,所以 $13^{\varphi(60)} \equiv 1 \pmod{60}$。因为 $\varphi(60)=\varphi(2^2 \times 3 \times 5)=2 \times (3-1) \times (5-1)=16$,而 $2001=125 \times 16+1$,所以 $13^{16} \equiv 1 \pmod{60}$,$13^{2001}=(13^{16})^{125} \times 13 \equiv 13 \pmod{60}$,即被 60 除所得的余数为 13。

2.1.5 素性测试

很多密码算法需要随机选择一个或者多个非常大的素数。在实际应用中,一般做法是先生成大的随机整数,然后确定该大数是否是素数。目前还没有简单有效的方法确定一个大数是否是素数。下面介绍 Miller-Rabin 的素性概率检验法。

定理 2.15   如果 p 为大于 2 的素数,则方程 $x^2 \equiv 1 \pmod{p}$ 的解只有 $x=1$ 和 $x=-1$。

定理 2.15 的逆否命题是:如果方程 $x^2 \equiv 1 \pmod{p}$ 有一个解 $x_0 \notin \{-1,1\}$,那么 p 不是素数。

下面是 Miller-Rabin 算法核心部分。

```
WITNESS(a,n)
    (1) 将(n−1)表示为二进制形式 b_k b_{k-1} ··· b_0;
    (2) d←1
        for i=k   downto 0    do {
                x←d;
                d←(d×d) mod n;
                if(d=1 & x≠1 & x≠n−1) then return TRUE;
                if b_i=1 then d←(d×a) mod n}
            if d≠1 then return TRUE;
            else return FALSE;
```

算法有两个输入,n 是待检验的数,a 是小于 n 的整数。如果算法的返回值为 TRUE,则 n 肯定不是素数,如果返回值为 FALSE,则 n 有可能是素数。

for 循环后,有 $d=a^{n-1} \bmod n$,由费马定理可知,若 n 为素数,则 d 为 1,因此若 $d \neq 1$,则 n 不是素数,所以返回 TRUE。

因为 $n-1 \equiv -1 \bmod n$,所以 $x \neq 1, x \neq n-1$,表示 $x^2 \equiv 1 \pmod{p}$ 有不在 $\{-1,1\}$ 中的根,因此 n 不为素数,返回 TRUE。

该算法有以下的性质：对 s 个不同的 a，重复调用这一算法，只要有一次算法返回为 TRUE，就可以确定 n 不是素数，如果算法每次返回都为 FALSE，则 n 是素数的概率至少为 $1-2^{-s}$，因此对于足够大的 s，就可以非常肯定地相信 n 是素数。

2.1.6　中国剩余定理

中国剩余定理是数论中最有用的定理之一，该定理说明了如果已知某个数关于一些两两互素的数的同余类集，就可重构这个数。

例如 Z_{10}(共 10 个数，即 $1,2,\cdots,10$)中的每个数可通过它们对 2 和 5(10 的两个素因子)取模所得的两个余数来重构。假设已知十进制数 x 的余数 $r_2=0$ 且 $r_5=3$，即 $x \bmod 2=0$ 且 $x \bmod 5=3$，则知道 x 是 Z_{10} 中的偶数，且被 5 除后余数是 3，所以可得 8 是满足这一关系的唯一的 x。

定理 2.16(中国剩余定理)　设 $m_1,m_2,\cdots,m_k$ 是两两互素的正整数，令：
$$M = m_1 m_2 \cdots m_k = m_1 M_1 = m_2 M_2 = \cdots = m_k M_k$$
上式中 $M_i=M/m_i$，$i=1,2,\cdots,k$，则同时满足以下同余方程组
$$x \equiv b_i \bmod m_i \quad (i=1,2,\cdots,k)$$
的唯一正整数解是 x_0：
$$x_0 = (b_1 M_1' M_1 + b_2 M_2' M_2 + \cdots + b_k M_k' M_k) \bmod M$$
上式中 M_i' 是满足同余方程
$$M_i' M_i \equiv 1 \bmod m_i \quad (i=1,2,\cdots,k)$$
的正整数解，即 M_i' 是 M_i 以 m_i 为模的逆元。

例 2.7　求解满足以下方程的解 x。
$$x \equiv 1 \bmod 2$$
$$x \equiv 2 \bmod 3$$
$$x \equiv 3 \bmod 5$$
$$x \equiv 5 \bmod 7$$

解：$M=m_1 m_2 m_3 m_4 = 2 \times 3 \times 5 \times 7 = 210$，$M_1=105$，$M_2=70$，$M_3=42$，$M_4=30$，用扩展欧几里得定理可以求 $M_1^{-1} \bmod 2 \equiv 1$，$M_2^{-1} \bmod 3 \equiv 1$，$M_3^{-1} \bmod 5 \equiv 3$，$M_4^{-1} \bmod 7 \equiv 4$，所以 $x \bmod 210 \equiv (1 \times 105 \times 1 + 2 \times 70 \times 1 + 3 \times 42 \times 3 + 5 \times 30 \times 4) \bmod 210 \equiv 173$，或者写成 $x \equiv 173 \bmod 210$。

2.1.7　离散对数

离散对数是许多公钥算法的基础。在给出离散对数定义之前，我们先对本原根这一个重要概念进行描述。

1. 本原根

欧拉定理告诉我们，对于任何互素的两个整数 a 和 n，有：
$$a^{\varphi(n)} \equiv 1 \bmod n$$
如果 a 和 n 互素，则至少有一个整数 m，使 $m=\varphi(n)$，所以欧拉定理更一般的表示形式为：
$$a^m \equiv 1 \bmod n$$

定义 2.15　假设 $\gcd(a,n)=1$，如果 m 是使

$$a^m \equiv 1 \bmod n$$

成立的最小正整数，则称它是 a 对模 n 的指数，记为 $\mathrm{Ord}_n a$。

定义 2.16　若 $\mathrm{Ord}_n a = \varphi(n)$，则称 a 是模 n 的本原根（Primitive Root），也称生成元。

定理 2.17　若 a 是模 n 的本原根，则 $1,a^1,a^2,\cdots,a^{\varphi(n)}$ 构成模 n 的简化剩余系。

例 2.8　求模 7 和模 15 的本原根。

解：对于模 7 而言，满足 $\gcd(a,n)=1$ 的 a 是 $\{1,2,3,4,5,6\}$，它们的指数如表 2.4 所示。

表 2.4　指数列表 1

a	1	2	3	4	5	6
$\mathrm{Ord}_7 a$	1	3	6	3	6	2

从表 2.4 可以看到，当 a 是 3 和 5 时，$\mathrm{Ord}_7 a = \varphi(7)$，因此，3 和 5 是模 7 的本原根。

对于模 15 而言，满足 $\gcd(a,n)=1$ 的 a 是 $\{1,2,4,7,8,11,13,14\}$，它们的指数如表 2.5 所示。

表 2.5　指数列表 2

a	1	2	4	7	8	11	13	14
$\mathrm{Ord}_7 a$	1	4	2	4	4	2	4	2

表 2.5 中不存在一个 a，使 $\mathrm{Ord}_{15} a = \varphi(15)$，所以模 15 没有本原根。

上面的例子说明了不是所有整数都有本原根。

定理 2.18　模 m 的本原根存在的必要条件是 $m=2,4,p^a$，或者 $2p^a$，此处 p 是奇素数。

2. 本原根的测试

通常找出一个本原根不是一件容易的问题，然而，如果知道 $p-1$ 的因子，它就变得容易了。令 $q_1,q_2,\cdots,q_n$ 是 $p-1$ 的素因子，对于所有的 $q_1,q_2,\cdots,q_n$，计算 $a^{(p-1)/q}(\bmod p)$，如果对某个 q 的某个值其结果为 1，那么 a 不是一个本原根。如果对某个 q 的所有值其结果都不为 1，那么 a 是一个本原根。

例 2.9　假设 $p=11$，检验 2 和 3 是否是一个本原根。

解：当 $p=11$ 时，$p-1=10$，$p-1$ 有两个素因子 2 和 5，现测试 2 是否是一个本原根。

$$2^{(10-1)/5}(\bmod 11)=4$$
$$2^{(10-1)/2}(\bmod 11)=10$$

计算结果没有 1，所以 2 是本原根。

测试 3 是否是本原根：

$$3^{(10-1)/5}(\bmod 11)=9$$
$$3^{(10-1)/2}(\bmod 11)=1$$

所以 3 不是本原根。

3. 离散对数

模运算用于指数计算可以表示为 $a^x \bmod n$，我们称为模指数运算。模指数运算的逆问题就是找出一个数的离散对数，即求解 x，使得：

$$a^x \equiv b \bmod n$$

定义 2.17(离散对数) 对于一个整数 b 和素数 n 的一个本原根 a,可以找到唯一的指数 x,使得 $b \equiv a^x \bmod n$,其中 $0 \leqslant x \leqslant n-1$,指数 x 称为 b 的以 a 为基数的模 n 的离散对数。例如,如果素数 $n=11$,有 3 个本原根 2、6、8。

当 $a=2$,$x=9$,可以求出模数 $b=6$。

当 $a=6$,$x=7$,可以求出模数 $b=8$。

当 $a=8$,$x=4$,可以求出模数 $b=4$。

当 $a=2$,$b=3$,可以求出离散对数 $x=8$。

当 $a=6$,$b=5$,可以求出离散对数 $x=6$。

当 $a=8$,$b=10$,可以求出离散对数 $x=5$。

不是所有的离散对数都有解。当 n 比较小时,容易验证 x 是否有解,但是当 n 很大时(如 1024 位),求离散对数就会很难了。

2.1.8 二次剩余

定义 2.18(二次剩余) 如果 $\gcd(a,m)=1$,并且 $x^2 \equiv a(\bmod m)$ 有解,则称 a 是 m 的二次剩余(也称平方剩余),否则,称 a 是 m 非二次剩余。满足 $x^2 \equiv a(\bmod m)$ 的 x 称为模 m 的一个平方根。

例如,若 $m=7$,模 m 的完全剩余集合为 $\{1,2,3,4,5,6\}$。

$x^2 \equiv 1 \bmod 7$ 有解,$x=1$,$x=6$。

$x^2 \equiv 2 \bmod 7$ 有解,$x=3$,$x=4$。

$x^2 \equiv 3 \bmod 7$ 无解。

$x^2 \equiv 4 \bmod 7$ 有解,$x=2$,$x=5$。

$x^2 \equiv 5 \bmod 7$ 无解。

$x^2 \equiv 6 \bmod 7$ 无解。

可见 1、2、4 共 3 个数是模 7 的二次剩余;3、5、6 是模 7 的非二次剩余。

二次剩余具有下面的性质。

(1) 如果 m 是素数,则整数 $1,2,\cdots,m-1$ 中正好有 $(m-1)/2$ 个是模 m 的二次剩余,其余的 $(m-1)/2$ 个是模 m 的非二次剩余。

(2) 如果是 a 的模 m 一个二次剩余,那么 a 恰好有两个平方根,其中一个在 $0 \sim (m-1)/2$ 之间;另一个在 $(m-1)/2 \sim (m-1)$ 之间。

(3) 如果 m 是两个素数 p 和 q 之积,那么模 m 恰好有 $((p-1)(q-1)/4)$ 个二次剩余,有 $(3(p-1)(q-1)/4)$ 个非二次剩余。

(4) 当 m 是复合数时,如果 m 的分解未知,则求方程 $x^2 \equiv a(\bmod m)$ 的解是很困难的。

2.2 代数基础

有限域在现代密码学中的地位越来越重要,本节先简单介绍群、环和域等概念,然后详细介绍有限域中的运算。

2.2.1　群和环

1. 群

群 G 有时记作 $\{G, \cdot\}$，是定义了一个二元运算的集合，这个二元运算可以表示为 $\cdot$（它具有一般性，可以指加法、乘法或者其他的数学运算），G 中每一个序偶 (a, b) 通过运算生成 G 中的元素 $(a \cdot b)$，并满足以下公理。

（A1）封闭性：如果 a 和 b 都属于 G，则 $a \cdot b$ 也属于 G。

（A2）结合律：对于 G 中任意元素 a、b、c，都有 $a \cdot (b \cdot c) = (a \cdot b) \cdot c$ 成立。

（A3）单位元：G 中存在一个元素 e，对于 G 中任意元素 a，都有 $a \cdot e = e \cdot a = a$ 成立。

（A4）逆元：对于 G 中任意元素 a，G 中都存在一个元素 a'，使得式 $a \cdot a' = a' \cdot a = e$ 成立。

如果一个群的元素个数是有限的，则该群称为有限群。并且群的阶等于群中元素的个数。否则，称该群为无限群。

一个群如果还满足以下条件，则称该群为交换群（或称 Able 群）。

（A5）交换律：对于 G 中任意的元素 a，b，都有 $a \cdot b = b \cdot a$ 成立。

例如，在加法运算下的整数集合是一个交换群，在乘法运算下的非零实数集合是一个交换群。当群中运算符是加法时，其单位元是 0，a 的逆元是 $-a$，并且减法用以下的规则定义：$a - b = a + (-b)$。

剩余类集合 Z_n 关于模 n 加法运算形成了一个阶为 n 的加法群。Z_n 关于模 n 乘法运算不是一个群，因为不是所有的元素都有乘法逆。

在群中定义求幂运算为重复运用群中的运算，如 $a^3 = a \cdot a \cdot a$，且定义 $a^0 = e$ 为单位元，并且 $a^{-n} = (a')^n$。如果群中的每一个元素都是一个固定元素 $a(a \in G)$ 的幂 a^k（k 为整数），则称群 G 是循环群。我们认为元素 a 生成了群 G，或者说 a 是群 G 的生成元。循环群总是交换群，它可能是有限群或者无限群。

2. 环

环 R 有时记为 $\{R, +, \times\}$，是一个有两个二元运算的集合，这两个二元运算分别称为加法和乘法，且对于 R 中的任意元素 a、b、c，满足以下公理。

（A1～A6）R 关于加法是一个交换群；也就是说，R 满足所有从 A1～A5 的原则。对于此种情况下的加法群，我们用 0 表示其单位元，$-a$ 表示 a 的逆元。

（M1）乘法的封闭性：如果 a 和 b 都属于 R，则 ab 也属于 R。

（M2）乘法的结合律：对于 R 中任意元素 a、b、c，$a(bc) = (ab)c$ 成立。

（M3）分配律：对于 R 中任意元素 a、b、c，式 $a(b+c) = ab + ac$ 和式 $(a+b)c = ac + bc$ 总成立。

从本质上说，环就是一个集合，我们可以在其上进行加法、减法和乘法，而不脱离该集合。

环如果还满足以下条件则称其为交换环。

（M4）乘法的交换律：对于 R 中的任意元素 a 和 b，有 $ab = ba$ 成立。

在交换环的基础上,满足以下公理的环叫做整环。

(M5)乘法单位元:在 R 中存在元素 1,使得对于 R 中的任意元素 a,有 $a1＝1a＝a$ 成立。

(M6)无零因子:如果有 R 中元素 a 和 b,且 $ab＝0$,则必有 $a＝0$ 或 $b＝0$。

例如在整数集合 Z 中,通常的加法和乘法运算会形成一个交换环。Z_n 关于模 n 加法和乘法形成一个交换环。

2.2.2　域和有限域

1. 域

域 F 有时记为 $\{F,＋,\times\}$,是有两个二元运算的集合,这两个二元运算分别称为加法和乘法,且对于 F 中的任意元素 a、b、c,满足以下公理。

(A1~M6) F 是一个整环,也就是说 F 满足从 A1~A5 以及从 M1~M6 的所有原则。

(M7)乘法逆元:对于 F 中的任意元素 a(除 0 以外),F 中都存在一个元素 a^{-1},使得式 $aa^{-1}＝(a^{-1})a＝1$ 成立。

从本质上说,域就是一个集合,我们可以在其上进行加法、减法、乘法和除法而不脱离该集合。除法又按以下规则来定义:$a/b＝a(b^{-1})$。如有理数集合、实数集合和复数集合都是域,但整数集合不是,因为使用除法得到的分数已经超出了整数集合。

根据域中元素的个数是不是有限,我们可以把域划分成有限域和无限域。无限域在密码学中没有特别的意义,然而有限域却在许多密码编码学中扮演着重要的角色。

定义 2.19　有限域中元素的个数称为有限域的阶。

定理 2.19　有限域的阶必为素数 p 的幂 p^n,n 为正整数。

定理 2.20　对任意素数 p 和正整数 n,存在 p^n 阶的有限域,记为 $GF(p^n)$。当时 $n＝1$,有限域 $GF(p)$ 也称素域。

在密码学中,最常用的域一般是素域 $GF(p)$ 或者阶为 2^m 的 $GF(2^m)$ 域。

2. 有限域 $GF(p)$

给定一个素数 p,元素个数为 p 的有限域 $GF(p)$ 定义为整数 $\{0,1,\cdots,p-1\}$ 的集合 Z_p,其运算为模 p 的算术运算。

在第 2.1.3 节中我们发现,由 n 个整数构成的集合 Z_n 在模 n 算术运算下,构成一个交换环。但 Z_n 中不是每个元素都有乘法逆元,只有当一个整数与 n 互素时,该整数才存在乘法逆元。若 n 为素数,则 Z_n 中所有的非零整数都与 n 互素,因此 Z_n 中所有非零整数都有乘法逆元。在 $GF(p)$ 定义的集合 Z_p 中,由于 p 是素数,可见 Z_p 是一个有限域。

最简单的有限域是 $GF(2)$,该域元素的个数是 2,它们分别是 0 和 1,在 $GF(2)$ 上的加运算等价于异或运算,乘等价于逻辑与运算。

图 2.2 是在有限域 $GF(7)$ 中的算术运算,这是一个阶为 7,采用模 7 运算,它满足域的所有性质。需要注意的是,前面介绍的图 2.1 只是表示集合 Z_8 中模 8 运算,其中的非零整数不一定有乘法逆元,因此不是域。

+	0	1	2	3	4	5	6
0	0	1	2	3	4	5	6
1	1	2	3	4	5	6	0
2	2	3	4	5	6	0	1
3	3	4	5	6	0	1	2
4	4	5	6	0	1	2	3
5	5	6	0	1	2	3	4
6	6	0	1	2	3	4	5

×	0	1	2	3	4	5	6
0	0	0	0	0	0	0	0
1	0	1	2	3	4	5	6
2	0	2	4	6	1	3	5
3	0	3	6	2	5	1	4
4	0	4	1	5	2	6	3
5	0	5	3	1	6	4	2
6	0	6	5	4	3	2	1

a	$-a$	a^{-1}
0	0	—
1	6	1
2	5	4
3	4	5
4	3	2
5	2	3
6	1	6

(a) 模 7 加法　　　　　　(b) 模 7 乘法　　　　　　(c) 模 7 的加法逆元和乘法逆元

图 2.2　GF(7) 中算术运算

3. 域上多项式

定义 2.20　域 F 上的 $n(n \geq 0)$ 次多项式表示为：

$$f(x) = a_n x^n + a_{n-1} x^{n-1} + \cdots + a_1 x + a_0 = \sum_{i=0}^{n} a_i x^i$$

其中系数 a_i 是域 F 中的元素。

若 $a_i \neq 0$，称 n 为该多项式的次数，并称 a_n 为首项系数。首项系数为 1 的多项式称为首 1 多项式。域 F 上 x 多项式全体集合记为 $F[x]$。

多项式运算包括加法、减法、乘法和除法。设域 F 上的多项式 $a(x) = \sum_{i=0}^{n} a_i x^i$ 和多项式 $b(x) = \sum_{i=0}^{m} a_i x^i$，那么在域 F 上的多项式加法运算定义为：

$$a(x) + b(x) = \sum_{i=0}^{M} (a^i + b^i) x^i$$

其中，$M = \max(m, n)$，当 $i > n$ 时，取 $a_i = 0$；当 $i > m$ 时，取 $b_i = 0$。

乘法运算定义为：

$$a(x) \times b(x) = \sum_{i=0}^{n+m} \left(\sum_{j=0}^{i} a_j b_{i-j} \right) x^i$$

其中，当 $i > n$ 时，取 $a_i = 0$；当 $i > m$ 时，取 $b_i = 0$。

例如，令 $a(x) = x^3 + x^2 + 2$，$b(x) = x^2 - x + 1$，则：

$a(x) + b(x) = x^3 + 2x^2 - x + 3$

$a(x) - b(x) = x^3 + x + 1$

$a(x) \times b(x) = x^5 + 3x^2 - 2x + 2$

定理 2.21　设 $a(x)$ 和 $b(x)$ 是域 F 上的多项式，且 $b(x) \neq 0$，则存在唯一的一对多项式 $q(x)$，$r(x) \in F(x)$，使：

$$a(x) = q(x)b(x) + r(x)$$

其中 $q(x)$ 为商式，$r(x)$ 为余式，$r(x)$ 的次数小于 $b(x)$ 的次数。

多项式除法具有与普通除法一样的长除法。例如，$a(x) = x^3 + x^2 + 2$，$b(x) = x^2 - x + 1$，那么，$a(x) / b(x)$ 得到一个商式 $q(x) = x + 2$ 和一个余式 $r(x) = x$。过程如下：

$$
\begin{array}{r}
x+2 \\
x^2-x+1\overline{\smash{\big)}\ x^3+x^2+2} \\
\underline{x^3-x^2+x} \\
2x^2-\ x+2 \\
\underline{2x^2-2x+2} \\
x
\end{array}
$$

与整数运算类似,我们可以将余式 $r(x)$ 写成 $a(x) \bmod b(x)$,称为 $a(x)$ 模 $b(x)$,$b(x)$ 称为模多项式。

定义 2.21 设 $a(x)$ 和 $b(x)$ 是域 F 上的多项式。

(1) 设 $b(x) \neq 0$,若存在 $q(x)$ 使 $a(x) = q(x)b(x)$,则称 $b(x)$ 是 $a(x)$ 的因式或者除式。$b(x)$ 整除 $a(x)$,记为 $b(x) \mid a(x)$。

(2) 设 $a(x)$ 和 $b(x)$ 不全为 0,$a(x)$ 和 $b(x)$ 的次数最高的首 1 公因式称为它们的最高公因式,记为 $\gcd(a(x), b(x))$。若 $\gcd(a(x), b(x)) = 1$,称 $a(x)$ 和 $b(x)$ 互素。

(3) 若存在次数大于或者等于 1 的 $q(x)$ 和 $b(x)$,使 $a(x) = q(x)b(x)$,则称 $a(x)$ 为可约多项式,否则称 $a(x)$ 为不可约多项式(也称既约多项式)。

例如,GF(2)上的多项式 $a(x) = x^4 + 1$ 是可约多项式,因为 $a(x) = x^4 + 1 = (x+1)(x^3 + x^2 + x + 1)$。而多项式 $a(x) = x^3 + x + 1$ 则是不可约多项式,因为它没有一个因式。

4. 有限域 GF(2^n)

前面我们提到有限域中元素个数必须是 p^n,其中 p 是素数,n 是正整数。当元素个数为 p 的有限域在 Z_p 上进行模运算时,能够满足域的所有条件。但 p^n 模的模运算不一定能产生域。下面用不可约多项式构造一个这样的域。

对于 $F[x]$ 中的每个不可约多项式 $p(x)$,可以构造一个域 $F[x]_{p(x)}$。

设 $p(x)$ 是 $F[x]$ 中 n 次不可约多项式,令 $F[x]_{p(x)}$ 为 $F[x]$ 中所有次数小于 n 的多项式集合,即:

$$F[x]_{p(x)} = a_{n-1}x^{n-1} + a_{n-2}x^{n-2} + \cdots + a_1x + a_0$$

其中 $a_i \in F$,即在集合 $\{0, 1, \cdots, p-1\}$ 上取值。

定义 $F[x]_{p(x)}$ 上的二元运算加法和乘法运算如下:

$$a(x) \oplus b(x) = (a(x) + b(x)) \bmod p(x) = a(x) + b(x)$$
$$a(x) \otimes b(x) = (a(x)b(x)) \bmod p(x)$$

域 $F[x]_{p(x)}$ 中的单位元和零元分别是 F 中的单位元和零元。

由上面的运算定义可以看到:

(1) 该运算遵循基本代数规则中的普通多项式运算规则。

(2) 系数运算以 p 模,即遵循有限域上 Z_p 的运算规则。

(3) 乘法运算是两个多项式相乘结果再模一个不可约多项式 $p(x)$,如果两个多项式相乘的结果是次数大于 $n-1$ 的多项式,它将除以次数为 n 的不可约多项式 $p(x)$ 并取余。

定理 2.22 $\langle F[x]_{p(x)}, \oplus, \otimes \rangle$ 是域,当且仅当 $p(x)$ 是 F 上的不可约多项式,其中 F 是有限域。

特别地,在 GF(2^n)中,$F[x]_{p(x)}$ 中所有次数小于 n 的多项式表示为:

$$f(x) = a_{n-1}x^{n-1} + a_{n-2}x^{n-2} + \cdots + a_1x + a_0$$

系数 a_i 是二进制数,该多项式可以由它的 n 个二进制系数唯一地表示。因此 $GF(2^n)$ 中的每个多项式都可以表示成一个 n 位的二进制整数。

下面以高级加密标准(AES)中的有限域 $GF(2^8)$ 为例,说明其上的运算。不可约多项式为 $p(x)=x^8+x^4+x^3+x+1$,假设多项式 $a(x)=x^6+x^4+x^2+x+1,b(x)=x^7+x+1$。

加法运算过程为:

$$a(x) \oplus b(x) = a(x)+b(x) = x^6+x^4+x^2+x+1+x^7+x+1 = x^7+x^6+x^4+x^2$$

乘法运算过程为:

$$a(x)b(x) = x^{13}+x^{11}+x^9+x^8+x^6+x^5+x^4+x^3+1$$

由于 $a(x)$ 和 $b(x)$ 相乘的多项式次数大于 n,将它们相乘结果再除以不可约多项式 $p(x)$,可得商为 x^5+x^3,余数为 x^7+x^6+1,因此 $a(x)\otimes b(x)=a(x)b(x) \bmod p(x)=x^7+x^6+1$。

- 用十六进制表示为 $\{57\}\otimes\{83\}=\{C1\}$
- 用二进制表示为 $(01010111)\otimes(10000011)=(11000001)$

说明:在上面的十六进制表示中,是用一个十六进制字符表示 4 位二进制数,一个字节的二进制数用括号括起来的两个十六进制字符表示。

从上面的例子我们也可以发现,多项式加法是将对应的系数分别相加,$GF(2^n)$ 中两个多项式加法和减法等同于按位异或,需要注意的是加法不进位,减法不借位。

例如,假设多项式 $a(x)=x^6+x^4+x^2+x+1,b(x)=x^7+x+1$,则:

$$(x^6+x^4+x^2+x+1)+(x^7+x+1)=x^7+x^6+x^4+x^2 \quad (多项式表示)$$
$$(01010111) \oplus (10000011) = (11010100) \quad (二进制表示)$$
$$\{57\} \oplus \{83\} = \{D4\} \quad (十六进制表示)$$

2.3 计算复杂性理论

计算复杂性理论提供了一种分析不同密码技术和算法的计算复杂性方法。它是密码系统安全性定义的理论基础,也是安全的现代密码系统构造方法的理论依据。计算复杂性理论给出了求解一个问题的计算是"容易"还是"困难"的确切定义,这有助于确定一个密码算法的安全强度。假如破译一个密码算法所花费的时间代价或者空间代价超出了密码本身所保密内容的价值,破译就没有意义了。计算机复杂性理论涉及算法的复杂性和问题的复杂性。

2.3.1 问题的复杂性

一个问题的复杂性是由可解这个问题的算法的计算复杂性所决定。由于可解一个问题的算法可能有多个,它们的计算复杂性也各不相同,故在理论上定义一个问题的计算复杂性为可解该问题的最有效算法的计算复杂性。由于要证明一个算法是解某一问题的最有效算法是很困难的,因此在实际应用中,只能把解该问题的已知最有效算法的计算复杂性粗分为三类,即 P 类(确定性多项式时间可解类)、NP 类(不确定性多项式时间可解类)和 NP 完全类(记为 NPC,不确定性多项式时间可解完全类)。P 类问题称为易解问题,NP 类问题称为难解问题,NPC 问题称为困难问题。由于 NPC 问题不存在有效的算法,现在的密码算法的安全性都是基于 NPC 问题的,这样,如果攻击者想破译该密码就相当于解一个 NPC 问题。

2.3.2 算法的复杂性

算法的复杂性表示算法在实际执行时所需计算能力方面的信息,通常它由该算法所要求的最长时间与最大储存空间来确定。算法所需的时间和空间往往取决于问题实例的规模 n(n 表示了该实例的输入数据长度,或者叫输入尺寸)。同时,算法在用于相同规模 n 的不同实例时,其时间和空间需求也可能会有很大差异。因此,在实际中我们常常研究的是算法关于输入规模 n 的所有实例的时间与空间需求的平均值。

算法的复杂性可以用以下关于输入规模 n 的函数来表示:$T(n)$(平均时间复杂性函数)与 $S(n)$(平均空间复杂性函数)。它们分别反映了算法的时间和空间需求。空间复杂性与时间复杂性通常可以相互转化。通常,可实现的算法都自动地引入了对空间复杂性函数 $S(n)$ 的某种限制,例如 $S(n)$ 不超过 n 的某个低次多项式,所以一般情况下,我们特别注重于对算法时间复杂性函数 $T(n)$ 的研究。

通常我们用符号 O 来衡量算法的复杂程度,它表示了算法复杂性的数量级。如果存在常数 $\alpha>0$,使 $T(n)\leqslant\alpha g(n)$($\forall n>0$),一般还要求 $g(n)$ 是满足前述条件的函数中阶次尽可能小的函数,这时,我们称算法的时间复杂性为 $O(g(n))$。

例如,如果 $g(n)$ 是 n 的一个 t 次多项式,即 $g(n)=a_t n^t+a_{t-1}n^{t-1}+\cdots+a_1 n+a_0$,则 $T(n)=O(n^t)$,即算法复杂性的数量级是多项式级的。

算法按照其时间(或空间)复杂性可分为多项式时间算法、指数时间算法和超多项式时间算法等。

如果算法的时间复杂性为 $O(n^t)$,其中 t 为常数,n 是输入规模,则称该算法是多项式时间算法。若 $t=0$,则称算法是常数的;若 $t=1$,则称算法是线性的;若 $t=2$,则称算法是二次的。

如果算法的复杂性为 $O(t^{f(n)})$,其中 t 是大于 1 的常数,$f(n)$ 是输入规模 n 的多项式函数,则称该算法是指数时间算法。当 $f(n)$ 是大于常数而小于线性的函数时,如时间复杂性为 $O(e^{\sqrt{n\ln n}})$ 的算法,该算法被称为超多项式时间算法。

如果算法的时间复杂性为 $O(2^n)$,该算法被称为指数时间算法。

表 2.6 显示了不同时间复杂性算法的复杂性和时间需求之间的关系。它是假设输入规模 $n=10^6$,计算机 1 秒内执行 10^6 个基本操作时的计算结果。

表 2.6 不同时间复杂性算法的时间需求

算 法 类 型	复 杂 性	操 作 次 数	时 间 需 求
线性的	$O(n)$	10^6	1 秒
二次方的	$O(n^2)$	10^{12}	11.6 天
三次方的	$O(n^3)$	10^{18}	32000 年
超多项式的	$O(e^{\sqrt{n\ln n}})$	约 1.8×10^{1618}	6×10^{1600} 年
指数的	$O(2^n)$	10^{301030}	3×10^{301016} 年

从表 2.6 可以看出,如果一个密码算法具有指数级的时间复杂性,那么可以认为它在计算上是不可行的。例如对一个密码算法的穷举攻击的时间复杂性是 $O(2^n)$,其中 n 是密钥

长度。如果 n 足够大，如 $n=128$，以 1 秒 10^6 次的速度尝试，大约需要 5.4×10^{24} 年，因此，可以认为穷举这样的密钥在计算上是不可行的。

2.4　单　向　函　数

单向函数和陷门单向函数是公钥密码学的核心，可以说公钥密码体制的设计就是单向陷门函数的设计。

定义 2.22　令函数 f 是集 A 到集 B 的映射，以 $f: A\to B$ 表示。若对任意 $x_1\neq x_2$，x_1，$x_2\in A$，有 $f(x_1)\neq f(x_2)$，则称 f 为单射，或可逆的函数。

f 为可逆的充要条件是，存在函数 $g: B\to A$，使对所有 $x\in A$ 有 $g[f(x)]=x$。

定义 2.23（单向函数）　一个可逆函数 $f: A\to B$，若它满足：

(1) 对所有 $x\in A$，易于计算 $f(x)$。

(2) 对几乎所有 $x\in A$，由 $f(x)$ 求 x 极为困难，以至于实际上不可能做到，则称 f 为单向函数（One-way Function）。

定义中的"极为困难"是对现有的计算资源和算法而言。

定义 2.24（单向陷门函数）　一个"可逆"函数 F 若满足下列两个条件，则称 F 为单向陷门函数（One-way Trapdoor Function）：

(1) 对于所有属于域 F 中的任一 x，容易计算 $F(x)=y$。

(2) 对于几乎所有属于域 F 中的任一 y，除非获得陷门信息（Trapdoor），否则求出 x，使得 $x=F^{-1}(y)$ 在计算上不可行，F^{-1} 为 F 的逆函数。

单向函数是求逆困难的函数，而单向陷门函数（One-way Trapdoor Function），是在不知道陷门信息下求逆困难的函数，当知道陷门信息后，求逆是易于实现的。

实际上给单向陷门函数下定义是很棘手的，原因有以下两个。

(1) 陷门函数其实不是单向函数，因为单向函数在任何条件下求逆都是困难的。

(2) 陷门可能不止一个，通过试验，一个个陷门就可容易地找到逆。如果陷门信息的保密性不强，求逆也就不难。

公钥密码的原理就是基于单向陷门函数，加密是容易的方向，任何人都可以利用公开密钥加密信息，而解密是难的方向，它设计得非常困难，以至于若没有密钥（陷门信息），即使使用运算速度最快的计算机在人类有限的时间内也不能解开加密的信息。

目前，还不能从理论上证明单向函数是存在的。对单向函数存在性的证明等同于计算机科学中的一个最具挑战性的 NP 完全问题，而关于 NP 完全性的理论却不足以证明单向函数的存在。不过，现实中却存在几个候选单向函数。说它们是"候选"的，是因为它们表现出了单向函数的性质，但还没有办法从理论上证明它们一定是单向函数。

下面给出一些常见的候选单向函数。

1. 离散对数

给定一大素数 p，$p-1$ 含另一大素数因子 q。整数 g，$1<g<p-1$。已知 x，求 $y=g^x \bmod p$ 是容易的，最多需要 $[\log_2 x]+w(x)-1$ 次乘法，$w(x)$ 为 x 中所有 1 的个数。如 $x=15$，即 $x=$

$(1111)_2$，$w(x)=4$，则 $g^{15}=(((g^2)g)^2 \cdot g)^2 \cdot g \bmod p$，只需要 $6(3+4-1)$ 次乘法。

若已知 y、g、p，求 $x=\log_g y \bmod p$ 为离散对数问题。目前最快的方法需要 $L(p)$ 次运算，$L(p)=\exp\{(\ln p \ln(\ln p))^{1/2}\}$。

当 $p=512$ 位时，$L(p)$ 约为 $2^{256}\approx10^{77}$，在计算上不可行。因为 $2^{100}\approx10^{30}$，计算时间要 10^{16} 年。

2. 因数分解问题

给定大素数 p 和 q，求 $n=pq$，只要一次乘法。

若给定 n，求 p 和 q，即为因数分解问题，最快的方法需要 $T(n)$ 次运算，$T(n)=\exp\{c(\ln n \ln(\ln n))^{1/2}\}$，其中 c 为大于 1 的正整数。表 2.7 给出了素因子分解所需时间。在实际密码算法应用中，整数 n 一般取 309 位十进制数。

表 2.7　素因子分解所需时间

整数 n 的十进制位数	因子分解的运算次数	所需计算时间(每微秒一次)
50	1.4×10^{10}	3.9 小时
75	9.0×10^{12}	104 天
100	2.3×10^{15}	74 年
200	1.2×10^{23}	3.8×10^{9} 年
300	1.5×10^{29}	4.0×10^{15} 年
500	1.3×10^{39}	4.2×10^{25} 年

3. 背包问题

给定有限个自然数序列集合 $B=(b_1,b_2,\cdots,b_n)$ 及二进制序列 $x=(x_1,x_2,\cdots,x_n)$，$x_i\in(0,1)$，求 $S=\sum x_i b_i$ 最多只需 $n-1$ 次加法；但若给定 B 和 S，求 x 则非常困难。穷举时有 2^n 种可能，当 n 很大时，在计算上是不可行的。

2.5　关 键 术 语

因子(Divisors)

最大公因子(Greatest Common Divisor)

素数(Prime Number)

同余(Congruence)

模运算(Modular Arithmetic)

离散对数(Discrete Logarithm)

本原根(Primitive Root)

二次剩余(Quadratic Residue)

群(Groups)

有限群(Finite Groups)

环(Rings)

域(Fields)

有限域(Finite Fields)

单向函数(One-way Function)

单向陷门函数(One-way Trapdoor Function)

2.6　习　题　2

2.1　列出小于 30 的素数。

2.2　若 a 是大于 1 的整数,则 a 的大于 1 的最小因子一定是素数。

2.3　如果 $n|(a-b)$,证明 $a\equiv b \bmod n$。

2.4　证明下面等式:

(1) $(a+b) \bmod m=((a \bmod m)+(b \bmod m)) \bmod m$.

(2) $(a-b) \bmod m=((a \bmod m)-(b \bmod m)) \bmod m$.

(3) $(a\times b) \bmod m=((a \bmod m)\times(b \bmod m)) \bmod m$.

(4) $(a\times(b+c)) \bmod m=(((a\times b) \bmod m)+((a\times c) \bmod m)) \bmod m$.

2.5　证明 $5^{60}-1$ 是 56 的倍数。

2.6　对于整数 39 和 63,回答下面问题:

(1) 它们是否互素。

(2) 用欧几里得算法求它们的最大公因子。

(3) $25^{-1}\equiv x \bmod 15$ 是否有解。

2.7　用欧几里得算法求 gcd(1997,57)和 gcd(24140,16762)。

2.8　用扩展欧几里得算法求下列乘法逆元。

(1) 1234 mod 4321

(2) 24140 mod 40902

(3) 550 mod 1769

2.9　用快速指数模运算方法计算 $2008^{37} \bmod 77$ 和 $3^{19971} \bmod 77$。

2.10　用费马定理求 $3^{201}(\bmod 11)$。

2.11　计算下面的欧拉函数。

(1) $\varphi(41)$、$\varphi(27)$、$\varphi(231)$、$\varphi(440)$。

(2) $\varphi(2)\varphi(6)$ 和 $\varphi(3)\varphi(4)$,哪一个等于 $\varphi(12)$。

2.12　求解下列一次同余方程。

(1) $3x\equiv10(\bmod 29)$

(2) $40x\equiv191(\bmod 6191)$

(3) $258x\equiv131(\bmod 348)$

2.13　证明下面的结论。

设 a、b、c、d 为整数,m 为正整数,若 $a\equiv b(\bmod m)$,$c\equiv d(\bmod m)$,则:

(1) $ax+cy\equiv bx+dy(\bmod m)$,$x$、$y$ 为任意整数。

(2) $ac\equiv bd(\bmod m)$。

(3) $an \equiv bn \pmod{m}, n > 0$。

(4) $f(a) \equiv f(b) \pmod{m}$，$f(x)$ 为任意一个整数多项式。

2.14　求满足下面同余方程的解。

$$x \equiv 1 \pmod{5}, \quad x \equiv 5 \pmod{6}, \quad x \equiv 4 \pmod{7}, \quad x \equiv 10 \pmod{11}$$

2.15　求 Z_5 中各非零元素的乘法逆元。

2.16　类似于图 2.2，请列出有限域 GF(5) 中的加法和乘法运算。

2.17　对于系数在 Z_{10} 上的取值的多项式运算，分别计算：

(1) $(7x+2)-(x^2+5)$

(2) $(6x^2+x+3) \times (5x^2+2)$

2.18　假设 $f(x)=x^3+x+1$ 在 GF(2^n) 中是一个不可约多项式，$a(x)=2x^2+x+2$，$b(x)=2x^2+2x+2$，求 $a(x)b(x)$。

2.19　编程实现模 n 的快速指数运算。

2.20　编程实现利用扩展欧几里得算法求出最大公因子和乘法逆元。

第3章 对称密码技术

本章导读

➤ 本章主要介绍对称密码技术及其相关的内容,包括一些加密算法、密钥的产生和密钥的分配等。

➤ 对称密码是一种加密密钥和解密密钥相同的密码体制。

➤ 对称密码分为分组密码和流密码。分组密码每次操作(如加密和解密)是针对一个分组而言。流密码则每次加密(或者解密)一位或者一个字节。

➤ 对密码的攻击方法有基于密码算法性质的密码分析和穷举搜索攻击。

➤ 从发展阶段来看,对称密码主要分为两种:20 世纪 70 年代以前的对称密码(主要指计算机出现以前)和 20 世纪 70 年代以后的对称密码。

➤ 我们称 20 世纪 70 年代以前的对称密码为古典加密技术,主要使用代换或者置换技巧。20 世纪 70 年代以后的对称密码则同时使用代换和置换技巧。

➤ 古典加密技术分为两类:一类是单字母代换密码,它将明文的一个字符用相应的一个密文字符代替。另一类是多字母代换密码,它是对多于一个字母进行代换。单字母代换密码又分为单表代换密码和多表代换密码。

➤ DES 是第一个加密标准,它与古典加密技术不一样,DES 同时使用了代换和置换两种技巧。用 56 位密钥加密 64 位明文。

➤ AES 是用来取代 DES 的高级加密标准,其结构与 DES 不同,它是用 128、192 或者256 位密钥加密 128 位的分组。

➤ SM4 是我国官方公布的第一个商用密码算法,它是一种分组对称密码算法,用 128位密钥加密 128 位的分组。

➤ RC6 是 RSA 公司提交给 NIST 的一个候选高级加密标准算法,其效率非常高。

➤ RC4 是被广泛使用的一种同步流密码。

➤ 在密码学中的很多场合下都要使用随机数,安全的随机数应该满足随机性和不可预测性。

➤ 密钥分配为通信的双方发送会话密钥。

密码技术是信息系统最重要的安全机制。密码技术主要分为对称密码技术(也称单钥或者传统密码技术)和非对称密码技术(也称双钥或者公钥密码技术)。在对称密码技术中,加密密钥和解密密钥相同,或者一个密钥可以从另一个密钥导出。而非对称密码技术则使用两个密钥,加密密钥和解密密钥不相同。对称密码技术主要使用两种技巧:代换和置换。代换是将明文中的每个元素映射成另一个元素。置换是将明文中的元素重新排列。在 20世纪 70 年代以前的加密技术都是对称加密技术,并且在这些加密技术中只使用了代换或者置换技巧。这个时期的加密技术也称为古典加密技术。在 20 世纪 70 年代以后出现的对称加密技术则同时使用了代换和置换两种技巧。这两个阶段的加密技术还有一个典型区别:古典加密技术一般将加密算法保密,而现代的对称加密技术则公开加密算法,加密算法的安全性只取决于密钥,不依赖于算法。非对称密码技术则产生于 20 世纪 70 年代。

3.1　基本概念

密码学(Cryptology)是以研究秘密通信为目的,即对所要传送的信息采取一种秘密保护,以防止第三者对信息进行窃取的一门学科。密码学作为数学的一个分支,包括密码编码学(Cryptography)和密码分析学(Cryptanalysis)两部分。密码编码学是研究加密原理与方法,使消息保密的技术和科学,它的目的是掩盖消息内容。密码分析学则是研究破解密文的原理与方法。密码分析者(Cryptanalyst)是从事密码分析的专业人员。

采用加密的方法伪装消息,使得未授权者不可理解被伪装的消息。被伪装的原始消息(Message)称为明文(Plaintext)。将明文转换为密文的过程称为加密(Encryption),加了密的消息称为密文(Ciphertext),而把密文转变为明文的过程称为解密(Decryption)。加密解密过程如图 3.1 所示。将明文转换为密文的算法称为密码(Cipher)。一个加密系统采用的基本工作方式叫做密码体制(Cryptosystem)。实

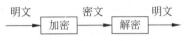

图 3.1　加密解密过程

际上在密码学中的"系统或体制(System)"、"方案(Scheme)"和"算法(Algorithm)"等术语本质上是一回事,在本书中我们也将使用这些术语。加密和解密算法通常是在一组密钥(Key)控制下进行的,分别称为加密密钥和解密密钥。如果加密密钥和解密密钥相同,则密码系统为对称密码系统。

3.2　对称密码模型

对称密码也称传统密码,它的特点是发送方和接收方共享一个密钥。对称密码分为两类:分组密码(Block Ciphers)和流密码(Stream Ciphers)。分组密码也称为块密码,它是将信息分成一块(组),每次操作(如加密和解密)是针对一组而言。流密码也称序列密码,它每次加密(或者解密)一位或者一个字节。

一个对称密码系统(也称密码体制)由 5 个部分组成。用数学符号描述为 $S = \{M, C, K, E, D\}$,如图 3.2 所示。

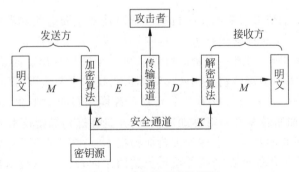

图 3.2　对称密码系统模型

（1）明文空间 M，表示全体明文的集合。

（2）密文空间 C，表示全体密文的集合。

（3）密钥空间 K，表示全体密钥的集合，包括加密密钥和解密密钥。

（4）加密算法 E，表示由明文到密文的变换。

（5）解密算法 D，表示由密文到明文的变换。

在发送方，对于明文空间的每个明文，加密算法在密钥的作用下生成对应的密文。接收方将接收的密文，用解密算法在解密密钥的控制下变换成明文。我们可以看到加密算法有两个输入，一个是明文；另一个是密钥。加密算法的输出是密文。解密算法本质上是加密算法的逆运行，解密算法的输入是密文和密钥，输出是明文。

对明文 M 用密钥 K，使用加密算法 E 进行加密，常常表示为 $E_k(M)$，同样用密钥 K 使用解密算法 D 对密文 C 进行解密，表示为 $D_k(C)$。在对称加密体制中，解密密钥相同，有：

$$C = E_k(M)$$
$$M = D_k(C) = D_k(E_k(M))$$

从对称密码模型可以看到，发送方和接收方主要进行加密和解密运算，我们希望这个运算越容易越好，对于攻击者而言，我们希望他们破译密文的计算越难越好。因此一个好的密码体制至少要满足下面几个条件。

（1）已知明文 M 和加密密钥 K 时，易于计算 $C = E_k(M)$。

（2）加密算法必须足够强大，使破译者不能仅根据密文破译消息，即在不知道解密密钥 K 时，由密文 C 计算出明文 M 是不可行的。

（3）由于对称密码系统双方使用相同的密钥，因此还必须保证能够安全地产生密钥，并且能够以安全的形式将密钥分发给双方。

（4）对称密码系统的安全只依赖于密钥的保密，不依赖于加密和解密算法的保密。

3.3 密 码 攻 击

分析一个密码系统是否安全，一般是在假定攻击者知道所使用的密码系统情况下进行分析的。一般情况下，密码分析者可以得到密文，知道明文的统计特性、加密体制、密钥空间及其统计特性，但不知道加密截获的密文所用的特定密钥。这个假设称为 Kerckhoff 假设。分析一个密码系统的安全性一般是建立在这个假设的基础上。当然，如果攻击者不知道所使用的密码体制，那么破译是更难的。但是，不应当把密码系统的安全性建立在攻击者不知道所使用的密码体制这个前提之下。因此，在设计一个密码系统时，其目的应当是在 Kerckhoff 假设下达到一定的安全程度。

攻击对称密码体制有两种方法：密码分析和穷举攻击（Brute Force Search）。密码分析是依赖加密算法的性质和明文的一般特征等，试图破译密文得到明文或试图获得密钥的过程。穷举攻击则是试遍所有可能的密钥对所获密文进行解密，直至得到正确的明文；或者用一个确定的密钥对所有可能的明文进行加密，直到得到与所获得的密文一致。

3.3.1 穷举攻击

穷举攻击是最基本的，也是比较有效的一种攻击方法。从理论上讲，可以尝试所有的密钥。因此只要有足够的资源,任何密码体制都可以用穷举攻击将其攻破。幸运的是,攻击者不可能有无穷的可用的资源。

穷举攻击的代价与密钥大小成正比。穷举攻击所花费的时间等于尝试次数乘以一次解密(加密)所需的时间。显然可以通过增大密钥位数或加大解密(加密)算法的复杂性来对抗穷举攻击。当密钥位数增大时,尝试的次数必然增大。当解密(加密)算法的复杂性增大时,完成一次解密(加密)所需的时间增大。从而使穷举攻击在实际上不能实现。表3.1是穷尽密钥空间所需的时间。从表3.1中我们可以发现,当密钥长度达到128位以上时,以目前的资源来说,穷举攻击将不会成功。

表 3.1　穷尽密钥空间所需的时间

密钥长度(位)	密 钥 数 目	每微秒尝试 1 次 所需时间	每微秒尝试 10^6 次 所需时间
32	$2^{32}=4.3\times10^9$	2^{31} 微秒$=35.8$ 分	2.15 毫秒
56	$2^{56}=7.2\times10^{16}$	2^{55} 微秒$=1142$ 年	10.01 小时
128	$2^{128}=3.4\times10^{38}$	2^{127} 微秒$=5.4\times10^{24}$ 年	5.4×10^{18} 年
168	$2^{168}=3.7\times10^{50}$	2^{167} 微秒$=5.9\times10^{36}$ 年	5.9×10^{30} 年
26 个字母排列	$26!=4\times10^{26}$	2×10^{26} 微秒$=6.4\times10^{12}$ 年	6.4×10^6 年

3.3.2　密码攻击类型

密码分析是基于 Kerckhoff 假设的。密码分析者所使用的策略取决于加密方案的性质以及可供密码分析者使用的信息,正是基于密码分析者所知的信息量,可把对密码的攻击分为以下几种类型。

- 唯密文攻击(Ciphertext-Only Attack)。密码分析者有一些消息的密文,这些消息都用同一算法加密。密码分析者的任务是恢复尽可能多的明文,或者是最好能推算出加密消息的密钥,以便采用相同的密钥解出其他被加密的消息。这种情况下,密码分析者知道的东西只有两样:加密算法和待破译的密文。
- 已知明文攻击(Known-Plaintext Attack)。密码分析者除知道加密算法和待破译的密文外,而且也知道有一些明文和同一个密钥加密的这些明文所对应的密文,即知道一定数量的明文和对应的密文。
- 选择明文攻击(Chosen-Plaintext Attack)。密码分析者知道加密算法和待破译的密文,并且可以得到所需要的任何明文所对应的密文,这些明文和待破译的密文是用同一密钥加密得来的,即知道选择的明文和对应的密文。如在公钥密码体制中,攻击者可以利用公钥加密他任意选择的明文。
- 选择密文攻击(Chosen-Ciphertext Attack)。密码分析者知道加密算法和待破译的密文,密码分析者能选择不同的被加密的密文,并可得到对应的解密的明文,即知道选择的密文和对应的明文。解密这些密文所使用的密钥与解密待破解的密文的密钥是一样的。这种攻击主要用于公钥密码算法。
- 选择文本攻击(Chosen Text Attack)。选择文本攻击是选择明文攻击和选择密文攻击的结合。密码分析者知道加密算法和待破译的密文,并且知道任意选择的明文和它对应的密文,这些明文和待破译的密文是用同一密钥加密得来的,以及有目的地选择的密文和它对应的明文,解密这些密文所使用的密钥与解密待破解的密文的密钥是一样的。

在以上任何一种情况下,攻击者的目标都是为了确定正在使用的密钥。显然,上述 5 种攻击类型的强度按序递增,如果一个密码系统能够抵抗选择明文攻击,那么它也能抵抗唯密文攻击和已知明文攻击。一般来说,一个密码体制是安全的,通常是指在受到前三种攻击下系统的安全性,即攻击者一般容易具备前 3 种攻击条件。在这几种攻击类型中,唯密文攻击难度最大,因为攻击者可利用的信息最少。在此情况下,一种可能的攻击方法是对所有可能的密钥尝试的强行攻击法,即穷举攻击。如果密钥量非常大,则该方法是不现实的。因此,攻击者通常运用各种统计方法对密文本身进行分析。如果攻击者知道的信息越多,就越容易破解密文。在多数情况下,密码分析者能够获得除密文以外的更多信息,如能够获得一段或者多段明文以及对应的密文,或者可能知道某种明文模式将出现在某个消息中,此时可以进行已知明文攻击,攻击者可以从转换明文的方法来推导密钥。

对密码设计者而言,被设计的加密算法一般要能经受得住已知明文的攻击。如果无论攻击者有多少密文,由一个加密算法产生的这些密文中包含的信息都不足以唯一决定对应的明文,也无论用什么技术方法进行攻击都不能被攻破,这种加密算法则是绝对安全(Unconditional Security)。绝对安全指不论攻击者具有多少计算能力都无法破解密文。除一次一密(One-Time Pad)外,没有绝对安全的加密算法。因此,加密算法的使用者应该挑选满足下列标准中的一个或两个的算法。

(1) 破译该密码的成本超过被加密信息的价值。

(2) 破译该密码的时间超过该信息有价值的生命周期。

如果满足上述的两个准则,一个加密算法就可认为是在计算上安全(Computational Security)的。计算上安全是指在计算能力有限的情况下(如计算所需时间比宇宙生存时间还长),无法破解此密文。目前的加密算法一般在计算上是安全的。

3.3.3　密码分析方法

当密钥长度增加到一定的大小时,穷举攻击变得不切实际。因此用密码分析的方法攻击密码越来越引起人们的重视,目前比较流行的密码分析方法是线性密码分析和差分密码分析。这两种方法主要是针对现代密码的攻击。

线性分析是一种已知明文攻击,最早由 Matsui 在 1993 年提出。线性分析是一种统计攻击,它以求线性近似为基础。通过寻找现代密码算法变换的线性近似来攻击。如用这种方法在只需要知道 2^{43} 个已知明文的情况下就可以找到 DES 的密钥。

差分密码分析在许多方面与线性密码分析相似,它与线性密码分析的主要区别在于差分密码分析包含了将两个输入的异或与其相对应的两个输出的异或相比较。差分密码分析也是一个选择明文攻击。差分密码分析被公认为近年来密码分析的最大成就。差分密码分析出现于 20 世纪 70 年代,但在 1990 年才被公开发布。它的基本思想是:通过分析明文对的差值与密文对的差值的影响来恢复某些密钥位。差分分析可用来攻击任何一个拥有固定迭代轮函数结构的密码算法。

3.4 古典加密技术

古典加密技术主要使用代换或者置换技术。代换(Substitution)是将明文字母替换成其他字母、数字或者符号。置换(Permutation)则保持明文的所有字母不变,只是打乱明文字母的位置和次序。这些古典代换加密技术分为两类,一类是单字母代换密码(Monogram Substitution Cipher),它将明文的一个字符用相应的一个密文字符代替。另一类是多字母代换密码(Polygram Substitution Cipher),它是对多于一个字母进行代换。在单字母代换密码中又分为单表代换密码(Monoalphabetic Substitution Cipher)和多表代换密码(Polyalphabetic Substitution Cipher)。单表代换密码只使用一个密文字母表,并且用密文字母表中的一个字母来代替一个明文字母表中的一个字母。多表代换密码是将明文消息中出现的同一个字母,在加密时不完全被同一个固定的字母代换,而是根据其出现的位置次序,用不同的字母代换。

3.4.1 单表代换密码

单表代换密码只使用一个密文字母表,并且用密文字母表中的一个字母来代替一个明文字母表中的一个字母。设 M 和 C 分别表示为含 n 个字母的明文字母表和密文字母表。

$$M = \{m_0, m_1, \cdots, m_{n-1}\}$$
$$C = \{c_0, c_1, \cdots, c_{n-1}\}$$

如果 f 为一种代换方法,那么密文为 $C = E_k(m) = c_0 c_1 \cdots c_{n-1} = f(m_0) f(m_1) \cdots f(m_{n-1})$。

单表代换密码常见的方法有加法密码、乘法密码和仿射密码。在本章的例子中,我们将用小写字母表示明文,用大写字母表示密文。明文和密文空间都假设为 26 个字母,即属于 Z_{26},当然很容易推广到 n 个字母的情况。

1. 加法密码

对每个 $c, m \in Z_n$,加法密码的加密算法和解密算法是:

$$C = E_k(m) = (m + k) \bmod n$$
$$M = D_k(c) = (c - k) \bmod n$$

k 是满足 $0 < k < n$ 的正整数。若 n 是 26 个字母,加密方法是用明文字母后面第 k 个字母代替明文字母。因此,代换密码中的加密和解密可以看作是字母表上的一个字母的置换。Caesar 密码是典型的加法密码。

Caesar 密码是已知最早的单表代换密码,采用加法加密的方法,由 Julius Caesar 发明,最早用在军事上。将字母表中的每个字母,用它后面的第 3 个字母代替,如下所示。

- 明文: meet me after the toga party
- 密文: PHHW PH DIWHU WKH WRJD SDUWB

代换方式的定义,如下:

a	b	c	d	e	f	g	h	i	j	k	l	m	n	o	p	q	r	s	t	u	v	w	x	y	z
D	E	F	G	H	I	J	K	L	M	N	O	P	Q	R	S	T	U	V	W	X	Y	Z	A	B	C

可让每个字母等价一个数字,如下:

a	b	c	d	e	f	g	h	i	j	k	l	m	n
0	1	2	3	4	5	6	7	8	9	10	11	12	13

o	p	q	r	s	t	u	v	w	x	y	z
14	15	16	17	18	19	20	21	22	23	24	25

对每个明文字母 m,用密文字母 c 代换,那么 Caesar 密码算法如下所示。
- 加密:$C = E(m) = (m+3) \bmod 26$
- 解密:$M = D(c) = (c-3) \bmod 26$

移位可以是任意的,如果用 $k(1 \leqslant k \leqslant 25)$ 表示移位数,则通用的 Caesar 密码算法表示如下。
- 加密:$C = E_k(m) = (m+k) \bmod 26$
- 解密:$M = D_k(c) = (c-k) \bmod 26$

对 Caesar 密码安全性的分析如下所示。

前面已经介绍过,对密码的分析是基于 Kerckhoff 假设的。因此假设攻击者知道使用 Caesar 密码加密。如果攻击者只知道密文,即唯密文攻击,只要穷举测试所有可能字母移位的距离,最多尝试 25 次。实际上攻击者为了加快穷举速度,只要对密文中一个单词进行猜想解密,就可以加快判断密钥的正确性。如果攻击者知道一个字符以及它对应的密文,即已知明文攻击,那么攻击者很快就会通过明文字符和对应的密文字符之间的距离推算出密钥。这个例子说明一个密码体制安全至少要能够抵抗穷举密钥搜索攻击,普通的做法是将密钥空间变得足够大。但是,很大的密钥空间并不是保证密码体制安全的充分条件,下面的例子可以说明这一点。

我们对 Caesar 密码进行改进,假设密文是 26 个字母的任意代换,密钥是明文字母到密文字母的一个字母表,密钥长度是 26 字长。

例如字母代换表如下:

a	b	c	d	e	f	g	h	i	j	k	l	m	n	o	p	q	r	s	t	u	v	w	x	y	z
D	K	V	Q	F	I	B	J	W	P	E	S	C	X	H	T	M	Y	A	U	O	L	R	G	Z	N

若加密的明文为 ifwewishtoreplaceletters,那么对应的密文为 WIRFRWAJUHYFTS DVFSFUUFYA。

上面的字母代换表由通信双方事先设计好,一个更实际的构造字母代换表的方法是使用一个密码句子。如密钥句子为 the message was transmitted an hour ago,按照密钥句子中的字母依次填入字母表(重复的字母只用一次),未用的字母按自然顺序排列。这样可以构造如下的字母代换表。

原字母表如下:

a	b	c	d	e	f	g	h	i	j	k	l	m	n	o	p	q	r	s	t	u	v	w	x	y	z

代换字母表如下:

T	H	E	M	S	A	G	W	R	N	I	D	O	U	B	C	F	J	K	L	P	Q	V	X	Y	Z

　　若明文为 please confirm receipt,使用上面的代换字母表,则密文为 CDSTKSEBUARJ OJSESRCL。

　　使用上面的方法代换,总共有 26!＝4×10²⁶种密钥,从表 3.1 可以看到穷举搜索这么多的密钥很困难。但这并不表示该密码不容易破解。破解这类密码的突破点是由于语言本身的特点是充满冗余的,每个字母使用的频率不相等。由于上面加密后的密文实际上是明文字母的一个排列,因此单表代换密码没有改变字母相对出现的频率,明文字母的统计特性在密文中能够反映出来,即保持明文的统计特性不变。通过统计密文字母的出现频率,可以确定明文字母和密文字母之间的对应关系。英文字母中单字母出现的频率如图 3.3 所示。

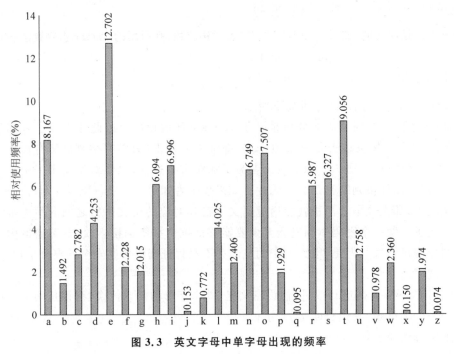

图 3.3　英文字母中单字母出现的频率

　　图 3.3 中的 26 个字母按照出现频率的大小可以分为下面 5 类。

　　(1) e:出现的频率大约为 12.7％。

　　(2) t、a、o、i、n、s、h、r:出现的频率大约为 6％~9％。

　　(3) d 和 l:出现的频率约为 4％。

　　(4) c、u、m、w、f、g、y、p、b:出现的频率大约为 1.5％~2.8％。

　　(5) v、k、j、x、q、z:出现的频率小于 1％。

　　双字母和三字母组合都有现成的统计数据,常见的双字母组合和三字母组合统计表能够帮助破解密文。

　　出现频率最高的 30 个双字母(按照频率从高到低排列)如下:

th　he　in　er　an　re　ed　on　es　st

en　at　to　nt　ha　nd　ou　ea　ng　as

or　ti　is　et　it　ar　te　se　hi　of

　　出现频率最高的 20 个三字母(按照频率从高到低排列)如下:

the　ing　and　her　ere　ent　tha　nth　was　eth

for　dth　hat　she　ion　int　his　sth　ers　ver

例 3.1　已知下面的密文是由单表代换产生的。

UZQSOVUOHXMOPVGPOZPEVSGZWSZOPFPESXUDBMETSXAIZVUEPHZH

MDZSHZOWSFPAPPDTSVPQUZWYMXUZUHSXEPYEPOPDZSZUFPOMBZWPFUP

ZHMDJUDTMOHMQ

试破译该密文。

首先统计密文中字母出现的频率,然后与英文字母出现的频率进行比较。密文中字母的相对频率统计如表 3.2 所示。

表 3.2　密文中字母的相对频率统计

字母	次数	频率(%)	字母	次数	频率(%)	字母	次数	频率(%)	字母	次数	频率(%)
A	2	1.67	H	7	5.83	O	9	7.50	V	5	4.17
B	2	1.67	I	1	0.83	P	16	13.33	W	4	3.33
C	0	0.00	J	1	0.83	Q	3	2.50	X	5	4.17
D	6	5.00	K	0	0.00	R	0	0.00	Y	2	1.67
E	6	5.00	L	0	0.00	S	10	8.33	Z	14	11.67
F	4	3.33	M	8	6.67	T	3	2.55	V	5	4.17
G	2	1.67	N	0	0.00	U	10	8.33	W	4	3.33

将统计结果与图 3.3 进行比较,可以猜测密文中 P 与 Z 可能是 e 和 t,密文中的 S、U、O、M 出现频率比较高,可能与明文字母中出现频率相对较高的 a、o、i、n、s、h、r 这些字母对应。密文中出现频率很低的几个字母 C、K、L、N、R、I、J 可能与明文字母中出现频率较低的字母 v、k、j、x、q、z 对应。就这样边试边改,最后得到如下明文。

it was disclosed yesterday that several informal but direct contacts have been made with political representatives of the viet cong in moscow

在尝试过程中,如果同时使用双字母和三字母的统计规律,那么更容易破译密文。如上面的密文中出现最多的双字母是 ZW,它可能对应明文双字母出现频率较大的 th,那么 ZWP 就可能是 the,这样就更容易试出明文。

2. 乘法密码

对每个 $c, m \in Z_n$,乘法密码的加密和解密算法是:

$$C = E_k(m) = (mk) \bmod n$$
$$M = D_k(c) = (ck^{-1}) \bmod n$$

其中 k 和 n 互素,即 $\gcd(k, n) = 1$,否则不存在模逆元,不能正确解密。显然乘法密码的密码空间大小是 $\varphi(n)$,$\varphi(n)$ 是欧拉函数。可以看到乘法密码的密钥空间很小,当 n 为 26 字母,则与 26 互素的数是 1、3、5、7、9、11、15、17、19、21、23、25,即 $\varphi(n) = 12$ 因此乘法密码的密钥空间为 12。

乘法密码也称采样密码,因为密文字母表是将明文字母按照下标每隔 k 位取出一个字母排列而成。

例 3.2　英文字母,选取密码为 9,使用乘法密码的加密算法,那么明文字母和密文字母的代换表构造如表 3.3 所示。

表 3.3　明文字母和密文字母的代换表

原字母	a	b	c	d	e	f	g	h	i	j	k	l	m
原字母的值	0	1	2	3	4	5	6	7	8	9	10	11	12
代换字母的值	0	9	18	1	10	19	2	11	20	3	12	21	4
代换字母	A	J	S	B	K	T	C	L	U	D	M	V	E
原字母	n	o	p	q	r	s	t	u	v	w	x	y	z
原字母的值	13	14	15	16	17	18	19	20	21	22	23	24	25
代换字母的值	13	22	5	14	23	6	15	24	7	16	25	8	17
代换字母	N	W	F	O	X	G	P	Y	H	Q	Z	I	R

若明文为 a man liberal in his views,那么密文为 AENVUJKXUNLUGHUKQG。

3. 仿射密码

将加法密码和乘法密码结合就构成了仿射密码,仿射密码的加密和解密算法是:

$$C = E_k(m) = (k_1 m + k_2) \bmod n$$
$$M = D_k(c) = k_1^{-1}(c - k_2) \bmod n$$

仿射密码具有可逆性的条件是 $\gcd(k, n) = 1$。当 $k_1 = 0$ 时,仿射密码变为加法密码,当 $k_2 = 0$ 时,仿射密码变为乘法密码。

仿射密码中的密钥空间的大小为 $n\varphi(n)$,当 n 为英文字母的个数,即 26,$\varphi(n) = 12$,因此仿射密码的密钥空间为 $12 \times 26 = 312$。

例 3.3　设密钥 $K = (7, 3)$,用仿射密码加密明文 hot。

3 个字母对应的数值是 7、14 和 19。分别加密如下:

$$(7 \times 7 + 3) \bmod 26 = 52 \bmod 26 = 0$$
$$(7 \times 14 + 3) \bmod 26 = 101 \bmod 26 = 23$$
$$(7 \times 19 + 3) \bmod 26 = 136 \bmod 26 = 6$$

3 个密文数值为 0、23 和 6,对应的密文是 AXG。

例 3.4　假设获得仿射密码加密的密文是:

FMXVEDKAPHRERBNDKRXRSREFMORUD5DXYV5HVUPEDKAPRKDLYEVLRHHHRH

试破译该密码。

同样可以统计密文中各字母出现的频率,然后与英文字母出现频率比较,在尝试过程中同时要考虑仿射密码的条件。

各个字母出现的频率统计如表 3.4 所示。

表 3.4　例 3.4 中各字母出现的频率

字母	频率(次数)	字母	频率(次数)	字母	频率(次数)	字母	频率(次数)
A	2	H	5	O	1	V	4
B	1	I	0	P	2	W	0
C	0	J	0	Q	0	X	2
D	7	K	5	R	8	Y	1
E	5	L	2	S	3	Z	0
F	4	M	2	T	0		
G	0	N	1	U	2		

这里虽然只有 57 个字母,但它足以分析仿射密码,最大频率的密文字母是 R(8 次),D (7 次),E、H、K(各 5 次)和 S、F、V(各 4 次)。首先,我们可以猜想 R 是 e 的加密,而 D 是 t 的加密,因为 e 和 t 是两个出现频率最高的字母。e 和 t 对应的数值是 4 和 19,R 和 D 对应 的数值是 17 和 3。对于仿射密码,有 $c=(k_1 m+k_2)$。

所以我们有如下的关于两个未知数线性方程组:

$$17=4k_1+k_2$$
$$13=19k_1+k_2$$

这个方程组有唯一解 $k_1=6,k_2=19$,但这不是一个合法的密钥,因为 $\gcd(6,26)=2$,不 等于 1。

我们再猜测 R 是 e 的加密,而 E 是 t 的加密,继续使用上述的方法,得到 $k_1=13$,这也 是一个不合法的密钥。再试一种可能性:R 是 e 的加密,H 是 t 的加密,则有 $k_1=8$,这也是 不合法的。继续进行,我们猜测 R 是 e 的加密,K 是 t 的加密,这样可得 $k_1=3,k_2=5$,首先 它至少是一个合法的密钥,下一步工作就是检验密钥 $K=(3,5)$ 的正确性。如果我们能得 到有意义的英文字母串,则可证实该密钥是有效的。对密文进行解密有:

algorithms are quite general definitions of arithmetic processes

3.4.2 多表代换密码

单表代换密码是将明文的一个字母唯一地代换为一个字母。加密后的密文具有明文的 特征,通过统计密文中字母出现的频率能够比较方便地破解密文。要提高密码的强度,应该 让明文结构在密文中尽量少出现。多表代换密码和多字母代换密码能够减少这种密文字 母和明文字母之间的对应关系。本节将介绍多表代换密码,第 3.4.3 节将介绍多字母代 换密码。

多表代换密码是对每个明文字母信息采用不同的单表代换,也就是用一系列(两个以 上)代换表依次对明文消息的字母进行代换的加密方法。

如果明文字母序列为 $m=m_1 m_2\cdots$,令 $f=f_1,f_2,\cdots$ 为代换序列,则对应的密文字母序 列为:

$$C = E_k(m) = f_1(m_1)f_2(m_2)\cdots$$

若代换系列为非周期无限序列,则相应的密码为非周期多表代换密码。这类密码对每 个明文字母都采用了不同的代换表或密钥进行加密,称作是一次一密码(One-Time Pad Cipher)。这是一种在理论上唯一不可破的密码,一次一密对于明文的特征可实现完全隐 蔽,但由于需要的密钥量和明文消息长度相同而难以广泛使用。

在实际中,经常采用周期多表代换密码,它通常只使用有限的代换表,代换表被重复使 用以完成对消息的加密。此时代换表系列为:

$$f = f_1,f_2,\cdots,f_d,f_1,f_2,\cdots,f_d,\cdots$$

在对明文字母序列为 $m=m_1 m_2\cdots$ 进行加密时,相应的密文字母系列为:

$$C = E_k(m) = f_1(m_1)f_2(m_2)\cdots f_d(m_d)f_1(m_{d+1})f_2(m_{d+2})\cdots f_d(m_{2d})\cdots$$

当 $d=1$ 时,多表代换密码变为单表代换密码。

下面介绍一种比较有名的多表代换密码——维吉尼亚密码。

1. 维吉尼亚密码

维吉尼亚(Vigenère)密码是一种周期多表代换密码,由 1858 年法国密码学家维吉尼亚提出。它的形式化描述如下。

密钥 $K=(k_1,k_2,\cdots,k_d)$,d 为代换周期长度,将明文 $M=(m_1,m_2,\cdots,m_t)$ 分为长度为 d 的分段。

加密函数为:

$$C=E_k(m)=((m_1+k_1)\bmod n,(m_2+k_2)\bmod n,\cdots,(m_d+k_d)\bmod n,$$
$$(m_{d+1}+k_1)\bmod n,(m_{d+2}+k_2)\bmod n,\cdots,(m_{2d}+k_d)\bmod n,$$
$$\vdots$$
$$(m_{t-d+1}+k_1)\bmod n,(m_{t-d+2}+k_2)\bmod n,\cdots,(m_t+k_d)\bmod n)$$

如果密文为 $C=(c_1,c_2,\cdots,c_n)$,则解密函数为:

$$M=D_k(c)=((c_1-k_1)\bmod n,(c_2-k_2)\bmod n,\cdots,(c_d-k_d)\bmod n,$$
$$(c_{d+1}-k_1)\bmod n,(c_{d+2}-k_2)\bmod n,\cdots,(c_{2d}-k_d)\bmod n,$$
$$\vdots$$
$$(c_{t-d+1}-k_1)\bmod n,(c_{t-d+2}-k_2)\bmod n,\cdots,(c_t-k_d)\bmod n)$$

假设明文和密文都是 26 个英文字母,维吉尼亚密码常常使用英文单词作为密钥字,密钥则是密钥字的重复。例如密钥字是 computer,用它加密明文 sender and recipient share a common key。那么密钥将如下所示。

- 明文:senderandrecipientshareacommonkey
- 密钥:computercomputercomputercomputerc

维吉尼亚密码的加密过程简述如下。

(1) 写下明文,表示为数字形式。

(2) 在明文之上重复写下密钥字,也表示为数字形式。

(3) 加密相对应的明文:给定一个密钥字母 k 和一个明文字母 m,那么密文字母则是 $(m+k)\bmod 26$ 计算结果所对应的字母。

例 3.5　设密钥字是 cipher,明文串是 this cryptosystem is not secure,求密文。

在明文下面重复写密钥字,组成密钥。

- 明文 M:thiscryptosystemisnotsecure
- 密钥 K:cipherciphercipherciphercip

将明文和密钥转化为数字:

明文 $M=(19,7,8,18,2,17,24,15,19,14,18,24,18,19,4,12,8,18,13,14,19,18,4,$
　　　　$2,20,17,4)$

密钥 $K=(2,8,15,7,4,17,2,8,15,7,4,17,2,8,15,7,4,17,2,8,15,7,4,17,2,8,15)$

对每个明文数字和对应的密钥数字,使用 $c_i=(m_i+k_i)\bmod 26$ 加密。得到密文数字为

$C=(21,15,23,25,6,8,0,23,8,21,22,15,21,1,19,19,12,9,15,22,8,25,8,19,22,25,19)$

于是密文为:

VPXZGIAXIVWPUBTTMJPWIZITWZT

可以看出,维吉尼亚密码是将每个明文字母映射为几个密文字母,如果密钥字的长度是 m,则明文中的一个字母能够映射成这 m 个可能的字母中的一个。因此密文中字母出现的频率被隐蔽了,它的安全性明显比单表代换密码提高了。维吉尼亚密码的密钥空间比较大,对于长度是 m 的密钥字,密钥空间为 26^m,当 $m=5$,密钥空间所含密钥的数量大于 1.1×10^7。

2. 一次一密

一次一密是非周期多表代换密码,它使用与明文一样长且无重复的随机密钥来加密明文,并且该密钥使用一次后就不再使用。在实际使用时,通信双方事先协商一个足够长的密钥序列,要求密钥序列中的每一项都是按均匀分布随机地从一个字符表中选取的。双方各自秘密保存密钥序列。每次通信时,发送方用自己保存的密钥序列中的密钥,按次序对要发送的消息进行加密。消息加密完成后,把密钥序列中刚使用过的这一段销毁。接收方每次收到密文消息后,使用同样的密钥序列解密。解密完成后,立即把密钥序列中刚使用过的这一段销毁。由于密钥是随机的,用它加密明文后的密文也是随机的,密文中没有任何明文的特征,因此这个加密方案是绝对完全的。

例如,明文是 cryptosystem,选取的密钥序列是 djfstlngwjpw。

明文转换数字为:
$$M = (2,17,24,15,19,14,18,24,18,19,4,12)$$

密钥转换数字为:
$$K = (3,9,5,18,19,11,13,6,22,9,15,22)$$

那么可以得到密文数字为:
$$C = (5,0,3,7,12,25,5,4,14,2,19,8)$$

则密文为 fadhmzfeocti。

当明文中的字符是位时,密钥序列中的一项也是一位。加密时常采用位异或。

例如,设明文消息是 00101001,密钥是 10101100,那么加密过程如下:
$$密文 = 明文 \oplus 密钥 = 00101001 \oplus 10101100 = 10000101$$

解密时将密文与密钥异或:
$$明文 = 密文 \oplus 密钥 = 10000101 \oplus 10101100 = 00101001$$

一次一密不可破解的原因是,对于一段密文,与密文相同长度的字母串都可能是明文,密文不能提供明文和密钥的任何信息。对任何与密文一样长的明文,也存在一个密钥用于产生这个明文。也就是说你用穷举搜索所有可能的密钥,就会找到大量可读的明文,也就不可能确定哪一个是真正需要的明文,可见一次一密是绝对安全的。

由于一次一密的安全性是取决于密钥的随机性,因此首先需要解决产生随机的密钥序列的问题,但产生大规模随机密钥是一件很困难的事情,目前还没有很好的办法来解决这个问题。另外,密钥分配也是一个难点,由于密钥不允许重复使用,因此存在大量的密钥分配问题。由于这些困难,在实际中人们很少使用一次一密,一次一密主要是用于高度机密的低带宽信道。

3.4.3　多字母代换密码

前面介绍的密码都是以单字母作为代换对象,如果每次对多个字母进行代换就是多字母代换密码。多字母代换的优点是容易隐藏字母的自然出现频率,有利于对抗统计分析。下面介绍常见的多字母代换密码。

1. Playfair 密码

Playfair 密码是将明文中的双字母音节作为一个单元,并将其转换成密文的双字母音节(即一次代换两个字母)。Playfair 算法是基于一个由密钥组成的 5×5 阶矩阵。假设密钥是 monarchy,构建矩阵的方法是将密钥(去掉重复的字母)从左到右、从上到下填入矩阵中,再将剩余的字母按照字母表的顺序依次填入。在该矩阵中,字母 i 和 j 暂且被看作一个字母。这样可以构成如下的密钥矩阵。

M	O	N	A	R
C	H	Y	B	D
E	F	G	I/J	K
L	P	Q	S	T
U	V	W	X	Z

Playfair 按照下面的原则加密与解密。

每次以两个字母为一个单位进行操作。

(1) 如果这两个字母一样,则在中间插入一个字母 x(事先约定的一个字母),如 balloon 变成 ba lx lo on。

(2) 如果明文长度不是 2 的倍数,则在最后填入一个实现约定的字母 x。如 table 变为 ta bl ex。

(3) 如果两个字母在矩阵的同一行,则用它右边的字母来代替它(最后一个字母的右边是第 1 个字母),如 ar 被加密变为 RM。

(4) 如果两个字母在同一列,则用它下面的字母来代替它(最底下的字母的下一个是该列第 1 个字母),如 mu 被加密变为 CM。

(5) 其他的字母都用它同一行,另一个字母的同一列相交的字母代替,如 hs 加密变为 BP,ea 变为 IM 或者 JM(由加密者自行决定)。

例 3. 6   假设密钥是 cipher,使用 Playfair 算法加密 playfair cipher was actually invented by wheatston。

由密钥词 cipher 可构建如下的密钥矩阵。

C	I	P	H	E
R	A	B	D	F
G	K	L	M	N
O	Q	S	T	U
V	W	X	Y	Z

将明文按照两个字母分组为:

pl ay fa ir ci ph er wa sa ct ua lx ly in ve nt ed by wh ea ts to nx

则密文为:

BS DW RB CA IP HE CF IK QB HO QF SP MX EK ZC MU HF DX YI IF UT UQ LZ

Playfair 密码的安全性比单字母代换密码提高了许多,双字母共有 $26 \times 26 = 676$ 组合,

3.5 数据加密标准

1949 年 Shannon 的论文《保密系统的通信理论》,标志着密码学作为一门独立的学科的形成。从此,信息论成为密码学的重要的理论基础之一。Shannon 建议采用扩散(Diffusion)、混淆(Confusion)和乘积迭代的方法设计密码。所谓扩散就是将每一位明文和密钥的影响扩散到尽可能多的密文数字中。这样使得密钥和明文以及密文之间的依赖关系相当复杂,以至于这种依赖性对密码分析者来说无法利用。产生扩散的最简单的方法是置换。混淆用于掩盖明文和密文之间的关系。使得密钥的每一个位影响密文的许多位,以防止对密钥进行逐段破译,并且明文的每一个位也应影响密文的许多位,以便隐蔽明文的统计特性。用代换方法可以实现混淆。混淆就是使密文和密钥之间的关系复杂化。密文和密钥之间的关系越复杂,则密文和明文之间、密文和密钥之间的统计相关性就越小,从而使统计分析不能奏效。设计一个复杂的密码一般比较困难,而设计一个简单的密码相对比较容易,因此利用乘积迭代的方法对简单密码进行组合迭代,可以得到理想的扩散和混淆,从而得到安全的密码。近代各种成功的分组密码(如 DES、AES 等),都在一定程度上采用和体现了 Shannon 的这些设计思想。

为了适应社会对计算机数据安全保密越来越高的需求,美国国家标准局(NBS),即现在的美国国家标准和技术研究所(NIST)于 1973 年 5 月向社会公开征集标准加密算法,并公布了它的设计要求。

(1) 算法必须提供高度的安全性。

(2) 算法必须有详细的说明,并易于理解。

(3) 算法的安全性取决于密钥,不依赖于算法。

(4) 算法适用于所有用户。

(5) 算法适用于不同应用场合。

(6) 算法必须高效、经济。

(7) 算法必须能被证实有效。

1974 年 8 月 27 日,NBS 开始第二次征集,IBM 提交了算法 LUCIFER,该算法由 Feistel 领导的团队研究开发,采用 64 位分组以及 128 位密钥。IBM 用改版的 Lucifer 算法参加竞争,最后获胜,成为数据加密标准(Data Encryption Standard,DES)。1976 年 11 月 23 日,采纳为美国联邦标准,批准用于非军事场合的各种政府机构。1977 年 1 月 15 日,数据加密标准,即 FIPS PUB 46 被正式发布。DES 是分组密码的典型代表,也是第一个被公布出来的加密标准算法。现代大多数对称分组密码也是基于 Feistel 密码结构的。

3.5.1 DES 加密过程

DES 同时使用了代换和置换两种技巧。它用 56 位密钥加密 64 位明文,最后输出 64 位密文。整个过程由两大部分组成:一个是加密过程;另一个是子密钥产生过程。图 3.4 是 DES 加密算法简图。

可以将图 3.4 左半边的处理过程分以下 3 个部分。

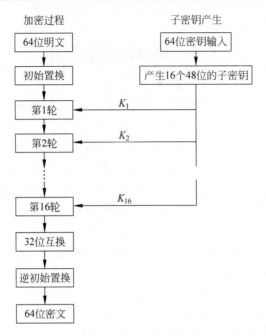

图 3.4　DES 加密算法简图

(1) 64 位明文经过初始置换被重新排列,然后分左右两半,每半各 32 位。

(2) 左右两半经过 16 轮置换和代换迭代,即 16 次实施相同的变换,然后再左右两半互换。

(3) 互换后的左右两半合并,再经过逆初始置换输出 64 位密文。

图 3.4 右半部则由 56 位密钥产生 16 个 48 位子密钥,分别供左半边的 16 轮迭代加密使用。

1. 初始置换

初始置换(Initial Permutation,IP)是数据加密的第 1 步,将 64 位的明文按照图 3.5 置换。置换表中的数字表示输入位在输出中的位置。

58	50	42	34	26	18	10	2
60	52	44	36	28	20	12	4
62	54	46	38	30	22	14	6
64	56	48	40	32	24	16	8
57	49	41	33	25	17	9	1
59	51	43	35	27	19	11	3
61	53	45	37	29	21	13	5
63	55	47	39	31	23	15	7

图 3.5　初始置换

置换后将数据 M 分成两部分:左半部分 L_0 和右半部分 R_0 各 32 位。划分方法原则是偶数位移到左半部,奇数位移到右半部,即:

$$L_0 = M_{58} \quad M_{50} \quad M_{42} \quad M_{34} \quad M_{26} \quad M_{18} \quad M_{10} \quad M_2$$
$$M_{60} \quad M_{52} \quad M_{44} \quad M_{36} \quad M_{28} \quad M_{20} \quad M_{12} \quad M_4$$
$$M_{62} \quad M_{54} \quad M_{46} \quad M_{38} \quad M_{30} \quad M_{22} \quad M_{14} \quad M_6$$
$$M_{64} \quad M_{56} \quad M_{48} \quad M_{40} \quad M_{32} \quad M_{24} \quad M_{16} \quad M_8$$

$$
\begin{array}{ccccccccc}
R_0 = & M_{57} & M_{49} & M_{41} & M_{33} & M_{25} & M_{17} & M_{9} & M_{1} \\
& M_{59} & M_{51} & M_{43} & M_{35} & M_{27} & M_{19} & M_{11} & M_{3} \\
& M_{61} & M_{53} & M_{45} & M_{37} & M_{29} & M_{21} & M_{13} & M_{5} \\
& M_{63} & M_{55} & M_{47} & M_{39} & M_{31} & M_{23} & M_{15} & M_{7}
\end{array}
$$

2. DES 每轮结构

DES 每轮的结构如图 3.6 所示。上一轮的右边 R_{i-1} 直接变换为下一轮的左边 L_i，上一轮的左边 L_{i-1} 与加密函数 F 异或后作为下一轮的右边 R_i。加密函数 F 则是上一轮右边 R_{i-1} 和子密钥 K_i 的函数。即：

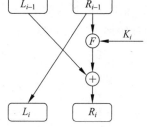

$$L_i = R_{i-1}$$
$$R_i = L_{i-1} \oplus F(R_{i-1}, K_i)$$

加密函数 F 本质上是 R_{i-1} 和子密钥 K_i 的异或，如图 3.7 所示。但由于它们的位数不一样，不能直接运算。从上式可以看出加密函数 F 是 32 位的，而 R_{i-1} 是 32 位的，子密钥 K_i 是 48 位的，因此 R_{i-1} 和 K_i 不能直接异或。DES 这样处理该问题：先

图 3.6　DES 每一轮结构

用扩展置换 E(见图 3.8)将 R_{i-1} 扩展为 48 位，与 48 位子密钥异或，输出 48 位，再使用 8 个 S 盒压缩成 32 位，然后经置换函数 P(见图 3.9)输出 32 位的加密函数 F。

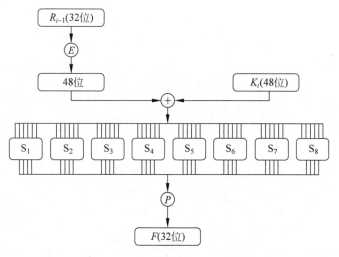

图 3.7　加密函数 F 的计算过程

32	1	2	3	4	5
4	5	6	7	8	9
8	9	10	11	12	13
12	13	14	15	16	17
16	17	18	19	20	21
20	21	22	23	24	25
24	25	26	27	28	29
28	29	30	31	32	1

图 3.8　扩展置换 E

16	7	20	21	29	12	28	17
1	15	23	26	5	18	31	10
2	8	24	14	32	27	3	9
19	13	30	6	22	11	4	25

图 3.9　置换函数 P

在加密函数计算过程中使用了 8 个 S 盒,S 盒是 DES 保密性的关键所在,它是一种非线性变换,也是 DES 中唯一的非线性运算。S 盒有 6 位输入,4 位输出。48 位数据经过 8 个 S 盒后输出 32 位数据。

每个 S 盒都由 4 行(表示为 0,1,2,3)和 16 列(0,1,…,15)组成,如图 3.10 所示。每行都是全部的 16 个长为 4 比特串的一个全排列,每个比特串用它对应的二进制整数表示。如 1001 用 9 表示。48 位的输入被分成 8 个 6 位的分组,每个分组进入一个 S 盒进行代换操作,然后映射为 4 位输出。对每个 S 盒,将 6 位输入的第一位和最后一位组成一个二进制数,用于选择 S 盒中的一行。用中间的 4 位选择 S 盒 16 列中的某一列,行列交叉处的十进制数转换为二进制数可得到 4 位输出。

S_1

14	4	13	1	2	15	11	8	3	10	6	12	5	9	0	7
0	15	7	4	14	2	13	1	10	6	12	11	9	5	3	8
4	1	14	8	13	6	2	11	15	12	9	7	3	10	5	0
15	12	8	2	4	9	1	7	5	11	3	14	10	0	6	13

S_2

15	1	8	14	6	11	3	4	9	7	2	13	12	0	5	10
3	13	4	7	15	2	8	14	12	0	1	10	6	9	11	5
0	14	7	11	10	4	13	1	5	8	12	6	9	3	2	15
13	8	10	1	3	15	4	2	11	6	7	12	0	5	14	9

S_3

10	0	9	14	6	3	15	5	1	13	12	7	11	4	2	8
13	7	0	9	3	4	6	10	2	8	5	14	12	11	15	1
13	6	4	9	8	15	3	0	11	1	2	12	5	10	14	7
1	10	13	0	6	9	8	7	4	15	14	3	11	5	2	12

S_4

7	13	14	3	0	6	9	10	1	2	8	5	11	12	4	15
13	8	11	5	6	15	0	3	4	7	2	12	1	10	14	9
10	6	9	0	12	11	7	13	15	1	3	14	5	2	8	4
3	15	0	6	10	1	13	8	9	4	5	11	12	7	2	14

S_5

2	12	4	1	7	10	11	6	8	5	3	15	13	0	14	9
14	11	2	12	4	7	13	1	5	0	15	10	3	9	8	6
4	2	1	11	10	13	7	8	15	9	12	5	6	3	0	14
11	8	12	7	1	14	2	13	6	15	0	9	10	4	5	3

S_6

12	1	10	15	9	2	6	8	0	13	3	4	14	7	5	11
10	15	4	2	7	12	9	5	6	1	13	14	0	11	3	8
9	14	15	5	2	8	12	3	7	0	4	10	1	13	11	6
4	3	2	12	9	5	15	10	11	14	1	7	6	0	8	13

S_7

4	11	2	14	15	0	8	13	3	12	9	7	5	10	6	1
13	0	11	7	4	9	1	10	14	3	5	12	2	15	8	6
1	4	11	13	12	3	7	14	10	15	6	8	0	5	9	2
6	11	13	8	1	4	10	7	9	5	0	15	14	2	3	12

S_8

13	2	8	4	6	15	11	1	10	9	3	14	5	0	12	7
1	15	13	8	10	3	7	4	12	5	6	11	0	14	9	2
7	11	4	1	9	12	14	2	0	6	10	13	15	3	5	8
2	1	14	7	4	10	8	13	15	12	9	0	3	5	6	11

图 3.10 DES 的 S 盒

例如对于 S_1 盒而言,如果输入为 011001,则行是 01(十进制 1,即 S 盒的第 2 行),列 1100(12,即 S 盒的第 13 列),该处的值是 9,转换为二进制数为 1001,即为该 S 盒的输出。

3. 逆初始置换

经过 16 次迭代后,再交换左右 32 位,合并为 64 位作为输入,进行逆初始置换,逆初始置换是初始置换的逆运算,经过逆初始置换后输出即为密文,逆初始置换按照图 3.11 进行置换。

40	8	48	16	56	24	64	32
39	7	47	15	55	23	63	31
38	6	46	14	54	22	62	30
37	5	45	13	53	21	61	29
36	4	44	12	52	20	60	28
35	3	43	11	51	19	59	27
34	2	42	10	50	18	58	26
33	1	41	9	49	17	47	25

图 3.11　逆初始置换

3.5.2　DES 子密钥产生

DES 加密过程共迭代 16 轮,每轮用一个不同的 48 位子密钥。这些子密钥由算法的 56 位密钥产生。DES 算法的输入密钥长度是 64 位,但只用了其中的 56 位,如图 3.12 所示。图中无阴影部分(也就是每行的第 8 位)将被忽略,主要用于奇偶校验,也可随意设置。

1	2	3	4	5	6	7	8
9	10	11	12	13	14	15	16
17	18	19	20	21	22	23	24
25	26	27	28	29	30	31	32
33	34	35	36	37	38	39	40
41	42	43	44	45	46	47	48
49	50	51	52	53	54	55	56
57	58	59	60	61	62	63	64

图 3.12　DES 的输入密码

子密钥的产生过程如图 3.13 所示。

56 位密钥首先经过置换选择 1(见图 3.14)将其位置打乱重排,并将前 28 位作为 C_0(见图 3.14 中的上面部分),后 28 位 D_0(见图 3.14 中的下面部分)。

接下来经过 16 轮,产生 16 个子密钥。每一轮迭代中,C_{i-1} 和 D_{i-1} 循环左移一位或者两位,如图 3.15 所示。C_{i-1} 和 D_{i-1} 循环左移后变为 C_i 和 D_i,将 C_i 和 D_i 合在一起的 56 位,经过置换选择 2(见图 3.16),从中挑出 48 位作为这一轮的子密钥,这个子密钥作为前面介绍的加密函数的一个输入。再将 C_i 和 D_i 循环左移后,使用置换选择 2 产生下一轮的子密钥,如此继续,产生所有 16 个子密钥。

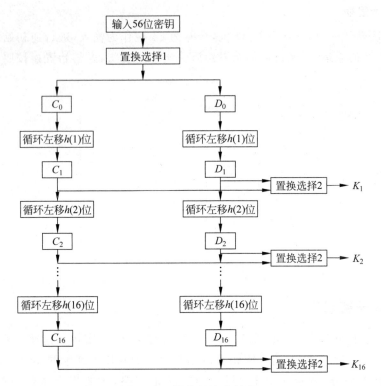

图 3.13　子密钥产生过程

57	49	41	33	25	17	9
1	58	50	42	34	26	18
10	2	59	51	43	35	27
19	11	3	60	52	44	36
63	55	47	39	31	23	15
7	62	54	46	38	30	22
14	6	61	53	45	37	29
21	13	5	28	20	12	4

图 3.14　置换选择 1

迭代轮数	1	2	3	4	5	6	7	8	9	10	11	12	13	14	15	16
移位次数	1	1	2	2	2	2	2	2	1	2	2	2	2	2	2	1

图 3.15　每轮左移次数的规定

14	17	11	24	1	5	3	28
15	6	21	10	23	19	12	4
26	8	16	7	27	20	13	2
41	52	31	37	47	55	30	40
51	45	33	48	44	49	39	56
34	53	46	42	50	36	29	32

图 3.16　置换选择 2

例 3.8 用 DES 加密,明文 $M = (0123456789ABCDEF)_{16} = (00000001\ 00100011\ 01000101$ $01100111\ 10001001\ 10101011\ 11001101\ 11101111)_2$,密钥 $K = (133457799BBCDFF1)_{16} =$ $(00010011\ 00110100\ 01010111\ 01111001\ 10011011\ 10111100\ 11011111\ 11110001)_2$。

加密过程如下所示。

(1) 初始置换。

将明文 M 经过初始置换后分为左右两半。

$L_0 = 11001100\ 00000000\ 11001100\ 11111111$

$R_0 = 11110000\ 10101010\ 11110000\ 10101010$

(2) 第 1 轮迭代运算。

① 先确定子密钥 K_1,将密钥 K 经置换选择 1 得:

$C_0 = 11110000\ 11001100\ 10101010\ 1111$

$D_0 = 01010101\ 01100110\ 01111000\ 1111$

左移 1 位后经过置换选择 2 输出 48 位 K_1。

$K_1 = 00011011\ 00000010\ 11101111\ 11111100\ 01110000\ 01110010$

② 计算加密函数 F。

用扩展置换 E 将 R_0 扩展为 48 位,再和 K_1 异或。

$E(R_0) \oplus K_1 = 01100001\ 00010111\ 10111010\ 10000110\ 01100101\ 00100111$

经 8 个 S 盒输出 32 位。

$S_1(011000) = 0101, S_2(010001) = 1100, S_3(011110) = 1000, S_4(111010) = 0010$

$S_5(100001) = 1011, S_6(100110) = 0101, S_7(010100) = 1001, S_8(100111) = 0111$

经置换函数 P 输出加密函数 F 如下。

$F = 00100011\ 01001010\ 10101001\ 10111011$

③ 由 L_0 和 R_0 计算出 L_1 和 R_1。

$L_1 = R_0 = 11110000\ 10101010\ 11110000\ 10101010$

$R_1 = L_0 \oplus F(R_0, K_1) = 11101111\ 01001010\ 01100101\ 01000100$

因此经过第 1 轮,得到:

$[R_1, L_1] = (EF4A6544F0AAF0AA)_{16}$

进行类似的运算,经过 16 轮后得到的结果是:

$[R_{16}, L_{16}] = (0A4CD99543423234)_{16}$

(3) 逆初始置换。

将第 16 轮输出合并为一个 64 位比特串,经过逆初始置换后得到 64 位密文:

10000101 11101000 00010011 01010100

00001111 00001010 10110100 00000101

3.5.3 DES 解密

DES 解密过程与加密过程在本质上是一致的,加密和解密使用同一个算法,使用相同的步骤和相同的密钥。主要不同点是将密文作为算法的输入,但是逆序使用子密钥 k_i,即第 1 轮使用子密钥 k_{16},第 2 轮使用子密钥 k_{15},最后一轮使用子密钥 k_1。

3.5.4　DES 的强度

从发布时起,DES 就备受争议,很多研究者怀疑它所提供的安全性。争论的焦点主要集中在密钥的长度、迭代次数以及 S 盒的设计等方面。

DES 的安全性依赖于 S 盒。由于 DES 里的所有计算,除去 S 盒,全是线性的。可见 S 盒对密码体制的安全性是非常重要的。但是自从 DES 公布以来,S 盒设计详细标准至今没有公开。因此就有人怀疑 S 盒里隐藏了陷门(Trapdoors)。然而到目前为止也没有任何证据证明 DES 里存在陷门。事实上,后来表明 S 盒是被设计成能够防止差分密码分析的。

1976 年,美国国家安全局(National Security Agency,简写为 NSA)披露了 S 盒的几条设计原则如下:

(1) 每一个 S 盒的每一行是整数 0～15 的一个置换;

(2) 每个 S 盒的输出都不是他的输入的线性或者仿射函数;

(3) 改变 S 盒的一个输入比特,其输出至少有两个比特发生变化

(4) 对如何 S 盒和任何输入 x,$S(x)$ 和 $S(x \oplus 001100)$ 至少有两个比特不同,其中 x 是一个长度为 6 的比特串;

(5) 对如何 S 盒和任何输入 x,以及 $e,f \in \{0,1\}$,$S(x) \neq S(x \oplus 11ef00)$,其中 x 是一个长度为 6 的比特串;

(6) 对如何 S 盒,当它的任一输入位保持不变,其他 5 位输入变化时,输出数字中的 0 和 1 的总数接近相等。

DES 将 Lucifer 算法作为标准,Lucifer 算法的密钥长度为 128 位,但 DES 将密钥长度改为 56 位。56 位密钥共有 $2^{56} = 7.2 \times 10^{16}$ 个可能值,这不能抵抗穷尽密钥搜索攻击。例如在 1997 年,美国科罗拉多州的程序员 Verser 在 Internet 上数万名志愿者的协作下用 96 天的时间找到了密钥长度为 40 位和 48 位的 DES 密钥。1998 年电子边境基金会(EFF)使用一台价值 25 万美元的计算机在 56 小时之内破译了 56 位的 DES。1999 年,电子边境基金会(EFF)通过 Internet 上的十万台计算机合作,仅用 22 小时 15 分钟就破译了 56 位的 DES。因此需要寻找一个算法替代 DES。

另外,DES 存在弱密钥。如果一个密钥所产生的所有子密钥都是一样的,则这个外部密钥就称为弱密钥。DES 算法的子密钥是通过对一个 64 位的外部密钥进行置换得到的。外部密钥输入到 DES 后,经密钥置换后分成两半,每一半各自独立移位。如果每一半的所有位都是 0 或者 1,那么在算法的任意一轮所有的子密钥都是相同的。当主密钥是全 0 全 1,或者一半是全 0、一半是全 1 时,就会发生这种情况。因此,DES 存在弱密钥。

3.5.5　三重 DES

DES 由于安全问题,美国政府于 1998 年 12 月宣布 DES 不再作为联邦加密标准。新的美国联邦加密标准是高级加密标准(ASE)。在新的加密标准实施之前,为了不浪费已有的 DES 算法投资,NIST 在 1999 年发布了一个新版本的 DES 标准(FIPS PUB46-3),该标准指出 DES 仅能用于遗留的系统,同时将三重 DES(3DES)取代 DES 成为新的标准。3DES 明显存在几个优点。首先它的密钥长度是 168 位,足以抵抗穷举攻击。其次,3DES 的底层加密算法与 DES 的加密算法相同,该加密算法比任何其他加密算法受到分析的时间要长得

多,也没有发现有比穷举攻击更有效的密码分析攻击方法。

最简单的多重 DES 加密是用 DES 加密两次,每次用不同的密钥,这就是双重 DES。但双重 DES 不安全,没有被人们使用。图 3.17 是双重 DES 的加密和解密。对于一个明文 M 和两个加密密钥 K_1 和 K_2,加密过程为 $C=E_{K_2}[E_{K_1}[M]]$,解密过程为 $M=D_{K_1}[D_{K_2}[C]]$。密钥总长度为 112 位,似乎密码强度增加了一倍,但由于双重 DES 存在中间相遇攻击,使它的强度跟一个 56 位 DES 强度差不多。

从图 3.17 中可以观察到 $C=E_{K_2}[E_{K_1}[M]]$,则 $X=E_{K_1}[M]=D_{K_2}[C]$。若已知 (M,C),攻击方法如下:先用 2^{56} 个可能的 K_1 加密 M,得到 2^{56} 个可能的值,将这些值从小到大存入一个表中;再对 2^{56} 个可能的 K_2 解密 C,每次做完解密,将所得的值与表中的值比较,如果产生匹配,则它们对应的密钥可能是 K_1 和 K_2。用一个新的明文密文对检测所得两个密钥,如果两密钥产生正确的密文,则它们是正确的密钥。

为防止中间相遇攻击,可以采用 3 次加密方式,如图 3.18 所示。这是使用两个密钥的三重 DES,采用加密-解密-加密(E-D-E)方案。加密为 $C=E_{K_1}[D_{K_2}[E_{K_1}[M]]]$,解密为 $M=D_{K_1}[E_{K_2}[D_{K_1}[C]]]$。要注意的是,加密与解密在安全性上来说是等价的。这种加密方案的攻击代价是 2^{112}。

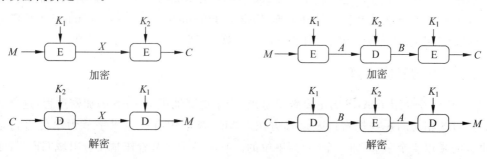

图 3.17　双重 DES　　　　　　　　　　图 3.18　三重 DES

目前还没有针对两个密钥的三重 DES 的实际攻击方法,但是感觉它不太可靠,如果采用三个密钥的三重 DES 则比较让人放心。三个密钥的三重 DES 的密钥长度是 168 位,采用加密-解密-加密(E-D-E)方案。其加密过程为 $C=E_{K_3}[D_{K_2}[E_{K_1}[M]]]$,解密过程为 $M=D_{K_1}[E_{K_2}[D_{K_3}[C]]]$。目前这种加密方式已经被一些网络应用采用,如本书后面章节要讨论的 PGP 和 S/MIME 就采用了这种方案。

3.6　高级加密标准

由于 DES 存在安全问题,而三重 DES 算法运行速度比较慢,三重 DES 迭代的轮数是 DES 的 3 倍,因此速度比 DES 慢很多。三重 DES 的分组长度为 64 位,就效率和安全性而言,分组长度应该更长。这就注定三重 DES 不能成为长期使用的加密标准。为此,美国国家标准技术研究所(NIST)在 1997 年公开征集新的高级加密标准(Advanced Encryption Standards,AES),要求 AES 比 3DES 快而且至少和 3DES 一样安全,并特别提出高级加密标准的分组长度为 128 位的对称分组密码,密钥长度支持 128 位、192 位和 256 位。

1997 年 9 月给出的选择高级加密标准的评估准则如下。

(1) 安全性：由于 AES 最短的密钥长度是 128 位，所以使用目前的技术，穷举攻击是没有任何可能的。因此 AES 应重点考虑是否能抵抗各种密码分析方法的攻击。

(2) 代价：指计算效率方面。NIST 期望 AES 能够广泛应用于各种实际应用，因此要求 AES 必须具有很高的计算效率。

(3) 算法和执行特征：指算法的灵活性、简洁性以及硬件与软件平台的适应性等方面。1998 年 6 月 NIST 共收到 21 个提交的算法，在同年的 8 月首先选出 15 个候选算法。1999 年 NIST 从 15 个 AES 候选算法中遴选出 5 个候选算法，它们是：MARS(由 IBM 公司研究部门的一个庞大团队发布，对它的评价是算法复杂、速度快、安全性高)、RC6(由 RSA 实验室发布，对它的评价是极简单、速度极快、安全性低)、Rijndael(由 Joan Daemen 和 Vincent Rijmen 两位比利时密码专家发布，对它的评价是算法简洁、速度快、安全性好)、Serpent(由 Ross Anderson、Eli Biham 和 Lars Knudsen 发布，对它的评价是算法简洁、速度慢、安全性极高)和 Twofish(由 Counterpane 公司的一个庞大的团队发布，对它的评价是算法复杂、速度极快、安全性高)。从全方位考虑，Rijndael(读成 Rain Doll)汇聚了安全、性能、效率、易用和灵活等优点，使它成为 AES 最合适的选择。在 2000 年 10 月 Rijndael 算法被选为高级加密标准，并于 2001 年 11 月发布为联邦信息处理标准(Federal Information Processing Standard，FIPS)，用于美国政府组织保护敏感信息的一种特殊的加密算法，即 FIPS PUB 197 标准。

3.6.1　AES 的基本运算

第 2 章已经介绍了 AES 的主要数学基础，为了更好地理解 AES 的加密过程，这部分将介绍与 AES 相关的一些规定以及运算方法。AES 算法中有些是以字节为单位进行运算的，也有的是以 4 个字节(即一个字)为单位的。它将一个字节看作是在有限域 $GF(2^8)$ 上的一个元素，将一个字看成是系数取自 $GF(2^8)$，并且次数小于 4 的多项式。

1. AES 中的字节运算

在 AES 中，一个字节是用有限域 $GF(2^8)$ 上的元素表示。有限域上的元素有多种表示方法，AES 主要采用多项式表示。

有限域 $GF(2^8)$ 上的加法定义为二进制多项式的加法，其系数是模 2 相加。此处加法是异或运算(记为 $\oplus$)，$1 \oplus 1 = 0$，$1 \oplus 0 = 1$，$0 \oplus 0 = 0$。因此，多项式减法与多项式加法的规则相同。对于两个字节 $\{a_7 a_6 a_5 a_4 a_3 a_2 a_1 a_0\}$ 和 $\{b_7 b_6 b_5 b_4 b_3 b_2 b_1 b_0\}$，其和为 $\{c_7 c_6 c_5 c_4 c_3 c_2 c_1 c_0\}$，$c_i = a_i \oplus b_i$(即 $c_7 = a_7 \oplus b_7$，$c_6 = a_6 \oplus b_6$，$\cdots$，$c_0 = a_0 \oplus b_0$)。

例如，下述表达式彼此相等。

$$(x^6 + x^4 + x^2 + x + 1) + (x^7 + x + 1) = x^7 + x^6 + x^4 + x^2 \qquad \text{(多项式记法)}$$
$$\{01010111\} \oplus \{10000011\} = \{11010100\} \qquad \text{(二进制记法)}$$
$$\{57\} \oplus \{83\} = \{d4\} \qquad \text{(十六进制记法)}$$

在有限域 $GF(2^8)$ 上的乘法(记为·)定义为多项式的乘积模一个次数为 8 的不可约多项式：

$$m(x) = x^8 + x^4 + x^3 + x + 1$$

用十六进制表示该多项式为 $\{01\}\{1B\}$。

例如, $\{57\} \cdot \{83\} = \{c1\}$, 因为:

$$(x^6 + x^4 + x^2 + x + 1)(x^7 + x + 1)$$
$$= x^{13} + x^{11} + x^9 + x^8 + x^7 + x^7 + x^5 + x^3 + x^2 + x + x^6 + x^4 + x^2 + x + 1$$
$$= x^{13} + x^{11} + x^9 + x^8 + x^6 + x^5 + x^4 + x^3 + 1$$

而 $(x^{13} + x^{11} + x^9 + x^8 + x^6 + x^5 + x^4 + x^3 + 1) \bmod (x^8 + x^4 + x^3 + x + 1) = x^7 + x^6 + 1$

模 $m(x)$ 确保了所得结果是次数小于 8 的二进制多项式, 因此可以用一个字节表示。

如果 $a(x) \cdot b(x) \bmod m(x) = 1$, 则称 $b(x)$ 为 $a(x)$ 的逆元。

在 AES 中的倍乘函数 $x\text{time}()$ 是用多项式 x 乘一个二进制多项式后再模 $m(x)$。

用多项式 x 乘以 $b(x)$ 将得到:

$$b_7 x^8 + b_6 x^7 + b_5 x^8 + b_4 x^8 + b_3 x^4 + b_2 x^3 + b_1 x^2 + b_0 x$$

将上述结果模 $m(x)$ 即可得到 $x \cdot b(x)$ 的结果。如果 $b_7 = 0$, 则该结果已经是模运算后的形式。如果 $b_7 = 1$, 则模运算需要异或多项式 $m(x)$ 完成。由此, 乘 x(即 $\{00000010\}$ 或十六进制 $\{02\}$)可通过字节内左移一位, 紧接着的一个与 $\{1B\}$ 按位异或来实现。将该操作记为 $b = x\text{time}(a)$。通过将中间结果相加, 可以用 $x\text{time}()$ 实现任意常数的乘法。

例如, $\{57\} \cdot \{13\} = \{fe\}$ 因为:

$$\{57\} \cdot \{02\} = x\text{time}(\{57\}) = \{ae\}$$
$$\{57\} \cdot \{04\} = x\text{time}(\{ae\}) = \{47\}$$
$$\{57\} \cdot \{08\} = x\text{time}(\{47\}) = \{8e\}$$
$$\{57\} \cdot \{10\} = x\text{time}(\{8e\}) = \{07\}$$

因此:

$$\{57\} \cdot \{13\} = \{57\} \cdot (\{01\} \oplus \{02\} \oplus \{10\})$$
$$= \{57\} \oplus \{ae\} \oplus \{07\}$$
$$= \{fe\}$$

2. AES 中的字运算

AES 中的 32 位字表示为系数在有限域 $GF(2^8)$ 上的次数小于 4 的多项式。考虑含有 4 个项且系数为有限域元素的多项式, 即:

$$a(x) = a_3 x^3 + a_2 x^2 + a_1 x + a_0$$

它可以表示为如下形式 $[a_0, a_1, a_2, a_3]$ 的字(Word)。注意这里的多项式与前面有限域元素定义中使用的多项式操作不同, 即使这两类多项式均使用相同的变量 x。这里的系数本身就是有限域元素, 即字节(Bytes)而不是位(bits)。另外, 该 4 项多项式的乘法使用了一个不同于前面的模多项式, 将在下面定义。

为说明加法和乘法运算, 令

$$b(x) = b_3 x^3 + b_2 x^2 + b_1 x + b_0$$

为另一个 4 项多项式。加法是对 x 相应次数项的有限域系数进行相加运算。该加法对应于相应字节间的异或运算。

因此:

$$a(x) + b(x) = (a_3 \oplus b_3) x^3 + (a_2 \oplus b_2) x^2 + (a_1 \oplus b_1) x + (a_0 \oplus b_0)$$

乘法要用两步完成。第 1 步, 对多项式相乘的结果 $c(x) = a(x) \cdot b(x)$ 进行代数扩展:

$$c(x) = c_6 x^6 + c_5 x^5 + c_4 x^4 + c_3 x^3 + c_2 x^2 + c_1 x + c_0$$

其中：

$$c_0 = a_0 \cdot b_0 \qquad\qquad\qquad\qquad c_4 = a_3 \cdot b_1 \oplus a_2 \cdot b_2 \oplus a_1 \cdot b_3$$
$$c_1 = a_1 \cdot b_0 \oplus a_0 \cdot b_1 \qquad\qquad c_5 = a_3 \cdot b_2 \oplus a_2 \cdot b_3$$
$$c_2 = a_2 \cdot b_0 \oplus a_1 \cdot b_1 \oplus a_0 \cdot b_2 \qquad c_6 = a_3 \cdot b_3$$
$$c_3 = a_3 \cdot b_0 \oplus a_2 \cdot b_1 \oplus a_1 \cdot b_2 \oplus a_0 \cdot b_3$$

所得结果 $c(x)$ 并没有表示为一个 4 字节的字。因此,乘法的第 2 步是模一个 4 次多项式来化简 $c(x)$,使得结果化简为一个次数小于 4 的多项式。在 AES 算法中,这一模多项式取为 $x^4 + 1$,由于:

$$x^j \bmod (x^4 + 1) = x^{j \bmod 4}$$

则 $a(x)$ 和 $b(x)$ 取模的乘积记为 $a(x) \otimes b(x)$,表示为下述的 4 项多项式 $d(x)$,即:

$$d(x) = d_3 x^3 + d_2 x^2 + d_1 x + d_0$$

其中:

$$d_0 = a_0 \cdot b_0 \oplus a_3 \cdot b_1 \oplus a_2 \cdot b_2 \oplus a_1 \cdot b_3$$
$$d_1 = a_1 \cdot b_0 \oplus a_0 \cdot b_1 \oplus a_3 \cdot b_2 \oplus a_2 \cdot b_3$$
$$d_2 = a_2 \cdot b_0 \oplus a_1 \cdot b_1 \oplus a_0 \cdot b_2 \oplus a_3 \cdot b_3$$
$$d_3 = a_3 \cdot b_0 \oplus a_2 \cdot b_1 \oplus a_1 \cdot b_2 \oplus a_0 \cdot b_3$$

当 $a(x)$ 是一个固定多项式时,等式中定义的运算可以写成矩阵形式,如:

$$\begin{bmatrix} d_0 \\ d_1 \\ d_2 \\ d_3 \end{bmatrix} = \begin{bmatrix} a_0 & a_3 & a_2 & a_1 \\ a_1 & a_0 & a_3 & a_2 \\ a_2 & a_1 & a_0 & a_3 \\ a_3 & a_2 & a_1 & a_0 \end{bmatrix} \begin{bmatrix} b_0 \\ b_1 \\ b_2 \\ b_3 \end{bmatrix}$$

由于 $x^4 + 1$ 不是 $GF(2^8)$ 上的不可约多项式,因此被一个固定的 4 次多项式相乘的乘法不一定可逆。然而,在 AES 算法中选择了一个固定的有逆元的 4 项多项式的乘法,它按照乘法运算有逆元。

$$a(x) = \{03\}x^3 + \{01\}x^2 + \{01\}x + \{02\}$$
$$a^{-1}(x) = \{0b\}x^3 + \{0d\}x^2 + \{09\}x + \{0e\}$$

在 AES 算法的密钥扩展部分中还要用到的另一个多项式(RotWord()函数)为 $a_0 = a_1 = a_2 = \{00\}, a_3 = \{01\}$,即多项式 x^3。该多项式的效果是将输入字中的字节循环移位来得到输出字,即 $[b_0, b_1, b_2, b_3]$ 将变换为 $[b_1, b_2, b_3, b_0]$。

3.6.2　AES 加密

在 Rijndael 算法中,分组长度和密钥长度可以分别是 128 位、192 位和 256 位。而在 AES 中,分组长度只能是 128 位。AES 算法中基本的运算单位是字节,即视为一个整体的 8 比特序列。如果分组长度和密钥长度为 128 位,假如字节数组将表示为如下形式。

$$a_0, a_1, a_2, \cdots, a_{15}$$

其字节排列方式将如图 3.19 所示。

a_0	a_4	a_8	a_{12}
a_1	a_5	a_9	a_{13}
a_2	a_6	a_{10}	a_{14}
a_3	a_7	a_{11}	a_{15}

图 3.19　128 位(16 个字节)的矩阵排列

如果密钥长度(或在 Rijndael 中的明文分组)为 192 位、256 位,组成的两个矩阵如图 3.20 和图 3.21 所示。它们的特点是行数都是 4,列数不同。

a_0	a_4	a_8	a_{12}	a_{16}	a_{20}
a_1	a_5	a_9	a_{13}	a_{17}	a_{21}
a_2	a_6	a_{10}	a_{14}	a_{18}	a_{22}
a_3	a_7	a_{11}	a_{15}	a_{19}	a_{23}

图 3.20   192 位(24 个字节)的矩阵排列

a_0	a_4	a_8	a_{12}	a_{16}	a_{20}	a_{24}	a_{28}
a_1	a_5	a_9	a_{13}	a_{17}	a_{21}	a_{25}	a_{29}
a_2	a_6	a_{10}	a_{14}	a_{18}	a_{22}	a_{26}	a_{30}
a_3	a_7	a_{11}	a_{15}	a_{19}	a_{23}	a_{27}	a_{31}

图 3.21   256 位(32 个字节)的矩阵排列

这些矩阵有 4 行,分组的列数记为 Nb,Nb=分组长度(位)÷32(位)。显然 Nb 可以取的值为 4、6 和 8,分别对应的分组长度为 128 位、192 位和 256 位。类似地密钥的列数记为 Nk,Nk=密钥长度(位)÷32(位)。Nk 可以取的值为 4、6 和 8,对应的密钥长度分别为 128 位、192 位和 256 位。

密码运算的中间结果都是以上面的形式表示,称之为状态(State)数组。AES 将这些中间结果复制到状态(State)数组中。算法的运行过程是将需要加密的分组从一个状态转换为另一个状态,最后该数组被复制到输出矩阵中。如对于 128 位分组,假设加密和解密的初始阶段将输入字节数组 $in_0, in_1, \cdots, in_{15}$ 复制到如图 3.22 所示的状态(State)矩阵中。加密或解密的运算都在该状态矩阵上进行,最后的结果将被复制到输出字节数组 $out_0, out_1, \cdots, out_{15}$。

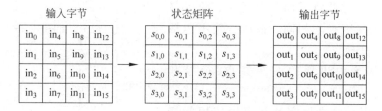

图 3.22   状态矩阵、输入和输出

状态矩阵中每一列的 4 个字节可以看作一个 32 比特字,用行号 r 作为每一个字中 4 个字节的索引。因此状态可以看作 32 比特字(列),$w_0 \cdots w_3$ 的一维数组,用列号 c 表示该数组的索引。在图 3.22 中,该状态可以看作 4 个字组成的数组,如下所示:

$$w_0 = s_{0,0} s_{1,0} s_{2,0} s_{3,0} \qquad w_2 = s_{0,2} s_{1,2} s_{2,2} s_{3,2}$$
$$w_1 = s_{0,1} s_{1,1} s_{2,1} s_{3,1} \qquad w_3 = s_{0,3} s_{1,3} s_{2,3} s_{3,3}$$

在加密和解密的初始阶段,输入数组 in 按照下述规则复制到状态矩阵中。

$$s[r,c] = in[r+4c] \quad 0 \leqslant r < 4 \text{ 且 } 0 \leqslant c < Nb$$

在加密和解密的结束阶段,状态矩阵将按照下述规则被复制到输出数组 out 中。

$$out[r+4c] = s[r,c] \quad 0 \leqslant r < 4 \text{ 且 } 0 \leqslant c < Nb$$

AES 密码是一种迭代式密码结构,但不是 Feistel 密码结构。Rijndael 算法迭代的轮数与分组长度和密钥长度相关。对于 AES 算法,算法的轮数依赖于密钥长度。将轮数表示为 Nr,当 Nk=4 时 Nr=10;当 Nk=6 时 Nr=12;当 Nk=8 时 Nr=14。表 3.5 是 Rijndael 算法不同分组长度和密钥长度对应的迭代轮数列。

表 3.5　Rijndael 算法迭代轮数

	分组长度为 128 位	分组长度为 192 位	分组长度为 256 位
密钥长度为 128 位	10 轮	12 轮	14 轮
密钥长度为 192 位	12 轮	12 轮	14 轮
密钥长度为 256 位	14 轮	14 轮	14 轮

　　当分组长度和密钥长度均为 128 位时,AES
共迭代 10 轮,需要 11 个子密钥。其加密过程如
图 3.23 所示。前面 9 轮完全相同,每轮包括 4 阶
段,分别是字节代换(Byte Substitution)、行移位
(Shift Rows)、列混淆(Mix Columns)和轮密钥加
(Add Round Key),最后一轮只有三个阶段,缺少
列混淆。

　　在加密时,将输入复制到状态矩阵中。经过
初始轮子密钥加后,通过执行 10 轮来变换状态矩
阵,最后状态将被复制到输出。图 3.24 是 AES 加
密算法的伪代码表示,每一个变换如 SubBytes()、
ShiftRows()、MixColumns()和 AddRoundKey()
都作用在状态(State)上,数组 $w[]$ 中包含了密钥
编排得到的密钥,这些将后面部分说明。除了最
后一轮,所有的轮变换均相同。最后一轮不包括
MixColumns()变换。

　　下面是 AES 中出现的一些参数、符号和
函数。

　　AddRoundKey()是加密和解密中使用的变
换,它将一个轮密钥异或到状态上。轮密钥的长
度等于状态的大小(即对于 $Nb=4$,轮密钥长度等
于 128 比特/16 字节)。

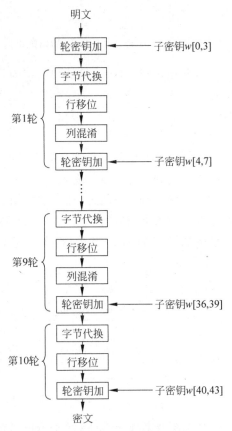

图 3.23　AES 加密过程

InvMixColumns()	解密中使用的变换,是 MixColumns()的逆变换。
InvShiftRows()	解密中使用的变换,是 ShiftRows()的逆变换。
InvSubBytes()	解密中使用的变换,是 SubBytes()的逆变换。
K	密码所使用的秘密密钥。
MixColumns()	加密中使用的变换,以状态的每一列作为输入,混合每一列的数据(彼此独立的)得到新的列。
Nb	状态包含的列(32 比特字)的个数。对于 AES,Nb=4。
Nk	密钥包含的 32 比特字的个数。对于该标准,Nk=4,6 或 8。
Nr	轮数,是 Nk 和 Nb(固定的)的函数。对于该标准,Nr=10,12 或 14(参见第 6.3 节)。
Rcon[]	密钥扩展算法中用到的轮常数。

RotWord()	密钥扩展算法中使用的函数,对 4 字节字进行循环移位。
ShiftRows()	加密中使用的变换,将状态的最后 3 行循环移动不同的位移量。
SubBytes()	加密中使用的变换,利用一个非线性字节替代表(S 盒),独立地对状态的每个字节进行操作。
SubWord()	密钥扩展算法中使用的函数,它以 4 字节字作为输入,对于 4 字节中的每一字节分别应用 S 盒,得到一个输出字。
XOR	异或运算。
$\oplus$	异或运算。
$\otimes$	两个多项式(每一个的度(Degree)均小于 4)相乘再模 $x^4 + 1$。
$\bullet$	有限域上的乘法。

```
Cipher(byte in[4 * Nb],byte out[4 * Nb],word w[Nb * (Nr+1)])
begin
    byte state[4,Nb]

    state=in

    AddRoundKey(state,w[0,Nb-1])

    for round=1 step 1 to Nr-1
        SubBytes(state)
        ShiftRows(state)
        MixColumns(state)
        AddRoundKey(state,w[round * Nb,(round+1) * Nb-1])
    end for

    SubBytes(state)
    ShiftRows(state)
    AddRoundKey(state,w[Nr * Nb,(Nr+1) * Nb-1])

    out=state
end
```

图 3.24　AES 加密算法伪代码

3.6.3　字节代换

字节代换(SubBytes())是非线性的,它独立地将状态中的每个字节利用代换表(S 盒)进行运算。S 盒被设计成能够抵挡所有已知的攻击。该 S 盒(见图 3.25)是由 16×16 个字节组成的矩阵,包含了 8 位值所能表达的 256 种可能的变换。State 中的每个字节按照如下的方式映射为一个新的字节:将该字节的高 4 位作为行值,低 4 位作为列值,然后取出 S 盒中对应行列交叉处的元素作为输出。例如,十六进制{95}对应的 S 盒的行值是 9,列值是 5,S 盒中此处的值是{2A}。因此{95}被映射为{2A}。

S 盒按照如下的方式构造。

(1) 逐行按照上升排列的方式初始化 S 盒。第一行是{00},{01},…,{0F};第二行是{10},{11},…,{1F}等。因此在 x 行 y 列的字节值是{xy}。

(2) 把 S 盒中的每个字节映射为它在有限域 GF(2^8)上的乘法逆;其中,元素{00}映射到它自身{00}。

		y														
		0	1	2	3	4	5	6	7	8	9	A	B	C	D	E	F
	0	63	7C	77	7B	F2	6B	6F	C5	30	01	67	2B	FE	D7	AB	76
	1	CA	82	C9	7D	FA	59	47	F0	AD	D4	A2	AF	9C	A4	72	C0
	2	B7	FD	93	26	36	3F	F7	CC	34	A5	E5	F1	71	D8	31	15
	3	04	C7	23	C3	18	96	05	9A	07	12	80	E2	EB	27	B2	75
	4	09	83	2C	1A	1B	6E	5A	A0	52	3B	D6	B3	29	E3	2F	84
	5	53	D1	00	ED	20	FC	B1	5B	6A	CB	BE	39	4A	4C	58	CF
	6	D0	EF	AA	FB	43	4D	33	85	45	F9	02	7F	50	3C	9F	A8
x	7	51	A3	40	8F	92	9D	38	F5	BC	B6	DA	21	10	FF	F3	D2
	8	CD	0C	13	EC	5F	97	44	17	C4	A7	7E	3D	64	5D	19	73
	9	60	81	4F	DC	22	2A	90	88	46	EE	B8	14	DE	5E	0B	DB
	A	E0	32	3A	0A	49	06	24	5C	C2	D3	AC	62	91	95	E4	79
	B	E7	C8	37	6D	8D	D5	4E	A9	6C	56	F4	EA	65	7A	AE	08
	C	BA	78	25	2E	1C	A6	B4	C6	E8	DD	74	1F	4B	BD	8B	8A
	D	70	3E	B5	66	48	03	F6	0E	61	35	57	B9	86	C1	1D	9E
	E	E1	F8	98	11	69	D9	8E	94	9B	1E	87	E9	CE	55	28	DF
	F	8C	A1	89	0D	BF	E6	42	68	41	99	2D	0F	B0	54	BB	16

图 3.25　S 盒

（3）把 S 盒中的每个字节表示为 $(b_7,b_6,b_5,b_4,b_3,b_2,b_1,b_0)$ 8 位，对 S 盒中的每个字节中的每个位做如下变换：

$$b'_i = b_i \oplus b_{(i+4) \bmod 8} \oplus b_{(i+5) \bmod 8} \oplus b_{(i+6) \bmod 8} \oplus b_{(i+7) \bmod 8} \oplus c_i$$

其中，对于 $0 \leqslant i < 8$，b_i 是字节的第 i 位，c_i 是值为 $\{63\}$ 或 $\{01100011\}$ 的字节 c 的第 i 位。在此处和其他地方，在变量的右上角做标记（如 b'）表示该变量将用右侧的值更新。AES 按照如下的方式用矩阵描述 S 盒的变换。

$$
\begin{bmatrix} b'_0 \\ b'_1 \\ b'_2 \\ b'_3 \\ b'_4 \\ b'_5 \\ b'_6 \\ b'_7 \end{bmatrix}
=
\begin{bmatrix}
1 & 0 & 0 & 0 & 1 & 1 & 1 & 1 \\
1 & 1 & 0 & 0 & 0 & 1 & 1 & 1 \\
1 & 1 & 1 & 0 & 0 & 0 & 1 & 1 \\
1 & 1 & 1 & 1 & 0 & 0 & 0 & 1 \\
1 & 1 & 1 & 1 & 1 & 0 & 0 & 0 \\
0 & 1 & 1 & 1 & 1 & 1 & 0 & 0 \\
0 & 0 & 1 & 1 & 1 & 1 & 1 & 0 \\
0 & 0 & 0 & 1 & 1 & 1 & 1 & 1
\end{bmatrix}
\begin{bmatrix} b_0 \\ b_1 \\ b_2 \\ b_3 \\ b_4 \\ b_5 \\ b_6 \\ b_7 \end{bmatrix}
\oplus
\begin{bmatrix} 1 \\ 1 \\ 0 \\ 0 \\ 0 \\ 1 \\ 1 \\ 0 \end{bmatrix}
$$

还是用 $\{95\}$ 作为输入，可以计算出 $\{95\}$ 在 $\mathrm{GF}(2^8)$ 上的逆为 $\{8A\}$，用二进制表示为 10001010，代入上述变换有：

$$
\begin{bmatrix}
1 & 0 & 0 & 0 & 1 & 1 & 1 & 1 \\
1 & 1 & 0 & 0 & 0 & 1 & 1 & 1 \\
1 & 1 & 1 & 0 & 0 & 0 & 1 & 1 \\
1 & 1 & 1 & 1 & 0 & 0 & 0 & 1 \\
1 & 1 & 1 & 1 & 1 & 0 & 0 & 0 \\
0 & 1 & 1 & 1 & 1 & 1 & 0 & 0 \\
0 & 0 & 1 & 1 & 1 & 1 & 1 & 0 \\
0 & 0 & 0 & 1 & 1 & 1 & 1 & 1
\end{bmatrix}
\begin{bmatrix} 0 \\ 1 \\ 0 \\ 1 \\ 0 \\ 0 \\ 0 \\ 1 \end{bmatrix}
\oplus
\begin{bmatrix} 1 \\ 1 \\ 0 \\ 0 \\ 0 \\ 1 \\ 1 \\ 0 \end{bmatrix}
=
\begin{bmatrix} 1 \\ 0 \\ 1 \\ 1 \\ 1 \\ 1 \\ 1 \\ 1 \end{bmatrix}
\oplus
\begin{bmatrix} 1 \\ 1 \\ 0 \\ 0 \\ 0 \\ 1 \\ 1 \\ 0 \end{bmatrix}
=
\begin{bmatrix} 0 \\ 1 \\ 1 \\ 1 \\ 1 \\ 0 \\ 0 \\ 0 \end{bmatrix}
$$

结果为 00101010,用十六进制表示为{2A},与前面查表所得结果一样。

3.6.4　行移位

行移位(ShiftRows())是一个简单的置换,在行移位变换中,对 State 的各行进行循环左移位,State 的第一行保持不变,第二行循环左移一个字节,第三行循环左移两个字节,第四行循环左移三个字节,如图 3.26 所示。

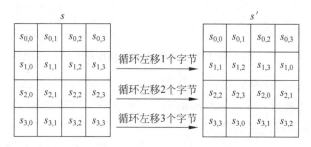

图 3.26　对 State 的各行移位

对 Rijndael 而言,分组长度是 128 位、196 位或 256 位。移位的字节数与分组的大小有关系。后三行的左移量 C_1、C_2、C_3 与分组长度 Nb(矩阵的列数)的关系如表 3.6 所示。

表 3.6　移位值

Nb	C_1	C_2	C_3
4	1	2	3
6	1	2	3
8	1	3	4

3.6.5　列混淆

列混淆(MixColumns())变换在 State 上按照每一列(即对一个字)进行运算,并将每一列看作 4 次多项式,即将 State 的列看作 GF(2^8)上的多项式且被一个固定的多项式 $a(x)$ 模 x^4+1 乘,$a(x)$ 为:

$$a(x) = \{03\}x^3 + \{01\}x^2 + \{01\}x + \{02\}$$

这可以写成矩阵乘法。令 $s'(x)=a(x)\otimes s(x)$:

$$\begin{bmatrix} s'_{0,c} \\ s'_{1,c} \\ s'_{2,c} \\ s'_{3,c} \end{bmatrix} = \begin{bmatrix} 02 & 03 & 01 & 01 \\ 01 & 02 & 03 & 01 \\ 01 & 01 & 02 & 03 \\ 03 & 01 & 01 & 02 \end{bmatrix} \begin{bmatrix} s_{0,c} \\ s_{1,c} \\ s_{2,c} \\ s_{3,c} \end{bmatrix} \quad 0 \leqslant c < \text{Nb}$$

经过该乘法计算后,一列中的 4 个字节将由下述结果取代:

$$s'_{0,c} = (\{02\} \cdot s_{0,c}) \oplus (\{03\} \cdot s_{1,c}) \oplus s_{2,c} \oplus s_{3,c}$$
$$s'_{1,c} = s_{0,c} \oplus (\{02\} \cdot s_{1,c}) \oplus (\{03\} \cdot s_{2,c}) \oplus s_{3,c}$$
$$s'_{2,c} = s_{0,c} \oplus s_{1,c} \oplus (\{02\} \cdot s_{2,c}) \oplus (\{03\} \cdot s_{3,c})$$
$$s'_{3,c} = (\{03\} \cdot s_{0,c}) \oplus s_{1,c} \oplus s_{2,c} \oplus (\{02\} \cdot s_{3,c})$$

图 3.27 为列混淆变换示意图。

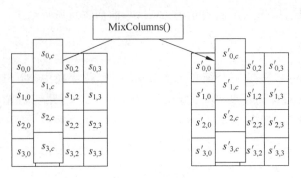

图 3.27 列混淆变换示意图

例 3.9　假设 State 矩阵的第一列分别是 $s_{0,0}=\{87\}$，$s_{1,0}=\{6E\}$，$s_{2,0}=\{46\}$，$s_{3,0}=\{A6\}$。经过列混淆变换后，$s_{0,0}=\{87\}$ 映射为 $s_{0,0}'=\{47\}$，试计算验证这一结果。

第 1 列第 1 个字节的代换方程为：

$$(\{02\}\cdot\{87\})\oplus(\{03\}\cdot\{6E\})\oplus\{46\}\oplus\{A6\}=\{47\}$$

下面验证上面等式成立。用多项式表示为：

$$\{02\}=x$$
$$\{87\}=x^7+x^2+x+1$$

那么：

$$x\cdot(x^7+x^2+x+1)=x^8+x^3+x^2+x$$

再模一个次数为 8 的不可约多项式：

$$m(x)=x^8+x^4+x^3+x+1$$
$$(x^8+x^3+x^2+x)\bmod(x^8+x^4+x^3+x+1)=x^4+x^2+1$$

写成二进制形式为 00010101。

同样可以计算出 $\{03\}\cdot\{6E\}=10110010$，$\{46\}=01000110$，$\{A6\}=10100110$。因此 $(\{02\}\cdot\{87\})\oplus(\{03\}\cdot\{6E\})\oplus\{46\}\oplus\{A6\}$ 计算结果为：

$$
\begin{array}{r}
0001\ 0101\\
1011\ 0010\\
0100\ 0110\\
\oplus\quad 1010\ 0110\\
\hline
0100\ 0111\quad=\{47\}
\end{array}
$$

3.6.6　轮密钥加

在轮密钥加(AddRoundKey())变换中，128 位的 State 按位与 128 位子密钥异或。可以将这种操作看成是 State 一列中的 4 个字节与轮密钥的一个字进行异或；也可以看成是两者之间的字节异或。

3.6.7　AES 的密钥扩展

如果分组长度和密钥长度都是 128 位，AES 的加密算法共迭代 10 轮，需要 11 个子密钥。AES 的密钥扩展的目的是将输入的 128 位密钥扩展成 11 个 128 位的子密钥。AES 的密钥扩展算法是以字为一个基本单位,而不是以位为操作对象。一个字等于 4 个字节,共 32 位,刚好是密钥矩阵的一列。因此 4 个字(128 位)密钥需要扩展成 11 个子密钥,共 44 个字。若 Nr 表示加密算法轮数,那么密钥扩展总共生成 Nb(Nr+1)个字,并需要一个 Nb 个字组成的初始集合(即原始密钥),为每一轮产生 Nb 个字的子密钥。扩展后的密钥编排结果由一个 4 字节字的线性数组组成,记为 $[w_i]$,其中 $0 \leqslant i < Nb(Nr+1)$。图 3.28 是 AES 的密钥扩展算法的伪码表示。

```
KeyExpansion(byte key[4 * Nk],work w[Nb * (Nr+1)],Nk)
begin
    word temp
    i=0
    while(i<Nk)
        w[i]=word(key[4 * i],key[4 * i+1],key[4 * i+2],key[4 * i+3])
        i=i+1
    end while
    i=Nk
    while(i<Nb * (Nr+1))
        temp=w[i-1]
        if(i mod Nk=0)
            temp=SubWord(RotWord(temp))xor Rcon[i/Nk]
        else if(Nk>6 and i mod Nk=4)
            temp=SubWord(temp)
        end if
        w[i]=w[i-Nk]xor temp
        i=i+1
    end while
end
```

图 3.28　AES 密钥扩展伪代码

SubWord()函数将接受一个 4 字节输入字,对每一个字节应用 S 盒得到输出字。函数 RotWord()接受字 $[a_0,a_1,a_2,a_3]$ 作为输入,执行循环移位后返回字 $[a_1,a_2,a_3,a_0]$。轮常数字数组 $Rcon[i]$,包含了由 $[x^{i-1},\{00\},\{00\},\{00\}]$ 给定的值(注意这里的 i 从 1 开始,而不是 0),x^{i-1} 是有限域 $GF(2^8)$ 上 $x(x$ 记为 $\{02\})$ 的指数幂。

如图 3.28 所示,第一个子密钥的 Nk 个字由密码的原始密钥直接填充。接下来的每个字 $w[i]$,等于其前一个字 $w[i-1]$ 与 Nk 个位置之前的字 $w[i-Nk]$ 的异或。对于 Nk 的整数倍位置的字,在异或之前,要对 $w[i-1]$ 进行一次变换,该变换先进行一次字的字节左循环移位(RotWord()),然后再做一次字节替代变换(SubWord()),即对字中的 4 个字节应用查表。再异或一个轮常数。

需要注意 256 比特密钥(Nk=8)的密钥扩展程序与 128 比特和 192 比特密钥的扩展程序稍有不同。如果 Nk=8 且 $i-4$ 是 Nk 的整数倍,异或之前对 $w[i-1]$ 要做一次字节替代(SubWord())变换。

下面以 Nk=4(即密钥为 128 位)为例,先概括 AES 的密钥扩展过程,随后将给出密钥扩展的例子。

密钥扩展过程如下。

(1) 将输入密钥直接复制到扩展密钥数组的前 4 个字中,得到 $w[0]$、$w[1]$、$w[2]$、$w[3]$。

（2）然后每次用 4 个字填充扩展密钥数组 w 的余下部分，$w[i]$ 值依赖于 $w[i-1]$ 和 $w[i-4]$，$i \geqslant 4$。

（3）当数组 w 下标不是 4 的倍数时，$w[i]$ 值为 $w[i-1]$ 和 $w[i-4]$ 的异或。

（4）当数组 w 下标为 4 的倍数时，按照下面方法计算：

① 将 w_{i-1} 的一个字的 4 个字节循环左移一个字节，即将输入字 $[b_0, b_1, b_2, b_3]$ 变为 $[b_1, b_2, b_3, b_0]$。

② 用 S 盒对输入字的每个字节进行字节代换。

③ 将 w_{i-4} 异或步骤①和步骤②的结果，再与轮常数 $Rcon[i]$ 相异或。

轮常数 $Rcon[i]$ 是一个字，这个字的最右边三个字节总是 0。因此与轮常数的一个字异或，其结果是与该字最左边的那个字节相异或。每轮的轮常数均不同，其定义为 $Rcon[i] = (RC[i], \{00\}, \{00\}, \{00\})$，其中 $RC[1] = \{01\}$，$RC[i] = \{02\} \cdot (RC[i-1])$，用多项式表示为 $RC[i] = x \cdot (RC[i-1]) = x^{i-1}$，$i \geqslant 2$。

字节用十六进制表示，同时理解为 $GF(2^8)$ 上的元素。x^{i-1} 为 $GF(2^8)$ 中的多项式 x 的 $i-1$ 次方所对应的字节。考虑 x 对应的字节为 $\{02\}$，轮常数也可以写为：

$$Rcon[i] = ((02)^{i-1}, \{00\}, \{00\}, \{00\})$$

前 10 个轮常数 $RC[i]$ 的值如表 3.7 所示，对应的 $Rcon[i]$ 如表 3.8 所示。

表 3.7　$RC[i]$

i	1	2	3	4	5	6	7	8	9	10
$RC[i]$	01	02	04	08	10	20	40	80	1B	36

表 3.8　$Rcon[i]$

i	1	2	3	4	5
$Rcon[i]$	01000000	02000000	04000000	08000000	10000000
i	6	7	8	9	10
$Rcon[i]$	2000000	40000000	80000000	1B000000	36000000

例 3.10　AES 的加密密钥为 2B 7E 15 16 28 AE D2 A6 AB F7 15 88 09 CF 4F3C，$Nk=4$，写出扩展后前三个子密钥。

直接得到第一个子密钥的 4 个字为 $w[0] = 2B7E1516$，$w[1] = 28AED2A6$，$w[2] = ABF71588$，$w[3] = 09CF43C$。第二个和第三个子密钥扩展如表 3.9 所示。

表 3.9　密钥扩展例子

i	$w[i-1]$	RotWord() 后	SubWord() 后	$Rcon[i/Nk]$	与 $Rcon$ 异或后	$w[i-Nk]$	$w[i]=w[i-1] \oplus w[i-Nk]$
4	09CF4F3C	CF4F3C09	8A84EB01	01000000	8B84EB01	2B7E1516	A0FAFE17
5	A0FAFE17					28AED2A6	88542CB1
6	88542CB1					ABF71588	23A33939
7	23A33939					09CF4F3C	2A6C7605
8	2A6C7605	6C76052A	50386BE5	02000000	52386BE5	A0FAFE17	F2C29512
9	F2C29512					88542CB1	7A96B943
10	7A96B943					23A33939	5935807A
11	5935807A					2A6C7605	7359F67F

3.6.8　AES 解密算法

AES 解密算法是 AES 加密算法的逆变换,其结构类似于加密算法。解密算法和加密算法轮结构的顺序不同。但是加密和解密算法中的密钥编排形式相同。在加密过程中,其轮结构是字节代换、行移位、列混淆和轮密钥加。在解密过程中,其轮结构是逆向行移位、逆向字节代换、轮密钥加和逆向列混淆。图 3.29 描述了解密算法的伪代码。

```
InvCipher(byte in[4 * Nb],byte out[4 * Nb],word w[Nb * (Nr+1)])
begin
    byte state[4,Nb]

    state＝in

    AddRoundKey(state,w[Nr * Nb,(Nr+1) * Nb−1])

    for round＝Nr−1 step−1 downto 1
        InvShiftRows(state)
        InvSubBytes(state)
        AddRoundKey(state,w[round * Nb,(round+1) * Nb−1])
        InvMixColumns(state)
    end for

    InvShiftRows(state)
    InvSubBytes(state)
    AddRoundKey(state,w[0,Nb−1])

    out＝state
end
```

图 3.29　AES 解密算法的伪代码

1. 逆向行移位

逆向行移位(InvShiftRows())是行移位(ShiftRows())的逆变换。对 State 的各行按照一定量进行循环移位。当 Nb＝4 或者 6 时,第 0 行不移位;第 1 行循环右移 1 位;第 2 行循环右移 2 位;第 3 行循环右移 3 位。

2. 逆向字节代换

逆向字节代换(InvSubBytes())是字节代换(SubBytes())的逆变换,对 State 的每个字节应用逆 S 盒进行代换。逆字节替代变换中使用的逆 S 盒如图 3.30 所示。

3. 轮密钥加

轮密钥加变换,其逆变换就是它本身,因为其中只应用了异或运算。

4. 逆向列混淆

逆向列混淆(InvMixColumns())是列混淆(MixColumns())的逆变换。逆向列混淆在 State 上对每一列进行运算,将 State 的列看作 GF(2^8)上的多项式且被一个固定的多项式 $a^{-1}(x)$模 x^4+1 乘,$a^{-1}(x)$为:

$$a^{-1}(x) = \{0b\}x^3 + \{0d\}x^2 + \{09\}x + \{0e\}$$

		y															
		0	1	2	3	4	5	6	7	8	9	A	B	C	D	E	F
x	0	52	09	6A	D5	30	36	A5	38	BF	40	A3	9E	81	F3	D7	FB
	1	7C	E3	39	82	9B	2F	FF	87	34	8E	43	44	C4	DE	E9	CB
	2	54	7B	94	32	A6	C2	23	3D	EE	4C	95	0B	42	FA	C3	4E
	3	08	2E	A1	66	28	D9	24	B2	76	5B	A2	49	6D	8B	D1	25
	4	72	F8	F6	64	86	68	98	16	D4	A4	5C	CC	5D	65	B6	92
	5	6C	70	48	50	FD	ED	B9	DA	5E	15	46	57	A7	8D	9D	84
	6	90	D8	AB	00	8C	BC	D3	0A	F7	E4	58	05	B8	B3	45	06
	7	D0	2C	1E	8F	CA	3F	0F	02	C1	AF	BD	03	01	13	8A	6B
	8	3A	91	11	41	4F	67	DC	EA	97	F2	CF	CE	F0	B4	E6	73
	9	96	AC	74	22	E7	AD	35	85	E2	F9	37	E8	1C	75	DF	6E
	A	47	F1	1A	71	1D	29	C5	89	6F	B7	62	0E	AA	18	BE	1B
	B	FC	56	3E	4B	C6	D2	79	20	9A	DB	C0	FE	78	CD	5A	F4
	C	1F	DD	A8	33	88	07	C7	31	B1	12	10	59	27	80	EC	5F
	D	60	51	7F	A9	19	B5	4A	0D	2D	E5	7A	9F	93	C9	9C	EF
	E	A0	E0	3B	4D	AE	2A	F5	B0	C8	EB	BB	3C	83	53	99	61
	F	17	2B	04	7E	BA	77	D6	26	E1	69	14	63	55	21	0C	7D

图 3.30　逆 S 盒

可以写成矩阵乘法。令 $s'(x) = a^{-1}(x) \otimes s(x)$：

$$\begin{bmatrix} s'_{0,c} \\ s'_{1,c} \\ s'_{2,c} \\ s'_{3,c} \end{bmatrix} = \begin{bmatrix} 0e & 0b & 0d & 09 \\ 09 & 0e & 0b & 0d \\ 0d & 09 & 0e & 0b \\ 0b & 0d & 09 & 0e \end{bmatrix} \begin{bmatrix} s_{0,c} \\ s_{1,c} \\ s_{2,c} \\ s_{3,c} \end{bmatrix} \quad 0 \leqslant c < Nb$$

经过该乘法计算后，一列中的 4 个字节将由下述结果取代：

$$s'_{0,c} = (\{0e\} \cdot s_{0,c}) \oplus (\{0b\} \cdot s_{1,c}) \oplus (\{0d\} \cdot s_{2,c}) \oplus (\{09\} \cdot s_{3,c})$$

$$s'_{1,c} = (\{09\} \cdot s_{0,c}) \oplus (\{0e\} \cdot s_{1,c}) \oplus (\{0b\} \cdot s_{2,c}) \oplus (\{0d\} \cdot s_{3,c})$$

$$s'_{2,c} = (\{0d\} \cdot s_{0,c}) \oplus (\{09\} \cdot s_{1,c}) \oplus (\{0e\} \cdot s_{2,c}) \oplus (\{0b\} \cdot s_{3,c})$$

$$s'_{3,c} = (\{0b\} \cdot s_{0,c}) \oplus (\{0d\} \cdot s_{1,c}) \oplus (\{09\} \cdot s_{2,c}) \oplus (\{0e\} \cdot s_{3,c})$$

3.6.9　等价的解密变换

在第 3.6.8 节描述的解密算法中，其各个变换的操作顺序与加密算法不同，但是加密和解密算法中的密钥编排形式相同。其缺点是对同时要求加密和解密的应用而言，需要两个不同的软件或者固件模块。因此，需要构造一个等价的解密算法，解密时各个变换的操作顺序与加密（由逆向变换取代原来的变换）相同。为了达到这个要求，需要对密钥扩展进行改进。

通过两处改进可以使解密算法结构和加密算法结构一致。前面已经提到，加密算法和解密算法的轮结构顺序不同，如果将解密轮中的前两个变换阶段交换，后两个变换阶段也交换就能保证解密算法结构和加密算法结构相同。

1. 交换逆向行移位和逆向字节代换

字节代换和行移位的顺序不影响结果。先进行行字节代换，再进行行移位等价于先进行行移位，再进行字节代换。对于逆向行移位和逆向字节代换同样成立，因此可以将这两个操作交换。

2. 交换轮密钥加和逆向列混淆

轮密钥加和逆向列混淆并不改变 State 中的字节顺序。如果将密钥看成是字的序列，那么轮密钥加和逆向列混淆每次都是对 State 的一列进行操作。列混淆(MixColumns())和逆向列混淆(InvMixColumns())运算是关于列输入的线性变换，那么：

$$\text{InvMixColumns}(\text{State} \oplus \text{Round Key}) =$$
$$\text{InvMixColumns}(\text{State}) \oplus \text{InvMixColumns}(\text{Round Key})$$

这表明密钥加和逆向列混淆可以互换，只要将解密中密钥编排得到的密钥列(字)应用InvMixColumns()变换进行修改即可。

等价的解密算法如图 3.31 所示。算法将 InvSubBytes()变换和 InvShiftRows()变换的顺序反转过来，同时当利用 InvMixColumns()变换时，修改了 $1 \sim \text{Nr} - 1$ 轮的解密密钥编排结果后，并将"轮循环"中使用的 AddRoundKey()变换和 InvMixColumns()变换的顺序反转。解密密钥编排结果的第一个和最后一个 Nb 字将不使用该方式进行修改。字数组 dw[ ]中包含了修改过的解密密钥编排结果。图 3.31 中也显示了我们对密钥扩展程序的修改。

```
EqInvCipher(byte in[4 * Nb], byte out[4 * Nb], word dw[Nb * (Nr+1)])
begin
    byte state[4, Nb]

    state = in

    AddRoundKey(state, dw[Nr * Nb, (Nr+1) * Nb-1])

    for round = Nr-1 step -1 downto 1
        InvSubBytes(state)
        InvShiftRows(state)
        InvMixColumns(state)
        AddRoundKey(state, dw[round * Nb, (round+1) * Nb-1])
    end for

    InvSubBytes(state)
    InvShiftRows(state)
    AddRoundKey(state, dw[0, Nb-1])

    out = state
end
下面的伪代码加在密钥扩展算法后面：
    for i = 0 step 1 to (Nr+1) * Nb-1
        dw[i] = w[i]
    end for

    for round = 1 step 1 to Nr-1
        InvMixColumns(dw[round * Nb, (round+1) * Nb-1])
    end for
```

图 3.31　AES 等价解密算法

3.6.10　AES 的安全性

AES 的设计的各个方面都使它具有能够抵抗所有已知攻击的能力。AES 的轮函数设计为基于宽轨迹策略(Wide Trail Strategy)，这种设计策略是针对差分密码分析和线性密码分析的。AES 的轮函数设计主要包括两个设计准则：其一是选择差分均匀性比较小和非线性度比较高的 S 盒；其二是适当选择线性变换，使得固定轮数中的活动 S 盒的个数尽可能多。如果差分特征(或线性逼近)中某一轮的活动 S 盒的个数比较少，那么下一轮中的活动 S 盒的个数就必须要多一些。宽轨迹策略的最大优点是可以估计算法的最大差分特征概率和最大线性逼近概率，由此可以评估算法抵抗差分密码分析和线性密码分析的能力。另外 AES 的密钥长度也足以抵抗穷举密钥攻击。并且 AES 算法对密钥的选择没有任何限制，还没有发现弱密钥和半弱密的存在。

3.7　中国商用对称密码算法——SM4

SM4 原名为 SM4，是由国家密码管理局于 2012 年 3 月发布的对称加密算法，具有较好的抗破解能力。SM4 是分组对称密码算法，分组长度和密钥长度为 128 比特。SM4 算法的 S 盒设计已经达到欧美分组密码标准算法 S 盒的设计水准，具有较好平衡性和非线性，但其算法的整体安全特性还有待进一步研究。SM4 算法的提出，无论是对无线局域网产业还是对商用密码研究都有非常重要的意义，极大地推进了对密码算法的研究及其开发本土化的进程。

3.7.1　SM4 加密

SM4 算法是一个采用非均衡的 Feistel 结构的分组算法，分组长度为 128 位，密钥长度也为 128 位。SM4 算法中数据处理单位包括字和字节，一个字为 4 个字节，每个字节为 8 比特系列，一个字为 32 比特序列。加密算法与密钥扩展算法都采用 32 轮非线性迭代结构，明文和密文分组都用字表示，128 为分组明文和密文表示 4 个 32 比特的字，明文记为 X_0，X_1，X_2，X_3 4 个字，密文记为 Y_0，Y_1，Y_2，Y_3。SM4 算法与 DES 一样采用 Feistel 结构，但 SM4 算法左右两边是不均衡的，例如，一边为 1 个字，另一边则为 3 个字，下一轮则反过来。加密过程如图 3.32 所示。128 位明文分组用 4 个字表示，经过 32 轮迭代后，再进行反序变换，输出即为密文。

1. 基本运算

SM4 算法中，采用了两种基本运算："$\oplus$"表示 32 比特异或运算，"$<<<i$"表示 32 比特循环左移 i 位。

2. SM4 每轮结构

SM4 每轮的结构如图 3.33 所示。上一轮的数据$(X_{i-1}, X_i, X_{i+1}, X_{i+2})$，$i=1, 2, \cdots$，32。循环左移 32 位即 1 个字，然后利用加密函数(又称轮函数)F，得到 $X_{i+3}=F(X_{i-1}, X_i, X_{i+1}, X_{i+2}, rk_{i-1})$。因此，此轮输出$(X_i, X_{i+1}, X_{i+2}, X_{i+3})$作为下一轮迭代的输入。如此迭代 32 轮后，得到输出数据为$(X_{32}, X_{33}, X_{34}, X_{35})$。再做反序变换 R，得到最终密文：$(Y_0, Y_1, Y_2, Y_3)=R(X_{32}, X_{33}, X_{34}, X_{35})=(X_{35}, X_{34}, X_{33}, X_{32})$。

3. 加密函数 F

加密函数 F 为 $F(X_{i-1}, X_i, X_{i+1}, X_{i+2}, rk_{i-1})=X_{i-1}\oplus T(X_i\oplus X_{i+1}\oplus X_{i+2}\oplus rk_{i-1})$，其中合成置换 T 是一个可逆变换，由非线性变换 τ 和线性变换 L 构成，rk_{i-1} 为轮密钥。加密

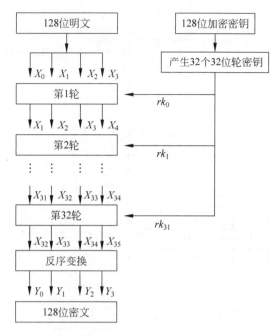

图 3.32　SM4 加密算法

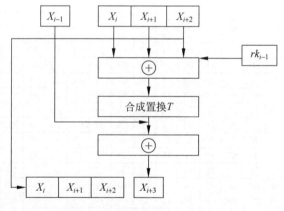

图 3.33　SM4 加密每轮结构

函数 F 的计算过程为：输入数据的 X_{i-1} 与合成置换 T 的输出做异或运算即可。合成置换 T 的过程如图 3.34 所示。

τ 是由 4 个相同的八进八出 S 盒并置而成，每一轮 $X_i \oplus X_{i+1} \oplus X_{i+2} \oplus rk_{i-1}$ 进行计算后，假设得到结果记为 32 位的 $A=(a_0,a_1,a_2,a_3)$，a_0、a_1、a_2、a_3 每个 8 位，分为 4 组进入 S 盒，输出为 $B=(b_0,b_1,b_2,b_3)=\tau(A)=(S(a_0),S(a_1),S(a_2),S(a_3))$。

S 盒为固定的 8 比特输入 8 比特输出的置换，记为 S(.)，如图 3.35 所示。S 盒中的数据都是通过十六进制表示的，它的置换规则是：以输入的前半字节为行号，后半字节为列号，行列交叉点处的数据即为输出。

举例：若输入"ef"，则经 S 盒后的值为表中第 e 行和第 f 列的值，S(ef)=84。

非线性变换 τ 的输出是线性变换 L 的输入。设输入为 B，单位为字，输出为 C，单位为字。则 $C=L(B)=B \oplus (B \lll 2) \oplus (B \lll 10) \oplus (B \lll 18) \oplus (B \lll 24)$。

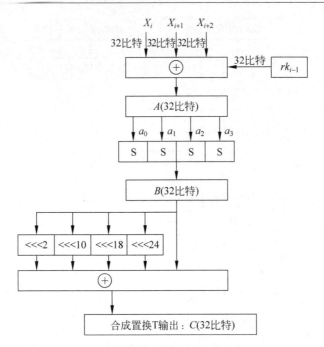

图 3.34　合成置换 T

	0	1	2	3	4	5	6	7	8	9	a	b	c	d	e	f
0	d6	90	e9	fe	cc	e1	3d	b7	16	b6	14	c2	28	fb	2c	05
1	2b	67	9a	76	2a	be	04	c3	aa	44	13	26	49	86	06	99
2	9c	42	50	f4	91	ef	98	7a	33	54	0b	43	ed	cf	ac	62
3	e4	b3	1c	a9	c9	08	e8	95	80	df	94	fa	75	8f	3f	a6
4	47	07	a7	fc	f3	73	17	ba	83	59	3c	19	e6	85	4f	a8
5	68	6b	81	b2	71	64	da	8b	f8	ed	0f	4b	70	56	9d	35
6	1e	24	0e	5e	63	58	d1	a2	25	22	7c	3b	01	21	78	87
7	d4	00	46	57	9f	d3	27	52	4c	36	02	e7	a0	c4	c8	9e
8	ea	bf	8a	d2	40	c7	38	b5	a3	f7	f2	ce	D	61	15	a1
9	e0	ae	5d	a4	96	34	1a	55	ad	93	32	30	f5	8c	b1	e3
a	1d	f6	e2	2e	82	66	ca	60	c0	29	23	ab	0d	53	4e	6f
b	d5	db	37	45	de	fd	8e	2f	03	ff	6a	72	6d	6c	5b	51
c	8d	1b	af	92	bb	dd	bc	7f	11	d9	5c	41	1f	10	5a	d8
d	0a	c1	31	88	a5	cd	7b	bd	2d	74	d0	12	b8	e5	b4	b0
e	89	69	97	4a	0c	96	77	7e	65	b9	f1	09	c5	6e	c6	84
f	18	f0	7d	ec	3a	dc	4d	20	79	ee	5f	3e	d7	cb	39	48

图 3.35　SM4 的 S 盒

3.7.2　密钥扩展算法

SM4 加密算法的轮密钥由加密密钥通过密钥扩展算法生成。加密密钥由 4 个字,128 位组成,表示为 MK=(MK$_0$,MK$_1$,MK$_2$,MK$_3$),其中 MK$_i$(i=0,1,2,3)为字。轮密钥表示为(rk$_0$,rk$_1$,$\cdots$,rk$_{31}$),其中 rk$_i$(i=0,1,2,$\cdots$,31)为字。

FK=(FK$_0$,FK$_1$,FK$_2$,FK$_3$)为系统参数,CK=(CK$_0$,CK$_1$,$\cdots$,CK$_{31}$)为固定参数,用于密钥扩展算法,其中 FK$_i$(i=0,1,2,3)、CK$_i$(i=0,1,$\cdots$,31)为字。

令 K$_i$(i=0,1,$\cdots$,35)为字,轮密钥生成方法如图 3.36 所示。

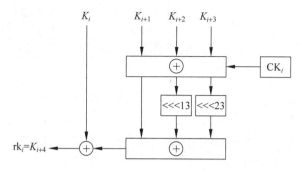

图 3.36　SM4 轮密钥生成

首先：$(K_0, K_1, K_2, K_3) = (MK_0 \oplus FK_0, MK_1 \oplus FK_1, MK_2 \oplus FK_2, MK_3 \oplus FK_3)$

然后，对 $i = 0, 1, 2, \cdots, 31$：$rk_i = K_{i+4} = K_i \oplus T'(K_{i+1} \oplus K_{i+2} \oplus K_{i+3} \oplus CK_i)$

说明：

(1) T' 变换与加密算法轮函数中的 T 基本相同，只将其中的线性变化 L 修改为以下的 L'：

$$L'(B) = B \oplus (B <<< 13) \oplus (B <<< 23);$$

(2) 系统参数 FK 的取值，采用十六进制表示为：

$$FK_0 = (A3B1BAC6), \quad FK_1 = (56AA3350)$$
$$FK_2 = (677D9197), \quad FK_3 = (B27022DC)$$

(3) 固定参数 CK 的取值方法为：

设 $ck_{i,j}$ 为 CK_i 的第 j 字节 $(i = 0, 1, \cdots, 31; j = 0, 1, 2, 3)$，即 $CK_i = (ck_{i,0}, ck_{i,1}, ck_{i,2}, ck_{i,3})$，则 $ck_{i,j} = (4i + j) \times 7 (\bmod 256)$。32 个固定参数 CK_i，其十六进制表示为：

```
00070e15, 1c232a31, 383f464d, 545b6269,
70777e85, 8c939aa1, a8afb6bd, c4cbd2d9,
e0e7eef5, fc030a11, 181f262d, 343b4249,
50575e65, 6c737a81, 888f969d, a4abb2b9,
c0c7ced5, dce3eaf1, f8ff060d, 141b2229,
30373e45, 4c535a61, 686f767d, 848b9299,
a0a7aeb5, bcc3cad1, d8dfe6ed, f4fb0209,
10171e25, 2c333a41, 484f565d, 646b7279
```

例 3.11　按照 SM4 加密算法，对一组明文 (01 23 45 67 89 ab def fe dc ba 98 76 54 32 10) 用密钥加密一次。加密密钥：01 23 45 67 89 ab def fe dc ba 98 76 54 32 10。其中，数据采用十六进制表示。求每一轮的轮密钥、每轮最后 32 位的输出状态以及最终的密文。

解：(1) 第一轮轮密钥 rk_0 的计算过程如下。

① 首先，将加密密钥 $MK = (MK_0, MK_1, MK_2, MK_3)$ 按字分为 4 组，分别为：

$MK_0 = (01234567)$，　$MK_1 = (89abcdef)$，　$MK_2 = (fedcba98)$，　$MK_3 = (76543210)$

已知 $FK_0 = (A3B1BAC6)$, $FK_1 = (56AA3350)$, $FK_2 = (677D9197)$, $FK_3 = (B27022DC)$

$(K_0, K_1, K_2, K_3) = (MK_0 \oplus FK_0, MK_1 \oplus FK_1, MK_2 \oplus FK_2, MK_3 \oplus FK_3)$

求出 (K_0, K_1, K_2, K_3) 各个的值：

$MK_0 = 0000\ 0001\ 0010\ 0011\ 0100\ 0101\ 0110\ 0111$

$$FK_0 = 1010\ 0011\ 1011\ 0001\ 1011\ 1010\ 1100\ 0110$$

两者做异或运算后,得:

$$K_0 = 1010\ 0010\ 1001\ 0010\ 1111\ 1111\ 1010\ 0001$$

同理计算,可以分别得:

$$K_1 = 1101\ 1111\ 0000\ 0001\ 1111\ 1110\ 1011\ 1111$$
$$K_2 = 1001\ 1001\ 1010\ 0001\ 0010\ 1011\ 0000\ 1111$$
$$K_3 = 1100\ 0100\ 0010\ 0100\ 0001\ 0000\ 1100\ 1100$$

② 然后,求出 T' 变换的输出。

固定参数 CK_0 的十六进制表示为 00070e15。则通过异或运算 $A = (a_0, a_1, a_2, a_3) = K_1 \oplus K_2 \oplus K_3 \oplus CK_0 = (1000\ 0010\ 1000\ 0011\ 1100\ 1011\ 0110\ 1001)$,十六进制表示为 82 83 cb 69。

再将输出结果 A 分为 4 组进入 S 盒,通过查表,输出 B 的十六进制为 8a d2 41 22。

利用公式 $L'(B) = B \oplus (B \lll 13) \oplus (B \lll 23)$,得:

$$L'(B) = 0101\ 0011\ 1011\ 0011\ 0111\ 1001\ 0101\ 1000$$

③ 最后,利用公式 $rk_i = K_{i+4} = K_i \oplus T'(K_{i+1} \oplus K_{i+2} \oplus K_{i+3} \oplus CK_i)$,得到:

$rk_0 = K_4 = K_0 \oplus T'(B) = 1111\ 0001\ 0010\ 0001\ 1000\ 0110\ 1111\ 1001$,十六进制表示为 f1 21 86 f9。

(2) 根据第 1 轮轮密钥 rk_0 的计算结果,将 128 位的明文同样分组,利用加密函数 $F(X_{i-1}, X_i, X_{i+1}, X_{i+2}, rk_{i-1}) = X_{i-1} \oplus T(X_i \oplus X_{i+1} \oplus X_{i+2} \oplus rk_{i-1})$,得到第 1 轮 X_4 的输出状态为 27 fa d3 45。

(3) 按照第(1)步和第(2)步计算,能够求出每轮的轮密钥和后 32 位的输出状态。

$rk_0 = f12186f9$	$X_4 = 27fad345$,	$rk_1 = 41662b61$	$X_5 = a18b4cb2$
$rk_2 = 5a6ab19a$	$X_6 = 11c1e22a$,	$rk_3 = 7ba92077$	$X_7 = cc13e2ee$
$rk_4 = 367360f4$	$X_8 = f87c5bd5$,	$rk_5 = 776a0c61$	$X_9 = 33220757$
$rk_6 = b6bb89b3$	$X_{10} = 77f4c297$,	$rk_7 = 24763151$	$X_{11} = 7a96f2eb$
$rk_8 = a520307c$	$X_{12} = 27dac07f$,	$rk_9 = b7584dbd$	$X_{13} = 42dd0f19$
$rk_{10} = c30753ed$	$X_{14} = b8a5da02$,	$rk_{11} = 7ee55b57$	$X_{15} = 907127fa$
$rk_{12} = 6988608c$	$X_{16} = 8b952b83$,	$rk_{13} = 30d895b7$	$X_{17} = d42b7c59$
$rk_{14} = 44ba14af$	$X_{18} = 2ffc5831$,	$rk_{15} = 104495a1$	$X_{19} = f69e6888$
$rk_{16} = d120b428$	$X_{20} = af2432c4$,	$rk_{17} = 73b55fa3$	$X_{21} = ed1ec85e$
$rk_{18} = cc874966$	$X_{22} = 55a3ba22$,	$rk_{19} = 92244439$	$X_{23} = 124b18aa$
$rk_{20} = e89e641f$	$X_{24} = 6ae7725f$,	$rk_{21} = 98ca015a$	$X_{25} = f4cba1f9$
$rk_{22} = c7159060$	$X_{26} = 1dcdfa10$,	$rk_{23} = 99e1fd2e$	$X_{27} = 2ff60603$
$rk_{24} = b79bd80c$	$X_{28} = eff24fdc$,	$rk_{25} = 1d2115b0$	$X_{29} = 6fe46b75$
$rk_{26} = 0e228aeb$	$X_{30} = 893450ad$,	$rk_{27} = f1780c81$	$X_{31} = 7b938f4c$
$rk_{28} = 428d3654$	$X_{32} = 536e4246$,	$rk_{29} = 62293496$	$X_{33} = 86b3e94f$
$rk_{30} = 01cf72e5$	$X_{34} = d206965e$,	$rk_{31} = 9124a012$	$X_{35} = 681edf34$

(4) 按照 $(Y_0, Y_1, Y_2, Y_3) = R(X_{32}, X_{33}, X_{34}, X_{35}) = (X_{35}, X_{34}, X_{33}, X_{32})$,得到的密文结果为 68 1e df 34 d2 06 96 5e 86 b3 e9 4f 53 6e 42 46。

3.7.3 SM4 解密

SM4 的解密变换与加密变换结构相同,不同的仅是轮密钥的使用顺序。

- 加密时轮密钥的使用顺序为:$(rk_0, rk_1, \cdots, rk_{31})$
- 解密时轮密钥的使用顺序为:$(rk_{31}, rk_{30}, \cdots, rk_0)$

3.7.4 SM4 的安全性

SM4 算法是由中国国家专业机构设计,自 2006 年公布之后,SM4 分组密码引起了国内外学术界和产业界的极大关注,先后有学者研究了 SM4 对差分故障攻击、积分攻击、不可能差分密码分析、代数攻击、矩阵攻击、差分密码分析、线性密码分析等分析方法的安全性。至今为止,从专业机构对 SM4 进行的密码分析来看,SM4 算法还是安全的,虽然有学者提出21 轮 SM4 在受到差分密码分析和差分能量分析的攻击时将面临威胁,但尚需经过实践检验。

3.8 RC6

RC6 是 RSA 公司提交给 NIST 的一个候选高级加密标准算法,它是在 RC5 的基础上设计的。RC6 继承了 RC5 的优点。为了使它符合高级加密标准,RC6 在 RC5 基础上将分组长度扩展成 128 位,用 4 个 32 位区块代替 RC5 的两个 32 位区块。RC6 是参数可变的分组密码算法,3 个可变的参数是:分组大小、密钥大小和加密轮数。RC6 常常写为 RC6-w/r/b,其中 w 是字的大小,以位为单位,r 为加密轮数,允许值是 $0, \cdots, 255$,b 为密钥长度,单位是字节,$0 \leqslant b \leqslant 255$。例如 RC6-32/16/10 表示字长为 32 位,迭代的轮数是 16,密钥长度为 10 字节。由于高级加密标准的要求是 $w = 32, r = 20$,因此满足 AES 的 RC6 算法是 RC6-32/20/16,也就是 4 个 32 位字(128 位),迭代的轮数为 20,密钥长度 16 个字节。RC6 定义了 6 种运算基本操作,以 2 为底的对数表示为 $\lg w$。

$a + b$:模 2^w 整数加。

$a - b$:模 2^w 整数减。

$a \oplus b$:w 位的字按位异或。

$a \times b$:模 2^w 整数乘。

$a \lll b$:循环左移 w 位的字 a,移动位数由 b 的低位 $\lg w$ 位决定。

$a \ggg b$:循环右移 w 位的字 a。

3.8.1 RC6 的加密和解密

RC6 和 RC5 在加解密方面是不一样的,RC6 用这 4 个 w 位寄存器 A、B、C、D 来存放输入的明文和输出的密文。明文和密文的第一个字节放在 A 的最低字节(即第一个字节),明文和密文的最后一个字节放在 D 的最高字节(即最后一个字节)。RC6 的加密过程如图 3.37 所示,其中 $f(x)=x\times(2x+1)$。加密算法和解密算法分别如图 3.38 和图 3.39 所示。

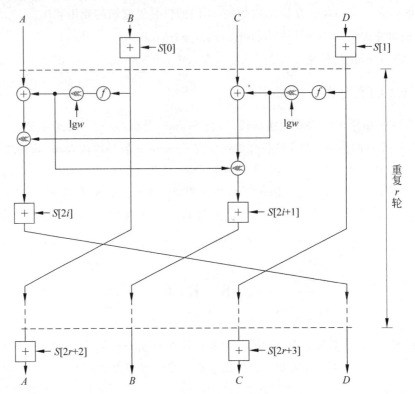

图 3.37　RC6 加密过程

RC6-$w/r/b$ 加密

输入:明文存入 4 个 w 位寄存器 A、B、C、D

　　　轮数 r

　　　w 位轮密钥 S$[0,1,\cdots,2r+3]$

输出:密文存入 4 个 w 位寄存器 A、B、C、D

过程:$B=B+S[0]$

　　　$D=D+S[1]$

　　　for $i=1$ to r do

　　　　{　·

　　　　　　$t=(B\times(2B+1))\lll \lg w$

　　　　　　$u=(D\times(2D+1))\lll \lg w$

　　　　　　$A=((A\oplus t)\lll u)+S[2i]$

　　　　　　$C=((C\oplus u)\lll t)+S[2i+1]$

　　　　　　$(A,B,C,D)=(B,C,D,A)$

　　　　}

　　　$A=A+S[2r+2]$

　　　$C=C+S[2r+3]$

图 3.38　RC6 加密算法

```
RC6-w/r/b 解密
输入：密文存入 4 个 w 位寄存器 A、B、C、D
      轮数 r
      w 位轮密钥 S[0,1,…,2r+3]
输出：明文存入 4 个 w 位寄存器 A、B、C、D
过程：C=C−S[2r+3]
      A=A−S[2r+2]
      for i=r downto 1 do
         {
             (A,B,C,D)=(D,A,B,C)
             u=(D×(2D+1))⋘lgw
             t=(B×(2B+1))⋘lgw
             C=((C−S[2i+1])⋙t)⊕u
             A=((A−S[2i])⋙u)⊕t
         }
      D=D−S[1]
      B=B−S[0]
```

图 3.39　RC6 解密算法

3.8.2　密钥扩展

密钥扩展算法是从密钥 K 中导出 2r+4 个字长的密钥,储存在数组 S[0,…,2r+3]中用于加密和解密。在这其中用到了两个常量 Pw 和 Qw,Pw 和 Qw 大小是一个字长,定义如下所示。

$$Pw=Odd((e-2)2^w)$$

$$Qw=Odd((\varphi-2)2^w)$$

其中,$e=2.718\ 281\ 828\ 4\cdots$(自然对数),$\varphi=1.618\ 033\ 988\ 74\cdots$(黄金分割),$Odd(x)$ 是离 x 最近的奇数。

密钥扩展时,首先将密钥 $K[0,…,b-1]$ 放入 c 个 w 位字的另一个数组 $L[0,…,c-1]$ 中,其中,c 为 b/u 的整数部分,$u=w/8$,即 L 数组上的元素大小为 uw 位。将 u 个连续字节的密钥顺序放入 L 中,先放入 L 中的低字节,再放入其高字节。如果 L 未填满,用 0 填充。当 $b=0,c=0$ 时,$c=1,L[0]=0$。

其次利用 Pw 和 Qw 将数组 S 初始化为一个固定的伪随机的数组,最后将用户密钥扩展到数组 S 中,密钥扩展算法如图 3.40 所示。

```
RC6-w/r/b 密钥扩展
输入：用户密钥字节预放入数组 L[0,…,c−1]
      轮数 r
输出：w 位的轮密钥 S[0,…,2r+3]
过程：
   S[0]=Pw
   for i=1 to 2r+3 do
      S[i]=S[i+1]+Qw
   A=B=i=j=0
   v=3×max{c,2r+4}
   for s=1 to v do
   {
      A=S[i]=(S[i]+A+B)⋘3
      B=L[j]=(L[j]+A+B)⋘(A+B)
      i=(i+1) mod (2r+4)
      j=(j+1) mod c
   }
```

图 3.40　RC6 密钥扩展算法

3.8.3 RC6 的安全性和灵活性

RC6 是由 RC5 发展而来的,加入了二次函数 $f(x)=x\times(2x+1)$,这个函数提高了函数密码扩散速度。用二次函数变换的寄存器 B 和 D 的值来修改寄存器 A 和 C 的值,增加了密码的非线性。因此 RC6 有很好的抗差分攻击和线性攻击的能力。另外 RC6 的加密和解密的时间都与数据无关,可以有效地避免计时攻击。同时,也没有 RC6 存在类似 DES 中的弱密钥。

与其他加密算法不同的是,RC6 算法在加密过程中不需要查找表,加之算法中的乘法运算也可以用平方代替,所以该算法对内存的要求很低。这使得 RC6 特别适合在单片机上实现。

3.9　流　密　码

3.9.1 流密码基本原理

一次一密密码是绝对安全的密码,如果能以某种方式仿效一次一密密码,将可以得到安全性很高的密码。长期以来,人们试图以流密码方式仿效一次一密密码,从而促进了流密码的研究和发展。目前,序列密码的理论已经比较成熟,而且流密码实现简单、加密速度快、密文传输中的错误不会在明文中产生扩散,使得流密码成为许多重要领域应用的主流密码体制。

流密码也称为序列密码,它是对明文以一位或者一个字节为单位进行操作。为了使加密算法更安全,一般选取尽可能长的密钥,但是长密钥的存储和分配都很困难。于是流密码采用一个短的种子密钥来控制密钥流发生器创建出长的密钥序列,供加解密使用,而短的种子密钥的存储、分配都较容易。图 3.41 是流密码的加密过程。种子密钥 k 输入到密钥流发生器,产生一系列密码流,通过与同一时刻的一个字节或者一位明文流进行异或操作产生密文流。解密时只要将密文流与密钥流进行异或操作产生明文流。例如,如果密钥流发生器产生的密钥流一个字节为 10011001,明文流一个字节为 01001010,那么密钥流与明文流异或可以产生密钥流 11010011。同样,将密文流与密钥流异或就能得到明文流。

在流密码中,如果密钥流的产生完全独立于明文流或密文流,则称该流密码为同步流密码(Synchronous Stream Cipher),如图 3.42 所示。如果密钥流的产生与明文或者密文相关,则称这类流密码为自同步流密码(Self-Synchronous Stream Cipher),如图 3.43 所示。

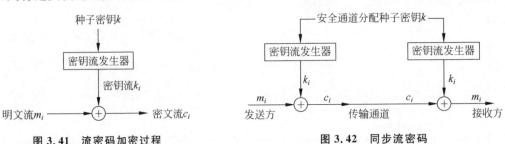

图 3.41　流密码加密过程　　　　　　　　　　图 3.42　同步流密码

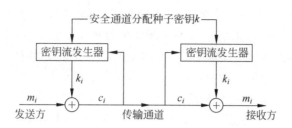

图 3.43 自同步流密码

对于同步流密码,只要通信双方的密钥流产生器具有相同的种子密钥和相同的初始状态,就能产生相同的密钥流。在保密通信过程中,通信的双方必须保持精确的同步,收方才能正确解密,如果失步收方将不能正确解密。例如,如果通信中丢失或增加了一个密文字符,则接收方将会一直收到错误的信息,直到重新同步为止,这是同步流密码的一个主要缺点。但是同步流密码对失步的敏感性,使我们能够容易检测插入、删除、重播等主动攻击。由于同步流密码各操作位之间相互独立,因此应用这种方式进行加解密时无错误传播,当操作过程中产生一位错误时只影响一位,不影响后续位,这是同步流密码的一个优点。

对于自同步流密码,每一个密钥位是由前面 n 个密文位参与运算推导出来的,其中 n 为定值。因此,如果在传输过程中丢失或更改了一个位,则这一错误就要向前传播 n 位。因此,自同步流密码有错误传播现象。不过,在收到 n 个正确的密文位以后,密码自身会实现重新同步。在自同步流密码系统中,密文流参与了密钥流的生成,这使得对密钥流的分析非常复杂,从而导致对自同步流密码进行系统的理论分析非常困难。

3.9.2 密钥流产生器

流密码的安全强度完全取决于它所产生的密钥流的特性,如果密钥流是无限长且为无周期的随机序列,那么流密码属于“一次一密”的密码体制,但遗憾的是满足这样条件的随机序列在现实中无法生成。在实际应用当中的密钥流都是由有限存储和有限复杂逻辑的电路产生的字符序列,由于密钥流生成器只具有有限状态,那么它产生的序列具有周期性,不是真正的随机序列。现实设计中只能追求密钥流的周期尽可能长,随机性尽可能好,近似于真正的随机序列。一个好的密钥流须要满足下面几个条件。

(1) 加密序列的周期要长。密钥流生成器产生的比特流最终会出现重复。重复的周期越长,密码分析的难度越大。

(2) 密钥流应该尽可能地接近一个真正的随机数流的特征。如 1 和 0 的个数应近似相等。如果密钥流为字节流,则所有的 256 种可能的字节的值出现频率应近似相等。

(3) 为了防止穷举攻击,种子密钥值也应该有足够的长度,至少要保证它的长度不小于 128 位。

生成一个具有良好特性的密钥流序列的常见方法有:线性反馈移位寄存器(Linear Feedback Shift Register,LFSR)、非线性移位寄存器(NLFSR)、有限自动机、线性同余、混沌密码序列等方法。这些方法都是通过一个种子(有限长)密码产生具有足够长周期的、随机性良好的序列。只要生成方法和种子都相同,就会产生完全相同的密钥流。目前密钥流生成器大多是基于移位寄存器。因为移位寄存器结构简单,易于实现且运行速度快。本节主要介绍线性移位寄存器。

密钥流产生器一般由线性移位寄存器(LFSR)和一个非线性组合函数两部分构成。其中线性移位寄存器部分称为驱动部分,另一部分称为非线性组合部分,如图 3.44 所示。其工作原理是将驱动部分,即线性移位寄存器在 j 时刻的状态变量 x 作为一组值输入非线性组合部分的 f,将 $f(x)$ 作为当前时刻的密钥 k_j。驱动部分负责提供非线性组合部分使用的周期大、统计性能好的序列,而非线性组合部分以各时刻移位寄存器的状态组合出密钥序列。

移位寄存器是流密码产生器的主要部分,图 3.45 是一个域 GF(2)上的反馈移位寄存器,图中标有 $a_1, a_2, \cdots, a_{n-1}, a_n$ 的小方框表示二值(0,1)存储单元,可以是一个双稳触发器,信号流从左向右。这 n 个二值存储单元称为该反馈移位寄存器的级。在任意一个时刻,这些级的内容构成该反馈移位寄存器的状态。每一个状态对应于 GF(2)上的一个 n 维向量,共有 2^n 种可能的状态。每个时刻的状态可用 n 长序列 $a_1, a_2, \cdots, a_n$ 或 n 维向量 $a_1, a_2, \cdots, a_n$ 表示,其中 a_i 为当前时刻第 i 级存储器中的内容。

图 3.44　密钥流产生器

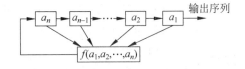

图 3.45　反馈移位寄存器

在主时钟确定的周期区间上,每一级存储器 a_i 都将其内容向下一级 a_{i-1} 传递,并根据寄存器当时的状态计算 $f(a_1, a_2, \cdots, a_n)$ 作为 a_n 的下一时间周期的内容,其中反馈函数 $f(a_1, a_2, \cdots, a_n)$ 是 n 元布尔函数。所以在时钟的每一脉冲下,总是从一个状态转移到另一个状态。

有反馈函数 $f(a_1, a_2, \cdots, a_n) = c_n a_1 \oplus c_{n-1} a_1 \oplus \cdots \oplus c_{n-1} a_n$,其中,$c_i$ 为 0 或者 1,$\oplus$ 是模 2 加法。这个反馈函数是 $a_1, a_2, \cdots, a_n$ 的线性函数。称这种反馈移位寄存器为线性移位寄存器(LFSR),否则称为非线性移位寄存器。

如果反馈移位寄存器的状态为:

$$s_i = (a_i, \cdots, a_{i+n-1})$$

则 $a_{i+n} = f(a_i, a_{i+1}, \cdots, a_{i+n-1})$,这个 a_{i+n} 又是移位寄存器的输入。在 a_{i+n} 的驱动下,移位寄存器的各个数据向前推移一位,使状态变为 $s_{i+1} = (a_{i+1}, \cdots, a_{i+n})$,同时,整个移位寄存器的输出为 a_i。由此可以得到一系列数据 $a_1, a_2, \cdots, a_n, \cdots$。

例 3.12　图 3.46 是一个三级移位寄存器,初始状态是 $s_1 = (a_1, a_2, a_3) = (1, 0, 1)$,写出它的输出序列的前 5 位。

从图 3.46 中可以发现反馈函数是 a_1 和 a_3 的异或,那么三级移位寄存器的输出如表 3.10 所示。

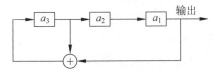

图 3.46　一个三级移位寄存器

表 3.10　三级移位寄存器的输出

状态(a_3, a_2, a_1)	输　　出	状态(a_3, a_2, a_1)	输　　出
101	1	010	0
010	0	110	0
101	1		

3.9.3　RC4 算法

RC4 是 Ron Rivest 在 1987 年为 RSA 数据安全公司设计的一种同步流密码。据分析显示该密码的周期大于 10^{100}。每输出一字节的结果仅需要 8～16 条机器操作指令。RC4 的应用很广,例如它被集成于 Microsoft Windows、Lotus Notes、Apple AOCE 和 Oracle Secure SQL 中,还被用于 SSL/TLS、WEP(Wired Equivalent)等协议中。

RC4 不是基于移位寄存器的流密码,而是一种基于非线性数据表变换的流密码,它以一个足够大的数据表为基础,对表进行非线性变换,产生非线性密钥流序列。RC4 是一个可变密钥长度、面向字节操作的流密码,该字节的大小 n 可以根据用户需要来定义,一般应用中 n 都取 8 位。流密钥的生成需要两个处理过程:一个是密钥调度算法(Key-Scheduling Algorithm,KSA),用来设置数据表 S 的初始排列;另一个是伪随机产生算法(Pseudo Random-Generation Algorithm,PRGA),用来选取随机元素并修改 S 的原始排列顺序。

密钥流产生过程是用 1～256 个字节的可变长度的密钥初始化一个 256 个字节的数据表 S,S 的元素记为 $S(i)$,$0 \leqslant i \leqslant 255$,大小为一个字节。加密和解密用的每一个密钥 $K(i)$ 都是由 S 中的元素按照一定的方式选出一个元素而生成的。每生成一个 $K(i)$ 值,S 中的元素就被重新置换一次。

1. KSA 初始化 S

初始化时,先对 S 进行填充,即令 $S(0)=0,S(1)=1,S(2)=2,\cdots,S(255)=255$。用种子密钥填充一个 256 个字节的密钥表 K,$K(0),K(1),K(2),\cdots,K(255)$,如果种子密钥的长度小于 K 的长度,则依次重复填充,直到将 K 填满,然后通过 $S(i)$ 和 $K(i)$ 置换 S 中的元素,其过程如下。

```
for i＝0 to 255 do
        S(i)＝i;
        T(i)＝K(i mod keylen)
    j＝0;
   for i＝0 to 255 do
        j＝(j＋S(i)＋T(i)) mod 256;
        Swap (S(i),S(j));
```

其中 keylen 为种子密钥长度,$T(i)$ 是一个临时数据表。上面过程对 S 操作仅仅是交换,交换后 S 所包含的值仍然是 0～255 的元素。

2. 密钥流生成

数据表 S 一旦完成初始化,将不再使用种子密钥。当 KSA 完成 S 的初始化后,PRGA 就将接手工作,它为密钥流选取一个个的字节,即从 S 中选取随机元素,并修改 S 以便下一次选取。密钥流的生成是 $S(0)\sim S(255)$,对每个 $S(i)$,根据当前的 S 值,将 $S(i)$ 与 S 中的另一个字节置换。当 $S(255)$ 完成置换后,操作继续重复从 $S(0)$ 开始。密钥流的选取过程如下。

```
i＝0,　j＝0;
while(true)
  i＝(i＋1) mod 256;
  j＝(j＋S(i)) mod 256;
  Swap(S(i),S(j));
  t＝(S(i)＋S(j)) mod 256;
  k＝S(t);
```

例 3.13 假如使用 3 位(0~7)的 RC4,其操作是对 8 取模(而不是对 256 取模)。数据表 S 只有 8 个元素。初始化为:

0	1	2	3	4	5	6	7
0	1	2	3	4	5	6	7

S

选取一个密钥,该密钥是由 0~7 的数以任意顺序组成的。例如选取 5、6 和 7 作为密钥。将该密钥如下填入密钥数据表中。

5	6	7	5	6	7	5	6
0	1	2	3	4	5	6	7

K

利用如下循环构造实际 S 数据表。

```
j=0;
  for i=0 to 7 do
    j=(j+S(i)+K(i)) mod 8;
    Swap(S(i),S(j));
```

该循环以 $j=0$ 和 $i=0$ 开始,使用更新公式后 j 为:

$$j=(0+S(0)+K(0)) \bmod 8=(0+0+5) \bmod 8=5$$

因此,S 数据表的第一个操作是将 $S(0)$ 与 $S(5)$ 互换,互换结果如下所示。

5	1	2	3	4	0	6	7
0	1	2	3	4	5	6	7

S

i 加 1 后,j 的下一个值为:

$$j=(5+S(1)+K(1)) \bmod 8=(5+1+6) \bmod 8=4$$

即将 S 数据表的 $S(1)$ 与 $S(4)$ 互换,互换结果如下所示。

5	4	2	3	1	0	6	7
0	1	2	3	4	5	6	7

S

当该循环执行完后,数据表 S 就被随机化为:

5	4	0	7	1	6	3	2
0	1	2	3	4	5	6	7

S

这样数据表 S 就可以用来生成随机的密钥流序列了。从 $j=0$ 和 $i=0$ 开始开始,RC4 将如下所示计算第一个密钥字:

$$i=(i+1) \bmod 8=(0+1) \bmod 8=1$$
$$j=(j+S(i)) \bmod 8=(0+S(1)) \bmod 8=(0+4) \bmod 8=4$$
$$\mathrm{Swap}(S(1),S(4))$$

交换后数据表 S 变为:

5	1	0	7	4	6	3	2
0	1	2	3	4	5	6	7

S

然后如下计算 t 和 k:

$$t=(S(i)+S(j)) \bmod 8=t=(S(1)+S(4)) \bmod 8=(1+4) \bmod 8=5$$
$$k=S(t)=S(6)=6$$

第一个密钥字是 6,其二进制表示为 110。重复该过程,直到生成的二进制位的数量等于明文位的数量。

常见的 RC4 实现是基于 $n=8$ 的(数字为 0~255)。这种系统执行完 KSA 后的数据表 S 是 0~255 的一个排列,共有 256!(即 2^{1600})种可能。这相当于使用一个 1600 位的密钥,这使得穷举攻击变得不可能。在 RC4 中,有一些弱点可用来破解该加密法。例如,RSA 永远不会生成某类密钥,例如 $j=i+1$ 与 $S(j)=1$。事实证明,这类密钥的数量占到了所有可能密钥数的 2^{-2n}。当 $n=8$ 时,就是($256!/2^{16}$)。

RC4 算法在设计过程中采用了非线性的 S 盒,能够抵抗差分攻击和线性分析,但是 RC4 的安全性还是令人担忧。1999 年,Kundanrewich 等人设计了一个可编程逻辑电路用 33 天穷举了 40 位的 RC4 算法;2001 年,Fluhrer 等人则提出了分析 RC4 算法的有效方法,称为 FMS 的分析方法,该方法主要是针对 WEP(Wired Equivalent Privacy)协议,该协议采用流密码算法 RC4 作为加密算法,为了克服流密钥重用的问题,在 WEP 协议中引入了初始向量,这样可以增强抗穷举攻击能力,但是也产生了 FMS 的分析方法,该方法是针对以明文传送的初始向量和对应的 802.11 帧的特点进行攻击的。

3.10 分组密码工作模式

分组密码算法是提供数据安全的一个基本构件。分组密码是针对固定大小的分组进行加密的。例如,DES 是对 64 位的明文分组进行加密,AES 是对 128 位分组操作。但需要保密传输的消息不一定刚好是一个分组大小,为了在实际中应用分组密码,我们定义了 5 种工作模式。任何一种对称分组密码算法都可以以这些方式进行应用。

3.10.1 电子密码本模式

电子密码本(Electronic Code Book,ECB)模式是分组密码的基本工作方式,它将明文分割成独立大小的分组 b,最后一组在必要时需要填充,一次处理 b 位的明文,每次使用相同的密钥加密,如图 3.47 所示。由于任意 b 位的明文,只有唯一的密文与之对应,就像密码本一样可以查到对应的密文,因此称为电子密码本模式。ECB 对每组进行加密,加密后将各组密文合并成密文消息。在图 3.47 中,明文被分割成大小为 b 位的一串分组,记为 $P_1,P_2,\cdots,P_N$,对应的密文为 $C_1,C_2,\cdots,C_N$。

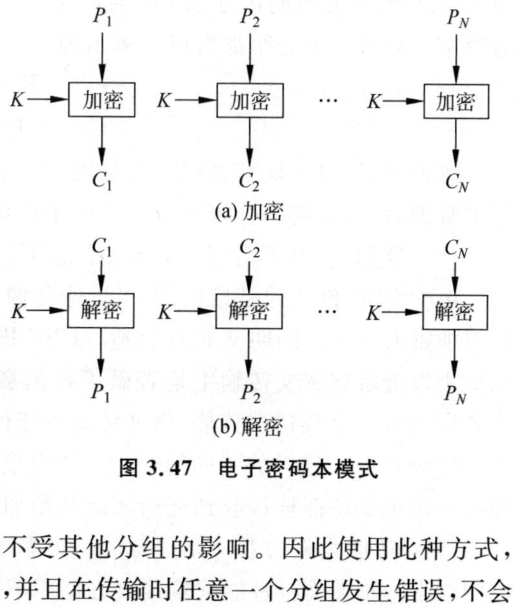

(a) 加密

(b) 解密

图 3.47 电子密码本模式

在 ECB 模式下,每一个分组依次独立加密,产生独立的密文组,每一分组的加密结果均不受其他分组的影响。因此使用此种方式,可以利用并行处理来加速加密运算或解密运算,并且在传输时任意一个分组发生错误,不会影响其他分组,这是该模式的一个优点。但是,相同的明文组将产生相同的密文组,这样就会泄露明文的数据模式。在计算机系统中，许多数据都具有固有的模式，这主要是由数据结构和数据冗余引起的。但如果同一明文分组在消息中反复出现，产生的密文分组就会相同，因此，用于长消息时可能不够安全。如果消息有固定的结构，密码分析者就有可能会利用这种规律。例如，如果已知消息总是以某个事先规定的字段开始，那么分析者就有可能会得到许多明文-密文对。如果消息有重复的成分，而重复的周期是 b 位的倍数，那么这些成分都有可能会被密码分析者识别出来。因此 ECB 模式特别适合短数据（如加密密钥）。

3.10.2　密码分组链接模式

　　为了克服 ECB 的缺陷，人们希望设计一种方案使同一明文分组重复出现时产生的密文分组不同。一种简单的方案就是使用密码分组链接（Cipher Block Chaining，CBC）模式，如图 3.48 所示。这种模式和 ECB 模式一样，也要将明文分成 b 位的一串分组，最后一组不足 b 位要进行填充。但是 CBC 将这些分组链接在一起进行加密操作，加密输入是当前明文分组和前一密文分组的异或，它们形成一条链，每次加密使用相同的密钥，每个明文分组的加密函数输入与明文分组之间不再有固定的关系，所以明文分组的数据模式不会在密文中暴露。

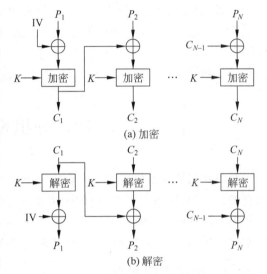

(a) 加密

(b) 解密

图 3.48　密码分组链接模式

　　在加密时，最开始一个分组先和一个初始向量（Initialization Vector，IV）进行异或，然后再用密钥加密，每一个分组的加密结果均会受到前面所有分组的影响，所以即使在明文中出现多次相同的明文，也会产生不同的密文。对每一个分组加密可以表示为：

$$C_i = E_K(P_i \oplus C_{i-1})$$
$$C_{-1} = \text{IV}$$

　　解密时，将第一块密文解密结果与 IV 异或可恢复第一块明文。其他的每一个密文分组被解密后，再与前一个密文分组异或来产生出明文分组，即：

$$D_k[C_i] \oplus C_{i-1} = D_k[E_K[P_i \oplus C_{i-1}]] \oplus C_{i-1} = P_i \oplus C_{i-1} \oplus C_{i-1} = P_i$$

　　由于 CBC 模式的链接机制，可以避免像 ECB 模式下的那种明文数据模式的泄露，并且它对加密大于 b 位的明文非常合适。CBC 模式除了能够获得保密性外，还能用于认证，可以识别攻击者在密文传输中是否做了数据篡改，比如分组的重放、插入和删除等。但 CBC 模式同时也会导致错误传播，密文传输中任何一组发生错误不仅会影响该分组的正确解密，也会影响其下一分组的正确解密。该加密模式的另一个缺点是不能实时解密，也就是说，必须等到每个 b 位都被接收到之后才能开始加密，否则就不能得到正确的结果。

　　IV 对于收发双方都应是已知的。为提高安全性，IV 应像密钥一样被保护。保护 IV 的原因如下：如果攻击者能欺骗接收方使用不同的 IV 值，攻击者就能够在第一个明文分组中改变某些选定的数据位，这是因为：

$$C_1 = E_K(\mathrm{IV} \oplus P_i)$$

$$P_1 = \mathrm{IV} \oplus D_k[C_1]$$

用 $X(i)$ 表示分组 b 位 X 的第 i 位，那么 $P_1(i) = \mathrm{IV}(i) \oplus D_k[C_1](i)$，由异或的性质，有：

$$P_1(i)' = \mathrm{IV}(i)' \oplus D_k[C_1](i)$$

其中撇号表示取反。上式意味着如果攻击者篡改 IV 中的某些位，则接收方收到的 P_1 中相应的位也会发生变化。

3.10.3　密码反馈模式

如果需要将加密的明文必须按照一个字节或者一位进行处理，就可以采用密码反馈 (Cipher Feed Back，CFB) 模式或者输出反馈 (Output Feed Back，OFB) 模式。这两种模式实际上是将分组密码转换为流密码，流密码不需要明文长度是分组长度的整数倍，且可以实时操作。比较适合多媒体数据加密，每一个字节（或者一位）加密后可以立即发送，接送方也可以立即解密。

图 3.49 是密码反馈模式，假设它的输出是 s 位，s 位的大小可以是 1 位、8 位、64 位或者其他大小，表示为 CFB-1、CFB-8 和 CFB-64 等。因此密码反馈模式可以将分组密码转换成流密码。在加密时，用密钥 K 加密大小 b 位移位寄存器中的数据（其大小是该密码算法加密的明文分组长度。例如，若使用 DES 加密，则大小为 64 位；若使用 AES 加密，大小为 128 位）。移位寄存器的初始值为某个初始向量 IV。加密后输出的最左边 s 位与明文的 P_1（P_1 与 s 的大小相同）异或，产生出第一个密文单元 C_1，并将 C_1 单元传输出去。然后将移位寄存器中的内容左移 s 位，并将 C_1 送入移位寄存器的最右边 s 位。就这样持续进行，直到明文的所有单元都被加密为止。

在解密时，除了将收到的密文单元与加密函数的输出进行异或以产生明文单元外，其他与加密采用相同的方案。注意这里使用的是加密函数而不是解密函数。如假设 $S_s(X)$ 表示 X 的最左边 s 位，则：

$$C_1 = P_1 \oplus S_s(E(K, \mathrm{IV}))$$

所以 $P_1 = C_1 \oplus S_s(E(K, \mathrm{IV}))$。

下面以 DES 为例，使用 CFB-8 工作模式说明加密过程。

(1) 加密：加密函数的输入是一个 64 位的移位寄存器，产生初始向量 IV。

(2) 对移位寄存器 64 位的数据用密钥进行加密，然后取加密数据最左边的 8 位与输入的明文最初的 8 位进行异或操作，得到的值作为 8 位密文单元。

(3) 这 8 比特密文被移至位寄存器的最右端，而其他位则向左移动 8 位，最左端 8 比特丢弃。

(4) 继续加密，与第 2 段明文输入异或，如此重复直到所有明文单元都完成加密。

有一点必须注意，这里的明文单元 P_i 和密文单元 C_i 与电子密码本模式和密码分组链接模式中的含义不一样。我们以 DES 为例说明这个问题，DES 中分组长度是 64 位（在本书中我们用 b 位表示）。在电子密码本模式和密码分组链接模式中，将明文分割成一个 64 位的分组，即 P_i 的大小，加密后输出一个 64 位的分组，即 C_i 的大小。在密码反馈模式中，移位寄存器的大小是 64 位，加密后选取其中的一部分（大小可以是 1 位、8 位或者 64 位），假设我们选取 8 位，再与相同大小的明文单元 P_i 异或，输出相同大小的密文单元 C_i，显然这时 P_i 和 C_i 的大小是 8 位，而不是 64 位。

　　显然密码反馈模式具有流密码的优点,也拥有 CBC 模式的优点。但是它也拥有 CBC 模式的缺点,即也会导致错误传播。明文的一个错误会影响所有后面的密文以及在解密过程中的逆。另外密码反馈模式会降低数据加密速度。由于无论每次输出多少位,都需要事先用密钥 K 加密一次,再与相等的明文位异或,所以即使一次输出为 1 位,也要经过相同的过程,这就降低了加密速度。如果一次输出密文单元与移位寄存器相同的大小,那么密码反馈模式等同于密码分组链接模式。

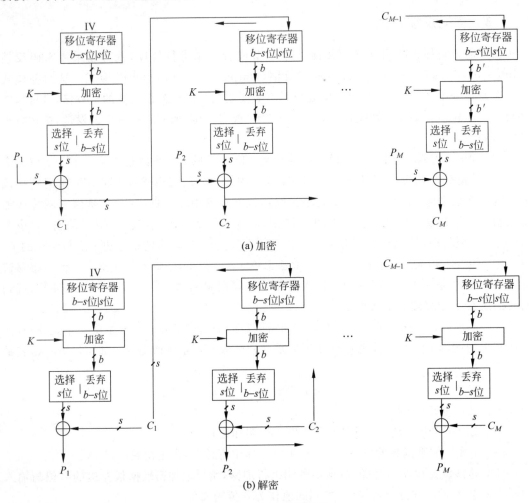

图 3.49　密码反馈模式

3.10.4　输出反馈模式

　　类似于密码反馈模式,不同之处在于输出反馈模式(OFB)是将加密算法的输出反馈到移位寄存器,而密码反馈模式是将密文单元反馈到移位寄存器,如图 3.50 所示。

　　与 CFB 相比,OFB 模式的优点是传输过程中的位错误不会被传播。但是相对于其他模式,因为数据之间相关性小,这种加密模式是相对不安全的。如这种模式难于检测密文是否被篡改。如果在密文中某位取反,那么在恢复后的明文中相应位也取反。因此攻击者有可能通过对数据部分和校验部分同时进行篡改,导致纠错码无法检测。所以在应用的时候

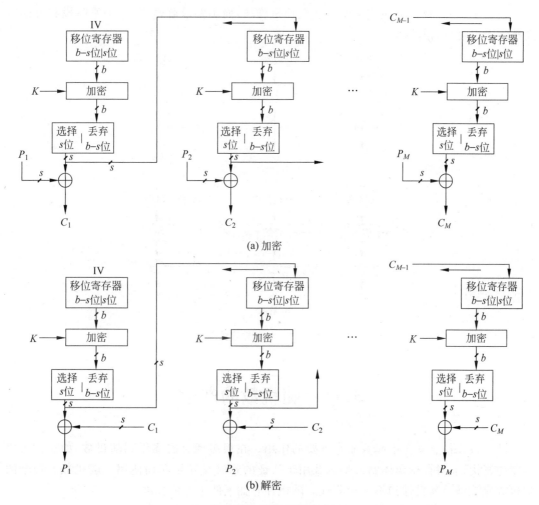

(a) 加密

(b) 解密

图 3.50　输出反馈模式

除非特别需要,一般不提倡应用 OFB 模式。

3.10.5　计数器模式

　　计数器(Counter,CTR)采用与明文分组相同的长度,但加密不同的明文组,计数器对应的值不同。计数器首先被初始化为一个值,然后随着消息块的增加,计数器的值依次递增1。计数器加 1 后与明文分组异或得到密文分组。解密是使用相同的计数器值序列,用加密后的计数器的值与密文分组异或来恢复明文,如图 3.51 所示。

　　计数器模式比较适合对实时性和速度要求比较高的场合,它具有以下优点。

　　(1) 处理效率:由于下一块数据不需要前一块数据的运算结果,所以 CTR 能够并行加密(解密)。这使其吞吐量可以大大提高。

　　(2) 预处理:基本加密算法的执行不依赖明文或者密文的输入,因此可以事先处理。这样可以极大地提高吞吐量。

　　(3) 随机访问:由于对某一密文分组的处理与其他密文分组无关,因此可以随机地对任意一个密文分组进行解密处理。

（4）简单性：计数器模式只要求实现加密算法，而不要求解密算法，加密阶段和解密阶段都使用相同的加密算法。

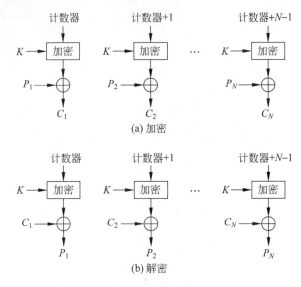

图 3.51　计数器模式

3.11　随机数的产生

随机数在信息安全中起着非常重要的作用。在很多场合需要用到随机数，如对称密码体制中密钥、非对称密码体制公钥以及用于认证的临时交互号等均使用了随机数。安全的随机数应该满足随机性和不可预测性。随机性有如下两个评价标准。

- 分布一致性：随机数分布是一致的，即每个数出现频率大约相等。
- 独立性：数据序列中的任何数不能由其他数导出。

一般来说，数据序列是否满足均匀分布可通过检测来判断，而是否满足独立性则是无法判断的。但却有很多检测方法能证明数据序列不满足独立性。如果对数据序列进行足够多次数的检测后都不能证明不满足独立性，就可比较有把握地相信该数据序列满足独立性。对产生的数据序列不仅要求其具有随机性而且要求其具有不可预测性，即根据数据序列的一部分不能推导出之前的部分序列，也不能预测后续序列。

一般说来，产生随机数的方式有两种：一是通过一个确定性的算法，由数字电路或是软件实现，把一个初值扩展成一个长的序列；二是选取真实世界的自然随机源，比如热噪声等。由前一种方法产生的序列通常被称为伪随机序列，而后者通常被称为真随机序列。

3.11.1　真随机数发生器

对于伪随机序列来说，因为使用的是确定的算法，有一定的规律所循，所以只要具备足够的计算能力，总能进行预测。能否产生真正的随机数，长期以来，这个问题一直都处于激烈的争论之中。但对于工程应用来说，只要产生的序列具有随机统计特性，并且不可再现，就可以被称为真随机序列。设计一个真随机数发生器包括两步：第 1 步是获取真随机源；第 2 步是利用真随机源依照特定的数学方法获得真随机数。真随机源广泛存在于现实世界中，比如计算机网络中 IP 包到达的时间、随机噪音、计算机当前的秒级时钟、键盘反应时间、热噪声、操作系统的进程信息、光量子的偏振等。获取方法可以通过调用系统函数或者硬件电路来实现。利用真随机源产生真随机数的方法有很多，一种最简单的方法是直接利用真随机源的奇偶特性来产生 0 和 1 序列。为了增加序列的随机性，往往还对产生的 0 和 1 序列进行一系列的变换，比如归一化、非线性映射、移位、加密等。图 3.52 是通过提取电路中的热噪声来产生随机数的方法。该方法将提取的热噪声进行放大，输入到一个比较器，与固定的参考电压进行比较，从而确定输出 0、1 序列。图 3.53 是基于自激振荡器频率不稳定性的真随机数发生器的原理示意图。

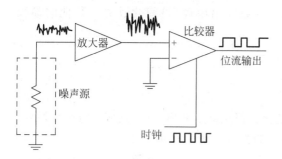

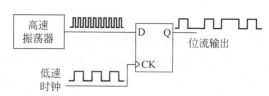

图 3.52　利用热噪声的随机数发生器　　　　　图 3.53　振荡采样随机数发生器

3.11.2　伪随机数发生器

在理想情况下，密码算法和协议中需要的秘密数应该用一个真随机生成器来产生。然而，在大多数实际环境中，真随机比特的生成是一个效率较低的过程，并且安全地存储和传送一个大随机数也是不切实际的。因此，在信息安全中常常用伪随机发生器产生伪随机数。这些随机数尽管不是真正的随机，但能够通过许多随机测试。

1. 线性同余法

线性同余(Linear Congruential)法是一种广泛使用的伪随机数产生方法。其随机数序列$\{X_n\}$可通过下面的式子迭代获得：

$$X_{n+1} = (aX_n + c) \bmod m, \quad n \geqslant 0$$

其中：

- X_0 称为种子或者初始值，并且 $0 \leqslant X_0 < m$；
- 常数 m 称为模数，$m > 0$；
- 常数 a 称为乘子，$0 \leqslant a < m$；
- 常数 c 称为增量，$0 \leqslant c < m$。

当 $c = 0$ 时，该算法称为乘同余法；当 $c \neq 0$ 时，该算法称为混合线性同余法。

为了得到 $[0, 1]$ 区间上分布的随机数，可以令：

$$R_n = \frac{X_n}{m}$$

其中 R_n 为满足要求的随机数。

　　a、c、m 的取值是产生高质量的随机数的关键。如当 $a=7$，$c=0$，$m=32$，$X_0=1$ 时，生成的数为 $\{1,7,17,23,1,7,\cdots\}$，该数列的周期为 4，而模为 32，结果不能令人满意。当随机数周期达到模时，则其周期称为满周期，也就是理论上的最大周期。所以我们在用同余算法生成随机数的时候，要尽可能地使周期达到满周期。合理地选择 a、c、m、X_0，可以使重复的周期充分长。如果满足下面条件，随机数发生器可以达到满周期。

　　(1) c 和 m 互素。

　　(2) 对 m 的任何一个素因子 p，$a \equiv 1 \bmod p$。

　　(3) 如果 4 是 m 的因子，则 $a \equiv 1 \bmod 4$。

　　对于上面的条件，这些参数一般取下面的值：$m=2^L$，其中 L 是计算机中存放一个整数值的二进制位数(称为整数的尾数字长)。这种方法有两个优点：一是 m 越大，随机数的周期就可能越大；二是算法上利用计算机的整数溢出原理，可简化计算。其他的参数取值为：

$$a = 4\alpha + 1$$
$$c = 2\beta + 1$$

其中 α 和 β 为任意正整数。

　　线性同余法的强度取决于乘子和模数的选择。但是除了初值 x_0 的选取具有随机性外，算法本身并不具有随机性，因为选定 x_0 后，以后的数就被确定性地产生了。这个性质可用于对该算法的密码分析，如果攻击者知道正在使用线性同余算法并知道算法的参数，则一旦获得数列的一个数，就可得到以后的所有数。甚至攻击者如果只知道正在使用线性同余算法以及产生的数列中极少一部分，就足以确定出算法的参数。假定攻击者能确定 x_0、x_1、x_2 和 x_3，就可通过以下方程组：

$$X_1 = (aX_0 + c) \bmod m$$
$$X_2 = (aX_1 + c) \bmod m$$
$$X_3 = (aX_2 + c) \bmod m$$

解出 a、c 和 m。

　　改进的方法是利用系统时钟修改随机数数列。一种方法是每当产生 N 个数后，就利用当前的时钟值模 m 后作为新种子。另一种方法是直接将当前的时钟值加到每个随机数上再对 m 取模。

2. 非线性同余法

　　非线性同余(Nonlinear Congruential)法的随机数序列 $\{X_n\}$ 可通过下面的式子迭代获得：

$$X_{n+1} = f(X_n) \bmod m，\quad n \geqslant 0$$
$$R_n = \frac{X_n}{m}$$

其中，$X_n \in Z_m = \{0,1,2,\cdots,m-1\}$，$f$ 是 Z_m 上的一个整数函数。如果 $f(x)=ax+c$，则变为线性同余。在非线性同余法中的 f 通常是 Z_m 上的一个排列多项式。

　　下面是几种典型的非线性同余发生器，它们的区别主要是 f 函数不同。

　　1) 逆同余发生器

$$X_{n+1} = (aX'_n + b) \bmod m，\quad n \geqslant 0$$

$$R_n = \frac{X_n}{m}$$

其中，X_n' 是 X_n 关于模 m 的乘法逆预元。

2）二次同余发生器

$$X_{n+1} = (aX_n^2 + bX_n + c) \bmod m, \quad n \geqslant 0$$

$$R_n = \frac{X_n}{m}$$

其中，a、b、c 为非负整数，且 $a \neq 0$。

3）BBS 发生器

BBS(Blum Blum Shub)发生器是由 Lenore Blum、Manuel Blum 和 Michae Shub 于 1986 年共同提出的一种随机数发生器，其递推公式为：

$$X_{n+1} = X_n^2 \bmod m, \quad n \geqslant 0$$

$$R_n = \frac{X_n}{m}$$

其中，$m = pq$，p 和 q 是两个大素数，且 $p \equiv q \equiv 3 \pmod 4$，选择随机数 s 与 m 互素，计算初始值 $X_0 = s^2 \bmod m$。

BBS 发生器最大的特点是可以直接计算任意一个 X_n 的值：

$$X_n = (X_0^{2^n \bmod (p-1)(q-1)}) \bmod m$$

BBS 发生器的安全性很好，并且通过了几乎所有的理论检验，但其运行速度较慢。

4）幂同余发生器

幂同余发生器是 BBS 发生器的推广，其迭代公式为：

$$X_{n+1} = X_n^d \bmod m, \quad n \geqslant 0$$

$$R_n = \frac{X_n}{m}$$

其中，d 和 m 为正整数。一个重要的特殊情形是 $m = pq$，且 p 和 q 为两个大素数。

5）指数同余发生器

指数同余发生器的迭代公式为：

$$X_{n+1} = g^{X_n} \bmod m, \quad n \geqslant 0$$

$$R_n = \frac{X_n}{m}$$

其中，g 和 m 为正整数。一个重要的特殊情形是 m 为一个大素数。

3. 混沌随机数发生器

在混沌区的数据具有两个显著的特性：迭代不重复性和初值敏感性。如果选定一个迭代方程和适当的系数，方程将进行无限制不循环地迭代。下式是混合光学双稳模型的迭代方程：

$$X_{n+1} = A\sin^2(X_n - X_B)$$

A 和 X_B 是方程的系数，当 $A = 4$，$X_B = 2.5$ 时方程处于混沌状态。根据该方程生成混沌序列 $\{X_i\}$，可以获得不同 0 和 1 序列 S_i。

$$S_i = \begin{cases} 1, & \text{如果 } X_i \geqslant \dfrac{2}{3}A \\ 0, & \text{其他情况} \end{cases}$$

4. 用密码学的方法产生随机数

单向函数可以用于产生伪随机数,方法是首先选取随机种子 s,然后再将函数应用于序列 $s,s+1,s+2,\cdots$,进而输出序列 $f(s),f(s+1),f(s+2),\cdots$。该单向函数可以是 hash 函数(如 SHA-1),或者是对称分组密码(如 DES)。

1) 循环加密

循环加密是一种非常简单的随机数产生方法,如图 3.54 所示。它用一个种子密钥循环加密计数器,从而产生一个随机序列。计数器的周期为 N。如果要产生 56 位的 DES 密钥,可以用一个周期为 2^{56} 的计数器,每产生一个密钥,计数器的值增加 1,那么这种方法产生的伪随机序列是全周期的,所有的输出序列都是由不同的计数值而来的,所以它们互不相同。由于种子密钥是保密的,所以由生成的随机数不能推出后续的随机数。有时为了增加强度,可以用一个全周期的伪随机数发生器来代替简单的计数器。

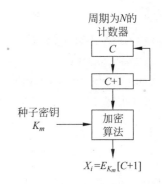

图 3.54　由计数器生成伪随机数

2) ANSI X9.17 随机数生成器

ANSI X9.17 基于 3DES 随机数生成标准,如图 3.55 所示。

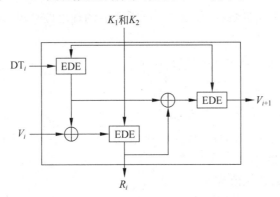

图 3.55　ANSI X9.17 伪随机数生成器

图 3.55 中的符号含义如下。

- EDE:表示用两个密码加密的三重 DES,即加密-解密-加密。
- DT_i:第 i 轮的初始日期和时间。
- V_i:第 i 轮的初始种子值,V_{i+1} 表示第 i 轮产生的新种子,并作为第 $i+1$ 轮的种子。
- R_i:第 i 轮的所产生的伪随机数。
- K_1 和 K_2:DES 所使用的密钥。

ANSI X9.17 伪随机数生成器采用的输入是 DT_i 和 V_i。DT_i 是一个 64 位数,代表当前的日期和时间,每产生一个伪随机数它均要改变。V_i 是种子值,可以是任意的 64 位数,并在随机数生成过程中被更新。从图 3.55 中很容易得到随机数序列和下一轮的种子。

$$R_i = \mathrm{EDE}_{[K_1,K_2]}(V_i \oplus \mathrm{EDE}_{[K_1,K_2]}(DT_i))$$

$$V_{i+1} = \text{EDE}_{[K_1, K_2]}(R_i \oplus \text{EDE}_{[K_1, K_2]}(DT_i))$$

其中 $\text{EDE}_{[K_1, K_2]}(X)$ 表示使用两个密钥 K_1 和 K_2 的三重 DES 加密 X。

3.12　对称密码的密钥分配

3.12.1　密钥分配基本方法

对称密码体制要求双方共享一个共同的密钥,并且为防止攻击者得到密钥,还必须时常更新密钥。通常安全系统存在的问题是出在密钥分配(Key Distribution)上。如何安全地分发这个密钥是对称密码体制的核心问题。在两个用户(主机、进程、应用程序)A 和 B 之间分配密钥的方法有以下几种。

(1) 密钥由 A 选取,并通过物理手段交给 B。

(2) 密钥由第三方选取,并由第三方通过物理手段交给 A 和 B。

(3) 如果 A 和 B 事先已有一密钥,则其中一方选取新密钥后,用已有的密钥加密新密钥并发送给另一方。

(4) 如果 A 和 B 与可信的第三方 C 分别有一保密通道,则 C 为 A 和 B 选取密钥后,分别在两个保密信道上发送给 A 和 B。

前两种方法称为人工发送。在通信网中,若只有个别用户想进行保密通信,密钥的人工发送还是可行的。然而如果所有用户都要求支持加密服务,则任意一对希望通信的用户都必须有一共享密钥。如果有 n 个用户,则密钥数目为 $n(n-1)/2$。因此当 n 很大时,密钥分配的代价非常大,如当有 1000 个结点时,需要多达 500 000 个密钥,如果加密在应用层,则每个用户或者进程都需要一个密钥,那么密钥分配任务则更重。

对于第(3)种方法,攻击者一旦获得一个密钥就可获取以后所有的密钥,而且用这种方法为所有用户分配初始密钥时,代价仍然很大。

第(4)种方法比较常用,其中的第三方通常是一个负责为用户分配密钥的密钥分配中心(Key Distribution Center,KDC)。这时每一用户必须和密钥分配中心有一个共享密钥,称为主密钥(Master Key)。通过主密钥分配给一对用户的密钥称为会话密钥(Session Key),用于这一对用户之间的保密通信。通信完成后,会话密钥即被销毁。如上所述,如果用户数为 n,则会话密钥数为 $n(n-1)/2$。但主密钥数却只需 n 个,所以主密钥可通过物理手段发送。

一个完整的密钥分配方案需要完成两个功能:一是将密钥分发给双方;二是双方互相认证,确保密钥一定只给了双方。图 3.56 是一个典型的密钥分配过程。由密钥分配中心(KDC)产生会话钥,然后分发给 A 和 B。图 3.56 中字符的含义如下。

- K_a 和 K_b 分别是 A 和 B 各自拥有与 KDC 共享的主密钥。
- K_s 是分配给 A 和 B 的一次性会话钥。
- N_1 和 N_2 是临时交互号(Nonces),可以是时间戳、计数器或随机数,主要用于防止重放攻击。
- ID_A 和 ID_B 分别是 A 和 B 的身份标识(例如 A 和 B 的网络地址)。

- $f(N_2)$是对 N_2 的某种变换(例如将 N_2 加 1)函数,目的是认证。
- ‖ 表示连接符,如 $ID_A \parallel ID_B \parallel N_1$ 表示同时传送了 ID_A、ID_B 和 N_1。

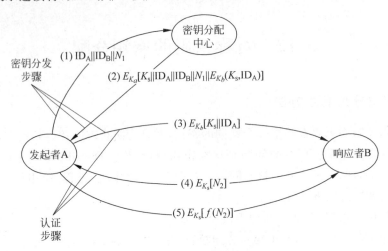

图 3.56　密钥分配过程

A 和 B 之间的会话密钥是通过以下几步来完成的。

(1) A 向 KDC 发出会话密钥请求。表示请求的消息由两个数据项组成,第 1 项是 A 和 B 的身份 ID_A 和 ID_B,第 2 项是这一步骤的唯一识别符 N_1,称为临时交互号。每次请求所用的都应不同,且为防止假冒,应使攻击者难以猜测。因此用随机数作为这个识别符最为合适。使用临时交互号的目的是防止重放攻击。

(2) KDC 为 A 的请求发出应答。应答是用 A 和 KDC 的共享的主密钥 K_a 加密,因此只有 A 才能成功地对这一消息解密,并且 A 可相信这一消息的确是由 KDC 发出的。消息中包括给 A 的两项内容:

- 一次性会话密钥 K_s。
- A 在第(1)步中发出的请求,包括一次性随机数 N_1,目的是使 A 将收到的应答与发出的请求相比较,看是否匹配。这样 A 能验证自己发出的请求在被 KDC 收到之前,是否被他人篡改。而且 A 可以确定收到的这个消息是否是对它请求的响应,而不是对以前消息的重放。

此外,该消息中还有给 B 的两项内容:

- 一次性会活密钥 K_s。
- A 的身份 ID_A。

这两项由 B 和 KDC 的共享的主密钥 K_b 加密,将由 A 转发给 B,以建立 A 和 B 之间的连接,并用于向 B 证明 A 的身份。

(3) A 存储会话密钥备用,并向 B 转发 $E_{K_b}[K_s \parallel ID_A]$。因为转发的是由 K_b 加密后的密文,所以转发过程不会被窃听。B 收到后,可得会话密钥 K_s,并且可知另一方是 A,还从 K_b 知道 K_s 的确来自 KDC。

完成这一步后,会话密钥就被安全地分配给了 A 和 B。下面需要在 A 和 B 之间进行认证。

（4）B 用会话密钥 K_s 加密另一个临时交互号 N_2，并将加密结果发送给 A。

（5）A 以 $f(N_2)$ 作为对 B 的应答，其中 f 是对 N_2 进行某种变换（例如加 1）的函数，并将应答用会话密钥加密后发送给 B。注意一点，如果不将 N_2 进行某种变换，直接以 N_2 作为应答，则会存在重放攻击。

这两步可使 B 相信第（3）步收到的消息不是一个重放。并且双方进行了认证。

第（4）和第（5）步是典型挑战/应答（Challenge/Response）认证方式。假设 A 期望从 B 获得一个新消息，首先发给 B 一个临时值（Challenge），并要求后续从 B 收到的消息（Response）中正确地包含这个临时值。

3.12.2　密钥的分层控制

在网络中，如果用户数目非常多而且分布的地域非常广，一个 KDC 就无法承担为用户分配密钥的重任。问题的解决方法是使用多个 KDC 的分层结构。例如，在每个小范围（如一个 LAN 或一个建筑物）内，都建立一个本地 KDC。同一范围的用户在进行保密通信时，由本地 KDC 为他们分配密钥。如果两个不同范围的用户想获得共享密钥，则可通过各自的本地 KDC，而两个本地 KDC 的沟通又需经过一个全局 KDC。这样就建立了两层 KDC。类似地，根据网络中用户的数目及分布的地域，可建立三层或多层 KDC。

分层结构可减少主密钥的分布，因为大多数主密钥是在本地 KDC 和本地用户之间共享。此外，如果一个本地 KDC 出错或者被攻击，则危害只限制在一个局部区域，而不会影响全局。

3.12.3　会话密钥的有效期

会话密钥更换得越频繁，系统的安全性就越高。因为攻击者即使获得一个会话密钥，也只能获得很少的密文。但另一方面，会话密钥更换得太频繁，又将延迟用户之间的交换，同时还会造成网络负担。所以在决定会话密钥的有效期时，应权衡这两个方面。

对于面向连接的协议，在连接未建立前或断开时，会话密钥的有效期可以很长。而每次建立连接时，都应使用新的会话密钥。如果逻辑连接的时间很长，则应定期更换会话密钥。

对于无连接协议（如面向交易的协议），无法明确地决定更换密钥的频率。为安全起见，用户每进行一次交换，都用新的会话密钥。然而这又失去了无连接协议的主要优势，如延时了交易时间，每个交易都希望用最少的费用和最短的延迟。比较好的方案是在某一个固定周期内或者交易一定量内使用同一会话密钥。

3.12.4　无中心的密钥分配

用密钥分配中心（第三方）为用户分配密钥时，要求所有用户都信任 KDC，同时还要求对 KDC 加以保护。如果密钥的分配没有这个中心，则不必有以上两个要求。在下面的分配方案中，每个用户事先和其他用户之间存在一个主密钥，然后使用这些主密钥产生会话钥。如果网络中有 n 个用户，则需有 $n(n-1)/2$ 个主密钥。当 n 很大时，整个网络中的主密钥很多，但每个结点最多只保存 $n-1$ 个主密钥，用这些主密钥可以产生很多会话钥。图 3.57 是一个无中心的密钥分配过程。

两个用户 A 和 B 建立会话密钥需经以下 3 个步骤。

（1）A 向 B 发出建立会话密钥的请求，包括 A 和 B 的身份标识和临时交互号 N_1。

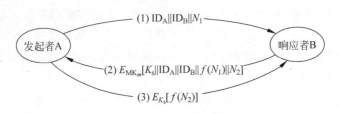

图 3.57　无中心的密钥分配过程

(2) B 用与 A 共享的主密钥 MK_m 对应答的消息加密,并发送给 A。应答的消息中包括选取的会话密钥 K_s、B 的身份标识、$f(N_1)$ 和另一个临时交互号 N_2。

(3) A 使用新建立的会话密钥 K_s 对 $f(N_2)$ 加密后返回给 B。

以上过程也完成了两件事,一是在 A 和 B 之间分配了会话钥;二是 A 和 B 进行了相互认证。在过程 1 和过程 2 中,挑战(Challenge)是临时交互号 N_1,应答(Response)是 $f(N_1)$,完成了 A 对 B 的认证。在过程(2)和过程(3)中,挑战(Challenge)是临时交互号 N_2,应答(Response)是 $f(N_2)$,这样就完成了 B 对 A 的认证。

3.13　关　键　术　语

密码学(Cryptology)

密码编码学(Cryptography)

密码分析学(Cryptanalysis)

密码分析者(Cryptanalyst)

明文(Plaintext)

加密(Encryption)

密文(Ciphertext)

解密(Decryption)

密码(Cipher)

密码体制(Cryptosystem)

密钥(Key)

分组密码(Block Ciphers)

流密码(Stream Ciphers)

对称加密(Symmetric Encryption)

穷举攻击(Brute Force Search)

唯密文攻击(Ciphertext-Only Attack)

已知明文攻击(Known-Plaintext Attack)

选择明文攻击(Chosen-Plaintext Attack)

选择密文攻击(Chosen-Ciphertext Attack)

选择文本攻击(Chosen Text Attack)

绝对安全(Unconditional Security)

计算上安全(Computational Security)

代换(Substitution)

置换(Permutation)

单字母代换密码(Monogram Substitution Cipher)

多字母代换密码(Polygram Substitution Cipher)

单表代换密码(Monoalphabetic Substitution Cipher)

多表代换密码(Polyalphabetic Substitution Cipher)

代换密码(Substitution Cipher)

仿射密码(Affine Cipher)

置换密码(Permutation Cipher)

扩散(Diffusion)

混淆(Confusion)

数据加密标准(Data Encryption Standard,DES)

高级加密标准(Advanced Encryption Standards,AES)

同步流密码(Synchronous Stream Cipher)

自同步流密码(Self-Synchronous Stream Cipher)

线性同余(Linear Congruential)

密钥分配(Key Distribution)

主密钥(Master Key)

会话密钥(Session Key)

密钥分配中心(Key Distribution Center,KDC)

3.14　习　题　3

3.1　下式是仿射密码的加密变换:

$$c = (3m + 5) \bmod 26$$

试求:

(1) 该密码的密钥空间是多少?

(2) 求出消息 hello 对应的密文。

(3) 写出它的解密变换。

(4) 试对密文进行解密。

3.2　用 Playfair 密码加密下面的消息:

ciphers using substitutions or transpositions are not secure because of language characteristics。密钥为 the playfair cipher was invented by Charles Wheatstone。

3.3　假设密钥为 encryption,用维吉尼亚密码加密消息 symmetric schemes require both parties to share a common secret key。

3.4　Hill 密码不能抵抗已知明文攻击,如果有足够多的明文和密文对,就能破解 Hill 密码。

(1) 攻击者至少有多少个不同的明文-密文对才能攻破该密码?

(2) 描述这种攻击方案。

3.5 用 Hill 密码加密消息 hill,密钥为:

$$k = \begin{pmatrix} 11 & 8 \\ 3 & 7 \end{pmatrix}$$

并写出从密文恢复明文的解密过程。

3.6 用一次一密加密消息 0101101010110011110001010101010101011011110001010001,选定的密钥是 1001010101111010110100010100000111110010010101010010,试写出密文。

3.7 使用 DES 加密,假设明文和密钥都为 $(0123456789ABCDEF)_{16} = (00000001$ $00100011\ 01000101\ 01100111\ 10001001\ 10101011\ 11001101\ 11101111)_2$:

(1) 推导出第 1 轮的子密钥 K_1。

(2) 写出 R_0 和 L_0。

(3) 扩展 R_0 并计算 $E(R_0) \oplus K_1$。

(4) 将第(3)问的结果,输入到 8 个 S 盒,求出加密函数 F。

(5) 推导出 R_1 和 L_1。

3.8 在 $GF(2^8)$ 上 $\{01\}$ 的逆是什么? 并验证其在 S 盒中的输入。

3.9 假设 AES 的 State 矩阵的某一列分别是 $s_0 = \{87\}$,$s_1 = \{6E\}$,$s_2 = \{46\}$,$s_3 = \{A6\}$。经过列混淆变换后,$s_1 = \{6E\}$ 映射为 $s_1' = \{37\}$,试验证这一结果。

3.10 采用 AES 加密,密钥为 2B 7E 15 16 28 AE D2 A6 AB F7 15 88 09 CF 4F 3C,明文为 32 43 F6 AD 88 5A 30 8D 3131 98 A2 E0 37 07 34。

(1) 写出最初的 State 的值。

(2) 写出密钥扩展数组中的前 8 个字节。

(3) 写出初始轮密钥加后 State 的值。

(4) 写出字节代换后 State 的值。

(5) 写出行移位后的 State 的值。

(6) 写出列混淆后 State 的值。

3.11 习题 3.10 的明文和密钥不变,采用 SM4 加密。

(1) 求出第 1 轮的轮密钥 rk_0。

(2) 求第 1 轮加密后的明文输出是什么?

3.12 有一个四级线性移位寄存器的反馈函数为 $f(a_1, a_2, a_3, a_4) = a_1 \oplus a_2$,其中初态为 $(a_1, a_2, a_3, a_4) = (1000)$,求其输出序列的前 12 位。

3.13 假如使用 3 位(0~7)的 RC4,其操作是对 8 取模(而不是对 256 取模),密钥是 326。

(1) 求初始化后 S 表的值。

(2) 计算第 1 个密钥字。

(3) 用上面生成的密钥加密明文 100101。

3.14 在 8 位 CFB 模式中,如果在传输中一个密文字符发生错误,这个错误将被传送多远?

3.15 编写仿射密码的加密和解密程序。

3.16 写一个程序实现维吉尼亚(Vigenère)密码的加密和解密。

3.17 编程实现 AES 算法。

3.18 编程实现线性同余伪随机数生成算法。

第 4 章　公钥密码技术

本章导读

➤ 本章主要介绍几个著名的公钥密码算法。

➤ 公钥密码算法基于数学函数(如单向陷门函数)而不是基于代换和置换。

➤ 公钥密码体制也称非对称密码体制,它使用两个独立的密钥,即公钥和私钥。加密和解密用不同的密钥。

➤ RSA 算法是非常著名的公钥密码算法。它的安全性是建立在大合数的质因子分解问题的困难性上。

➤ ElGamal 算法也一个著名的公钥密码算法。其安全性是依赖于计算有限域上离散对数这一难题。

➤ 椭圆曲线密码是性能很高的公钥密码算法,密码应用中所使用的两类椭圆曲线是定义在素域 Z_p 上的素曲线和在 $GF(2^m)$ 上构造的二元曲线。SM2 是我国国家商用密码管理局发布的公钥算法,现正在代替 RSA 在我国的应用。

➤ 公钥分配不是要对公钥进行保密,而是要保证公钥的真实性和完整性。使用公钥可以很方便地分配对称密钥。

➤ Diffie-Hellman 密钥交换是非常著名的密钥交换协议。会话钥不是直接传送给对方,而是双方独立计算的结果。

公钥密码技术是为了解决对称密码技术中最难解决的两个问题而提出的。第 1 个问题是对称密码技术的密钥分配。利用对称密码进行保密通信时,通信的双方必须首先预约持有相同的密钥才能进行。当用户数量很大时,互相之间需要很多密钥,并且为了安全起见,应当经常更换密钥。在网络上产生、存储、分配、管理如此大量的密钥,其复杂性和危险性都是很大的。第 2 个问题是对称密码不能实现数字签名。使用密码技术不仅仅是为了保密发送的消息,在很多情况下需要知道该消息是出自某个人,并且各方对此均无异议,这类似于现实生活的手写签名。为此,人们希望能设计一种新的密码,从根本上克服传统密码在密钥管理上的困难,而且容易实现数字签名,能够适合计算机网络环境的各种应用。公钥密码系统的出现正好弥补了上述缺陷。Diffie 和 Hellman 于 1976 年在《密码学的新方向》中首次提出了公钥密码的观点,标志着人们对公钥密码学研究的开始。1977 年由 Rviest、Shmair 和 Adlmena 提出了第 1 个比较完善的公钥密码算法,即 RSA 算法。从那时候起,人们基于不同的计算问题提出了大量的公钥密码算法。

4.1　公钥密码体制

公钥密码体制(Public-Key Cryptosystem)也称非对称密码体制(Asymmetric Cryptosystem)或者双钥密码体制(Two-Key Cryptosystem)。它与对称密码体制所采用的

技术完全不同,公钥密码算法基于数学函数(如单向陷门函数)而不是基于代换和置换。公钥密码是非对称的,它使用两个独立的密钥,即公钥(Public Key)和私钥(Private Key)。公钥可以被任何人知道,用于加密消息以及验证签名;私钥仅仅自己知道,用于解密消息和签名。加密和解密会使用两把不同的密钥,因此称为非对称。显然从密码算法和公钥不能推出私钥。还有一些算法具有另一个特点:在这两个独立的密钥中,任何一个都可以用来加密,另一个用来解密。

　　一个公钥密码体制由 6 个部分构成:明文、加密算法、公钥、私钥、密文和解密算法。可以构成两种基本的模型:加密模型和认证模型。在加密模型中,发送方用接收方的公钥作为加密密钥,用接收方私钥作为解密密钥,由于该私钥只由接收方拥有,因此即只有接收者才能解密密文得到明文,如图 4.1 所示。假设用户 A 向用户 B 发消息 M,用户 A 首先用用户 B 公开的公钥 $\mathrm{PU_B}$ 加密消息 M,得到密文:

$$C = E_{\mathrm{PU_B}}(M)$$

其中 E 是加密算法,然后发送给用户 B。用户 B 用自己的私钥 $\mathrm{PR_B}$ 解密密文,从而可以得到明文 $M = D_{\mathrm{PR_B}}(C)$,其中 D 是解密算法。由于只有 B 知道 $\mathrm{PR_B}$,所以其他人不能解密 C。

　　在认证模型中,发送方用自己的私钥对消息进行变换,产生签名,将该签名发送给接收方。接收者用发送者的公钥对签名进行验证以确定签名是否有效。只有拥有私钥的发送者才能对消息产生有效的签名,任何人均可以用签名人的公钥来检验该签名的有效性。在图 4.2 中,用户 A 首先用自己的私钥 $\mathrm{PR_A}$ 对消息 M 加密,加密后的消息就是数字签名:

$$C = E_{\mathrm{PR_A}}(M)$$

　　然后将 C 传给用户 B。用户 B 用 A 的公钥 $\mathrm{PU_A}$ 验证签名,即解密:

$$M = D_{\mathrm{PU_A}}(C)$$

　　如果用 A 的公钥 $\mathrm{PU_A}$ 能够解密,说明该消息来自 A,因为只有 A 才有这个公钥。也由于其他人没有 A 的私钥,所以任何人也不能篡改该消息。

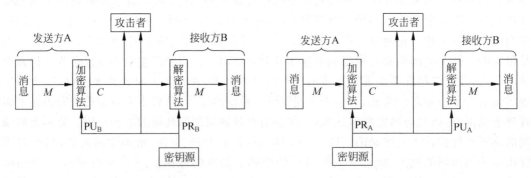

图 4.1　公钥加密模型　　　　　　　　图 4.2　公钥认证模型

　　在上面的认证的模型中,认证是对发送方的整个消息进行加密,这种方法可以验证发送方和消息的有效性,但却需要大量的储存空间。实际的做法是先对消息进行一个函数变换,将消息变换成一个小数据,然后再对小数据进行签名。这种方法将在后面的章节讨论。

　　在认证模型中,消息没有保密,任何人都可以用发送者的公钥解密消息。如果综合加密模型和认证模型,则将同时具有保密和认证功能,如图 4.3 所示。

发送方 A 先用自己的私钥 PR_A 加密消息 M,用于提供数字签名。再用接收方 B 的公钥 PU_B 加密,表示为:

$$C = E_{PU_B}(E_{PR_A}(M))$$

接收方 B 在解密时,先用自己的私钥解密,然后再用发送方 A 的公钥解密,表示为:

$$M = D_{PU_A}(D_{PR_B}(M))$$

从上面的加密和认证模型中,我们可以发现一个公钥密码系统应该满足下面几个要求。

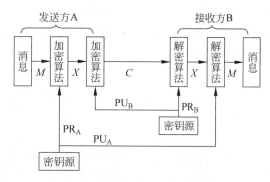

图 4.3　公钥密码体制的保密和认证

(1) 同一算法用于加密和解密,但加密和解密使用不同的密钥。

(2) 两个密钥中的任何一个都可用来加密,另一个用来解密,加密和解密次序可以交换。

(3) 产生一对密钥(公钥和私钥)在计算上是可行的。

(4) 已知公钥和明文,产生密文在计算上是容易的。

(5) 接收方利用私钥来解密密文在计算上是可行的。

(6) 仅根据密码算法和公钥来确定私钥在计算上是不可行的。

(7) 已知公钥和密文,在不知道私钥的情况下,恢复明文在计算上是不可行的。

上面几个要求的实质是要找一个单向陷门函数。单向函数在第 2 章中已经作了详细的介绍。它指计算函数值是容易的,而计算函数的逆是不可行的。陷门单向函数则存在一个附加信息,当不知道该附加信息时,求函数逆是困难的,但当知道该附加信息时,求函数逆就变得容易了。陷门单向函数在附加信息未知时是单向函数,而当附加信息已知时,就不再是单向函数了。通常把附加信息称为陷门信息,将陷门信息作为私钥,公钥密码体制就是基于这一原理而设计的。其安全强度取决于它所依据的问题的计算复杂度。

4.2　公钥密码分析

和对称密码体制一样,如果密钥太短,公钥密码体制也易受到穷举搜索攻击。因此密钥必须足够长。然而又由于公钥密码体制所使用的可逆函数的计算复杂性与密钥长度常常不是线性关系,而是比线性函数增大更快函数。所以密钥长度太大又会使得加密和解密运算太慢而不实用。目前提出的公钥密码体制的密钥长度已经足够抵抗穷举攻击,但也使它的加密和解密速度变慢,因此公钥密码体制一般用于加密小数据,如会话钥,目前主要用于密钥管理和数字签字。

对公钥密码算法的第二种攻击就是从公钥计算出私钥。到目前为止,还没有在数学上证明该方法不可行。

还有一种仅适用于对公钥密码算法的攻击法,称为穷举消息攻击。由于公钥密钥算法常常用于加密短消息,只要穷举这些短消息,就可以解密消息。例如,假设用公钥算法加密 DES 的 56 位密钥,攻击者可以用算法的公钥对所有可能的 56 位密钥加密,再与截获的密文相比较。如果一样,则相应的明文即 DES 的密钥。因此不管公钥算法的密钥多长,这种攻击的本质是对 56 位 DES 密钥的穷举攻击。抵抗这种攻击的方法是在欲发送的消息后添加一些随机位。

4.3　RSA 密码

RSA 算法是 1977 年由 Rivest、Shamir 和 Adleman 提出的非常著名的公钥密码算法。它基于大合数的质因子分解问题的困难性。RSA 算法是一种分组密码,明文和密文是 $0 \sim n-1$ 之间的整数,通常 n 的大小为 1024 位二进制数或 309 位十进制数。

4.3.1　算法描述

1. 密钥的产生

(1) 随机选择两个大素数 p 和 q。

(2) 计算 $n = p \times q$。

(3) 计算秘密的欧拉函数 $\varphi(n) = (p-1)(q-1)$。

(4) 选择 e 使得 $1 < e < \varphi(n)$,且 $\gcd(e, \varphi(n)) = 1$。

(5) 解下列方程求出 d。

$$ed \equiv 1 \bmod \varphi(n), \quad \text{且 } 0 \leqslant d \leqslant n$$

(6) 公开公钥:$PU = \{e, N\}$。

(7) 保存私钥:$PR = \{d, p, q\}$。

2. 加密过程

加密时明文以分组为单位进行加密,每个分组 m 的二进制值均小于 n,对明文分组 m 做加密运算:

$$c = m^e \bmod n, \quad \text{且 } 0 \leqslant m < n$$

3. 解密过程

密文解密 $m = c^d \bmod n$

4. 签名过程

计算签名 $s = m^d \bmod n$

5. 签名验证过程

签名验证 $m = s^e \bmod n$

下面证明 RSA 算法解密的正确性。

证明:

$$c = m^e \bmod n \equiv m^{ed} \bmod n \equiv m^{1 \bmod \varphi(n)} \bmod n \equiv m^{k\varphi(n)+1} \bmod n$$

下面分两种情况讨论。

(1) $\gcd(m, n) = 1$,由欧拉定理:

$$m^{\varphi(n)} \equiv 1 \bmod n$$

有 $m^{k\varphi(n)} \equiv 1 \bmod n$,$m^{k\varphi(n)+1} \equiv m \bmod n$

即

$$c^d \bmod n = m$$

（2）$\gcd(m,n) \neq 1$，由于 $n = pq$，所以 m 是 p 的倍数或者是 q 的倍数。假设 $m = cp, c$ 为小于 q 的正整数，那么必有 $\gcd(m,q) = 1$，否则 m 也是 q 的倍数，从而是 pq 的倍数，与 $m < n = pq$ 矛盾。由 $\gcd(m,q) = 1$ 和欧拉定理得：

$$m^{\varphi(q)} \equiv 1 \bmod q$$

所以 $m^{k\varphi(q)} \equiv 1 \bmod q$。

又因为 $\varphi(q) = p - 1$，所以有：

$$m^{k(p-1)} \equiv 1 \bmod q$$

即：

$$m^{k(p-1)(q-1)} \equiv 1 \bmod q$$
$$m^{k\varphi(n)} \equiv 1 \bmod q$$

因此存在一个整数 r，使得 $m^{k\varphi(n)} = 1 + rq$。

两边同乘以 $m = cp$ 得：

$$m^{k\varphi(n)+1} = m + rcn, \quad 即 \quad m^{k\varphi(n)+1} \equiv m \bmod n$$

所以 $c^d \bmod n = m$。

例 4.1　选择素数：$p = 47$ 和 $q = 71$。

计算 $n = pq = 47 \times 71 = 3337$，$\varphi(n) = (p-1)(q-1) = 46 \times 70 = 3220$。

选择 e：使 $\gcd(e, 3220) = 1$，选取 $e = 79$；决定 d：$de \equiv 1 \bmod 3220$，得 $d = 1019$。

公开公钥 $\{79, 3337\}$，保存私钥 $\{1019, 47, 71\}$。

现假设消息为 $M = 6882326879666683$，进行分组，分组的位数比 n 要小，我们选取 $M_1 = 688, M_2 = 232, M_3 = 687, M_4 = 966, M_5 = 668, M_6 = 003$。

M_1 的密文为 $C_1 = 688^{79} \bmod 3337 = 1570$，继续进行类似计算，可得到最终密文为：

$$C = 15702275620912276158$$

如果解密，计算 $M_1 = 1570^{1019} \bmod 3337 = 688$，类似可以求出其他明文。

4.3.2　RSA 算法的安全性

RSA 密码体制的安全性基于分解大整数的困难性假设。RSA 算法的加密函数 $c = m^e \bmod n$ 是一个单向函数，所以对于攻击者来说，试图解密密文在计算上是不可行的。对于接收方解密密文的陷门是分解 $n = pq$，由于接收方知道这个分解，它可以计算 $\varphi(n) = (p-1)(q-1)$，然后用扩展欧几里得算法来计算解密私钥 d。因此对 RSA 算法的攻击有下面几个方法。

1. 穷举攻击

最基本的攻击是穷举攻击，也就是尝试所有可能的私钥。抵抗穷举攻击的方法是使用大的密钥空间，所以位数越多越安全，但也增加了加密和解密的复杂性，因此密钥越大，系统运行速度也越慢。

2. 数学攻击

另一种攻击方式是数学攻击，它的实质是试图对两个素数乘积的分解，数学攻击主要采用下面的几种形式。

(1) 直接将 n 分解为两个素数因子,这样就可以计算 $\varphi(n)=(p-1)(q-1)$,然后可以确定私钥 $d\equiv e^{-1} \bmod \varphi(n)$。

(2) 在不事先确定 p 和 q 的情况下直接确定 $\varphi(n)$,同样可以确定 $d\equiv e^{-1} \bmod \varphi(n)$。

(3) 不先确定 $\varphi(n)$ 而直接确定 d。

目前大部分关于 RSA 密码分析的讨论都集中在对 n 进行素因子分解上,给定 n 确定 $\varphi(n)$ 就等价于对 n 进行因子分解,给定 e 和 n 时使用目前已知算法求出 d 在时间开销上至少和因子分解问题一样大,因此可以把因子分解的性能作为一个评价 RAS 安全性的基准。

对大整数分解的威胁除了人类的计算能力外,还会来自分解算法的进一步改进。一直以来因子分解攻击都采用所谓二次筛的方式,最新的攻击算法是广义素数筛(Generalized Number Filed Sieve,GNFS)。该算法分解大数的性能被大大提高。由于大数分解近年来取得很大进展,因此,就目前来说,RSA 的密钥大小应该选取 1024~2048 位比较合适。除了指定 n 的大小,为了避免选择容易分解的数值 n,算法的发明者建议对 p 和 q 加以限制。

(1) p 和 q 必须为强素数(Strong Prime)。注:强素数 p 的定义为存在两个大质数 p_1 与 p_2,使得 $p_1 \mid p-1$ 且 $p_2 \mid p+1$(一层的强素数)。若 p_1 与 p_2 均满足上述强素数的定义则 p 为两层的强素数。以两层之强素数为因子的合成数是一个最难的分解因子问题。

(2) p 和 q 的长度应该只差几位,因而 p 和 q 的长度都应该处于 $10^{75}\sim10^{100}$ 之间。

(3) $(p-1)$ 和 $(q-1)$ 都应该包含大的素因子。

(4) p 与 q 的差值要能使解方程式 $\left(\dfrac{p+q}{2}\right)^2 - \left(\dfrac{p-q}{2}\right)^2 = n$ 是可能的。注:$\left(\dfrac{p+q}{2}\right) \approx \sqrt{n}$。

(5) $\gcd(p-1, q-1)$ 应该很小。

(6) 若 $e<n$ 且 $d<n^{1/4}$,那么 d 可以容易确定。

3. 选择密文攻击

令密文为 $c=m^e \bmod n$,即明文为 $m=c^d \bmod n$。在不知道解密私钥 d 的情况下,攻击者首先任意选一个数 $r<n$,并计算以下参数:

$$x = r^e \bmod n$$
$$y = x \times c \bmod n$$
$$t = r^{-1} \bmod n$$

然后,攻击者将 y 送给原加密者签名,得到 $u=y^d \bmod n$。

利用以上参数攻击者很容易算出明文如下:

$$m = t \times u = r^{-1} \times y^d = r^{-1} \times x^d \times c^d = c^d \pmod n$$

防止选择密文攻击的方法是尽量避免随意给别人签名,最实际的方法是使用 RSA 加密和签名时,用不同的公私钥对,这样可以避免可能的安全漏洞。

4. 公共模数攻击(Common Modulus Attack)

假设攻击者得到两组密文:

$$c_1 = m^{e_1} \bmod n$$
$$c_2 = m^{e_2} \bmod n$$

由于 e_1 与 e_2 互素,攻击者可以解出两整数 r 与 s,满足:

$$r \times e_1 + s \times e_2 = 1 \quad (\text{素数性质})$$

注意：在上式的解中，r 与 s 有一个为负数。假设 r 为负数，则攻击者很容易算出明文 $m = (c_1^{-1})^{-r} \times (c_2)^s \bmod n$，因此不要在一组用户之间共享 n。

5. 计时攻击

计时攻击也可以用于对 RSA 算法的攻击。计时攻击是攻击者通过监视系统解密消息所花费的时间来确定私钥。时间攻击方式比较独特，它是一种只用到密文的攻击方式。

在 RSA 解密采用的几种模幂运算方法中都有一个取模的乘法函数，这个函数的运行在通常的情况下是很快的，但是在一些特殊情况下花费的时间比平时要多得多。由于算法的运行时间不固定，攻击者可以猜到一些值。预防计时攻击的方法有：一是采用不变的幂运算时间，保证所有幂操作在返回一个结果之前花费的时间相同；二是随机延时，通过对求幂算法增加一个随机延时来迷惑攻击者；三是隐蔽，在执行幂运算之前先用一个随机数与密文相乘。

另外，还有 RSA 的能量攻击（Differential Power Attack）方法。它是针对 RSA 加密硬件的攻击，但不是破坏加密硬件设备。它是通过电源连线测量加密硬件每个时钟周期的能量消耗。如在智能卡中，每个指令（比如跳转、加法、移位等）在执行时需要不同的指令周期并且消耗不同的能量，如果分析测量指令执行时的能量值，就可以在能量值图表上区分出这些指令。

4.4　ElGamal 密码

ElGamal 是 1985 年由 T. ElGamal 提出的一个著名的公钥密码算法。该算法既能用于数据加密，也能用于数字签名，其安全性是依赖于计算有限域上离散对数这一难题。

1. 密钥产生

任选一个大素数 p，使得 $p-1$ 有大素因子，g 是模 p 的一个本原根，公开 p 与 g。使用者任选一私钥 x，$x \in [0, p-1]$，并计算公钥 $y = g^x \bmod p$。

- 公开公钥：y、p、g
- 保密私钥：x

2. 加密过程

对于明文 m，选取一个 r，$r \in [0, p-1]$，并计算：

$$c_1 = g^r \bmod p$$
$$c_2 = m \times y^r \bmod p$$

则密文为 $\{c_1, c_2\}$。

3. 解密过程

先计算 $w = (c_1^x)^{-1} \bmod p$，再计算出明文 $m = c_2 \times w \bmod p$。

4. 签名过程

假设对消息 m 签名，任选一个随机数 k，使 $k \in [0, p-1]$，并计算：

$$r = g^k \bmod p$$
$$s = k^{-1}(m - x \times r) \bmod (p-1)$$

签名为 $\{r,s\}$。

5. 签名验证过程

$$y^r \times r^s = g^m \pmod{p}$$

例 4.2 假设 Alice 想要将消息 $m = 1299$ 传送给 Bob。Alice 任选一个大素数 p 为 1009，g 是模 p 的一个本原根，取 g 为 2。

选择保密的私钥 x 为 765，计算公钥 $y = g^x \bmod p = 2^{765} \bmod 2579 = 949$。

Alice 公开 y、p、g 的值。再选取一个 r 为 853，计算密文为：

$$c_1 = g^r \bmod p = 2^{853} \bmod 2579 = 435$$

$$c_2 = m \times y^r \bmod p = 1299 \times 949^{853} \bmod 2579 = 2396$$

Alice 将密文 $\{435,2396\}$ 传给 Bob，Bob 计算下式解密：

$$w = (c_1^x)^{-1} \bmod p$$

$$m = c_2 \times w \bmod p = 2396 \times (435^{765})^{-1} \bmod 2579 = 1229$$

需要说明的是，为了避免选择密文攻击，ElGamal 是对消息 m 的 hash 值进行签名，而不是对 m 签名。与 RSA 方法比较，ElGamal 方法具有以下优点。

(1) 系统不需要保存秘密参数，所有的系统参数均可公开。

(2) 同一个明文在不同的时间由相同加密者加密会产生不同的密文，但 ElGamal 方法的计算复杂度比 RSA 方法要大。

ElGamal 算法的安全性是建立在有限域上求离散对数这一难题基础上的。关于有限域上的离散对数问题，人们已经进行了很深入的研究，但到目前为止还没有找到一个非常有效的多项式时间算法来计算有限域上的离散对数。通常只要把素数 p 选取得合适，有限域 Z_p 上的离散对数问题就是难解的。目前要求在 ElGamal 密码算法的应用中。如果素数 p 按十进制表示，那么至少应该有 300 位数，并且 $p-1$ 至少应该有一个大的素数因子。

4.5　椭圆曲线密码

大多数公钥密码系统都使用具有非常大数目的整数或多项式，计算量大、密钥和消息存储量也极大，致使工程实现变得越来越困难。后来人们发现椭圆曲线是克服此困难的一个强有力的工具。特别地，以椭圆曲线上的点构成的 Abel 群为背景结构实现各种密码体制已是公钥密码学领域的一个重要课题。椭圆曲线密码体制(Elliptic Curve Cryptosystem，ECC)的依据是定义在椭圆曲线点群上的离散对数问题的难解性。

公钥密码学的数学理论早在一百年前就已经很完备了，只是目前计算机技术的进步，该理论才被人们应用，RSA、ElGamal 等密码系统都是如此，而椭圆曲线在代数学与几何学上广泛的研究已超出一百年之久，已有丰富且深层次的理论。将椭圆曲线系统第一次应用于密码学是于 1985 年由 Koblitz 与 Miller 分别提出的。随后有两个较著名的椭圆曲线密码系统被提出：一是利用 ElGamal 的加密法；二是 Menezes-Vanstone 的加密法。下面简单地介绍椭圆曲线和椭圆曲线上的密码算法。

4.5.1　椭圆曲线的定义

在实数系中,椭圆曲线可定义成所有满足方程 $E: y^2 = x^3 + ax + b$ 的点 (x, y) 所构成的
集合。若 $x^3 + ax + b$ 没有重复的因式或
$4a^3 + 27b^2 \neq 0$,则 $E: y^2 = x^3 + ax + b$ 能定
义成为一个群。例如,椭圆曲线 $y^2 = x^3 - x$
的图形如图 4.4 所示。若 $4a^3 + 27b^2 = 0$,则
此曲线某些数的逆元素将不存在。

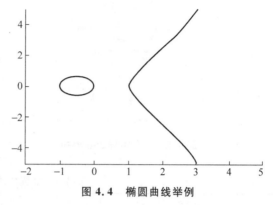

图 4.4　椭圆曲线举例

椭圆曲线是连续的,并不适合用于加
密。必须把椭圆曲线变成离散的点,即将椭
圆曲线定义在有限域上。因此密码学中关
心的是有限域上的椭圆曲线。椭圆曲线密
码体制中使用的变元和系数均为有限域中
元素的椭圆曲线。密码应用中所使用的两类椭圆曲线是定义在素域 Z_p 上的素曲线(Prime
Curve)和在 $GF(2^m)$ 上构造的二元曲线。对于素域 Z_p 上的素曲线,我们使用三次方程,其
中的变量和系数在集合 $\{0, 1, 2, \cdots, p-1\}$ 上取值,运算为模 p 运算。对于在 $GF(2^m)$ 上的二
元曲线,变量和系数在 $GF(2^m)$ 内取值,且运算为 $GF(2^m)$ 里的运算。

密码系统在素域 Z_p 或者 $GF(2^m)$ 下定义为椭圆曲线 $E: y^2 = x^3 + ax + b$,其中 $4a^3 +$
$27b^2 \neq 0, a$ 和 b 是小于 $p(p$ 为素数$)$的非负数。

在 $GF(2^m)$ 下定义为椭圆曲线 $E: y^2 + xy = x^3 + ax + b$,其中 $b \neq 0$。

椭圆曲线有一个特殊的点,记为 O,它并不在椭圆曲线上,此点称为无限远的点(The
Point at Infinity)或零点(Zero Point)。用 $E(K)$ 表示在 K 上椭圆曲线 E 所有的点所构成的
集合,如 $E(Z_p)$ 表示在素域 Z_p 上椭圆曲线 E 所有的点所构成的集合,而 $E(GF(2^m))$ 则表示
在 $GF(2^m)$ 上椭圆曲线 E 所有的点所构成的集合。显然椭圆曲线上的所有点 $E(K)$ 集合通
过定义一个加法运算,满足一定的运算规则可以构成一个 Abel 群。点 $P = (x, y)$ 对 X 坐标
轴反射的点为 $-P = (x, -y)$,而称 $-P$ 为点 P 的负点。若 $nP = O$,且 n 为最小的正整数,
则 n 为椭圆曲线 E 上点 P 的阶。除了无限远的点 O 之外,椭圆曲线 E 上任何可以生成所
有点的点都可视为是 E 的生成数(Generator),但并不是所有在 E 上的点都可视为生成数。
定义于 Z_p 的椭圆曲线 E 的所有点的个数 $\sharp E$ 满足 $p + 1 - 2\sqrt{p} \leqslant \sharp E \leqslant p + 1 + 2\sqrt{p}$。

椭圆曲线上的两个相异的点相加与双倍(Doubling)的点 P 的几何含义如下。

(1) 两个相异的点相加:假设 P 和 Q 是椭圆曲线上两个相异的点,而且 $P \neq -Q$。若
$P + Q = R$,则点 R 是经过 P、Q 两点的直线与椭圆曲线相交的唯一交点的负点,如图 4.5
所示。

(2) 双倍的点 P:令 $P + P = 2P$,则点 $2P$ 是经过 P 的切线与椭圆曲线相交的唯一交点
的负点,如图 4.6 所示。

例 4.3　构造一个在素域 Z_p 上的椭圆曲线,并求出构成该椭圆曲线的点。

选取模 p 下的椭圆曲线 $y^2 = x^3 + ax + b$,选取 $p = 23, a = b = 1$,且有 $4 \times 1^3 + 27 \times 1^2 \neq$
0,则 $y^2 = x^3 + x + 1$ 是椭圆曲线,其上的点 $E(Z_{23})$ 是满足模 p 方程,并且处于从 $(0, 0)$ 到
(p, p) 的正方形中的整数。表 4.1 是组成椭圆曲线的点 $E(Z_{23})$(不包含 O 点)。

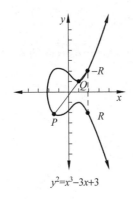

$y^2=x^3-3x+3$

图 4.5　两个相异的点相加

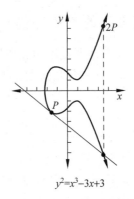

$y^2=x^3-3x+3$

图 4.6　双倍的点 P

表 4.1　椭圆曲线的点 $E(Z_{23})$

(0,1)	(0,22)	(1,7)	(1,16)	(3,10)	(3,13)	(4,0)	(5,4)	(5,19)
(6,4)	(6,19)	(7,11)	(7,12)	(9,7)	(9,16)	(11,3)	(11,20)	(12,4)
(12,19)	(13,7)	(13,16)	(17,3)	(17,20)	(18,3)	(18,20)	(19,5)	(19,18)

表 4.1 是按照下面的计算得到的。

(1) 针对所有的 $x=0,1,2,\cdots,p-1$，计算 $x^3+x+1(\bmod p)$，得到曲线上的点 (x,y)，其中 $x,y<p$。

(2) 对第(1)步得到的每个结果确定它是否有一个模 p 的平方根。如果没有，则该椭圆曲线上没有与这一 x 相对应的点。如果有，就有两个满足平方根运算的 y 值（$y=0$ 时只有一个平方根，只有一个点 $(x,0)$），即 y 和 $y-p$。从而 (x,y) 和 $(x,y-p)$ 就是该椭圆曲线的点。

4.5.2　椭圆曲线运算规则

1. 椭圆曲线在素域 Z_p 上的运算规则

在椭圆曲线运算中，大写参数表示点，小写参数表示数值。

1) 加法规则

对于所有的点 $P,Q \in E(Z_p)$，有：

(1) $P+O=O+P=P,P+(-P)=O$

(2) 如果 $P=(x_1,y_1),Q=(x_2,y_2)$，并且 $P\neq-Q$，则 $P+Q=(x_3,y_3)$ 由下列规则确定：

$$x_3 = \lambda^2 - x_1 - x_2$$
$$y_3 = \lambda(x_1 - x_3) - y_1$$

其中：

$$\lambda = \begin{cases} \dfrac{y_2 - y_1}{x_2 - x_1} & \text{如果 } P \neq Q \\[2mm] \dfrac{3x_1^2 + a}{2y_1} & \text{如果 } P = Q \end{cases}$$

(3) 如果 $s,t \in Z_p$，则对所有的点 $P \in E(Z_p)$，有 $(s+t)P=sP+tP$。

2）乘法规则

（1）如果 $k \in Z_p$，则对所有的点 $P \in E(Z_p)$，有 $kP = \overbrace{P + \cdots + P}^{k次}$。

（2）如果 $s, t \in Z_p$，则对所有的点 $P \in E(Z_p)$，有 $s(tP) = (st)P$。

例 4.4 取椭圆曲线 $y^2 = x^3 + x + 1$ 上的两个点 $p = (3, 10)$，$Q = (9, 7)$，计算 $P + Q$ 和 $2P$。

计算 $P + Q$ 过程如下：

$$\lambda = \frac{7 - 10}{9 - 3} = \frac{-3}{6} = \frac{-1}{2} \equiv 11 \bmod 23$$

$$x_3 = 11^2 - 3 - 9 = 109 \equiv 17 \bmod 23$$

$$y_3 = 11(3 - (-6)) - 10 = 89 \equiv 20 \bmod 23$$

因而 $P + Q = (17, 20)$。

计算 $2P$ 过程如下：

$$\lambda = \frac{3(3^2) + 1}{2 \times 10} = \frac{5}{20} = \frac{1}{4} \equiv 6 \bmod 23$$

$$x_3 = 6^2 - 3 - 3 = 30 \equiv 7 \bmod 23$$

$$y_3 = 6(3 - 7) - 10 = -34 \equiv 12 \bmod 23$$

因此 $2P = (7, 12)$。

2. 椭圆曲线在 GF(2^m) 上的运算规则

1）加法规则

对于所有的点 $P, Q \in E(\mathrm{GF}(2^m))$，有以下 3 种情况。

（1）$P + O = O + P = P$，$P + (-P) = O$。

（2）如果 $P = (x_1, y_1)$，$Q = (x_2, y_2)$，并且 $P \neq -Q$，则 $P + Q = (x_3, y_3)$

其中：

$$x_3 = \begin{cases} \left(\dfrac{y_1 + y_2}{x_1 + x_2}\right)^2 + \dfrac{y_1 + y_2}{x_1 + x_2} + x_1 + x_2 + a & \text{如果 } P \neq Q \\ x_1^2 + \dfrac{b}{x_1^2} & \text{如果 } P = Q \end{cases}$$

$$y_3 = \begin{cases} \left(\dfrac{y_1 + y_2}{x_1 + x_2}\right)(x_1 + x_3) + x_3 + y_1 & \text{如果 } P \neq Q \\ x_1^2 + \left(x_1 + \dfrac{y_1}{x_1}\right)x_3 + x_3 & \text{如果 } P = Q \end{cases}$$

（3）如果 $s, t \in \mathrm{GF}(2^m)$，则对所有的点 $P \in E(\mathrm{GF}(2^m))$，有 $(s+t)P = sP + tP$。

2）乘法规则

（1）如果 $k \in \mathrm{GF}(2^m)$，则对所有的点 $P \in E(\mathrm{GF}(2^m))$，有 $kP = \overbrace{P + \cdots + P}^{k次}$。

（2）如果 $s, t \in \mathrm{GF}(2^m)$，则对所有的点 $P \in E(\mathrm{GF}(2^m))$，有 $s(tP) = (st)P$。

例 4.5 假设使用不可约多项式为 $f(x) = x^4 + x + 1$ 定义有限域 GF(2^4)，其本原根（也称生成元）满足 $f(g) = 0$，即 $g^4 = g + 1$，二进制表示为 0010。考虑一个椭圆曲线 $y^2 + xy = x^3 + g^8 x + g^2$ 上的两点 $P = (g^3, g^9)$，$Q = (g, g^5)$。计算 $P + Q$ 和 $2P$。

先计算 g 的乘幂,然后使用运算规则计算 $P+Q$ 和 $2P$。

可以计算 g 的乘幂如下:

$$g^0 = (0001), \quad g^1 = (0010), \quad g^2 = (0100), \quad g^3 = (1000)$$
$$g^4 = (0011), \quad g^5 = (0110), \quad g^6 = (1100), \quad g^7 = (1011)$$
$$g^8 = (0101), \quad g^9 = (1010), \quad g^{10} = (0111), \quad g^{11} = (1110)$$
$$g^{12} = (1111), \quad g^{13} = (1101), \quad g^{14} = (1001), \quad g^{15} = (0001)$$

计算 $P+Q$ 过程如下:

$$
\begin{aligned}
x_3 &= \left(\frac{y_1+y_2}{x_1+x_2}\right)^2 + \frac{y_1+y_2}{x_1+x_2} + x_1 + x_2 + a \\
&= \left(\frac{g^9+g^5}{g^3+g}\right)^2 + \frac{g^9+g^5}{g^3+g} + g^3 + g + g^8 \\
&= g^9
\end{aligned}
$$

$$
\begin{aligned}
y_3 &= \left(\frac{y_1+y_2}{x_1+x_2}\right)(x_1+x_3) + x_3 + y_1 \\
&= \left(\frac{g^9+g^5}{g^3+g}\right)(g^3+g^9) + g^9 + g^9 \\
&= g^{13}
\end{aligned}
$$

所以 $\quad P+Q=R=(g^9, g^{13})$。

计算 $2P$ 过程如下:

$$
\begin{aligned}
x_3 &= x_1^2 + \frac{b}{x_1^2} \\
&= g^{3\cdot2} + g^2 \cdot g^{-3\cdot2} \\
&= g^6 + g^{11} \\
&= g
\end{aligned}
$$

$$
\begin{aligned}
y_3 &= x_1^2 + \left(x_1 + \frac{y_1}{x_1}\right)x_3 + x_3 \\
&= g^{3\cdot2} + (g^3 + g^9 \cdot g^{-3})g + g \\
&= g^6 + g^3 + g \\
&= g^5
\end{aligned}
$$

所以 $\quad 2P=R=(g, g^5)$。

4.5.3 椭圆曲线密码算法

椭圆曲线上所有的点外加一个叫做无穷远点的特殊点构成的集合,连同一个定义的加法运算构成一个 Abel 群。在等式 $kP=P+P+\cdots+P=Q$ 中,已知 k 和点 P 求点 Q 比较容易,反之已知点 Q 和点 P 求 k 是相当困难的,这个问题称为椭圆曲线上点群的离散对数问题(Elliptic Curve Discrete Logarithm Problem,ECDLP)。椭圆曲线密码算法正是利用这个困难问题而设计的。

1. ElGamal 的椭圆曲线密码算法

1) 密钥产生

假设系统公开参数为一个椭圆曲线 E 及模数 p。使用者执行以下 3 个步骤。

(1) 任选一个整数 k,$0<k<p$。

（2）任选一个点 $A \in E$，并计算 $B = kA$。

（3）公钥为 (A, B)，私钥为 k。

2）加密过程

令明文 M 为 E 上的一点。首先任选一个整数 $r \in Z_p$，然后计算密文 $(C_1, C_2) = (rA, M + rB)$。密文为两个点。

3）解密过程

计算明文 $M = C_2 - kC_1$。

例 4.6　选取一个椭圆曲线 E：$y^2 = x^3 + x + 6$ 及模数 p 为 11，选取椭圆曲线上一个点 $A = (2, 7)$，以及一个秘密整数 $k = 7$，那么 $B = 7A = (7, 2)$。

现加密明文 $M = (10, 9)$，任选一个整数 $r = 3$，那么计算密文为：

$$(C_1, C_2) = (rA, M + rB) = (3(2, 7), (10, 9) + 3(7, 2))$$
$$= ((8, 3), (10, 2))$$

注意：上面的运算是在模 11 下进行的。

解密时，计算明文如下：

$$M = C_2 - 7C_1 = (10, 2) - 7(8, 3)$$
$$= (10, 2) - (3, 5) = (10, 2) + (3, 6) = (10, 9)$$

2. Menezes-Vanstone 的椭圆曲线密码算法

Menezes-Vanstone 椭圆曲线密码算法是效率比较高的椭圆曲线加密法，并且其明文没有限制一定要落于椭圆曲线 E 上。

1）密钥产生

假设系统公开参数为一个椭圆曲线 E 及模数 p。使用者执行以下 3 个步骤。

（1）任选一个整数 $k, 0 < k < p$。

（2）任选一个点 $A \in E$，并计算 $B = kA$。

（3）公钥为 (A, B)，私钥为 k。

2）加密过程

令明文 $M = (m_1, m_2)$，明文可以是 E 上的点，也可以不是 E 上的点。

（1）任选一个数 $r \in Z_H$，其中 H 为 E 所包含的一个循环子群。

（2）计算密文 (C_1, C_2)，其中：

$$C_1 = rA$$
$$Y = (y_1, y_2) = rB$$
$$C_2 = (c_{21}, c_{22}) = (y_1 \times m_1 \bmod p, y_2 \times m_2 \bmod p)$$

3）解密过程

（1）计算 $Z = (z_1, z_2) = kC_1$。

（2）计算明文 $M = (c_{21} \times z_1^{-1} \bmod p, c_{22} \times z_2^{-1} \bmod p)$。

4.5.4　椭圆曲线密码的性能

公钥密码体制根据其所依据的难题主要分为 3 类：大整数分解问题类、离散对数问题类和椭圆曲线离散对数类。有时也把椭圆曲线离散对数类归为离散对数类。椭圆曲线密码体制的安全性是建立在椭圆曲线离散对数的数学难题之上。椭圆曲线离散对数问题被公认为要比整数分解问题(RSA 方法的基础)和模 p 离散对数问题(DSA 算法的基础)难解得多。目前解椭圆曲线上的离散对数问题的最好算法是 Pollard Rho 方法,其计算复杂度上是完全指数级的,而目前对于一般情况下的因数分解的最好算法的时间复杂度是亚指数级的。ECC 算法在安全强度、加密速度以及存储空间等方面都有巨大的优势。如 161 位的 ECC 算法的安全强度相当于 RSA 算法 1024 位的强度。这也表明 ECC 算法需要的存储空间要比 RSA 算法需要的小得多。

4.6　SM2 公钥算法

SM2 是国家商用密码管理局于 2010 年 12 月 17 日发布的公钥算法。它是基于椭圆曲线点群上的离散对数问题的难解性。SM2 包括 3 个部分:数字签名算法、密钥交换协议和公钥加密算法。本书只介绍 SM2 的公钥加密算法部分。

基于椭圆曲线公钥密码首先需要选择合适的椭圆曲线,这样的椭圆曲线应该包含如下性质:

- 有限域上椭圆曲线在点加运算下构成有限交换群,且其阶与基域规模相近;
- 类似于有限域乘法群中的乘幂运算,椭圆曲线多倍点运算构成一个单向函数。

在多倍点运算中,已知多倍点与基点,求解倍数的问题称为椭圆曲线离散对数问题。对于一般椭圆曲线的离散对数问题,目前只存在指数级计算复杂度的求解方法。与大数分解问题及有限域上离散对数问题相比,椭圆曲线离散对数问题的求解难度要大得多。因此,在相同安全程度要求下,椭圆曲线密码较其他公钥密码所需的密钥规模要小得多。

SM2 公钥算法选择素域 F_p 的椭圆曲线。其中 p 是奇素数,素域中的元素用整数 0,1,2,$\cdots$,$p-1$ 表示。

a) 加法单位元是整数 0;

b) 乘法单位元是整数 1;

c) 域元素的加法是整数的模 p 加法,即若 $a,b \in F_p$,则 $a+b=(a+b) \bmod p$;

d) 域元素的乘法是整数的模 p 乘法,即若 $a,b \in F_p$,则 $a \cdot b=(a \cdot b) \bmod p$。

SM2 推荐素域 F_p(p 是大于 3 的素数)上的椭圆曲线方程为:

$$y^2 = x^3 + ax + b, \quad a,b \in F_p, 且(4a^3 + 27b^2) \bmod p \neq 0。$$

有限域上的椭圆曲线 $E(F_p)$ 定义为:

$E(F_q) = \{(x,y) | x,y \in F_p, 且满足上式\} \cup \{O\}$,其中 O 是无穷远点。

椭圆曲线 $E(F_p)$ 上的点的数目用 $\sharp E(F_q)$ 表示,称为椭圆曲线 $E(F_p)$ 的阶。

有限域 F_q 上的椭圆曲线是由点组成的集合。在仿射坐标系下,椭圆曲线上点 P(非无穷远点)的坐标表示为 $P=(x_P, y_P)$,其中 x_P、y_P 为满足一定方程的域元素,分别称为点 P 的 x 坐标和 y 坐标。

1. 密钥对的生成

输入:一个有效的 F_q($q=p$ 且 p 为大于 3 的素数,或 $q=2m$)上椭圆曲线系统参数的集合。

输出：与椭圆曲线系统参数相关的一个密钥对 (d,P)。

a) 用随机数发生器产生整数 $d\in[1,n-2]$；

b) G 为基点，计算点 $P=(x_P,y_P)=[d]G$；

c) 密钥对是 (d,P)，其中 d 为私钥，P 为公钥。

其中 $[d]G$ 表示椭圆曲线上点 G 的 d 倍点

2. 公钥的验证

输入：一个有效的 F_p（$p>3$ 且 p 为素数）上椭圆曲线系统参数集合及一个相关的公钥 P。

输出：对于给定的椭圆曲线系统参数，若公钥 P 是有效的，则输出"有效"；否则输出"无效"。

a) 验证 P 不是无穷远点 O；

b) 验证公钥 P 的坐标 x_P 和 y_P 是域 F_p 中的元素；（即验证 x_P 和 y_P 是区间 $[0;p-1]$ 中的整数。）

c) 验证 $y_P^2\equiv X_P^3+ax_P+b\ (\mathrm{mod}\ p)$；

d) 验证 $[n]P=O$；

e) 如果通过了所有验证，则输出"有效"；否则输出"无效"。

3. 加密算法

设需要发送的消息为比特串 M，klen 为 M 的比特长度。

为了对明文 M 进行加密，作为加密者的用户 A 应实现以下运算步骤：

A1：用随机数发生器产生随机数 $k\in[1,n-1]$；

A2：计算椭圆曲线点 $C_1=[k]G=(x_1,y_1)$，将 C_1 的数据类型转换为比特串；

A3：计算椭圆曲线点 $S=[h]P_B$，若 S 是无穷远点，则报错并退出；

A4：计算椭圆曲线点 $[k]P_B=(x_2,y_2)$，将坐标 x_2、y_2 的数据类型转换为比特串；

A5：计算 $t=\mathrm{KDF}(x_2\parallel y_2,\mathrm{klen})$，若 t 为全 0 比特串，则返回 A1；

A6：计算 $C_2=M\oplus t$；

A7：计算 $C_3=\mathrm{Hash}(x_2\parallel M\parallel y_2)$；

A8：输出密文 $C=C_1\parallel C_2\parallel C_3$。

4. 解密算法

设 klen 为密文中 C_2 的比特长度。

为了对密文 $C=C_1\parallel C_2\parallel C_3$ 进行解密，作为解密者的用户 B 应实现以下运算步骤：

B1：从 C 中取出比特串 C_1，将 C_1 的数据类型转换为椭圆曲线上的点，验证 C_1 是否满足椭圆曲线方程，若不满足，则报错并退出；

B2：计算椭圆曲线点 $S=[h]C_1$，若 S 是无穷远点，则报错并退出；

B3：计算 $[d_B]C_1=(x_2,y_2)$，将坐标 x_2、y_2 的数据类型转换为比特串；

B4：计算 $t=\mathrm{KDF}(x_2\parallel y_2,\mathrm{klen})$，若 t 为全 0 比特串，则报错并退出；

B5：从 C 中取出比特串 C_2，计算 $M'=C_2\oplus t$；

B6：计算 $u=\mathrm{Hash}(x_2\parallel M'\parallel y_2)$，从 C 中取出比特串 C_3，若 $u\neq C_3$，则报错并退出；

B7：输出明文 M'。

其中，上面出现的符号和采用的方法的含义如下：

$x \parallel y$：x 与 y 的拼接，其中 x、y 可以是比特串或字节串；

$\text{Hash}(x)$：对消息 x 进行散列运算，详细部分见本书第 5 章；

$\lceil x \rceil$：顶函数，大于或等于 x 的最小整数。例如，$\lceil 7 \rceil = 7$，$\lceil 8.3 \rceil = 9$

$\lfloor x \rfloor$：底函数，小于或等于 x 的最大整数。例如，$\lfloor 7 \rfloor = 7$，$\lfloor 8.3 \rfloor = 8$

KDF 是密钥派生函数，其作用是从一个共享的秘密比特串中派生出密钥数据。

密钥派生函数需要调用密码散列函数。

设密码散列函数为 $H_v()$，其输出是长度恰为 v 比特的散列值。

密钥派生函数 $\text{KDF}(Z, \text{klen})$：

输入：比特串 Z，整数 klen(表示要获得的密钥数据的比特长度，要求该值小于 $(2_{32}-1)v)$。

输出：长度为 klen 的密钥数据比特串 K。

a) 初始化一个 32 比特构成的计数器 ct = 0x00000001；

b) 对 i 从 1 到 $\lceil \text{klen}/v \rceil$ 执行：

　　b.1) 计数 $H_{a_i} = H_v(Z \parallel \text{ct})$；

　　b.2) ct++；

c) 若 klen/v 是整数，令 $\text{Ha!}_{\lceil \text{klen}/v \rceil} = \text{Ha}_{\lceil \text{klen}/v \rceil}$，否则令 $\text{Ha!}_{\lceil \text{klen}/v \rceil}$ 为 $\text{Ha}_{\lceil \text{klen}/v \rceil}$ 最左边的 $(\text{klen}-(v \times \lfloor \text{klen}/v \rfloor))$ 比特；

d) 令 $K = \text{Ha}_1 \parallel \text{Ha}_2 \parallel \cdots \parallel \text{Ha}_{\lceil \text{klen}/v \rceil - 1} \parallel \text{Ha!}_{\lceil \text{klen}/v \rceil}$。

算法中的数据类型之间的转换见附录 A。

4.7　公钥分配

　　与对称密码体制一样，公钥密码体制在应用时也需要进行密钥分配。但是，公钥密码体制的密钥分配与对称密码体制的密钥分配有着本质的差别。由于对称密码体制中只有一个密钥，因此在密钥分配中必须同时确保密钥的秘密性、真实性和完整性。而公开密钥密码体制中有两个密钥，私钥由自己保管，不需要进行分配。但公钥是公开的，如果不进行保护，任何人都可以伪造它。因此公钥密码体制需要对公钥进行分配，但不需要保证公钥的秘密性。只需确保公钥的真实性和完整性，这样就能保证公钥没有被攻击者替换或篡改。公钥的分配方法可归纳为 4 种：公开发布、公用目录表、公钥授权和公钥证书。

1. 公开发布

　　公开发布指用户将自己的公钥发给其他用户，或广播给某一团体。例如 PGP(Pretty Good Privacy)中采用了 RSA 算法，它的很多用户都是将自己的公钥附加到消息上，然后发送到公开(公共)区域，如 Internet 邮件列表。

　　这种方法虽然简单，但有一个较大的缺点，即任何人都可伪造这种公开发布。如果某个用户假装是用户 A 并以 A 的名义向另一用户发送或广播自己的公开钥，则在 A 发现假冒者以前，这一假冒者可解读所有意欲发向 A 的加密消息，而且假冒者还能用伪造的密钥获得认证。

2. 公用目录表

公用目录表指一个公用的公钥动态目录表,公用目录表的建立、维护以及公钥的分布由某个可信的实体或组织承担,称这个实体或组织为公用目录的管理员。与第一种分配方法相比,这种方法的安全性更高。该方法有以下一些组成部分。

(1) 管理员为每个用户在目录表中建立一个目录,目录中有两个数据项:一是用户名;二是用户的公钥。

(2) 每一用户都亲自或以某种安全的认证通信在管理者那里为自己的公钥注册。

(3) 用户可以随时用新密钥替换现有的密钥。这可能由于自己的公钥用过的次数太多或由于与公钥相关的私钥已被泄露。

(4) 管理员定期公布或定期更新目录表。例如,像电话号码本一样公布目录表或在发行量很大的报纸上公布目录表的更新。

(5) 用户可通过电子手段访问目录表。此时,从管理员到用户必须有安全的认证通信。

这种方案的安全性明显高于公开发布的安全性,但仍易受到攻击。如果攻击者成功地获得管理员的私人密钥,就可伪造一个公钥目录表,以后既可以假冒任意一个用户又可以监听发往任意一个用户的消息。

3. 公钥授权

与公用目录表类似,假定有一个公钥管理机构来为用户建立、维护动态的公钥目录,但同时对系统提出以下要求,即每个用户都可靠地知道管理机构的公钥,而只有管理机构自己知道相应的私钥。图 4.7 是典型的公钥分配方案,在这个分配方案中完成了两个功能,一是获得需要的公钥;二是双方相互认证。其公钥分配步骤如下。

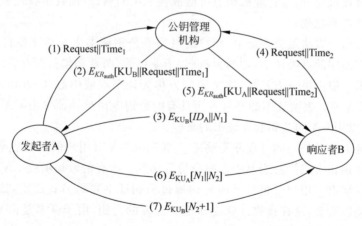

图 4.7　公钥分配方案

(1) A 向公钥管理机构发送一个带时间戳的消息。消息中有获取 B 的当前公钥的请求。

(2) 公钥管理机构对 A 的请求做出应答。应答由一个消息表示,该消息由管理机构用自己的私钥 KR_{auth} 加密,因此 A 能用公钥管理机构的公钥解密,并使 A 相信这个消息的确是来源于公钥管理机构。这条消息中包括以下几项内容。

• B 的公钥 KU_B,A 可用它对将发往 B 的消息加密。

- A 的请求,用于 A 验证收到的应答的确是对相应请求的应答,且还能验证自己最初发出的请求在被公钥管理机构收到以前是否被篡改。
- 原始的时间戳 $Time_1$,以使 A 相信公钥管理机构发来的消息不是一个旧消息,因此消息中的公钥的确是 B 当前的公钥。

(3) A 用 B 的公开密钥对一个消息加密后发往 B,这个消息有两个数据项:一是 A 的身份 ID_A;二是一个临时交互号 N_1,用于唯一地标识这一过程。

(4) B 以相同方式从公钥管理机构获取 A 的公钥(与第(1)步和第(2)步类似)。此时,A 和 B 都已安全地得到了对方的公钥,所以可进行保密通信。

下面两步是双方互相认证。

(5) B 对一个消息加密后发往 A,该消息的数据项有 A 的临时交互号 N_1 和 B 产生的一个临时交互号 N_2。因为只有 B 能解密第(3)步中的消息,所以 A 收到的消息中的 N_1 可使其相信通信的另一方的确是 B。

(6) A 用 B 的公钥对 N_2+1 加密后返回给 B,可使 B 相信通信的另一方的确是 A。在这个过程中,如果 A 用 B 的公钥只对 N_2 加密返回给 B,B 不能确信通信的另一方是 A,因为任何人可以重放该消息。

以上过程共发送了 7 个消息,其中前 4 个消息用于获取对方的公开密钥。用户得到对方的公开密钥后保存起来可供以后使用,这样就不必再发送前 4 个消息了。然而还必须定期地通过公钥管理机构获取通信对方的公钥,以免对方的公钥更新后无法保证当前的通信。

4. 公钥证书

公钥授权由公钥管理机构分配公钥存在一些不足,由于每一个用户要想和他人联系都要求助于公钥管理机构,所以管理机构有可能成为系统的瓶颈,而且由管理机构维护的公钥目录表也易被攻击者篡改。

分配公钥的另一方法是公钥证书,用户通过交换公钥证书来互相交换自己的公钥。公钥证书类似人们使用的纸类证书,如驾驶执照、毕业证等,两者都包括拥有者的属性,可以对它们验证。证书一般由第三方发行,这个第三方称为证书权威中心(Certificate Authority,CA)。证书由 CA 签名表明证书的拥有者所具有的公钥等信息。证书由 CA 用它的私钥签名,其他用户可以用 CA 的公钥验证证书的真假。

使用公钥证书分配公钥的过程非常简单。事先由 CA 对用户的证书签名,证书中包含有与该用户的私钥相对应的公钥及用户的身份等信息。所有的数据项经 CA 用自己的私钥签名后就可形成证书。用户可将自己的公钥通过公钥证书发给另一用户,接收方可用 CA 的公钥对证书加以验证,这样接收方就能知道发送方的公钥,由于证书是由 CA 私钥加密,所以任何其他人不能伪造该证书。

假设用户 A 的证书中的内容只包括用户身份 ID_A、A 的公钥 PU_A 和签名时间 $Time$,CA 用自己的私钥 PR_{CA} 签名得到 A 的证书:

$$C_A = E_{PR_{CA}}(ID_A \parallel PU_A \parallel Time)$$

接收方可以用 CA 的公钥 PU_{CA} 对证书进行验证,即:

$$D_{PU_{CA}}(C_A) = D_{PU_{CA}}(E_{PR_{CA}}(ID_A \parallel PU_A \parallel Time)) = (ID_A \parallel PU_A \parallel Time)$$

因为只有用 CA 的公钥才能解读证书,接收方从而验证了证书的确是由 CA 签发的,并且也获得了发送方的身份和公开密钥。Time 是为接收方保证了收到的证书不是一个旧证书,用以防止发送方或攻击方重放。

从上面的过程我们可以看到,使用公钥证书分配公钥时,用户只需事先从 CA 那里获得证书,就可以互相交换证书得到对方的公钥,因此不像公钥授权那样每次都要求助于公钥管理机构。

实际上证书的内容不仅仅包括身份、公钥和签名时间等信息。图 4.8 是广泛使用的证书标准 X.509 v3,它用于大部分的网络安全应用中,X.509 v3 证书中各域的语义如下。

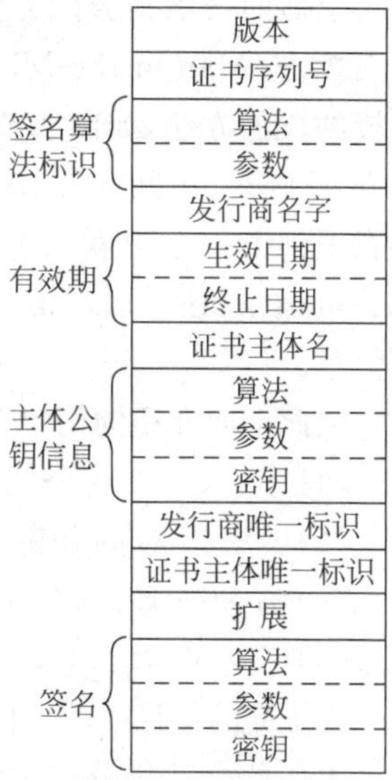

- 版本:区分证书的不同的版本,默认设置为 1。如果存在发行商唯一标识或者主体唯一标识,则版本号为 2;如果存在一个或者多个扩展,则版本号为 3。
- 证书序列号:一个整数,由证书颁发者分配的本证书的唯一标识符。
- 签名算法标识:带参数的、用于给证书签名的算法,由于此信息在证书尾部的"签名"域中还会出现,这里很少包含该信息。
- 发行商名字:X.509 中认证中心 CA 的名字。
- 有效期:包括证书的生效日期和终止日期。
- 证书主体名:获得证书的用户名。
- 证书主体公钥信息:主体的公钥以及将被使用的密钥的算法标识,带有相关的参数。
- 发行商唯一标识:由于 X.509 的名字被许多不同的实体引用,因此用可选位串唯一标识认证中心。
- 证书主体唯一标识:由于 X.509 的名字被许多不同的实体引用,因此用可选位串唯一标识证书主体。
- 扩展:一个或者多个扩展域集,扩展域是版本 3 中增加的。
- 签名:覆盖证书的所有其他域,以及其他域被 CA 私钥加密后的 Hash 代码,以及签名算法标识。

图 4.8　X.509 v3 证书

4.8　利用公钥密码分配对称密钥

由于公钥算法速度很慢,在通信中一般不使用公钥加密消息,而是使用会话钥(对称密码密钥)。因此一般的做法是用会话钥加密消息,用公钥来实现会话钥的分配。用公钥分配对称密钥比第 3 章介绍的对称密钥的分配方法简单得多。

假设 A 和 B 之间需要一个会话钥进行秘密通信,一种简单的会话钥分配方法如下。

A 产生一对公私钥 PU_A 和 PR_A,将公钥 PU_A 和自己的身份标识 ID_A 传给 B。B 产生一个会话钥 K_s,用 A 的公钥 PU_A 加密后 $E_{PU_A}(K_s)$ 传给 A,由于只有 A 有私钥 PR_A,所以 A 能够得到会话钥 K_s。随后双方用会话钥 K_s 加密双方需要传输的消息。

上面的会话钥分配方法能够防止窃听攻击,但易受到中间人攻击(Man-in-the-Middle Attack)。中间人攻击是一种间接的攻击方法,如图 4.9 所示。假设 A 和 B 是需要通信的双方,C 则是"中间人"。A 和 B 都以为将消息传送给对方,没有意识到由一个中间人 C 在转发消息。C 不仅可以窃听 A

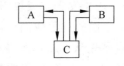

图 4.9　中间人攻击示意图

和 B 的通信,还可以对信息进行篡改再传给对方。当然 C 也可以获得 A 和 B 之间通信的敏感信息。

因此上面介绍的简单会话钥分配方案很容易被中间人攻击。中间人 C 的攻击过程如下。

(1) A→C:A 的公钥 PU_A 和身份标识 ID_A。

(2) C→B:C 的公钥 PU_C 和身份标识 ID_C。

(3) B→C:$E_{PU_C}(K_s)$,C 因此知道 K_s。

(4) C→A:$E_{PU_A}(K_s)$。

在上面的过程中,中间人也知道 K_s,因此中间人 C 可以知道 A 和 B 之间传输的所有秘密。

上面的会话钥分配过程中缺少双方之间的相互认证,因此让中间人 C 有可乘之机。下面是一种改进方法。假设 A 和 B 事先可以得到对方的公钥,会话钥分配过程如下。

(1) A→B:$E_{PU_B}(ID_A \| N_1)$.

(2) B→A:$E_{PU_A}(N_1 \| N_2)$.

(3) A→B:$E_{PU_B}(N_2+1)$.

(4) B→A:$E_{PU_A}(E_{PR_B}(K_s))$.

首先 A 用 B 的公钥加密自己的身份 ID_A 和临时交互号 N_1,然后将消息传送给 B,只有 B 能够打开这个消息。随后 B 用 A 的公钥加密临时交互号 N_1 和 N_2,然后将消息传给 A,也只有 A 可以打开该消息,由于 A 同时收到了 N_1,所以可以认证对方确实是 B。B 传 N_2 的目的是想认证 A。当 A 用 B 的公钥加密 N_2+1,然后将消息传给 B 后,B 也可以认证对方一定是 A。最后一步由 B 产生一个会话钥 K_s,先用自己的私钥 PR_B 加密,再用 A 的公钥加密,这样做的目的是既可以保密又能认证。

4.9　Diffie-Hellman 密钥交换

Diffie-Hellman 密钥交换是 W. Diffie 和 M. Hellman 于 1976 年提出的第 1 个公开密钥算法,已在很多商业产品中得以应用。算法的唯一目的是使得两个用户能够安全地交换密钥,得到一个共享的会话密钥,算法本身不能用于加密和解密。该算法的安全性基于求离散对数的困难性。

假定 p 是一个素数,α 是其本原根,将 p 和 α 公开。假设 A 和 B 之间希望交换会话钥。

用户 A:

(1) 随机地选取一个大的随机整数 x_A,将其保密,其中,$0 \leqslant x_A \leqslant p-2$。

(2) 计算公开量 $y_A = \alpha^{x_A} \bmod p$,将其公开。

用户 B:

(1) 随机地选取一个大的随机整数 x_B,将其保密,其中,$0 \leqslant x_B \leqslant p-2$。

(2) 计算公开量 $y_B = \alpha^{x_B} \bmod p$,将其公开。

- 用户 A 计算:$K = y_B^{x_A} \bmod p$
- 用户 B 计算:$K = y_A^{x_B} \bmod p$

用户 A 和用户 B 各自计算的 K 即是他们共享的会话钥。显然 A 和 B 各自计算的值相等,因为:

$$y_A^{x_B} \bmod p = y_B^{x_A} \bmod p = \alpha^{x_A \cdot x_B} \bmod p$$

例 4.7 假定在用户 Alice 和 Bob 之间交换密钥。选择素数 $p = 353$ 以及本原根 $\alpha = 3$(可由一方选择后发给对方)。

Alice 和 Bob 各自选择随机秘密数。

Alice 选择 $x_A = 97$,Bob 选择 $x_B = 233$。

Alice 和 Bob 分别计算公开数。

Alice 计算:$y_A = 3^{97} \bmod 353 = 40$。

Bob 计算:$y_B = 3^{233} \bmod 353 = 248$。

双方各自计算共享的会话钥。

Alice 计算:$K = y_B^{x_A} \bmod 353 = 248^{97} \bmod 353 = 160$。

Bob 计算:$K = y_A^{x_B} \bmod 353 = 40^{233} \bmod 353 = 160$。

Diffie-Hellman 密钥交换协议很容易受到中间人攻击:一个主动的窃听者 C 可能截取 A 发给 B 的消息以及 B 发给 A 的消息,攻击者将用自己的消息替换这些消息,并分别与 A 和 B 完成一个 Diffie-Hellman 密钥交换,而且还维持了一种假象——A 和 B 直接进行了通信。密钥交换协议完毕后,A 实际上和 C 建立了一个会话密钥,B 和 C 建立了一个会话密钥。当 A 加密一个消息,并将该消息发送给 B 时,C 能解密它而 B 不能。类似地,当 B 加密一个消息发送给 A 时,C 能解密它而 A 不能。防止 Diffie-Hellman 密钥交换协议中间人攻击的一个方法是让 A 和 B 分别对消息签名。

4.10 关键术语

公钥密码体制(Public Key Cryptosystem)

非对称密码体制(Asymmetric Cryptosystem)

公钥(Public Key)

私钥(Private Key)

公共模数攻击(Common Modulus Attack)

椭圆曲线密码体制(Elliptic Curve Cryptosystem,ECC)

证书权威中心(Certificate Authority,CA)

中间人攻击(Man-in-the-Middle Attack)

附录 A 数据类型和它们之间的转换

数据类型包括比特串、字节串、域元素、椭圆曲线上的点和整数。

比特串:有序的 0 和 1 的序列。

字节串：有序的字节序列，其中 8 比特为 1 个字节。

域元素：有限域 F_q 中的元素。

椭圆曲线上的点：椭圆曲线上的点 $P \in E(F_q)$，或者是一对域元素 $(x_P；y_P)$，其中域元素 x_P 和 y_P 满足椭圆曲线方程，或者是无穷远点 O。

点的字节串表示有多种形式，用一个字节 PC 加以标识。无穷远点 O 的字节串表示是单一的零字节 $PC=00$。非无穷远点 $P=(x_P；y_P)$ 有如下 3 种字节串表示形式：

a) 压缩表示形式，$PC=02$ 或 03；

b) 未压缩表示形式，$PC=04$；

c) 混合表示形式，$PC=06$ 或 07。

注：混合表示形式既包含压缩表示形式又包含未压缩表示形式。在实现中，它允许转换到压缩表示形式或者未压缩表示形式。

1. 整数到字节串的转换

输入：非负整数 x，以及字节串的目标长度 k(其中 k 满足 $2^{8k} > x$)。

输出：长度为 k 的字节串 M。

a) 设 $M_{k-1}, M_{k-2}, \cdots, M_0$ 是 M 的从最左边到最右边的字节；

b) M 的字节满足：

$$x = \sum_{i=0}^{k-1} 2^{8i} M_i$$

2. 字节串到整数的转换

输入：长度为 k 的字节串 M。

输出：整数 x。

a) $M_{k-1}, M_{k-2}, \cdots, M_0$ 是 M 的从最左边到最右边的字节；

b) 将 M 转换为整数 x：

$$x = \sum_{i=0}^{k-1} 2^{8i} M_i$$

3. 比特串到字符串的转换

输入：长度为 m 的比特串 s。

输出：长度为 k 的字节串 M，其中 $k = \lceil m/8 \rceil$。

a) 设 $s_{m-1}, s_{m-2}, \cdots, s_0$ 是 s 从最左边到最右边的比特；

b) 设 $M_{k-1}, M_{k-2}, \cdots, M_0$ 是 M 从最左边到最右边的字节，则

$M_i = s_{8i+7} s_{8i+6} \cdots s_{8i+1} s_{8i}$，　　其中 $0 \leqslant i < k$，当 $8i+j \geqslant m, 0 < j \leqslant 7$ 时，$s_{8i+j} = 0$。

4. 字节串到比特串的转换

输入：长度为 k 的字节串 M。

输出：长度为 m 的比特串 s，其中 $m = 8k$。

a) 设 $M_{k-1}, M_{k-2}, \cdots, M_0$ 是 M 从最左边到最右边的字节；

b) 设 $s_{m-1}, s_{m-2}, \cdots, s_0$ 是 s 从最左边到最右边的比特，则 s_i 是 M_j 右起第 $i-8j+1$ 比特，其中 $j = \lfloor i/8 \rfloor$。

5. 域元素到字节串的转换

输入：F_q 中的元素 α。

长度 $l=\lceil t/8 \rceil$ 的字节串 S，其中 $t=\lceil \log_2 q \rceil$

a）若 q 为奇素数，则 α 必为区间 $[0;q-1]$ 中的整数，按上面的方法将整数 α 转换成长度为 l 的字节串 S；

b）若 $q=2^m$，则 α 必为长度为 m 的比特串，按照比特串到字符串的转换的方法将 α 转换成长度为 l 的字节串 S。

6. 字节串到域元素的转换

输入：基域 F_q 的类型，长度为 $l=\lceil t/8 \rceil$ 的字节串 S，其中 $t=\lceil \log_2 q \rceil$

a）若 q 是奇素数，将 S 转换为整数 α，若 $\alpha \in [0,q-1]$，则报错；

b）若 $q=2^m$，则将 S 转换为长度为 m 的比特串 α。

7. 域元素到整数的转换

输入：域 F_q 中的元素 α。

输出：整数 x。

a）若 q 为奇素数，则 $x=\alpha$（不需要转换）；

b）若 $q=2^m$，则 α 必为长度为 m 的比特串，设 $s_{m-1},s_{m-2},\cdots,s_0$ 是 α 的从最左边到最右边的比特，将 α 转化为整数 x：

$$x = \sum_{i=0}^{m-1} 2^i s_i$$

8. 点到字节串的转换

输入：椭圆曲线上的点 $P=(x_P;y_P)$，且 $P \neq O$。

输出：字节串 S。若选用未压缩表示形式或混合表示形式，则输出字节串长度为 $2l+1$；若选用压缩表示形式，则输出字节串长度为 $l+1$。$(l=\lceil (\log_2 q)/8 \rceil)$

a）把域元素 x_P 转换成长度为 l 的字节串 X_1；

b）若选用压缩表示形式，则：

b.1）计算比特 $\tilde{y}_P$；

b.2）若 $\tilde{y}_P=0$，则令 PC=02；若 $\tilde{y}_P=1$，则令 PC=03；

b.3）字节串 $S=PC \parallel X_1$；

c）若选用未压缩表示形式，则：

c.1）按 4.2.5 的细节把域元素 y_P 转换成长度为 l 的字节串 Y_1；

c.2）令 PC=04；

c.3）字节串 $S=PC /\!/ X_1 /\!/ Y_1$；

d）若选用混合表示形式，则：

d.1）把域元素 y_P 转换成长度为 l 的字节串 Y_1；

d.2）计算比特 $\tilde{y}_P$；

d.3）若 $\tilde{y}_P=0$，则令 PC=06；若 $\tilde{y}_P=1$，则令 PC=07；

d.4）字节串 $S=PC \parallel X_1 \parallel Y_1$。

9. 字节串到点的转换

输入：定义 F_q 上椭圆曲线的域元素 a、b，字节串 S。若选用未压缩表示形式或混合表示形式，则字节串 S 长度为 $2l+1$；若选用压缩表示形式，则字节串 S 长度为 $l+1$。($l=\lceil (\log_2 q)/8 \rceil$。)

输出：椭圆曲线上的点 $P=(x_P；y_P)$，且 $P \neq O$。

a) 若选用压缩表示形式，则 $S=PC \parallel X_1$；若选用未压缩表示形式或混合表示形式，则 $S=PC \parallel X_1 \parallel Y_1$，其中 PC 是单一字节，$X_1$ 和 Y_1 都是长度为 l 的字节串；

b) 按 4.2.6 的细节把字节串 X_1 转换成域元素 x_P；

c) 若选用压缩表示形式，则：

c.1) 检验 PC=02 或者是 PC=03，若不是这种情形，则报错；

c.2) 若 PC=02，则令 $\tilde{y}_P=0$；若 PC=03，则令 $\tilde{y}_P=1$；

c.3) 将 $(x_P, \tilde{y}_P)$ 转换为椭圆曲线上的一个点 (x_P, y_P)；

d) 若选用未压缩表示形式，则：

d.1) 检验 PC=04，若不是这种情形，则报错；

d.2) 把字节串 Y_1 转换成元素 y_P；

e) 若选用混合表示形式，则：

e.1) 检验 PC=06 或者 PC=07，若不是这种情形，则报错；

e.2)执行步骤 e.2.1)或者 e.2.2)：

e.2.1) 把字节串 Y_1 转换成域元素 y_P；

e.2.2) 若 PC=06，则令 $\tilde{y}_P=0$，否则令 $\tilde{y}_P=1$；将 $(x_P；\tilde{y}_P)$ 转换为椭圆曲线上的一个点 $(x_P；y_P)$；

f) 若 q 为奇素数，则验证 $y_P^2 \equiv x_P^3+ax_P+b \pmod{q}$，若不是这种情形，则报错；

g) $P=(x_P, y_P)$。

4.11 习 题 4

4.1 在使用 RSA 的公钥体制中，已截获发给某用户的密文为 $c=10$，该用户的公钥 $e=5$，$n=35$，那么明文 m 等于多少？为什么能根据公钥可以破解密文？

4.2 利用 RSA 算法计算，如果 $p=11$，$q=13$，$e=103$，对明文 3 进行加密。求 d 及密文。

4.3 在 RSA 体制中，某用户的公钥 $e=31$，$n=3599$，那么该用户的私钥等于多少？

4.4 在 RSA 体制中，假设某用户的公钥是 3533，$p=101$，$q=113$，现对明文 9726 加密和解密。

4.5 在 ElGamal 密码体制中，假设 Alice 想要将消息 $m=1299$ 传送给 Bob。Alice 任选一个大素数 p 为 2579，取 g 为 101，选择保密的私钥 x 为 237。

(1) 计算公钥 y。

(2) 求密文。

（3）写出解密过程。

4.6　选取模 p 为 11 下的椭圆曲线 $y^2 = x^3 + x + 6$，确定 $E(Z_{11})$ 上的所有点。

4.7　取实数域椭圆曲线 $y^2 = x^3 - 36x$ 上的两个点 $p = (-3, 9), Q = (12, 36)$，计算 $P + Q$ 和 $2P$。

4.8　利用 ElGamal 的椭圆曲线密码算法，设椭圆曲线是 $y^2 = x^3 - x + 118$。椭圆曲线上一个点 $A = (0, 376)$，假设 A 选择一个秘密整数 $k = 7$。求：

（1）A 的公开密钥。

（2）发送方 B 欲发送消息 (562, 201)，选择随机数 $r = 386$。求密文。

（3）给出 A 从密文恢复消息的计算过程。

4.9　公钥密码一般用于传输对称密钥，现假设 A 和 B 之间需要传输数据，A 产生一个会话钥，请回答下面问题：

（1）在事前，通信发信者 A 应该得到什么密钥？

（2）会话钥的作用是什么？

（3）写出一个密钥分配协议，并分析其安全性。

4.10　在 Diffie-Hellman 方法中，公共素数 $p = 11$，本原根 $\alpha = 2$。

（1）如果用户 A 的公钥 $Y_A = 9$，则 A 的私钥 X_A 为多少？

（2）如果用户 B 的公钥 $Y_B = 3$，则共享密钥 K 为多少？

4.11　两个用户 A 和 B 使用 Diffie-Hellman 密钥交换协议来交换密钥，假设公共素数 $p = 71$，本原根 $\alpha = 7$。A 和 B 分别选择秘密数为 5 和 12。求共享的密钥。

4.12　编写 RSA 加密和解密程序。

第5章 消息认证与数字签名

本章导读

➢ 消息认证是用来防止主动攻击的重要技术,用以保证消息的完整性。常见的消息认证密码技术包括消息认证码(MAC)和安全散列函数。另外,消息加密也可以提供一种形式的认证。

➢ MAC 是需要使用密钥的算法,其输入是可变长度的消息和密钥,其输出是一个定长的认证码。只有拥有密钥的消息,发送方和接收方才可以生成消息认证码和验证消息的完整性。

➢ 散列函数和 MAC 算法类似,也是一个单向函数,但是无需密钥,其输入是可变长度的消息,其输出是固定长度的散列值,也叫消息摘要。

➢ 数字签名是基于公钥密码技术的认证技术。它和手写签名类似,使得消息的发送者可以使用自己的私钥为初始消息生成一个有签名作用的签名码,接收者接收到初始消息和相应的签名码,可以使用消息发送者的公钥对该消息的签名码进行验证。数字签名可以保证消息的来源和消息本身的完整性。

➢ 使用数字签名,通常需要和散列函数配合使用。

5.1 认 证

加密通常用于保密,对某个信息的加密操作使得其内容对于未授权的人而言是保密的、安全的。但是,在某些情况下,完整性比保密性更重要。例如,在某个医院的医疗系统中检索到的病人的医疗记录,或者银行系统中检索到的某个人的信用记录,检索到的这些信息和所存储的正本是否一致是非常重要的。在传统的或者没有考虑完整性的系统中,文件的组成部分或者消息的组成部分,即每个字节、位或者字符都是彼此独立的,由于缺乏彼此的绑定,使得攻击者对于信息的修改无法被发现。在目前的电子商务系统中的各种应用中,这类问题造成的后果更加严重。能否为文件或者网络中通信的消息打上一个标签,当文件或消息出现了任何改变,即便只修改了一位信息时,我们都可以从标签和信息的关系上知道有内容被修改了。这种想法和中世纪在信封上使用蜡封类似。在密码技术中,提供这样的蜡封技术或标签技术的就是为信息提供一种认证,这样的蜡封或者标签在密码技术中称为认证码,如后文中讨论的哈希值、校验和等都是某种形式的认证码。

同样,在网络通信环境中,保密的目的是防止攻击者破译系统中的机密信息,但在大多数网络应用中,仅提供保密性是远远不够的。网络安全的威胁来自于两个方面:一是被动攻击,攻击者只是通过侦听和截取等手段被动地获取数据,并不对数据进行修改;二是主动攻击,攻击者通过伪造、重放、篡改、改变顺序等手段改变数据。认证则是防止主动攻击的重要技术,它对于开放环境中的各种信息系统的安全性有重要作用,可以防止如下一些攻击。

- 伪装：攻击者生成一个消息并声称这条消息是来自某个合法实体，或者攻击者冒充消息接收方向消息发送方发送的关于收到或未收到消息的欺诈应答。
- 内容修改：对消息内容的修改，包括插入、删除、转换和修改。
- 顺序修改：对通信双方消息顺序的修改，包括插入、删除和重新排序。
- 计时修改：对消息的延迟和重放。在面向连接的应用中，攻击者可能延迟或重放以前某合法会话中的消息序列，也可能会延迟或重放消息序列中的某一条消息。

认证的目的主要有两个：第一，验证消息的发送者是合法的，不是冒充的，这称为实体认证，包括对信源、信宿等的认证和识别；第二，验证信息本身的完整性，这称为消息认证，验证数据在传送或存储过程中没有被篡改、重放或延迟等。

保密和认证是信息系统安全的两个重要方面，但它们又是不同的。认证不能自然地提供保密性，而保密性也不能自然地提供认证功能。但从某个层面上而言，我们也可以说保密性提供了某种认证功能，因为攻击者如果无法获得用于加密的密钥，而消息接收方收到了密文，并使用密钥进行解密，同时可以确认解密后得到的信息是正确的（如根据解密后的信息的含义），在这种情况下，整个密文就提供了认证功能。但如果发送者发送的信息是无意义的字符，消息接收者即便正确解密了，也无法通过字符的含义来判定所收到的消息是否是正确的。

因此，如果考虑加密函数的某种认证功能，我们考虑的可用于提供认证功能的认证码的函数则可以分为以下 3 类。

- 加密函数：使用消息发送方和消息接收方共享的密钥对整个消息进行加密，则整个消息的密文将作为认证符。
- 消息认证码（Message Authentication Code）：它是消息和密钥的函数，用于产生定长度值，该值将作为消息的认证符。
- 散列函数：它是将任意长的消息映射为定长的 hash 值的函数，以该 hash 值作为认证符。

一个基本的认证系统模型如图 5.1 所示。

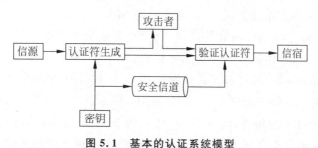

图 5.1　基本的认证系统模型

5.2　消息认证码

消息认证码（MAC）是一种使用密钥的认证技术，它利用密钥来生成一个固定长度的短数据块，并将该数据块附加在消息之后。在这种方法中假定通信双方 A 和 B 共享密钥 K。

若 A 向 B 发送消息 M 时,则 A 使用消息 M 和密钥 K,计算 $MAC=C(K,M)$,其中:

- $M=$输入消息,可变长
- $C=MAC$ 函数
- $K=$共享的密钥
- $MAC=$消息认证码

消息认证码 MAC 为消息 M 的认证符,MAC 也称为密码校验和。

　　如图 5.2 所示,发送方将消息 M 和 MAC 一起发送给接收方。接收方收到消息后,假设该消息为 M',使用相同的密钥 K 进行计算得出新的 $MAC'=C(K,M')$,比较 MAC' 和所收到的 MAC。假设双方共享的密钥没有被泄露,则比较计算得出的 MAC' 和收到的 MAC 的结果,如果两者是相同的话,则可以认为:

　　(1) 接收方可以相信消息未被修改。因为若攻击者篡改了消息,他必须同时相应地修改 MAC 值。而我们已假定攻击者不知道密钥,所以他不知道应如何改变 MAC 才能使其与修改后的消息相一致。

　　(2) 接收方可以相信消息来自真正的发送方。因为其他各方均不知道密钥,他们不能产生具有正确 MAC 的消息。

　　(3) 如果消息中含有消息序列号,那么接收方可以相信消息的顺序是正确的,因为攻击者无法成功地修改序列号。

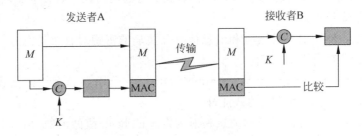

图 5.2　消息认证码的使用

　　从使用密钥上看,MAC 函数与加密函数类似,需要生成 MAC 方和验证 MAC 方共享一个密钥。但它们又存在本质的区别,区别之一为 MAC 算法不要求可逆性,而加密算法必须是可逆的。一般而言,MAC 函数是多对一函数,其定义域由任意长的消息组成,而值域由所有可能的 MAC 和密钥组成。若使用 n 位长的 MAC,则有 2^n 个可能的 MAC,而有 m 条可能的消息,其中 $m\gg2^n$,而且若密钥长为 k,则有 2^k 种可能的密钥。

　　例如,假定使用 100 位的消息和 10 位的 MAC,那么总共有 2^{100} 不同的消息,但仅有 2^{10} 种不同的 MAC。所以平均而言,同一 MAC 可以由 $2^{100}/2^{10}$ 条不同的消息产生。若使用的密钥长为 5 位,则从消息集合到 MAC 值的集合有 $2^5=32$ 种不同的映射。可见密钥的位数太短,很容易通过穷举进行攻击,但只要位数足够长,则可以保证其安全性。

　　图 5.2 给出的消息认证码的使用只是对传送消息提供单纯的认证性。它还可以和加密函数一起提供消息认证和保密性。如图 5.3 所示,发送方在加密消息 M 之前,先计算 M 的认证码,然后使用加密密钥将消息及其认证码一起加密;接收方收到消息后,先解密得到消息及其认证码,再验证解密得到的消息和验证码是否匹配,如果匹配则表示消息在传输中没有被改动。

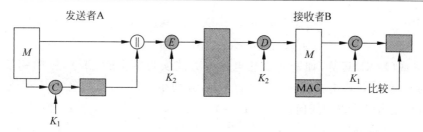

图 5.3　结合加密函数的消息认证码的使用方法

5.2.1　MAC 的安全要求

MAC 中使用了密钥,这点和对称密钥加密一样,如果密钥泄露了或者被攻击了,则无法保证 MAC 的安全性。在基于算法的加密函数中,攻击者可以尝试所有可能的密钥以进行穷举攻击,一般对 k 位的密钥,穷举攻击需要 $2^{(k-1)}$ 步。对于仅依赖于密文的攻击,若给定密文 C,攻击者要对所有可能的 K_i 计算 $P_i = D_{K_i}(C)$,直到产生的某 P_i 具有适当的明文结构为止(前提是这样的明文结构是可以判断的)。

MAC 函数是多对一函数,这就意味消息的取值空间比 MAC 的取值空间大,则一定存在着不同的消息会对应于相同的 MAC。假设 MAC 所使用的密钥位数为 k,计算所得的 MAC 位数为 n。若 $k > n$,即假定密钥位数比 MAC 长,则对满足 $\mathrm{MAC}_1 = C_{K_1}(M_1)$ 的 M_1 和 MAC_1,密码分析者要对所有可能的密钥值 K_i 计算 $\mathrm{MAC}_i = C_{K_i}(M_1)$,那么至少有一个密钥会使得 $\mathrm{MAC}_i = \mathrm{MAC}_1$。因为 k 个密钥总共会产生 2^k 个 MAC,但只有 $2^n (2^n < 2^k)$ 个不同的 MAC 值,所以不同密钥都会产生正确的 MAC,而攻击者却不知其中哪一个是正确的密钥。平均来说,有 $2^k/2^n = 2^{(k-n)}$ 个密钥会产生正确的 MAC,因此攻击者必须重复下述攻击。

(1) 第 1 轮。

- 给定 M_1,$\mathrm{MAC}_1 = C_K(M_1)$。
- 对所有 2^k 个密钥判断 $\mathrm{MAC}_i = C_{K_i}(M_1)$。
- 匹配数 $\approx 2^{(k-n)}$。

(2) 第 2 轮。

- 给定 M_2,$\mathrm{MAC}_2 = C_K(M_2)$。
- 对循环 1 中找到的 $2^{(k-n)}$ 个密钥判断 $\mathrm{MAC}_i = C_{K_i}(M_2)$。
- 匹配数 $\approx 2^{(k-2n)}$。

攻击者可以按此方法不断对密钥进行测试,直到将匹配数缩小到足够小的范围。平均来讲,若 $k = a \times n$,则需 a 次循环。例如,如果使用 80 位的密钥和长为 32 位的 MAC,那么第 1 次循环会得到约 2^{48} 个可能的密钥,第 2 次循环会得到约 2^{16} 个可能的密钥,第 3 次循环则得到唯一一个密钥,这个密钥就是发送方所使用的密钥。这样看来,若密钥的长度小于或等于 MAC 的长度,则很可能在第 1 次循环中就得到一个密钥。

由此可见,如果密钥足够长,用穷举方法来确定 MAC 的密钥就不是一件容易的事。

当然,以上的穷举攻击是建立在算法安全强度可信的前提下。针对不同的 MAC 算法,攻击者可能不需要使用穷举攻击即可找到密钥。攻击者针对下面的 MAC 算法,则不需要使用穷举攻击即可获得密钥信息。

设消息 $M = (X_1 \| X_2 \| \cdots \| X_m)$,即由 64 位分组 X_i 连接而成。定义:

$$\Delta(M) = X_1 \oplus X_2 \oplus \cdots \oplus X_m$$
$$C_k(M) = E_K[\Delta(M)]$$

其中$\oplus$是异或(XOR)运算,加密算法是电码本方式实现的 DES 算法,则密钥长为 56 位,MAC 长为 64 位。若攻击者获取$\{M \parallel C_k(M)\}$,并使用穷举攻击,则确定 K 须执行至少 2^{56} 次加密,但是攻击者可以用任何期望的 $Y_1 \sim Y_{m-1}$ 替代 $X_1 \sim X_{m-1}$,用 Y_m 替代 X_m 来进行攻击,其中 Y_m 的计算方法如下。

$$Y_m = Y_1 \oplus Y_2 \oplus \cdots \oplus Y_{m-1} \oplus \Delta(M)$$

攻击者可以将 $Y_1 \sim Y_{m-1}$ 与原来的 MAC 连接成一个新的消息 M',接收方收到$(M',C_k(M))$时,由于 $\Delta(M')=Y_1\oplus Y_2\oplus\cdots\oplus Y_m=\Delta(M)$,因此 $C_k(M)=E_K[\Delta(M')]$,接收者会认为该消息是真实的。用这种办法,攻击者可以随意插入任意的、长为 $64\times(m-1)$ 位的消息。

因此,一个安全的 MAC 函数应具有下列性质。

- 若攻击者知道 M 和 $C_k(M)$,则他构造满足 $C_k(M')=C_k(M)$ 的消息 M' 在计算上是不可行的。
- $C_k(M)$ 应是均匀分布的,即对任何随机选择的消息 M 和 M',$C_k(M)=C_k(M')$ 的概率是 2^{-n},其中 n 是 MAC 的位数。
- 设 M' 是 M 的某个已知的变换,即 $M'=f(M)$,则 $C_k(M)=C_k(M')$ 的概率为 2^{-n}。

5.2.2　基于 DES 的消息认证码

数据认证算法(FIPS PUB 113)是使用最广泛的 MAC 算法之一,它也是一个 ANSI 标准(X9.17)。该算法建立在 DES 算法之上,利用了密文链接模式(CBC)对消息进行加密处理。该算法在实际中的应用很广泛,特别是在银行系统中。

如图 5.4 所示,数据认证算法取初始值为 0,这个初始值没有实际意义,只是用于第 1 次计算,需要认证的消息被划分成 64 位的分组 $D_1, D_2, \cdots, D_N$,若最后分组不足 64 位,则在其后填 0 直至成为 64 位的分组。利用 DES 加密算法 E 和密钥 K,计算认证码的过程如图 5.4 所示。

$$O_1 = E_K(D_1)$$
$$O_2 = E_K([D_2 \oplus O_1])$$
$$O_3 = E_K([D_3 \oplus O_2])$$
$$\vdots$$
$$O_N = E_K([D_N \oplus O_{N-1}])$$

不输出最后一个分组的加密结果,取其最左边的 n 位作为认证码。

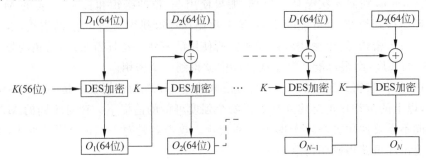

图 5.4　数据认证算法

5.3　Hash 函数

Hash 函数(也称散列函数或杂凑函数)是将任意长的输入消息作为输入生成一个固定长的输出串的函数,即 $h = H(M)$。这个输出串 h 称为该消息的散列值(或消息摘要、杂凑值)。散列函数通常和一个安全的 Hash 函数 H 应该至少满足以下几个条件。

(1) H 可以应用于任意长度的数据块,产生固定长度的散列值。

(2) 对每一个给定的输入 m,计算 $H(m)$ 是很容易的。

(3) 给定 Hash 函数的描述,对于给定的散列值 h,找到满足 $H(m) = h$ 的 m 在计算上是不可行的。

(4) 给定 Hash 函数的描述,对于给定的消息 m_1,找到满足 $m_2 \neq m_1$ 且 $H(m_2) = H(m_1)$ 的 m_2 在计算上是不可行的。

(5) 找到任何满足 $H(m_1) = H(m_2)$ 且 $m_1 \neq m_2$ 的消息对 (m_1, m_2) 在计算上是不可行的。

条件(1)和条件(2)指得的是 Hash 函数的"单向"(One-Way)特性,条件(3)和条件(4)是对使用散列值的数字签名方法所做的安全保障。否则攻击者可以由已知的明文及相关数字签名任意伪造对其他明文的数字签名。条件(5)的主要作用是防止后文将要提到的"生日攻击"。通常我们称满足条件(1)~条件(4)的散列函数为"弱散列函数",若能同时满足条件(5),则称其为"强散列函数"。

Hash 函数主要用于完整性校验和提高数字签名的有效性,目前已有很多方案。这些算法都是伪随机函数。早在 1978 年,Rabin 就利用 DES 算法,使用密文分组链接(CBC)方式,提出一种简单快速的散列函数,方法如下所示。

将明文 M 分成固定长度的 64 位的分组: $m_1, m_2, \cdots, m_k$。使用 DES 的 CBC 操作模式,对每个明文分组进行加密,令 $h_0 = $ 初始值,$h_i = E_{mi}[h_{i-1}]$,最后散列值为 h_k,这个方法和第 5.2.2 节中的基于 DES 的 MAC 算法类似,但不同的是该算法中的加密没有使用任何密钥。但需要指出的是,使用 Rabin 散列函数的数字签名是不安全的,已经发现可以在有限的计算范围内,不通过获得签名私钥的方法即可实现伪造签名。

好的散列函数的输出以不可辨别的方式依赖于输入。任何输入串中单个位的变化,将会导致输出位串中大约一半的位发生变化。其处理思想是先要将明文分成固定长度的明文分组,再对每个分组做相同的处理,比较有名的有 MD5、Ripend160、SHA、Whirlpool 等算法。所有的散列函数都具有图 5.5 中的处理结构,这种结构称为迭代 Hash 函数,它是由 Merkle 提出的。其中的 f 算法即是散列函数中对分组进行迭代处理的压缩函数。散列函数重复使用压缩函数 f,它的输入是前一步得出的 n 位输出(称为链接值)和一个 b 位消息分组,输出为一个 n 位分组。链接值的初始值由算法在开始时指定,其终值即为散列值。这样,一般结构的 Hash 函数可归纳如下:

$$\mathrm{CV}_0 = \mathrm{IV} = n \text{ 位初始值}$$
$$\mathrm{CV}_i = f(\mathrm{CV}_{i-1}, Y_{i-1}) \quad 1 \leqslant i \leqslant L$$
$$H(M) = \mathrm{CV}_L$$

其中 Hash 函数的输入为消息 M,经填充后的消息分成 L 个分组,分别是 $Y_0, Y_1, \cdots, Y_{L-1}$。

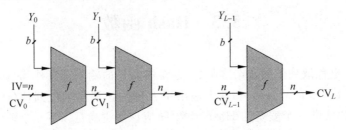

IV=初始值 CV=链接值 Y_i=第i个输入分组 f=压缩算法
L=输入分组数 n=散列值的位长 b=输入分组的位长

图 5.5 Hash 函数的一般结构

Hash 函数和 MAC 函数不同,不需要使用密钥,因此也觉得了 Hash 函数无法像图 5.1 中所示的那样单独提供对消息的认证,通常它和数字签名结合使用来提供认证性。在网络安全通信中,Hash 函数和对称密码、非对称密码结合使用以提供不同的安全服务。图 5.6 给出了几种基本应用。

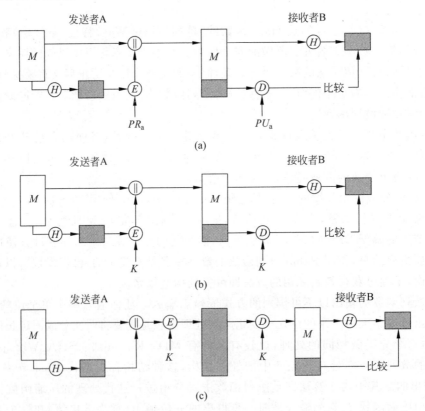

图 5.6 Hash 的基本应用

图 5.6(a)给出了 Hash 函数和数字签名的典型使用方法。对消息 M 的数字签名通常不是直接对消息进行计算,而是先使用 Hash 函数得到消息的散列值,再使用发送方的签名私钥 PR_a 对代表消息的散列值进行签名,这样既可以提供消息的认证性,又可以保证效率。图 5.6(b)所给出的消息认证方式和 MAC 有点类似,因为 Hash 函数不使用密钥,如果直接

对消息进行散列值计算,并和消息进行连接传送,则攻击者很容易篡改消息并相应地重新计算散列值。因此,对于计算出来的散列值,使用密钥加密的方法则可以避免发生上述问题,攻击者即便篡改了消息,也因为没有相应的加密密钥伪造消息散列值的密文。图 5.6(c) 中提供的安全服务是保密性和认证性。除此之外,根据应用需求提供,Hash 函数还可以和其他密码函数结合使用提供不同的应用模式。

5.3.1　散列函数的安全要求

将第 5.3 节中给出的安全 Hash 函数需要满足的后面 3 个条件重新描述如下(即是 Hash 函数的安全要求)。

(1) 单向性:对任何给定的散列码 h,找到满足 $H(x)=h$ 的 x 在计算上是不可行的。

(2) 抗弱碰撞性:对任何给定的消息 x,找到满足 $y\neq x$ 且 $H(x)=H(y)$ 的 y 在计算上是不可行的。

(3) 抗强碰撞性:找到任何满足 $H(x)=H(y)$ 的偶对 (x,y) 在计算上是不可行的。

在图 5.5 所示的一般结构的 Hash 函数中,其输入消息被划分成 L 个固定长度的分组,每一分组长为 b 位,最后一个分组不足 b 位时需填充为 b 位,最后一个分组包含输入的总长度。由于输入中包含长度,所以攻击者必须找出具有相同散列值且长度相等的两条消息,或者找出两条长度不等但加入消息长度信息后散列值相同的消息,从而增加了攻击的难度。Merkle 和 Damgard 发现,如果压缩函数具有抗碰撞能力,那么迭代 Hash 函数也具有抗碰撞能力,因此 Hash 函数常使用上述迭代结构,这种结构可用于对任意长度的消息产生安全 Hash 函数。

1. 生日攻击(Birthday Attack)

如果攻击者希望伪造消息 M 的签名来欺骗接收者,则他需要找到满足 $H(M')=H(M)$ 的 M' 来替代 M。对于生成 64 位散列值的散列函数,平均需要尝试 2^{63} 次以找到 M'。但是建立在生日悖论上的生日攻击法,则会更有效。

对于上述问题换种说法:假设一个函数有 n 个函数值,且已知一个函数值 $H(x)$。任选 k 个任意数作为函数的输入值,则 k 必须为多大才能保证至少找到一个输入值 y 且 $H(x)=H(y)$ 的概率大于 0.5?

对于任意的 y,能够满足 $H(x)=H(y)$ 的概率是 $1/n$,反之,满足 $H(x)\neq H(y)$ 的概率为 $1-1/n$。对于所选的 k 个任意的输入值 y 都没有一个满足 $H(x)=H(y)$ 的概率则是 $(1-1/n)^k$。这样,至少有一个 y 满足 $H(x)=H(y)$ 的概率是 $1-(1-1/n)^k$。

二项式定理可描述如下:

$$(1-a)^k = 1 - ka + \frac{k(k-1)}{2!}a^2 - \frac{k(k-1)(k-2)}{3!}a^3 + \cdots$$

当 a 趋近 0 时,$(1-a)^k$ 趋近 $1-ka$,因此至少有一个 y 满足 $H(x)=H(y)$ 的概率约为 $1-(1-1/n)^k \approx 1-(1-k/n)=k/n$。当 $k>n/2$ 时,这个概率将超过 0.5。

若散列值为 m 位,则可能有 2^m 个散列值,使上述概率为 0.5 的 k 为 $k=2^{(m-1)}$。即对于生成 64 位散列值的散列函数而言,攻击者至少需要尝试 2^{63} 对明文,才能有大约 0.5 的成功概率。这个结果似乎表明选择 64 位的散列函数是安全的,但事实并非如此。Yuval 提出的"生日悖论"对于之前提到的 Rabin 散列函数的数字签名攻击,只需要 2^{32} 次的运算。

在讨论 Yuval 的方法之前，先来解释一下"生日悖论"的数学背景。我们可以这样描述这类问题：k 为多大时，在 k 个人中至少找到两个人的生日相同的概率大于 0.5？不考虑 2 月 29 日，并且假定每个生日出现的概率相同。

首先 k 个人的生日排列的总数目是 365^k。这样，k 个人有不同生日的排列数为：

$$N = 365 \times 364 \times \cdots \times (365 - k + 1) = \frac{365!}{(365 - k)!}$$

因此，k 个人有不同生日的概率为不重复的排列数除以总数目，得到：

$$Q(365, k) = \frac{365!}{(365 - k)!(365)^k}$$

则，k 个人中，至少找到两个人同日出生的概率是：

$$P(365, k) = 1 - Q(365, k) = 1 - \frac{365!}{(365 - k)!(365)^k}$$

当 $k = 100$ 时，$P(365, 100) = 0.9999997$，这意味着只有一个重复的概率接近于百分百。如果只考虑同日出生的概率超过 0.5 时，则根据 $P(365, 23) = 0.5037$，k 只需要为 23。

Yuval 的生日攻击法描述如下。

（1）合法的签名方对于其认为合法的消息愿意使用自己的私钥对该消息生成的 m 位的散列值进行数字签名。

（2）攻击者为了伪造一份有（1）中的签名者签名的消息，首先产生一份签名方将会同意签名的消息，再产生出该消息的 $2^{m/2}$ 种不同的变化，且每一种变化表达相同的意义（如：在文字中加入空格、换行字符）。然后，攻击者再伪造一条具有不同意义的新的消息，并产生出该伪造消息的 $2^{m/2}$ 种变化。

（3）攻击者在上述两个消息集合中找出可以产生相同散列值的一对消息。根据"生日悖论"理论，能找到这样一对消息的概率是非常大的。如果找不到这样的消息，攻击者将再产生一条有效的消息和伪造的消息，并增加每组中的明文数目，直至成功为止。

（4）攻击者用第一组中找到的明文提供给签名方要求签名，这样，这个签名就可以被用来伪造第二组中找到的明文的数字签名。这样，即使攻击者不知道签名私钥也能伪造签名。

生日攻击表明 Hash 值的长度必须达到一定的值，如果过短，则容易受到穷举攻击，如一个 40 位的 Hash 值，只需要穷举一百万次。一般建议 Hash 值需要 160 位，SHA-1 的最初选择是 128 位，后来改为 160 位，这就是为了防止利用生日攻击原理穷举 Hash 值。

2. 中间相遇攻击法（Meet in the Middle Attack）

中间相遇攻击是生日攻击的一种变形，它不比较散列值，而是比较处理链中的中间变量。这种攻击主要适用于攻击具有分组链接结构的 Hash 函数。其基本原理为：将消息分成两部分，对伪造消息的第一部分从初始值开始逐步向中间阶段产生 r_1 个变量；对伪造消息的第二部分从 Hash 结果开始逐步退回中间阶段产生 r_2 个变量。在中间阶段有一个匹配的概率与生日攻击成功的概率一样。

这种攻击方法让攻击者可以仅根据已知的明文及其数字签名，来任意伪造其他明文的数字签名。

（1）根据已知数字签名的明文，先产生散列函数值 h。

（2）再根据意图伪造签名的明文，将其分成每个 64 位长的明文分组 $Q_1,Q_2,\cdots,Q_{N-2}$。Hash 函数的压缩算法为 $h_i=E_{Q_i}[h_{i-1}]$，$1\leqslant i\leqslant N-2$。

（3）任意产生 2^{32} 个不同的 X，对每个 X 计算 $E_X[h_{N-2}]$。同样地，任意产生 2^{32} 个不同的 Y，对每个 Y 计算 $D_Y[G]$，D 是相对应 E 的解密函数。

（4）根据"生日悖论"，有很大的概率可以找到很多 X 及 Y 满足 $E_X[h_{N-2}]=D_Y[G]$。

（5）如果找到了这样的 X 和 Y，攻击者重新构造一个明文：$Q_1,Q_2,\cdots,Q_{N-2},X,Y$。这个新的明文的散列值也为 h，因此攻击者可以使用已知的数字签名为这个构造的明文伪造新的明文的签名。

5.3.2　SM3

SM3 是国家商用密码管理局于 2010 年 12 月 17 日发布的商用散列算法。本标准适用于商用密码应用中的数字签名和验证、消息认证码的生成与验证以及随机数的生成，可满足多种密码应用的安全需求。同时，本标准还可为安全产品生产商提供产品和技术的标准定位以及标准化的参考，提高安全产品的可信性与互操作性。SM3 是将长度为 $L(L<2^{64})$ 比特的消息 m，压缩输出为 256 比特的摘要值，如图 5.7 所示。

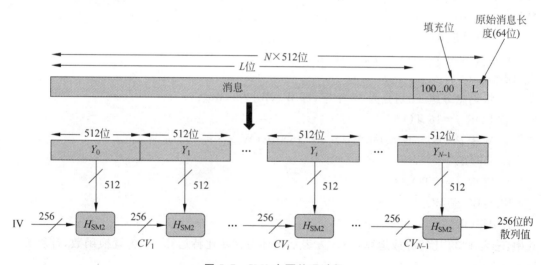

图 5.7　SM2 主要处理过程

SM3 算法描述如下。

1）填充与分组

SM3 对输入消息先填充，再分组，分组的长度为 512 比特，消息填充后的比特长度为 512 的倍数。填充方法如下：假设消息 m 的长度为 L 比特。首先将比特"1"添加到消息的末尾，再添加 k 个"0"，k 是满足 $L+1+k\equiv448 \bmod 512$ 的最小的非负整数。然后再添加一个 64 位比特串，该比特串是长度 L 的二进制表示。填充后的消息 m' 的比特长度为 512 的倍数。

例如：对消息 01100001 01100010 01100011，其长度 $L=24$，经填充得到比特串：

$$\underbrace{}_{\text{423比特}}\quad\underbrace{}_{\text{64比特}}$$

01100001 01100010 01100011 1 $\underbrace{00\cdots00}$ $\underbrace{00\cdots011000}_{\text{1的二进制表示}}$

2) 初始化

SM3 采用 8 个寄存器 ABCDEFGH 存储散列运算中间结果和最终结果,首先对寄存器值进行初始化为 IV＝7380166f 4914b2b9 172442d7 da8a0600 a96f30bc 163138aa e38dee4d b0fb0e4e。这些字节采用高端(big-endian)格式存储,高端格式存储规定:左边为高有效位,右边为低有效位。数的高阶字节放在存储器的低地址,数的低阶字节放在存储器的高地址。

3) 压缩过程

(1) 迭代过程。

以 512 位的分组为单位进行迭代压缩计算,将填充后的消息 m' 按 512 比特进行分组,

$$m' = Y_0 Y_1 \cdots Y_{n-1}$$

其中 $n=(L+k+65)/512$。

对 m' 按下列方式迭代:

$$\text{FOR } i = 0 \text{ TO } n - L$$
$$V^{i+1} = \text{CF}(V_I, Y_i)$$
$$\text{ENDFOR}$$

其中 CF 是压缩函数,V_0 为 256 比特初始值 IV,Y_i 为填充后的消息分组,迭代压缩的结果为 V_n。

(2) 消息扩展。

将消息分组 Y_i 按以下方法扩展生成 132 个字 $W_0, W_1, \cdots, W_{67}, W'_0, W'_1, \cdots, W'_{63}$,用于压缩函数 CF:

a) 将消息分组 Y_i 划分为 16 个字,即 $W_0, W_1, \cdots, W_{15}$。

b) FOR $j=16$ TO 67

　　$W_j \leftarrow P_1(W_{j-16} \oplus_{j-9} \oplus (W_{j-3} \lll 15)) \oplus (W_{j-13} \lll 7) \oplus W_{j-6}$

ENDFOR

c) FOR $j=0$ TO 63

$W'_j = W_j \oplus W_{j+4}$

ENDFOR

其中,$\oplus$ 表示 32 比特异或运算,$\lll k$ 表示循环左移 k 比特运算,P_1 为置换函数,计算方式见下面部分。

(3) 压缩函数。

令 A、B、C、D、E、F、G、H 为字寄存器,SS1、SS2、TT1、TT2 为中间变量,压缩函数 $V_{i+1}=\text{CF}(V_i; Y_i)$,$0 \leqslant i \leqslant n-1$。计算过程描述如下:

ABCDEFGH $\leftarrow V_i$

　FOR $j=0$ TO 63

　　　SS1 $\leftarrow ((A \lll 12) + E + (T_j \lll j)) \lll 7$

　　　SS2 $\leftarrow$ SS1 $\oplus (A \lll 12)$

　　　TT1 $\leftarrow \text{FF}_j(A, B, C) + D + \text{SS1} + W'_j$

　　　TT2 $\leftarrow \text{GG}_j(E, F, G) + H + \text{SS1} + W_j$

　　　D $\leftarrow$ C

　　　C $\leftarrow$ B $\lll 9$

　　B←A

　　A←TT1

　　H←G

　　G←F<<<19

　　F←E

　　E←P_0(TT2)

　ENDFOR

V_{i+1}←ABCDEFGH $\oplus$ V_i

最后输出即为摘要值。

　　其中，T_j 为常量，其值为：

$$T_j = \begin{cases} 79cc4519 & 0 \leqslant j \leqslant 15 \\ 7a879d8a & 16 \leqslant j \leqslant 63 \end{cases}$$

　FF_j 和 GG_j 是布尔函数，计算如下：

$$FF_j(X,Y,Z) = \begin{cases} X \oplus Y \oplus Z & 0 \leqslant j \leqslant 15 \\ (X \wedge Y) \vee (X \wedge Z) \vee (Y \wedge Z) & 16 \leqslant j \leqslant 63 \end{cases}$$

$$GG_j(X,Y,Z) = \begin{cases} X \oplus Y \oplus Z & 0 \leqslant j \leqslant 15 \\ (X \wedge Y) \vee (\neg X \wedge Z) & 16 \leqslant j \leqslant 63 \end{cases}$$

其中的一些符号含义表示为：

　　$\wedge$：32 比特与运算

　　$\vee$：32 比特或运算

　　$\neg$：32 比特非运算

　　＋：$\mathrm{mod}2^{32}$ 算术加运算

　　P_0 为压缩函数部分的置换函数，P_1 消息扩展部分的置换函数，按照下面方式进行运算。

$$P_0(X) = X \oplus (X <<< 9) \oplus (X <<< 17)$$
$$P_1(X) = X \oplus (X <<< 15) \oplus (X <<< 23)$$

式中 X 为字。

5.3.3　MD5

　　MD5(Message-Digest Algorithm 5)是由 Ronald L. Rivest(RSA 算法中的 R)在 20 世纪 90 年代初开发出来的，经 MD2、MD3 和 MD4 发展而来。它比 MD4 复杂，但设计思想类似，同样生成一个 128 位的信息散列值。其中，MD2 是为 8 位计算机做过设计优化的，而 MD4 和 MD5 却是面向 32 位的计算机。

　　Osrschot 和 Wiener 曾为了攻击 MD5，使用穷举攻击搜寻碰撞的函数，并耗费一千万美元设计了一台碰撞搜寻计算机，它能在 24 天内找到一个碰撞。但即便如此，从 1991 年起的十多年里，并没有出现替代 MD5 的算法或 MD6，并且，由于使用 MD5 算法无须支付任何专利费，所以在实际中的应用非常广泛。直到 2004 年 8 月，在美国召开的国际密码学会议 (Crypto'2004)上，王小云教授给出破解 MD5、HAVAL-128、MD4 和 RIPEMD 算法的报告。她给出了一个非常高效的寻找碰撞的方法，可以在数个小时内找到 MD5 的碰撞。

MD5 算法的描述：

MD5 的输入可以是任意长度的消息，其输出是 128 位的消息散列值。由于 MD5 的设计是针对 32 位处理器的，因此 MD5 内的所有基本运算都是针对 32 位运算单元的。其算法的主要过程如下。

（1）填充消息：任意长度的消息首先需要进行填充处理，使得填充后的消息总长度与 448 模 512 同余（即填充后的消息长度≡448 mod 512）。填充的方法是在消息后面添加一位 1，后续都是 0。

（2）添加原始消息长度：在填充后的消息后面再添加一个 64 位的二进制整数表示在填充前原始消息的长度。这时经过处理后的消息长度正好是 512 位的倍数。

（3）初始值（IV）的初始化：MD5 中有 4 个 32 位缓冲区，用（A,B,C,D）表示，用来存储散列计算的中间结果和最终结果，缓冲区中的值被称为链接变量（Chaining Variable）。首先将其分别初始化为 $A=0x01234567, B=0x89abcdef, C=0xfedcba98, D=0x76543210$。这些值以高端格式存储，即字节的最高有效位存于低地址字节位置。

（4）以 512 位的分组为单位对消息进行循环散列计算，如图 5.8 所示，经过处理的消息，以 512 位为单位，分成 N 个分组，为 $Y_0, Y_1, \cdots, Y_{N-1}$。MD5 对每个分组进行散列处理。每一轮的处理会对（A,B,C,D）进行更新。

（5）输出散列值：所有的 N 个分组消息都处理完后，最后一轮得到的 4 个缓冲区的值即为整个消息的散列值。

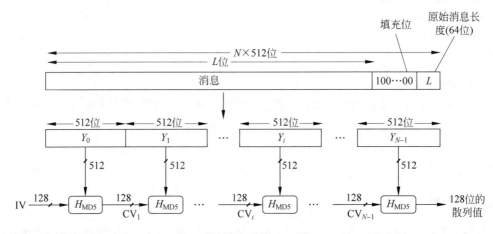

图 5.8　MD5 主要处理过程

在第（4）步中的循环散列计算共有 4 轮（见图 5.9），每轮循环都很相似，进行 16 次操作。在第 1 轮的第 1 个步骤开始处理时，将 A、B 和 C、D 的值保存在另外的单元，假设为 AA、BB、CC 和 DD 中。然后每次操作对 A,B,C 和 D 中的其中 3 个做 1 次非线性函数运算，然后将所得结果加上第 4 个变量、消息的一个子分组和一个常数，再将所得结果向右环移一个不定的数。最后得到的结果再加上之前保存在 AA、BB、CC 或 DD 中的值，这里的"＋"指的是 mod 2^{32} 的模加运算。得到的新的 4 个 32 字作为 A,B,C 和 D 的新的值。然后继续使用下一分组进行运算，最后输出的 A,B,C 和 D 的级联即是整个消息的 128 位散列值。

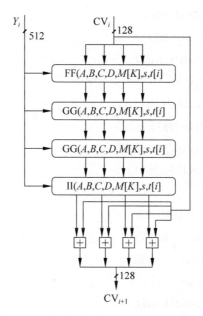

图 5.9　MD5 算法一次循环的处理过程

每次操作中用到的 4 个非线性函数为：

$$F(X,Y,Z) = (X\&Y) \mid ((\sim X)\&Z)$$

$$G(X,Y,Z) = (X\&Z) \mid (Y\&(\sim Z))$$

$$H(X,Y,Z) = X^{\wedge}Y^{\wedge}Z$$

$$I(X,Y,Z) = Y^{\wedge}(X \mid (\sim Z))$$

其中，$\&$ 是与，$\mid$ 是或，$\sim$ 是非，$^{\wedge}$ 是异或。

将每次处理的 512 位的消息分组再分成 32 位一组，共 16 组，表示为 M_k，$k=0,\cdots,15$，则在每次的 4 轮运算中的计算方法是：

$\mathrm{FF}(A,B,C,D,M_j,s,t_i)$ 表示 $A = B+((A+(F(B,C,D)+M_j+t_i) \lll s)$

$\mathrm{GG}(A,B,C,D,M_j,s,t_i)$ 表示 $A = B+((A+(G(B,C,D)+M_j+t_i) \lll s)$

$\mathrm{HH}(A,B,C,D,M_j,s,t_i)$ 表示 $A = B+((A+(H(B,C,D)+M_j+t_i) \lll s)$

$\mathrm{II}(A,B,C,D,M_j,s,t_i)$ 表示 $A = B+((A+(I(B,C,D)+M_j+t_i) \lll s)$

其中"$\lll s$"表示循环左移 s 位。则 4 轮（每轮 16 步，共 64 步）的操作如下所示。

1）第 1 轮

$\mathrm{FF}(A,B,C,D,M_0,7,0\mathrm{xd76aa478})$

$\mathrm{FF}(D,A,B,C,M_1,12,0\mathrm{xe8c7b756})$

$\mathrm{FF}(C,D,A,B,M_2,17,0\mathrm{x242070db})$

$\mathrm{FF}(B,C,D,A,M_3,22,0\mathrm{xc1bdceee})$

$\mathrm{FF}(A,B,C,D,M_4,7,0\mathrm{xf57c0faf})$

$\mathrm{FF}(D,A,B,C,M_5,12,0\mathrm{x4787c62a})$

$\mathrm{FF}(C,D,A,B,M_6,17,0\mathrm{xa8304613})$

$\mathrm{FF}(B,C,D,A,M_7,22,0\mathrm{xfd469501})$

$FF(A,B,C,D,M_8,7,0x698098d8)$

$FF(D,A,B,C,M_9,12,0x8b44f7af)$

$FF(C,D,A,B,M_{10},17,0xffff5bb1)$

$FF(B,C,D,A,M_{11},22,0x895cd7be)$

$FF(A,B,C,D,M_{12},7,0x6b901122)$

$FF(D,A,B,C,M_{13},12,0xfd987193)$

$FF(C,D,A,B,M_{14},17,0xa679438e)$

$FF(B,C,D,A,M_{15},22,0x49b40821)$

2) 第 2 轮

$GG(A,B,C,D,M_1,5,0xf61e2562)$

$GG(D,A,B,C,M_6,9,0xc040b340)$

$GG(C,D,A,B,M_{11},14,0x265e5a51)$

$GG(B,C,D,A,M_0,20,0xe9b6c7aa)$

$GG(A,B,C,D,M_5,5,0xd62f105d)$

$GG(D,A,B,C,M_{10},9,0x02441453)$

$GG(C,D,A,B,M_{15},14,0xd8a1e681)$

$GG(B,C,D,A,M_4,20,0xe7d3fbc8)$

$GG(A,B,C,D,M_9,5,0x21e1cde6)$

$GG(D,A,B,C,M_{14},9,0xc33707d6)$

$GG(C,D,A,B,M_3,14,0xf4d50d87)$

$GG(B,C,D,A,M_8,20,0x455a14ed)$

$GG(A,B,C,D,M_{13},5,0xa9e3e905)$

$GG(D,A,B,C,M_2,9,0xfcefa3f8)$

$GG(C,D,A,B,M_7,14,0x676f02d9)$

$GG(B,C,D,A,M_{12},20,0x8d2a4c8a)$

3) 第 3 轮

$HH(A,B,C,D,M_5,4,0xfffa3942)$

$HH(D,A,B,C,M_8,11,0x8771f681)$

$HH(C,D,A,B,M_{11},16,0x6d9d6122)$

$HH(B,C,D,A,M_{14},23,0xfde5380c)$

$HH(A,B,C,D,M_1,4,0xa4beea44)$

$HH(D,A,B,C,M_4,11,0x4bdecfa9)$

$HH(C,D,A,B,M_7,16,0xf6bb4b60)$

$HH(B,C,D,A,M_{10},23,0xbebfbc70)$

$HH(A,B,C,D,M_{13},4,0x289b7ec6)$

$HH(D,A,B,C,M_0,11,0xeaa127fa)$

$HH(C,D,A,B,M_3,16,0xd4ef3085)$

HH(B,C,D,A,M_6,23,0x04881d05)

HH(A,B,C,D,M_9,4,0xd9d4d039)

HH(D,A,B,C,M_{12},11,0xe6db99e5)

HH(C,D,A,B,M_{15},16,0x1fa27cf8)

HH(B,C,D,A,M_2,23,0xc4ac5665)

4）第 4 轮

II(A,B,C,D,M_0,6,0xf4292244)

II(D,A,B,C,M_7,10,0x432aff97)

II(C,D,A,B,M_{14},15,0xab9423a7)

II(B,C,D,A,M_5,21,0xfc93a039)

II(A,B,C,D,M_{12},6,0x655b59c3)

II(D,A,B,C,M_3,10,0x8f0ccc92)

II(C,D,A,B,M_{10},15,0xffeff47d)

II(B,C,D,A,M_1,21,0x85845dd1)

II(A,B,C,D,M_8,6,0x6fa87e4f)

II(D,A,B,C,M_{15},10,0xfe2ce6e0)

II(C,D,A,B,M_6,15,0xa3014314)

II(B,C,D,A,M_{13},21,0x4e0811a1)

II(A,B,C,D,M_4,6,0xf7537e82)

II(D,A,B,C,M_{11},10,0xbd3af235)

II(C,D,A,B,M_2,15,0x2ad7d2bb)

II(B,C,D,A,M_9,21,0xeb86d391)

常数 t_i 可以如下选择：在第 i 步中，t_i 是 $2^{32} \times \mathrm{abs}(\sin(i))$ 的整数部分，i 的单位是弧度。

5.3.4　SHA-512

美国国家标准局（NIST）为了配合数字签名标准（DSA），在 1993 年对外公布了安全散列函数（SHA），并公布为联邦信息处理标准（FIPS 180），其设计的方法是依据已有的 MD4 算法，所以其基本框架与 MD4 类似。1995 年 NIST 发布了 SHA 的修订版（FIPS 180-1），通常称之为 SHA-1，SHA-1 产生 160 位的散列值。2002 年，NIST 再次发布了修订版（FIPS 180-2），其中给出了 3 种新的 SHA 版本，散列值长度依次为 256、384 和 512 位，分别称作 SHA-256、SHA-384 和 SHA-512（见表 5.1）。这些新的版本和 SHA-1 具有相同的基础结构，使用了相同的模算术和二元逻辑运算。2005 年，NIST 宣布了将逐步废除 SHA-1，到 2010 年，逐步转而使用 SHA 的其他更高位长的版本。2005 年，王小云带领的研究小组研究出了一种攻击，用 2^{69} 次操作可以找到两个独立的消息使它们有相同的 SHA-1 值，而以前认为要找到一个 SHA-1 碰撞需要 2^{80} 次的操作，所需操作大为减少。这意味着，对于 SHA 的使用需要选择更高位数的版本。

表 5.1　SHA 参数比较

	SHA-1	SHA-256	SHA-384	SHA-512
散列值长度	160	256	384	512
消息长度	$<2^{64}$	$<2^{64}$	$<2^{128}$	$<2^{128}$
分组长度	512	512	1024	1024
字长度	32	32	64	64
步骤数	80	64	80	80
安全性	80	128	192	256

注:

(1) 所有的长度以比特为单位。

(2) 安全性是指对输出长度为 n 位 Hash 函数的生日攻击产生碰撞的工作量大约为 $2^{n/2}$。

1. SHA-512 算法

该算法的输入是最大长度小于 2^{128} 位的消息,输出是 512 位的散列值,输入消息以 1024 位的分组为单位进行处理。输出摘要的总体过程遵循图 5.10 所示的一般结构。和 MD5 类似,其过程包含下列步骤。

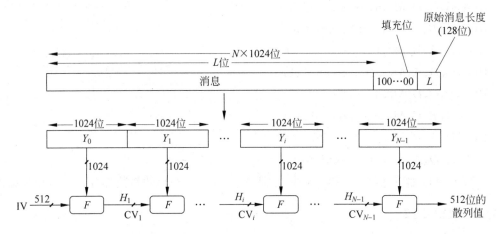

图 5.10　SHA-512 主要处理过程

(1) 对消息进行填充。对原始消息进行填充使其长度与 896 模 1024 同余(即填充后的消息长度≡896 mod 1024)。即使原始消息已经满足上述长度要求,仍然需要进行填充,因此填充位数在 1～1024 之间。填充部分由一个 1 和后续的 0 组成。

(2) 添加消息长度信息。在填充后的消息后添加一个 128 位的块,用来说明填充前消息的长度,表示为一个无符号整数(最高有效字节在前)。至此,产生了一个长度为 1024 位整数倍的扩展消息。如图 5.10 所示,扩展的消息被表示为一串长度为 1024 位的消息分组 $Y_1, Y_2, \cdots, Y_N$,因此扩展消息的长度为 $N \times 1024$ 位。

(3) 初始化 Hash 缓冲区。Hash 函数计算的中间结果和最终结果保存在 512 位的缓冲区中,分别用 64 位的寄存器(A,B,C,D,E,F,G,H)表示,并将这些寄存器初始化为下列 64 位的整数(十六进制值)。

A=0x6A09E667F3BCC908　　　　E=0x510E527FADE682D1

B=0xBB67AE8584CAA73B　　　　F=0x9B05688C2B3E6C1F

C＝0x3C6EF372FE94F82B　　　　　　　G＝0x1F83D9ABFB41BD6B

D＝0xA54FF53A5F1D36F1　　　　　　　H＝0x5BE0CD19137E2179

这些值以高端格式存储,即字的最高有效字节存于低地址字节位置(最左边)。这些字的获取方式如下:前 8 个素数取平方根,取分数部分的前 64 位。

(4) 以 1024 位分组(16 个字)为单位处理消息。处理算法的核心是需要进行 80 轮运算的模块,即图 5.9 中的 F。图 5.11 给出了 F 的逻辑原理:每一轮都把 512 位缓冲区的值 ABCDEFGH 作为输入,并更新缓冲区的值。第 1 轮时,缓冲区的值是中间的 Hash 值 H_{i-1}。每一轮使用一个 64 位的值 $W_t(0 \leqslant t \leqslant 79)$ 该值由当前被处理的 1024 位消息分组 Y_i 导出,导出算法是后面将要讨论的消息调度算法。每一轮还将使用常数 $K_t(0 \leqslant t \leqslant 79)$。这些常数的获得方法:前 80 个素数取 3 次根,取小数部分的前 64 位。这些常数提供了 64 位随机串集合,可以消除输入数据里的任何规则性。第 80 轮的输出和第 1 轮的输入 H_{i-1} 相加产生 H_i。缓冲区里的 8 个字和 H_{i-1} 里的相应字独立进行模 2^{64} 的加法运算。

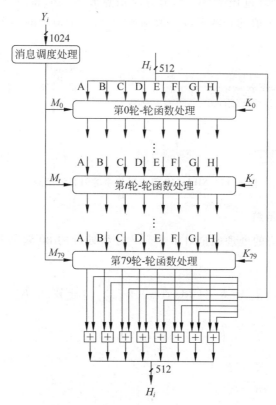

图 5.11　SHA-512 每一步的核心处理

(5) 输出。所有的 N 个 1024 位分组都处理完以后,最后输出的即是 512 位的消息散列值。从总体上看,SHA-512 的运算如下所示。

$$H_0 = \text{IV}$$

$$H_i = \text{SUM}_{64}(H_{i-1}, \text{ABCDEFGH}_i)$$

$$\text{MD} = H_N$$

其中,IV 为上述算法第(3)步里定义的 ABCDEFGH 缓冲区的初始值;ABCDEFGH$_i$ 为第 i

个消息分组处理的最后一轮的输出；N 为消息（包括填充和长度域）里的分组数；SUM_{64} 为对输入对里的每个字进行独立的模 2^{64} 加；MD 为最后的消息散列值。

2. 消息调度处理

每一轮的 W_t（$0 \leqslant t \leqslant 79$）的值由当前被处理的 1024 位消息分组 Y_i 导出。其导出算法如图 5.12 所示，前 16 个 W_t（$0 \leqslant t \leqslant 15$）直接取自当前消息分组的 16 个字。余下的值按如下方式导出：

$$W_t = \sigma_1^{512}(W_{t-2}) + W_{t-7} + \sigma_0^{512}(W_{t-15}) + W_{t-16}$$

其中，$\sigma_0^{512}(x) = \text{ROTR}^1(x) + \text{ROTR}^8(x) + \text{SHR}^7(x)$。

$\sigma_1^{512}(x) = \text{ROTR}^{19}(x) + \text{ROTR}^{61}(x) + \text{SHR}^6(x)$。

$\text{ROTR}^n(x) =$ 对 64 位的变量 x 循环右移 n 位。

$\text{SHR}^n(x) =$ 对 64 位变量 x 向左移动 n 位，右边填充 0。

因此，在前 16 步处理过程中，W_t 的值等于消息分组里的相应字。对于余下的 64 步，W_t 的值由其前面的 4 个值的异或形成的值构成，要对 4 个值中的两个进行移位和循环移位操作。

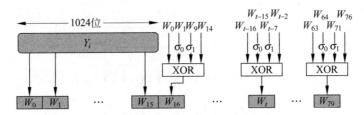

图 5.12　SHA-512 每步操作中的消息调度处理

3. SHA-512 的轮函数

SHA-512 中最核心的处理就是对单个 512 分组处理的 80 轮的每一轮的处理，其运算方法如下所示。

$$T_1 = h + \text{Ch}(e, f, g) + \left(\sum_1^{512} e \right) + W_t + K_t$$

$$T_2 = \left(\sum_0^{512} a \right) + \text{Maj}(a, b, c)$$

$$a = T_1 + T_2$$

$$b = a$$

$$c = b$$

$$d = c$$

$$e = d + T_1$$

$$f = e$$

$$g = f$$

$$h = g$$

其中：

- t 为步骤数，$0 \leqslant t \leqslant 79$。

- Ch(e,f,g)＝(e AND f)⊕(NOT e AND g)条件函数,如果 e,则 f,否则 g。
- Maj(a,b,c)＝(a AND b)⊕(a AND c)⊕(b AND c),函数为真,仅当变量的多数(2 或 3)为真。
- $\left(\sum\limits_{0}^{512} a\right) = ROTR^{28}(a) \oplus ROTR^{34}(a) \oplus ROTR^{39}(a)$。
- $\left(\sum\limits_{1}^{512} e\right) = ROTR^{14}(e) \oplus ROTR^{18}(e) \oplus ROTR^{41}(e)$。
- W_t 为 64 位,从当前的 512 位消息分组导出。
- K_t 为 64 位常数。
- "＋"为模 2^{64} 加。

5.3.5　HMAC

Hash 函数是不使用密钥的,不能像 MAC 一样使用。正如第 5.2 节所讨论的,MAC 是主要基于对称密码算法设计的,如第 5.2.2 节中讨论的 MAC 算法。但目前,研究者提出了一些将 Hash 函数用于构建 MAC 算法的方案。HMAC 是其中之一,并已经成为 FIPS 标准发布(FIPS 198),后被使用于 IPSec 和 SSL 协议中。

1. HMAC 的设计目标

HMAC 的设计目标如下。
- 可以直接使用现有的 Hash 函数。
- 不针对于某一个 Hash 函数,可以根据需要更换 Hash 函数模块。
- 可保持 Hash 函数的原有性能,不能过分降低其性能。
- 对密钥的使用和处理应较简单。
- 如果已知嵌入的 Hash 函数的强度,则可以知道认证机制抵抗密码分析的强度。

因此,HMAC 中使用的 Hash 函数并不局限于某一种 Hash 函数,所以使用不同的 Hash 函数,HMAC 将有不同的实现,如 HMAC-SHA、HMAC-MD5 等。

2. HMAC 算法

图 5.13 给出了 HMAC 的总体结构,其中的符号定义如下所示。
- H:嵌入的 Hash 函数(如 MD5、SHA-1、RIPEMD-160)。
- IV:作为 Hash 函数输入的初始值。
- M:HMAC 的消息输入(包括使用的 Hash 函数中定义的填充位)。
- Y_i:M 的第 i 个分组,$0 \leqslant i \leqslant (L-1)$。
- L:M 中的分组数。
- b:每一分组所含的位数。

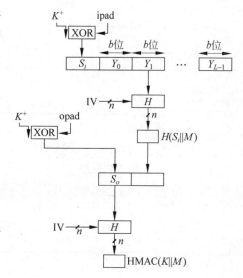

图 5.13　HMAC 的结构

- n：使用的 Hash 函数所产生的散列值的位长。
- K：密钥,建议密钥长度大于 n。若密钥长度大于 b,则将密钥作为 Hash 函数的输入以产生一个 n 位的密钥。
- K^+：为使 K 为 b 位长而在 K 左边填充 0 后所得的结果。
- ipad：00110110(十六进制数 36)重复 $b/8$ 次的结果。
- opad：01011100(十六进制数 5C)重复 $b/8$ 次的结果。

HMAC 可描述为：
$$\text{HMAC}_K = H\big[(K^+ \oplus \text{opad}) \parallel H\big[(K^+ \oplus (\text{ipad}) \parallel M\big]\big]$$

算法的处理流程如下所示。

(1) 在密钥 K 后面填充 0,得到 b 位的 K^+(例如,若 K 是 160 位,$b=512$,则在 K 中加入 44 个 0 字节 0×00)。

(2) K^+ 与 ipad 执行异或运算(位异或)产生 b 位的分组 S_i。

(3) 将 M 附于 S_i 后。

(4) 将 H 作用于第(3)步所得的结果。

(5) K^+ 与 opad 执行异或运算(位异或)产生 b 位的分组 S_0。

(6) 将第(4)步中的散列值附于 S_0 后。

(7) 将 H 作用于第(6)步所得出的结果,输出最终结果。

在上述操作中,K 与 ipad 异或后,其信息位有一半发生了变化；同样,K 与 opad 异或后,其信息位的另一半也发生了变化,这样,通过将 S_i 与 S_0 传给 Hash 算法中的压缩函数,可以从 K 伪随机地产生出两个密钥。

如图 5.14 所示,为了有效地实现 HMAC,HMAC 中多执行的 3 次 Hash 运算(对 S_i、S_0 和 $H(S_i \parallel M)$)可以采用预计算的方式先求出下面的值。

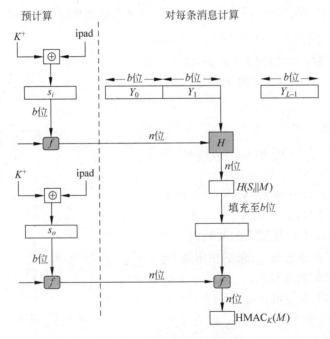

图 5.14　HMAC 的实现方案

$$f(\mathrm{IV},(K^+ \oplus \mathrm{ipad}))$$
$$f(\mathrm{IV},(K^+ \oplus \mathrm{opad}))$$

其中 $f(\mathrm{cv},\mathrm{block})$ 是 Hash 函数中的压缩函数,其输入是 n 位的链接值和 b 位的消息分组,输出是 n 位的链接变量。上述这些值只在初始化或密钥改变时才须计算。实际上,这些预先计算的值取代了 Hash 函数中的初始值 IV。这样的处理方式使得 HMAC 只须多执行一次压缩函数,但这种处理方式只有在对较长消息处理的时候可以显示出效果,对于较短的消息处理,则没有太大意义。

5.4　数字签名

5.4.1　数字签名的基本概念

前面章节讨论的消息认证方法主要是保护通信双方之间的消息不被第三方篡改,但却无法防止通信双方互相欺骗。例如在下面的情形中,通信双方会产生某些纠纷。

(1) 在通信中,通信方 A 和 B 是通过共享的秘密钥对传输的消息计算 MAC 以提供认证。这样 B 可以伪造一个消息,并使用共享的密钥对其生成 MAC,然后声称这个消息是来自于 A 的。

(2) A 否认曾经发送过某条消息给 B,但事后他可以辩称 B 收到的这条消息是 B 伪造的,即否认自己的行为。

(3) B 收到 A 发送的某条消息后,出于某种原因,他否认收到过这条消息。

在上述情形中,由于通信方存在互不信任的情况,单纯地使用签名讨论的消息认证方法无法解决这些问题。数字签名是解决这些问题的最好选择,数字签名主要的功能是保证信息传输的完整性、发送者的身份认证、防止交易中发生否认现象。简单地说,数字签名技术可以解决如下问题。

- 否认:发送方否认发送过或签名过某条消息。
- 伪造:用户 A 伪造一份消息,并声称该消息来自 B。
- 冒充:用户 A 冒充其他用户接收或发送报文。
- 篡改:消息接收方对收到的消息进行篡改。

数字签名也是一种认证机制,它是公钥密码学发展过程中的一个重要组成部分,是公钥密码算法的典型应用。数字签名的应用过程是,数据源发送方使用自己的私钥对数据校验和(或)其他与数据内容有关的信息进行处理,完成对数据的合法"签名",数据接收方则利用发送方的公钥来验证收到的消息上的"数字签名",以确认签名的合法性。

数字签名需要满足以下条件。
- 签名的结果必须是与被签名的消息相关的二进制位串。
- 签名必须使用发送方某些独有的信息(发送者的私钥),以防伪造和否认。
- 产生数字签名比较容易。
- 识别和验证签名比较容易。
- 给定数字签名和被签名的消息,伪造数字签名在计算上是不可行的。

- 保存数字签名的副本,并由第三方进行仲裁是可行的。

数字签名的典型使用方法如下(见图 5.6(a))。

(1) 发送方计算消息的哈希值。

(2) 发送方使用自己的私钥对消息散列值进行计算,得到一个较短的数字签名串。

(3) 这个数字签名将和消息一起发送给接收方。

(4) 接收方首先从接收到的消息中用同样的散列函数计算出一个消息摘要,然后使用这个消息摘要、发送者的公钥以及收到的数字签名,进行数字签名合法性的验证。

数字签名技术是在网络虚拟环境中确认身份、提供消息完整性和保证消息来源的重要技术,可以提供和现实中的"亲笔签字"类似的效果,在技术和法律上都有保证。数字签名通常和 Hash 函数结合使用,用来向用户提供安全高效的数字签名的方法,被广泛应用在各种认证协议中和网络应用中,如电子商务中安全、方便的电子支付、数据传输的完整性、身份验证机制以及交易的不可否认性的实现。

5.4.2　数字签名方案

本节给出一些常见的数字签名方案及数字签名的应用。

1. Schnorr 数字签名

1989 年,Schnorr 提出一签名算法,其算法安全性基于求解离散对数难题。

算法描述如下所示。

(1) 系统参数的选择。

p 和 q：满足 $q|p-1, q \geqslant 2^{160}, q \geqslant 2^{512}$。

g：$g \in Z_p$,满足 $g^q = 1 \bmod p, g \neq 1$。

H：为散列函数。

x：为用户的私钥,$1 < x < q$。

y：为用户的公钥,$y = g^x \bmod p$。

(2) 签名。

设要签名的消息为 $M, 0 < M < p$。签名者随机选择一整数 $k, 1 < k < q$,并计算：

$$e = H(r, M)$$
$$s = k - xe \bmod q$$

(e, s) 即为 M 的签名。签名者将 M 连同 (r, s) 一起存放,或发送给验证者。

(3) 验证。

验证者获得 M 和 (e, s),需要验证 (e, s) 是否是 M 的签名。

计算：

$$r' = g^s r^e \bmod p$$

检查 $H(r', M) = e$ 是否成立,若成立,则 (e, s) 为 M 的合法签名。

2. 数字签名标准(DSS)

1991 年,美国国家标准局(NIST)发布了数字签名标准(FIPS PUB186),简称 DSS (Digital Signature Standard)。DSS 采用了 SHA 散列算法,给出了一种新的数字签名方法,即数字签名算法(DSA)。DSS 被提出后,1996 年又被稍做修改,2000 年发布了该标准的扩充版,即 FIP 186-2。DSA 的安全性是建立在求解离散对数难题之上的,算法基于 ElGamal 和 Schnorr 签名算法,其后面发布的最新版本还包括基于 RSA 和椭圆曲线密码的数字签名算法。这里给出的算法是最初的 DSA 算法。

DSA 只提供数字签名功能的算法,虽然它是一种公钥密码机制,但是不能像 RSA 和 ECC 算法那样还可以用于加密或密钥分配。

DSS 方法使用 Hash 函数产生消息的散列值,和随机生成的 k 作为签名函数的输入,签名函数依赖于发送方的私钥(PR$_A$)和一组参数,这些参数为一组通信伙伴所共有,我们可以认为这组参数构成全局公钥 PU$_G$。签名由两部分组成,标记为 r 和 s。

接收方对收到的消息计算散列值,和收到的签名(r,s)一起作为验证函数的输入,验证函数依赖于全局公钥和发送方公钥,若验证函数的输出等于签名中的 r,则签名合法。

DSA 算法的具体描述如下所示(见图 5.15)。

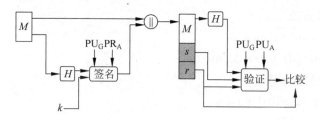

图 5.15　DSS 签名算法

(1) DSA 的系统参数的选择如下所示。

p:512 的素数,其中 $2^{L-1}<p<2^L$,$512 \leqslant L \leqslant 1024$,且 L 是 64 的倍数,即 L 的位长在 512～1024 位之间并且其增量为 64 位。

q:160 位的素数且 $q|p-1$。

g:满足 $g=h^{(p-1)/q} \bmod p$。

H:为散列函数。

x:为用户的私钥,$0<x<q$。

y:为用户的公钥,$y=g^x \bmod p$。

p、q、g 为系统发布的公共参数,与公钥 y 公开;私钥 x 保密。

(2) 签名。

设要签名的消息为 M,$0<M<p$。签名者随机选择一整数 k,$0<k<q$,并计算:

$$r = (g^k \bmod p) \bmod q$$
$$s = [k^{-1}(H(M)+xr)] \bmod q$$

(r,s)即为 M 的签名。签名者将 M 连同(r,s)一起存放,或发送给验证者。

(3) 验证。

验证者获得 M 和(r,s),需要验证(r,s)是否是 M 的签名。

首先检查 r 和 s 是否属于 $[0,q]$,若不属于,则(r,s)不是签名值。

否则,计算:

$$w = s^{-1} \bmod q$$
$$u_1 = (H(M)w) \bmod q$$
$$u_2 = rw \bmod q$$

$$v = ((g^{u1} y^{u2}) \bmod p) \bmod q$$

如果 $v=r$，则所获得的(r,s)是 M 的合法签名。

在 DSA 中，签名者和验证者都需要进行一次模 q 的求逆运算，这个运算是比较耗时的。Yen 和 Laih 提出了两种改进的方法，可以免去签名者或验证者的求逆运算，其方法如下所示。

(1) DSA 改进方法 1。

签名：$r = (g^k \bmod p) \bmod q$

$\qquad s = (rk - H(M)) x^{-1} \bmod q$

验证：$t = r^{-1} \bmod q$

$\qquad v = (g^{h(M)t} y^{st} \bmod p) \bmod q$

判断 v 是否和 r 相等。

(2) DSA 改进方法 2。

签名：$r = (g^k \bmod p) \bmod q$

$\qquad s = (k(H(M) + xr)^{-1}) \bmod q$

验证：$t = sH(M) \bmod q$

$\qquad v = (g^t y^{sr} \bmod p) \bmod q$

判断 v 是否和 r 相等。

在上述方法中，有些计算可以预先完成。在改进方法 1 中，签名时会用到的 x^{-1}，如果 x 不是经常更换，则 x^{-1} 可以预先计算并保存以便多次使用，这样就可以省掉一次求逆运算。在改进方法 2 中，验证者无须计算逆元。即便对于初始 DSA，也可以采用预计算的方法提高效率：签名时所计算的 $g^k \bmod p$ 并不依赖于消息，因此可以预先计算出。用户还可以根据需要预先计算出多个可用于签名的 r，以及相应的 r^{-1}，这样可以大大提高效率。

以上给出的签名方案是直接数字签名，或称为普通数字签名，包括 RSA、Schnorr、DSA、ECC、Fiat-Shamir、Guillou-Quisquarter、Schnorr、Ong-Schnorr-Shamir 等数字签名算法。这类数字签名只涉及通信双方，即签名方使用自己的私钥对整个消息或者对于消息的散列值进行签名，验证者使用签名者的公钥进行验证。即便发生纠纷，仲裁法也是根据密钥及签名值进行仲裁。该方案的有效性完全依赖于签名方的私钥。如果签名者的私钥丢失或者被攻击者获取，则有可能被他人伪造签名，这时产生纠纷后，仲裁者无法给出实时的判断。因此，在实际应用中，除了普通数字签名外，还有些特殊的签名方案，更多的可以说是一种安全协议，如仲裁数字签名、盲签名、代理签名、多重签名、不可否认签名、公平盲签名、门限签名、具有消息恢复功能的签名等，它们与具体应用环境密切相关。

3. 仲裁数字签名

仲裁签名中除了通信双方外，还有一个仲裁方。发送方 A 发送给 B 的每条签名的消息都先发送给仲裁者 T，T 对消息及其签名进行检查以验证消息源及其内容，检查无误后给消息加上日期再发送给 B，同时指明该消息已通过仲裁者的检验。因此，仲裁数字签名实际上涉及多余一步的处理，仲裁者的加入使得对于消息的验证具有实时性。

下面是使用对称密码的仲裁签名的例子。

(1) A→T：$M \parallel E_{K_{AT}}[\mathrm{ID_A} \parallel H(M)]$。

(2) T→B：$E_{K_{TB}}[ID_A \parallel M \parallel E_{K_{AT}}[ID_A \parallel H(M)] \parallel T]$。

在这个例子中，签名采用的是对消息的加密处理，即整个密文就是消息的签名：发送方 A 和仲裁者 T 共享密钥 K_{AT}，A 和 B 共享密钥 K_{AB}。A 产生消息 M 并计算出其散列值 $H(M)$，然后将消息 M 及其签名发送给 T，其签名由 A 的标识 ID_A 和消息散列值组成，并且用 K_{AT} 加密。A 对签名解密后，通过检查散列值来验证该消息的有效性，然后 T 用 K_{TB} 对 ID_A、来自 A 的原始消息 M、来自 A 的签名和时间戳加密后传给 B。B 对 T 发来的消息解密即可恢复消息 M 和签名。B 检查时间戳以确定该消息是实时的、而不是重放的消息。B 可以存储 M 及其签名，如果和 A 发生争执，则 B 可将下列消息发给 T 以证明曾收到过来自 A 的消息：$E_{K_{TB}}[ID_A \parallel M \parallel E_{K_{AT}}[ID_A \parallel H(M)] \parallel T]$。

下面是使用公钥密码体制的签名，并且仲裁者不能阅读消息，只能仲裁发送者的行为。

(1) A→T：$ID_A \parallel E_{PR_B}[ID_A \parallel E_{PU_B}(E_{PR_A}[M])]$。

(2) T→B：$E_{PR_T}[ID_A \parallel E_{PU_B}[E_{PR_A}[M]] \parallel T]$。

发送者 A 首先使用自己的私钥对消息进行签名，然后再使用接收者 B 的公钥对消息及签名进行加密，A 再次使用自己的私钥对连同标识和密文的内容进行签名。仲裁者收到消息后，使用 A 的公钥验证外层签名的合法性，但是无法获得原始消息 M 的内容。如果签名合法，仲裁方对密文消息加上时间戳，并使用自己的私钥进行签名，并发送给 B。B 收到后可以验证仲裁方的签名以及消息的实时性，并使用自己的私钥对密文进行解密，再使用 A 的公钥验证解密后的消息中的签名，以判断消息的合法性。B 可以保存第（2）步中的消息，如果和 A 产生纠纷，则可以作为证据提供给仲裁方。

和前面一个方案相比，采用公钥密码的方案可以更有效地保护发送者和接收者的利益，因为在前面的方案中，仲裁者可以看到消息的内容，可能和接收者勾结欺骗发送者，也可能和发送者勾结欺骗接收者，而这个方案中，仲裁者看不到消息的内容，并且也无法进行联合欺骗。

4. 盲签名

盲签名是 Chaum 在 1982 年首次提出的，Chaum 利用盲签名技术提出了第一个电子现金方案。盲签名因为具有盲性这一特点，可以有效地保护所签名的消息的具体内容，所以在电子商务等领域有着广泛的应用。

盲签名允许消息发送者先将消息盲化，而后让签名者对盲化的消息进行签名，最后消息拥有者对签名除去盲因子，得到签名者关于原消息的签名。消息发送者可以使用盲签名让签名者对给定的消息进行签名，但不泄露关于消息和消息签名的任何信息。它除了满足一般的数字签名条件外，还必须拥有如下所示的两条性质。

（1）签名者不知道其所签名的消息的具体内容。

（2）签名消息不可追踪，即当签名消息被公布后，签名者无法知道这是他哪次签署的。

关于盲签名，我们曾经给出了一个非常直观的说明：所谓盲签名，就是先将隐蔽的文件放进信封里，而除去盲因子的过程就是打开这个信封，当文件在一个信封中时，任何人都不能阅读它。文件签名就是通过在信封里放一张复写纸，签名者在信封上签名时，他的签名便透过复写纸签到文件上。

A 期望获得对消息 m 的签名，B 对消息 m 的盲签名实现的描述如下所示。

（1）盲化：A 对于消息进行处理，使用盲因子合成新的消息 M 并发生给 B。

(2) 签名：B 对消息 M 签名后,将签名$(M,\text{sign}(M))$ 返回给 A。

(3) 去盲：A 去掉盲因子,从对 M 的签名中得到 B 对 m 的签名。

一般来说,一个好的盲签名应该具有以下的性质。

(1) 不可伪造性。除了签名者本人外,任何人都不能以他的名义生成有效的盲签名。

(2) 不可否认性。签名者一旦签署了某个消息,他无法否认自己对消息的签名。

(3) 盲性。签名者虽然对某个消息进行了签名,但他不可能得到消息的具体内容。

(4) 不可跟踪性。一旦消息的签名被公开后,签名者不能确定自己何时签署的这条消息。也就是说,即使签名者存储了盲消息 M 和相应的签名 $\text{sign}(M)$,等到 m 和其签名 $\text{sign}(m)$ 公布后,他也无法找出$(m,\text{sign}(m))$和$(M,\text{sign}(M))$之间的联系。

不满足上述第(4)条的盲签名方案成为弱盲签名方案,否则称为强盲签名方案。这 4 条性质既是我们设计盲签名所应遵循的安全标准,又是我们判断盲签名性能优劣的根据。

自 Chaum 提出首个基于大整数分解难题上的盲签名方案后,研究者陆续提出了基于离散对数的盲签名方案、基于二项剩余的盲签名方案、基于 ElGamal 且具有匿名性的盲签名方案、群盲签名方案、基于比特承诺的盲签名等。

利用盲签名技术可以保护用户的隐私权,因此,盲签名技术在诸多电子支付、电子现金方案中被广泛使用。盲数字签名技术在充分保护用户隐私的同时,也为不法分子提供了可乘之机,他们利用电子现金的完全匿名性特点进行欺骗等违法犯罪活动。1995 年 M. Stadler、J. M. Piveteau 和 J. Camenischt 提出了公平盲签名的概念,可用于条件匿名支付系统,在一定程度上消除了电子现金极端匿名性带来的负面影响。

5. 代理签名

代理签名的目的是当某签名人因某种原因不能行使签名权力时,将签名权委派给其他人替自己行使签名权。由原始签名者(部分)授权代理签名者,使代理签名者产生代替原始签名的签名就是代理数字签名。这个概念是由 Mambo、Usada 和 Okamoto 于 1996 年首先提出的,并且给出了一个代理签名方案(下面简称为 MUO 方案)。

MUO 代理数字签名方案描述如下所示。

系统参数：p 是一个大素数,q 为 $p-1$ 的大素因子,$g \in Z_p^*$,且 $g^q \equiv 1 \bmod p$。原始签名者 A、代理签名者 B 的私钥为 PR_A、$\text{PR}_B \in \{1,2,\cdots,q-1\}$；公钥分别为 $\text{PU}_A = g^{\text{PU}_A} \bmod p$、$\text{PU}_A = g^{\text{PU}_B} \bmod p$。代理签名步骤如下所示。

(1) 产生代理密钥：A 随机选择一个数 $k \in Z_p^*$,计算 $r = g^k \bmod p$,然后计算代理签名密钥 $s = (\text{PR}_A + kr) \bmod q$。

(2) 代理密钥的传递：A 将(s,r)以安全的方式发送给 B。

(3) 代理密钥的验证：B 检查等式 $g^s = \text{PU}_A r^r \bmod p$ 是否成立,如果成立则接受,否则拒绝。

(4) 代理签名者对消息签名：对于消息 m,B 将 s 作为新的私钥(替代 PR_A)使用签名算法产生对 m 的签名 $s_p = \text{sig}(s,m)$,然后将(s_p,r)作为他代表 A 对于消息 m 的数字签名(即代理签名)。

(5) 对代理签名的验证：接收方收到消息 m 和代理签名(s_p,r),验证 $\text{ver}(\text{PU}_A,(s_p,r),m) = \text{true}$,是否成立,如果成立则认为代理签名成立,否则拒绝。

也就是说,在上述签名方案中,A 并没有泄露自己的私钥,但是通过计算为 B 生成了一对代理公私钥对,设为 (PR_B,PU_B),其中 $PR_B=s$,$PR_B=g^s \bmod q$。在 B 代理签名中,将利用这对密钥对对消息进行签名。

现在已经出现了一些基于离散对数和素因子分解问题的代理签名方案。在这些代理签名方案中,假设 A 委托 B 进行代理签名,则签名必须满足以下 3 个最基本的条件。

(1) 签名接收方能够像验证 A 的签名那样验证 B 的签名。

(2) A 的签名和 B 的签名应当完全不同,并且容易区分。

(3) A 和 B 对签名事实不可否认。

5.5 关 键 术 语

消息认证码(Message Authentication Code,MAC)

散列函数(也称杂凑函数)(Hash Function)

散列消息认证码(Hashed Message Authentication Code,HMAC)

安全散列函数(Secure Hash Function,SHF)

数字签名标准(Digital Signature Standard,DSS)

数字签名(Digital Signature)

盲签名(Blind Signature)

5.6 习 题 5

5.1 为什么需要消息认证?

5.2 SHA 中使用的基本算术和逻辑函数是什么?

5.3 一个安全的散列函数需要满足的特性有哪些?

5.4 什么是生日攻击?

5.5 散列函数和消息认证码有什么区别? 各自可以提供什么功能?

5.6 数字签名和散列函数的应用有什么不同?

5.7 数字签名需要满足哪些条件?

5.8 说出几种数字签名技术,并分析其优缺点。

第6章 身份认证与访问控制

本章导读

➢ 本章主要介绍身份认证技术和访问控制机制。身份认证是整个信息安全体系的基础，访问控制是对信息系统资源进行保护的重要措施，也是计算机系统最重要和最基础的安全机制。

➢ 身份认证是指计算机及网络系统确认操作者身份的过程。它用来防止计算机系统被非授权用户或进程侵入，保证以数字身份进行操作的操作者就是这个数字身份合法的拥有者，这属于第一道防线。

➢ 身份认证的基本思想是通过验证被认证对象的属性来达到确认被认证对象是否是真实有效的目的。被认证对象的属性可以是口令、数字签名或者像指纹、声音、视网膜这样的生理特征。

➢ OpenID(Open Identity)是一个开放的、基于 URI/URL 的、去中心化的身份认证协议，也是一个开放的标准。通过 OpenID，任何人都能够使用一个 URL 在 Internet 上用统一的方式来认证自己。一次注册，可以在多个网站上登录，从而实现了跨域的单点登录的功能，用户无须再进行重复的注册和登录。

➢ OAuth(Open Authorization)协议是一个开放的授权协议，其目标是为了授权第三方在可控范围下访问用户资源。OAuth 与 OpenID 互补，一般支持 OpenID 的服务都会使用到 OAuth。

➢ 访问控制的主要任务是保证资源不被非法使用和访问。访问控制规定了主体对客体访问的限制，并在身份识别的基础上，根据身份对提出资源访问的请求加以控制。

➢ 通常访问控制策略可以划分为自主访问控制、强制访问控制和基于角色的访问控制3 种。

➢ 自主访问控制是指对某个客体具有拥有权(或控制权)的主体能够将对该客体的一种访问权或多种访问权自主地授予其他主体，并在随后的任何时刻将这些权限回收。自主访问控制的自主性为用户提供了极大的灵活性，但它的安全级别较低。

➢ 强制访问控制依据主体和客体的安全级别来决定主体是否有对客体的访问权。强制访问控制主要用于多级安全军事应用，安全性好。

➢ 基于角色的访问控制(RBAC)在用户和权限之间引入了角色，不是直接授权给用户，而是先授权给角色，然后再授予用户角色。RBAC 体现了系统的组织结构，简洁并具有灵活性，大大降低了系统的复杂度和系统管理员误操作的可能性。角色之间的互斥关系可以很容易地实现任务分离，角色访问控制还支持最小权限。

随着计算机系统、开放式网络系统的迅猛发展及其在各行各业的普遍应用，认证用户身份和保证用户使用系统时的安全正越来越受到社会的普遍重视。相应地，对于身份认证技术和访问控制机制的研究也逐渐发展起来。

认证技术是信息安全中的一个重要内容,认证指的是证实被认证对象是否属实和是否有效的一个过程。认证一般可以分为两种。

(1) 消息认证:用于保证信息的完整性和抗否认性。在很多情况下,用户要确认 Internet 上的信息是不是假的,信息是否被第三方修改或伪造,这就需要消息认证。消息认证的有关内容参见第 5 章。

(2) 身份认证:用于鉴别用户身份。包括识别和验证,识别是指明确并区分访问者的身份;验证是指对访问者声称的身份进行确认。

6.1　身　份　认　证

身份认证是对系统中的主体进行验证的过程,用户必须提供他是谁的证明。在现实生活中,我们每个人的身份主要是通过各种证件来确认的,如身份证、学生证、户口本等。计算机系统和计算机网络是一个虚拟的数字世界,在这个数字世界中,一切信息(包括用户的身份信息)都是用一组特定的数据来表示的,计算机只能识别用户的数字身份,所有对用户的授权也是针对用户数字身份的授权。而我们生活的现实世界是一个真实的物理世界,每个人都拥有独一无二的物理身份。如果不能保证以数字身份进行操作的操作者就是这个数字身份的合法拥有者,也就是说如果不能保证操作者的物理身份与数字身份相对应,那么将不能保证用户的信息安全。比如在银行系统中,如果 ATM 自动取款机不能确认用户的身份,将会给银行和用户造成损失。

因此,为了防止非法用户进入系统,在用户进入(即使用)计算机系统和网络之前,系统要对用户的身份进行鉴别,以判别该用户是否是系统的合法用户。

那么大家熟悉的防火墙、入侵检测、VPN、安全网关、安全目录等,都与身份认证系统有什么区别和联系呢? 我们从这些安全产品实现的功能来分析就明白了:防火墙保证了未经授权的用户无法访问相应的端口或使用相应的协议;入侵检测系统能够发现未经授权用户攻击系统的企图;VPN 在公共网络上建立一个经过加密的虚拟的专用通道供经过授权的用户使用;安全网关保证了用户无法进入未经授权的网段,安全目录保证了授权用户能够对存储在系统中的资源迅速定位和访问。这些安全产品实际上都是针对用户数字身份的权限管理,它们解决了哪个数字身份对应能做什么事情的问题。而身份认证解决了用户的物理身份和数字身份相对应的问题,给他们提供了权限管理的依据。如果把信息安全体系看作一个木桶,那么这些安全产品就是组成木桶的一块块木板,则整个系统的安全性取决于最短的一块木板。这些模块在不同的层次上阻止了未经授权的用户访问系统,这些授权的对象都是用户的数字身份。而身份认证模块就相当于木桶的桶底,由它来保证物理身份和数字身份的统一,如果桶底是漏的,那桶壁上的木板再长也没有用。因此,在计算机和互联网络世界里,身份认证是一个最基本的要素,是整个信息安全体系的基础,也是访问控制的基础,是信息安全的第一道关卡。它的地位和作用如图 6.1 所示。

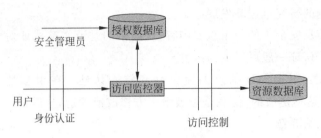

图 6.1　身份认证是安全系统中的第一道关卡

从图 6.1 中可以看出,身份认证是安全系统中的第一道关卡,用户在访问安全系统之前,首先经过身份认证系统识别身份,然后访问监控器根据用户的身份和授权数据库决定用户是否能够访问某个资源,授权数据库由安全管理员按照需要进行配置。访问控制和审计系统都要依赖于身份认证系统提供的"信息"——用户的身份。可见身份认证在安全系统中的地位极其重要,是最基本的安全服务,其他的安全服务都要依赖于它。一旦身份认证系统被攻破,那么系统的所有安全措施将形同虚设。正因如此,通常黑客攻击的目标就是身份认证系统。可见,身份认证是计算机系统和网络系统安全的关键,研究和发展身份认证技术势在必行。

6.1.1　身份认证的基本方法

建立信息安全体系的目的就是要保证存储在计算机及网络系统中的数据只能够被有权操作的人访问,所有未被授权的人无法访问这些数据。这里说的是对"人"的权限的控制,即对操作者物理身份的权限控制。不论对安全性要求多高的数据,它存在就必然要有相对应的授权人可以访问它,否则,保存一个任何人都无权访问的数据是没有意义的。然而,如果没有有效的身份认证手段,这个有权访问者的身份就很容易被伪造,那么,不论投入再大的资金、建立的再坚固安全防范体系都形同虚设。就好像我们建造了一座非常结实的保险库,安装了非常坚固的大门,却没有安装门锁一样。因此安全有效的身份认证方法就成为了研究重点。

从传说中"芝麻开门"的咒语,到后来的按手印、支票签名,再到现在的安全密码认证、数字签名、生物识别……身份认证与身份识别技术的发展从来就没有停止过。身份认证技术的发展,经历了从软件认证到硬件认证,从单因子认证到双因子认证,从静态认证到动态认证的过程。

如果通信的双方只需要一方被另一方鉴别身份,这样的认证过程就是一种单向认证;而在双向认证过程中,通信双方需要互相认证鉴别各自的身份。密码核对其实也是一种单向认证,只是这种认证方法还没有与密钥分发相结合。

从是否使用硬件来分,身份认证技术可以分为软件认证和硬件认证。

从认证需要验证的条件来看,身份认证技术可以分为单因子认证和双因子认证。仅通过一个条件的符合来证明一个人的身份被称为单因子认证。由于仅使用一种条件判断用户的身份容易被仿冒,所以可以通过组合两种不同条件来证明一个人的身份,我们称之为双因子认证。

从认证信息来看,身份认证技术可以分为静态认证和动态认证。

从认证手段来分,身份认证技术可以分为以下 3 种。

（1）基于用户所知道的（秘密如：密码、个人识别号（PIN）或密钥）。

（2）基于用户所拥有的（令牌如：信用卡、智能卡、印章）。

（3）基于用户本身的（生物特征如：语音特征、笔迹特征或指纹）。

这 3 种方法可以单独使用或联合使用。

现在计算机及网络系统中常用的身份认证方法主要有以下几种。

1. 用户名/密码方式

用户名/密码是最简单的，也是最常用的身份认证方法，它是基于"用户所知道（what you know）"的验证手段。它的一般做法是每一个合法用户都拥有系统给的一个用户名/密码对，当用户要求访问提供服务的系统时，系统就要求用户输入用户名、密码，在收到密码后，将其与系统中存储的用户密码进行比较，以确认被认证对象是否为合法访问者。如果正确，则该用户的身份得到了验证。由于每个用户的密码是由这个用户自己设定的，只有他自己才知道，因此只要能够正确输入密码，计算机就认为他就是这个用户。这种认证方法的优点在于：一般的系统（如 UNIX、Windows NT、NetWare 等）都提供了对密码认证的支持，对于封闭的小型系统来说不失为一种简单可行的方法。

但这种方式是一种单因素的认证，它的安全性依赖于密码。而实际上，由于许多用户为了防止忘记密码，经常会采用容易被他人猜到的有含义的字符串作为密码，例如单一字母、账号名称、一串相同字母或是有规则变化的字符串等，甚至于采用电话号码，或者生日、身份证号码等内容。虽然很多系统都会设计登录不成功的限制次数，但不足以防止长时间的尝试猜测，只要经过一定的时间用户名和密码总会被猜测出来。还有一些系统会使用强迫更改密码的方法来防止这种入侵，但是依照习惯及好记的原则下选择的密码，仍然很容易被猜测出来。因而这种方式存在着许多安全隐患，极易造成密码泄露。密码一旦被泄露，用户即可被冒充。即使能保证用户密码不被泄露，由于密码是静态的数据，并且在验证过程中，需要在计算机内存中和网络中传输，而每次验证过程使用的验证信息都是相同的，很容易被驻留在计算机内存中的木马程序或网络中的监听设备截获。

因此用户名/密码方式是一种极不安全的身份认证方式。而且常用的单一密码保护设计，也是无法保障网络重要资源或机密的。身份认证的工具应该具有不可复制及防伪等功能，使用者应依照自身的安全程度需求选择一种或多种工具进行。

2. IC 卡认证方式

IC 卡是一种内置了集成电路的卡片，卡片中存有与用户身份相关的数据，可以认为是不可复制的硬件。IC 卡由合法用户随身携带，登录时必须将 IC 卡插入专用的读卡器中读取其中的信息，以验证用户的身份。IC 卡认证是基于"用户所拥有（what you have）"的手段，通过 IC 卡硬件的不可复制性来保证用户身份不会被仿冒。

在一般的观念上，认为系统需要输入密码，才算是安全的，然而重复使用的单一密码就能确保系统的安全吗？答案是否定的。由于每次从 IC 卡中读取的数据还是静态的，通过内存扫描或网络监听等技术还是很容易截取到用户的身份验证信息。因此，静态验证的方式还是存在着根本的安全隐患。

3. 动态密码方式

动态密码技术是一种让用户的密码随时间或使用次数不断动态变化，每个密码只使用一次的技术。它采用一种被称为动态密码卡的专用硬件,密码生成芯片运行专门的密码算法,根据当前时间或使用次数生成当前密码。用户使用时只需要将动态令牌上显示的当前密码输入客户端计算机,由这个信息的正确与否,可以对使用者的身份做出正确识别。

由于每次使用的密码必须由动态密码卡产生,只有合法用户才能持有该硬件,所以只要密码验证通过就可以认为该用户的身份是可靠的。动态密码技术采用一次一密的方法,在每次使用时会产生一组不同的密码,供拥有者使用。密码内容每次改变,而且没有规则性,不能由产生的内容预测出下一次的内容,因此对于欲窃取者而言是没有意义的。并且输入方法普遍(一般计算机键盘即可,甚至于可用于一般门禁装置或者电话等设备),能符合网络行为双方的需要,有效地保证了用户身份的安全性。但是如果客户端硬件与服务器端程序的时间或次数不能保持良好的同步,就可能发生合法用户无法登录的问题,这会使得用户的使用非常不方便。

动态密码卡的产生原理:采用特定的运算函数或流程,可称之为基本函数,加上具有变动性的一些参数,可称之为基本元素。利用基本元素经过基本函数的运算流程得到结果,再将产生的内容转换为使用的密码。由于基本元素具有每次变化的特性,因此每次产生的密码都会不相同,所以称之为动态密码。

动态密码卡的基本元素依目前的产品分类来看,大致上可分为 3 种产生方法:一是依时间因素产生;二是依使用次数的原理;三是以挑战/响应的方式作为密码产生的变化因素。

4. 生物特征认证方式

基于生物特征的认证方式是以人体唯一的、可靠的、稳定的生物特征(如指纹、虹膜、脸部、掌纹等)为依据,采用计算机的强大功能和网络技术进行图像处理和模式识别。从理论上说,生物特征认证是最可靠的身份认证方式,因为它直接使用人的物理特征来表示每一个人的数字身份,几乎不可能被仿冒。该技术具有很好的安全性、可靠性和有效性,与传统的身份确认手段相比,无疑产生了质的飞跃。

不过,生物特征认证是基于生物特征识别技术的,受到现在的生物特征识别技术成熟度的影响。采用生物特征认证还具有较大的局限性:首先,生物特征识别的准确性和稳定性还有待提高;其次,由于研发投入较大而产出较小的原因,生物特征认证系统的成本非常高。

5. USB Key 认证方式

基于 USB Key 的身份认证方式是一种方便、安全、经济的身份认证技术,它采用软硬件相结合、一次一密的强双因子认证模式,很好地解决了安全性与易用性之间的矛盾。

USB Key 是一种拥有 USB 接口的硬件设备,它内置单片机或智能卡芯片,可以存储用户的密钥或数字证书,利用 USB Key 内置的密码学算法实现对用户身份的认证。基于 USB Key 身份认证系统,主要有两种应用模式:一是基于挑战/应答的认证模式;二是基于 PKI 体系的认证模式。

6.1.2　常用身份认证机制

曾经有这样一个漫画,一条狗在计算机面前一边打字,一边对另一条狗说:"在 Internet 上,没有人知道你是一个人还是一条狗!"这个漫画说明了在 Internet 上很难识别身份。那么在计算机系统和网络系统里,如何确认访问者的真实身份? 如何通过技术手段保证用户的物理身份与数字身份相对应呢? 作为实现网络安全的重要机制之一,这是身份认证必须要解决的问题。在安全的网络通信中,涉及的通信各方必须通过某种形式的身份认证机制来证明他们的身份,验证用户的身份与所宣称的是否一致,然后才能实现对于不同用户的访问控制和记录。下面介绍几种常用的身份认证机制。

1. 简单认证机制

最简单的认证机制就是密码认证。密码认证的识别过程如下所示。

(1) 用户将密码传送给计算机。

(2) 计算机完成对密码单向函数值的计算。

(3) 计算机把单向函数值和计算机内存储的值做比较。

然而,基于密码的认证方法存在下面几点不足。

(1) 用户每次访问系统时都要以明文方式输入密码,这时很容易泄密。

(2) 密码在传输过程中可能被截获。

(3) 在系统中,所有用户的密码以文件形式存储在认证方,攻击者可以利用系统中存在的漏洞获取系统的密码文件。

(4) 用户在访问多个不同安全级别的系统时,都要求用户提供密码,用户为了记忆的方便,往往采用相同的密码。而低安全级别系统的密码更容易被攻击者获得,从而用来对高安全级别系统进行攻击。

(5) 只能进行单向认证,即系统可以认证用户,而用户无法对系统进行认证。攻击者可能伪装成系统骗取用户的密码。

对于第(2)点,系统可以对密码进行加密传输。对于第(3)点,系统可以对密码文件进行不可逆加密。尽管如此,攻击者还是可以利用一些工具很容易地将密码和密码文件解密。

对此,改进的方法是采用一次性密码(One-Time Password,OTP)机制。一次性密码机制确保在每次认证中所使用的密码不同,以对付重放攻击。确定密码的方法有 3 种:第 1 种是两端共同拥有一串随机密码,在该串的某一位置保持同步;第 2 种是两端共同使用一个随机序列生成器,在该序列生成器的初态保持同步;第 3 种是使用时戳,两端维持同步的时钟。

2. 基于 DCE/Kerberos 的认证机制

基于 DCE/Kerberos 的身份认证是通过用户在安全服务器上登录,获得身份的证明。当然在登录前该用户必须已经注册,同时在客户端必须运行 DCE 的客户端软件。

DCE/Kerberos 是一种被证明为非常安全的双向身份认证技术。DCE/Kerberos 的身份认证强调了客户机对服务器的认证;而其他产品,只解决了服务器对客户机的认证。以自动取款机 ATM 为例,客户必须防止来自服务端的欺骗,因为如果存在欺骗,那么客户将泄露自己的账户信息。几年前,据国外媒体报道,一些骗子在一个大型商场安装了一个假的自动提款机,当人们插入银行卡并输入密码时,这台机器就记录下相关的信息,然后反馈出此卡无效的信息。随后骗子再自己制作一个伪造的银行卡,用刚才的密码,到合法的自动提款机上提款。

Kerberos 是一种为网络通信提供可信第三方服务的、面向开放系统的认证机制。每当用户(Client)申请得到某服务程序(Server)的服务时,用户和服务程序会首先向 Kerberos

要求认证对方的身份,认证建立在用户(Client)和服务程序(Server)对 Kerberos 的信任的基础上。在申请认证时,Client 和 Server 都可看成是 Kerberos 认证服务的用户,为了和其他服务的用户区别,Kerberos 用户被统称为 Principle。Principle 既可以是用户也可以是某项服务。认证双方与 Kerberos 的关系可用图 6.2 表示。

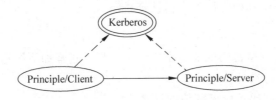

图 6.2　认证双方与 Kerberos 的关系

当用户登录到工作站时,Kerberos 对用户进行初始认证,通过认证的用户可以在整个登录时间得到相应的服务。Kerberos 既不依赖用户登录的终端,也不依赖用户所请求的服务的安全机制,它本身提供了认证服务器来完成用户的认证工作。时间戳(代表时间的大数字)技术被应用于后来的 Kerberos 中来防止重放攻击。

Kerberos 保存 Principle 及其密钥的数据库。私有密钥(Private Key)只被 Kerberos 和拥有它的 Principle 知道。使用私有密钥,Kerberos 可以创建消息使一个 Principle 相信另一个 Principle 的真实性,以进行认证工作。Kerberos 还会产生一种临时密钥,称作会话密钥(Session Key),通信双方在具体的通信中使用该密钥。

Kerberos 提供 3 种安全等级。

(1) 只在网络开始连接时进行认证,认为连接建立起来后的通信是可靠的。认证式网络文件系统(Authenticated Network File System)使用此种安全等级。

(2) 安全消息(Sage Messages)传递:对每次消息都进行认证工作,但是不保证每条消息不被泄露。

(3) 私有消息(Private Messages)传递:不仅对每条消息进行认证,而且对每条消息进行加密。Kerberos 在发送密码时就采用私有消息模式。

3. 基于公共密钥的认证机制

目前在 Internet 上也使用基于公共密钥的安全策略进行身份认证,具体而言,将使用符合 X.509 的身份证明。使用这种方法必须有一个第三方的授权证明(CA)中心为客户签发身份证明。客户和服务器各自从 CA 获取证明,并且信任该授权证明中心。在会话和通信时首先交换身份证明,其中包含了将各自的公钥交给对方,然后才使用对方的公钥验证对方的数字签名、交换通信的加密密钥等。在确定是否接受对方的身份证明时,还需检查有关服务器,以确认该证明是否有效。

在一般的实现机制中,常将基于公共密钥的 SSL 策略集成在一起,多用在 Web 应用方面。认证服务器通过公共密钥管理服务器(PKMS)与 SSL 连接起来。PKMS 实际上是身份认证网关和建立基于 SSL 的加密通道,客户端不必使用客户端软件,可使用 SSL 浏览器登录到 PKMS,PKMS 将用户的身份映射成系统用户身份并且通过 RPC 进行传输,也就是将 SSL 的用户标识传递给认证服务器。PKMS 是用来与 Internet 用户之间临时建立起相互信任的安全会话过程,然后将 Internet 用户身份映射到系统访问控制机制可以管理的用户身份。

在公共密钥管理服务器 PKMS 和使用支持 SSL、S-HTTP 的浏览器用户之间的身份验证是建立在公开密钥加密数字签名和授权证明之上的。数字签名工作如下所示。

- 用户产生一段文字信息然后对这段文字信息进行单向不可逆的变换。用户再用自己的秘密密钥对生成的文字变换进行加密,并将原始的文字信息和加密后的文字变换结果传送给指定的接收者。这段经过加密的文字变换结果就被称作数字签名。
- 文字信息和加密后的文字变换的接收者将收到的文字信息进行同样的单项不可逆的变换。同时也用发送方的公开密钥对加密的文字变换进行解密。如果解密后的文字变换和接收方自己产生的文字变换一致,那么接收方就可以相信对方的身份,因为只有发送方的秘密密钥能够产生加密后的文字变换。
- 要向发送方验证接收方的身份,接收方根据自己的密钥创建一个新的数字签名然后重复上述过程。

一旦两个用户互相验证了身份,他们就可以交换用来加密数据的密钥,如 DES 加密密钥(公开密钥加密方法对于大量的数据加密来说速度太慢)。浏览器应该能够在类似的交换过程使用它的公开/秘密密钥组合对来验证它的身份。但是目前还没有出现支持浏览器身份验证的产品。

为了利用数字签名,接收方必须拥有发送方的公开密钥。公开密钥是通过授权证明来发布的。PKMS 把它的经公开密钥加密的 CA 发送给浏览器。多数公钥产品只使用了服务器方的身份验证,所以在 CA 中只需要包含 PKMS 的公开密钥。这些授权证明是由可信赖的第三方生成的,并且经过可信赖的第三方用秘密密钥“数字签名”的。

用户的浏览器(或者其他客户方的程序)要接收由受信赖的第三方签发的正确的 CA 就必须要配置受信赖的第三方的公开密钥(浏览器用户使用配置好受信赖的第三方公开密钥的浏览器,来验证 CA 中的受信赖的第三方的数字签名)。如果该浏览器没有配置受信赖的第三方的公开密钥,它就无法验证安全网关的身份。一些浏览器预先配置有受信赖的第三方公开密钥,并且用户不能增加其他的签发 CA 的、受信赖的第三方。这限制了将无关公司推出的浏览器的用户与公司拥有的服务器之间建立相互信任关系的能力。

基于 DCE/Kerberos 和公共密钥的用户身份认证是非常安全的用户认证形式。但它们实现起来比较复杂,要求通信的次数较多,而且计算量较大。下面介绍一种简易、高效、安全的用户身份认证机制——挑战/应答式身份认证。

4. 基于挑战/应答的认证机制

顾名思义,基于挑战/应答(Challenge/Response)方式的身份认证机制就是在每次认证时认证服务器端都给客户端发送一个不同的“挑战”字串,客户端程序收到这个“挑战”字串后,做出相应的“应答”。

使用者只需安装客户程序,申请成为合法用户,运行客户程序,使用自己的用户名/口令字进行认证,就可以安全地使用网络了。可以说,用户使用起来是很方便的。以下是一个典型的认证过程。

(1) 客户向认证服务器发出请求,要求进行身份认证。

(2) 认证服务器从用户数据库中查询用户是否是合法的用户,若不是,则不做进一步处理。

（3）认证服务器内部产生一个随机数，作为"提问"，发送给客户。

（4）客户将用户名字和随机数合并，使用单向 Hash 函数（例如 MD5 算法）生成一个字节串作为应答。

（5）认证服务器将应答串与自己的计算结果比较，若两者相同，则通过一次认证；否则，认证失败。

（6）认证服务器通知客户认证成功或失败。

以后的认证由客户不定时地发起，过程中没有了客户认证请求一步。两次认证的时间间隔不能太短，否则就会给网络、客户和认证服务器带来太大的开销；但也不能太长，否则不能保证用户不被他人盗用 IP 地址，一般定为 1～2 分钟。

密钥的分配由维护模块负责，当用户进行注册时，可自行设定自己的口令字。用户的密钥由口令字生成。一个口令字必须经过两次口令字检查。第一次由注册程序检查，强制口令字必须有足够的长度（如 8 个字符）。口令字被加密后送入数据库中，这个口令字被标记为"未检查的"。第二次由离线的口令字检查工具进行检查，将弱口令字进行标记，当下一次用户认证时，认证服务器将强制用户修改口令字。密钥的在线修改由认证服务器完成，它的过程与认证过程基本类似。

提问-握手认证协议（Challenge Handshake Authentication Protocol，CHAP）采用的就是挑战/应答方法，它通过三次握手（3-Way Handshake）方式对被认证方的身份进行周期性的认证。其认证过程是：第 1 步，在通信双方链路建立阶段完成后，认证方（Authenticator）向被认证方（Peer）发送一个提问（Challenge）消息；第 2 步，被认证方向认证方发回一个响应（Response），该响应由单向散列函数计算得出，单向散列函数的输入参数由本次认证的标识符、秘诀（Secret）和提问构成；第 3 步，认证方将收到的响应与它自己根据认证标识符、秘诀和提问计算出的散列函数值进行比较，若相符则认证通过，向被认证方发送"成功"消息，否则，发送"失败"消息，断开连接。在双方通信过程中系统将以随机的时间间隔重复上述 3 步认证过程。

CHAP 采用的单向散列函数算法可保证由已知的提问和响应不可能计算出秘诀。同时由于认证方的提问值每次都不一样，而且是不可预测的，因而具有很好的安全性。

CHAP 具有以下优点。

- 通过不断地改变认证标识符和提问消息的值来防止回放（Playback）攻击。
- 利用周期性的提问防止通信双方在长期会话过程中被攻击。
- 虽然 CHAP 进行的是单向认证，但在两个方向上进行 CHAP 协商，也能实现通信双方的相互认证。
- CHAP 可用于认证多个不同的系统。

CHAP 的不足之处是：CHAP 认证的关键是秘诀，CHAP 的秘诀以明文形式存放和使用，不能利用一般的不可逆加密口令数据库。并且 CHAP 的秘诀是通信双方共享的，这一点类似于对称密钥体制，因此给秘诀的分发和更新带来了麻烦，这就要求每个通信对都有一个共享的秘诀，这不适合大规模的系统。

著名的 Radius 认证机制也是采用这种方式，它的设计思路是在客户和服务器之间采用 UDP 进行交互，使之轻型化；采用挑战/应答方式进行认证，避免口令字在网络上传输；认证不定期地进行,并且每次认证的报文不同,防止被他人进行"重放"攻击,也保证用户不会被他人冒用地址而受损。

随着 Internet 技术,尤其是网络安全技术的发展,必将涌现出更多更好的用户认证机制。

6.1.3 OpenID 和 OAuth 认证协议

OpenID(Open Identity)是一个开放的、基于 URI/URL 的、去中心化的身份认证协议,也是一个开放的标准。最初使用于 Live Journal 的创始人 Brad Fitzpatrick 与互联网公司 Six Apart 于 2005 年 6 月共同推出的一套身份识别系统,它采用非集中身份互用系统(Yet Another Decentralized Identity Interoperability System,YADIS)协议进行核心的统一资源标识符(URI)验证。它最初的目的是方便网络的阅读者发表评论,并逐渐延伸成为一个更广泛的 Internet 数字身份标识管理。通过 OpenID,任何人都能够使用一个 URL 在 Internet 上用统一的方式来认证自己。

OpenID 的工作不依赖于一个集中的认证服务,可以在任意支持该 OpenID 的网站完成认证工作。比如,用户在"360"的网站上注册成为会员,然后可以凭注册的用户名和密码,登录数十个与"360"合作的、支持该 OpenID 的团购网站,如"美团网"、"拉手网"等,而在这些团购网站上登录的效果,就犹如是已经在这些网站上注册了用户一样。这样的好处是,一次注册,可以在多个网站上登录,从而实现了跨域的单点登录(Single Sign-On,SSO)的功能,用户再也无须进行重复的注册和登录。

OAuth(Open Authorization)协议是一个开放的授权协议,其目标是为了授权第三方在可控范围下访问用户资源。简单地说,OAuth 允许用户授权第三方的应用访问他们存储在另外的服务提供者上的信息,而不需要将用户名和密码提供给第三方。比如"人人网"需要访问用户 QQ 好友列表的内容,用户需要授权给"人人网",但是如果直接将用户的 QQ 号和密码发给"人人网",很难保证其不记录下来,从而对用户产生安全威胁。OAuth 和 OpenID 的区别在于应用场景的区别,OAuth 用于为用户授权,是一套授权协议;OpenID 是用来认证的,是一套认证协议。两者是互补的。一般支持 OpenID 的服务都会使用到 OAuth。

目前 OpenID 和 OAuth 也是 Web 上的两种主要安全机制。一些大型的社交网络(如 Facebook)已在使用,OpenID 和 OAuth 为用户提供了隐私保护和网络资源保护。

1. OpenID 协议的角色和标识

OpenID 定义了如下 3 个角色和一个标识。

(1) 终端用户(End User):利用 OpenID 进行身份认证的互联网用户,也可以指代用户所使用的浏览器。

(2) 身份提供者 IDP(Identity Provider):提供 OpenID 账号的网站,提供 OpenID 注册、存储、验证等服务。如 AOL、Yahoo!、Veristgn 等。

(3) 服务提供者 RP(Relying Party):支持使用 OpenID 登录的服务商,也就是用户要登录的网站。如 LiveJournal、WikiSpaces 等。

(4) 身份标识页(Identity Page):用户所拥有 OpenID 的 URL 地址以及其上所存放的文件。

例如,在"360"网站上注册用户名为 zhansan 的用户希望登录"美团网"进行购物,则用户为 zhangsan,"360"网站为身份提供者,而"美团网"是服务提供者。

2. OpenID 的工作流程

OpenID 的工作流程如图 6.3 所示。

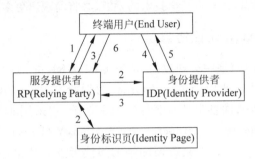

图 6.3　OpenID 的工作流程

(1) 终端用户(End User)需要使用服务提供者(Relying Party)的服务时,要向其提供自己的标识(OpenID URL,可以在页面上输入,但一般是点击图标操作)。

(2) 服务提供者根据用户的 OpenID URL 与身份提供者(Identity Provider)进行通信,这里的通信有两种模式:一种是在后台进行,不提示用户;一种是使用访问服务提供者站点的同一个浏览器窗口与身份提供者服务器交互。其中第 2 种模式更为常用,接下来将对第 2 种模式进行分析。这一步结束后,服务提供者和身份提供者之间建立了通信。

(3) 服务提供者将终端用户引导到身份提供者的身份认证页面。

(4) 终端用户向身份提供者表明身份,并完成认证。

(5) 认证结束后,身份提供者将终端用户引导回服务提供者,同时返回的信息包含对认证用户的判断结果,以及服务提供者需要的一些其他信息。

(6) 服务提供者判断返回信息的有效性,若认证成功,终端用户即可使用相应的功能。

OpenID 一个典型的应用场景就是:当终端用户登录一个支持 OpenID 的网站(RP)时,与在该网站直接进行用户登录的方式不同(该终端用户也许没有在该网站注册过),该用户可以选择以 OpenID 的方式登录该网站(一些网站上标示可用合作网站账号登录)。OpenID 是该用户在另一个网站(OpenID 的身份提供者 IDP)注册的一个 URL。RP 就会根据用户提供的 OpenID 去发现 IDP,然后请求该 IDP 对该用户身份进行认证。IDP 收到 RP 请求后,会要求用户登录 IDP 认证页面进行认证,认证后,IDP 会提醒该用户是否允许外部网站对其进行认证。用户同意后,IDP 将认证结果返回给 RP。用户就可以登录支持 OpenID 的网站了。OpenID 的交互流程如图 6.4 所示。

(1) 终端用户请求登录 RP 网站,该用户选择以 OpenID 方式登录。

(2) RP 将 OpenID 的登录界面返回给终端用户。

(3) 终端用户以 OpenID 登录 RP 网站。

(4) RP 网站对用户的 OpenID 进行标准化,此过程非常复杂。由于 OpenID 可能是 URI,也可能是 XRI,所以标准化方式各不相同。如果 OpenID 以 xri://、xri://＄ip 或者 xri://＄dns 开头,则要先去掉这些符号;然后对如下的字符串进行判断,如果第 1 个字符是＝、@、＋、＄、!,则视为标准的 XRI,否则视为 HTTP URL(若没有 http,要为其增加 http://)。

(5) RP 发现 IDP,如果 OpenID 是 XRI,就采用 XRI 解析;如果是 URL,则用 YADIS

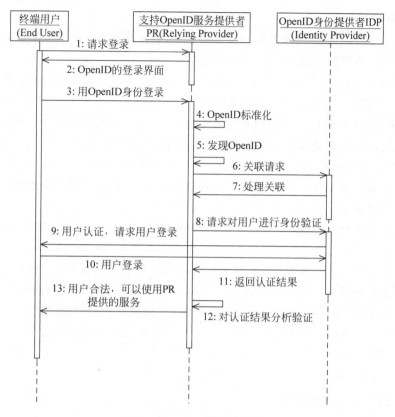

图 6.4　OpenID 的交互流程

协议解析；若 YADIS 解析失败，则用 HTTP 发现。

（6）RP 与 IDP 建立一个关联。两者之间可以建立一个安全通道，用于传输信息并降低交互次数。

（7）IDP 处理 RP 的关联请求。

（8）RP 请求 IDP 对用户身份进行验证。

（9）IDP 对用户认证，如请求用户进行登录认证。

（10）用户登录 IDP。

（11）IDP 将认证结果返回给 RP。

（12）RP 对 IDP 的结果进行分析。

（13）经 RP 分析后，如果用户合法，则返回用户认证成功，可以使用 RP 服务。

OpenID 是一个开放的身份认证协议，它描述了用户如何以分布式的方式认证身份。这样，服务提供商只需要关注自己的业务体系本身，而不用再重复考虑认证机制，同样也使用户可以集中地统一管理自己的身份信息，如 OpenID URL。协议 OpenID 不依赖于一个集中的认证中心来认证用户的身份。此外，无论是业务还是 OpenID 标准，都不需要强制一种特定的认证机制来认证用户。因此，用户的认证机制可以有多种，通用的认证方式（如用户名/密码）或其他新颖的认证方式（如智能卡或生物识别技术）。

此外，OpenID 跨域工作的方式，非常适合现在不同服务提供商之间的用户共享，一方面增加了服务提供商的潜在客户，另一方面也给用户提供了更好的登录体验。

3. OAuth 协议

OAuth 是一个开放的授权协议,允许用户在不泄露用户名/密码的情况下,和其他网站共享存储在另一个网站上的个人资源(照片、视频、通信录等)。例如,一个支持 OAuth 的照片共享网站,允许用户使用第三方打印网站在不需要获得用户名/密码的情况下,访问和打印用户的私人照片。OAuth 是一种授权服务,不同于 OpenID,但与 OpenID 相辅相成。OAuth 是为了让用户授权一个应用程序去访问用户的信息,如他的网上相册或通信录及好友列表。这可以让用户很容易与多个网站共享信息,如在线相册。

IETF 目前正在起草 OAuth 2.0 协议,同时 Twitter、Facebook、Google、AOL 几个大型网站也在开发和部署 OAuth 2.0 协议,为用户信息和网络资源提供安全保护。

OAuth 2.0 定义了如下 4 个角色。

(1) 资源所有者(Resource Owner):一个实体,能授权一个应用(即客户端)访问受保护的资源。

(2) 客户端(Client):代表受保护资源的应用程序,能获得授权并请求访问受保护的资源。

(3) 资源服务器(Resource Server):一个服务器,托管受保护资源的服务器,通过存取令牌(Token)接收受保护资源的访问请求,并能应答对受保护的资源的请求。

(4) 授权服务器(Authorization Server):一个服务器,能成功认证资源所有者及获得资源所有者的授权,认证成功及获得授权后能发布访问令牌。它可能与资源服务器合并,也可能是一个独立的网络设备。

4. OAuth 2.0 的工作流程

OAuth 2.0 的工作流程如图 6.5 所示。

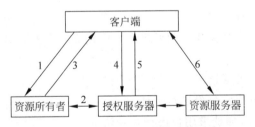

图 6.5　OAuth 2.0 的工作流程

(1) 客户端想要访问受资源所有者控制的网络资源,但客户端并不知道资源所有者的认证凭证。客户端需要在授权服务器注册,以便获取客户端的认证凭据(如 client_id、client _secret)。客户端请求资源所有者授权,访问用户的网络资源。

(2) 资源所有者在授权客户端访问前,资源所有者需要通过授权服务器的认证。

(3) 资源所有者认证成功后,客户端接收到一个访问资源授权凭证,授权凭证代表资源所有者允许客户端访问网络资源。

(4) 客户端向授权服务器请求访问令牌,请求消息包含用于认证客户端的认证凭证和访问资源的授权凭证。

(5) 授权服务器根据客户端的认证凭证认证客户端,并验证资源访问授权凭证的有效性,如果都成功,则向客户端发布一个访问令牌。

(6) 客户端向资源服务器请求访问受保护的资源,请求包含一个访问令牌。资源服务器验证访问令牌的有效性,如果有效,则客户端能访问资源服务器上受保护的资源。

OAuth 是一个令牌的协议。能用于在 Web 2.0 中授权第三方安全访问网络资源。一些电信运营商已认可 OAuth 能确保第三方应用安全访问电信网络资源,而且 GSMA 的 RCS 计划已经明确要求使用 OAuth 2.0 来保证网络资源的授权访问。

OpenID 和 OAuth 的作用就是为开放平台提供规范、简洁、安全的通信、授权和管理机制。这两种协议已经得到了很多大型厂商的支持,如 Yahoo、Facebook、Twitter、Microsoft、Google 等,国内的新浪、豆瓣、腾讯等都已开始应用这两项技术。

6.2　访问控制概述

一个经过计算机系统识别和验证后的用户(合法用户)进入系统后,并非意味着他具有对系统所有资源的访问权限。例如,在一个关系数据库系统中,可能已建立了若干张表,每一张表中都存放了许多数据,用户对表中的数据一般来说可以进行如下几种操作:查询、插入(添加)、修改和删除。但在一个实际的应用系统中,并不是每一个用户对每一张表中的每一个数据都有以上这些操作的权限,用户对数据访问的权限必须受到一定的控制。比如在一个超市管理系统中,限制收银员可以进行查询、添加操作,主管可以进行查询、修改、删除操作。

访问控制的任务就是要根据一定的原则对合法用户的访问权限进行控制,以决定他可以访问哪些资源以及以什么样的方式访问这些资源。访问控制是信息安全保障机制的核心内容,它是实现数据保密性和完整性机制的主要手段。

6.2.1　访问控制的基本概念

访问控制是为了限制访问主体(或称为发起者,是一个主动的实体;如用户、进程和服务等),对访问客体(需要保护的资源)的访问权限,从而使计算机系统在合法范围内使用;访问控制机制决定用户及代表一定用户利益的程序能做什么,及做到什么程度。为了方便后续章节的叙述,首先介绍一下访问控制相关的概念和术语。

1. 主体

主体(Subject)是指主动的实体,是访问的发起者,它造成了信息的流动和系统状态的改变,主体通常包括人、进程和设备。

2. 客体

客体(Object)是指包含或接受信息的被动实体,客体在信息流动中的地位是被动的,是处于主体的作用之下,对客体的访问意味着对其中所包含信息的访问。客体通常包括文件、设备、信号量和网络结点等。而且,通常我们把主体也看作是一个客体。因为当一个程序存放在内存或硬盘上时,那么它就与其他数据一样被当作客体,可供其他主体访问,但当这个程序运行时,它就成为主体,可以去访问别的客体。

3. 访问

访问(Access)是使信息在主体和客体之间流动的一种交互方式。访问包括读取数据、更改数据、运行程序、发起连接等。

4. 访问控制

访问控制(Access Control)规定了主体对客体访问的限制,并在身份识别的基础上,根据身份对提出资源访问的请求加以控制。访问控制决定了谁能够访问系统,能访问系统的何种资源以及如何使用这些资源。适当的访问控制能够阻止未经允许的用户有意或无意地获取数据。访问控制所要控制的行为主要有以下几类:读取数据、运行可执行文件、发起网络连接等。访问控制的手段包括用户识别代码、密码、登录控制、资源授权(例如用户配置文件、资源配置文件和控制列表)、授权核查、日志、审计等。访问控制是对信息系统资源进行保护的重要措施,也是计算机系统最重要和最基础的安全机制。

6.2.2 访问控制技术

根据控制手段和具体目的的不同,人们将访问控制技术划分为几个不同的级别,包括入网访问控制、网络权限控制、目录级控制、属性控制以及网络服务器的安全控制等。

入网访问控制为网络访问提供了第一层访问控制,通过控制机制来明确能够登录到服务器并获取网络资源的合法用户、用户入网的时间和准许入网的工作站等。基于用户名和密码的用户入网访问控制可分为3个步骤:用户名的识别与验证、用户密码的识别与验证和用户账号的默认限制检查。如果有任何一个步骤未通过检验,该用户便不能进入该网络。对网络用户的用户名和密码进行验证是防止非法访问的第一道防线。为保证密码的安全性,用户密码不能显示在显示屏上,密码长度应不少于6个字符,密码字符最好是数字、字母和其他字符的混合,用户密码必须经过加密。用户还可采用一次性用户密码,也可用便携式验证器(如智能卡)来验证用户的身份。网络管理员可以控制和限制普通用户的账号使用、访问网络的时间和方式。只有系统管理员才能建立用户账号。用户密码应是每个用户访问网络所必须提交的"证件",用户可以修改自己的密码,但系统管理员应该可以控制密码的以下几个参数:最小口令长度、强制修改密码的时间间隔、密码的唯一性、密码过期失效后允许入网的宽限次数。用户名和密码被验证有效之后,再进一步履行用户账号的默认限制检查。网络应能控制用户登录入网的站点、限制用户入网的时间、限制用户入网的工作站数量。当用户对交费网络的访问"资费"用尽时,网络还应能对用户的账号加以限制,用户此时应无法进入网络访问网络资源。网络应对所有用户的访问进行审计。如果多次输入密码不正确,则认为是非法用户的入侵,应给出报警信息。由于用户名密码验证方式容易被攻破,目前很多网络都开始采用基于数字证书的验证方式。

网络权限控制是针对网络非法操作所提出的一种安全保护措施。能够访问网络的合法用户被划分为不同的用户组,不同的用户组被赋予不同的权限。访问控制机制明确了不同用户组可以访问哪些目录、子目录、文件和其他资源等,指明不同用户对这些文件、目录、设备能够执行哪些操作等。实现方式主要有两种:受托者指派和继承权限屏蔽(IRM)。受托者指派用于控制用户和用户组如何使用网络服务器的目录、文件和设备。继承权限屏蔽相当于一个过滤器,可以限制子目录从父目录那里继承哪些权限。我们可以根据访问权限将用户分为以下几类:特殊用户(即系统管理员);一般用户,系统管理员根据他们的实际需要为他们分配操作权限;审计用户,负责对网络的安全控制与资源使用情况的审计。用户对网络资源的访问权限可以用访问控制表来描述。

目录级安全控制是针对用户设置的访问控制,用于控制用户对目录、文件和设备的访问。用户在目录一级指定的权限对所有文件和子目录有效,用户还可以进一步指定对目录下的子目录和文件的权限。对目录和文件的访问权限一般有 8 种:系统管理员权限、读权限、写权限、创建权限、删除权限、修改权限、文件查找权限和访问控制权限。用户对文件或目标的有效权限取决于以下 3 个因素:用户的受托者指派、用户所在组的受托者指派、继承权限屏蔽取消的用户权限。一个网络管理员应当为用户指定适当的访问权限,这些访问权限控制着用户对服务器的访问。8 种访问权限的有效组合可以让用户有效地完成工作,同时又能有效地控制用户对服务器资源的访问,从而加强了网络和服务器的安全性。

属性安全控制在权限安全的基础上提供更进一步的安全性。当用户访问文件、目录和网络设备时,网络系统管理员应该给出文件、目录的访问属性,网络上的资源都应预先标出安全属性,用户对网络资源的访问权限对应一张访问控制表,用以表明用户对网络资源的访问能力。属性设置可以覆盖已经指定的任何受托者指派和有效权限。属性能够控制以下几个方面的权限:向某个文件写数据、复制文件、删除目录或文件、查看目录和文件、执行文件、隐含文件、共享、系统属性等,避免发生非法访问的现象。

网络服务器的安全控制是由网络操作系统负责,但这些访问控制的机制比较粗糙。网络服务器的安全控制包括可以设置密码锁定服务器控制台,以防止非法用户修改、删除重要信息或破坏数据。

总之,访问控制可以用来保证资源不被非法使用和访问,是网络安全防范和保护的主要策略,也是保证计算机系统安全最重要的核心策略之一。

6.2.3　访问控制原理

访问控制的目的是为了防止非法用户进入系统及合法用户对系统资源的非法使用,也就是说,访问控制的基本任务是限制访问主体对访问客体的访问权限,保证主体对客体的所有直接访问都是经过授权的。因此访问控制包括两个重要过程:通过"鉴别(Authentication)"来验证主体的合法身份;通过"授权(Authorization)"来限制用户可以对某一类型的资源进行何种类型的访问。

例如,当用户试图访问您的 Web 服务器时,服务器执行几个访问控制进程来识别用户并确定允许的访问级别。其访问控制过程简述如下。

(1) 客户请求服务器上的资源。

(2) 将依据 IIS 中 IP 地址限制检查客户机的 IP 地址。如果 IP 地址是禁止访问的,则请求就会失败并且向用户返回"403 禁止访问"消息。

(3) 如果服务器要求身份验证,则服务器从客户端请求身份验证信息。浏览器既提示用户输入用户名和密码,也可以自动提供这些信息(在用户访问服务器上任何信息之前,可以要求用户提供有效的 Microsoft Windows 用户账户、用户名和密码。该标识过程就称为"身份验证"。可以在网站或 FTP 站点、目录或文件级别设置身份验证。可以使用 Internet 信息服务(IIS 提供的)身份验证方法来控制对网站和 FTP 站点的访问)。

(4) IIS 检查用户是否拥有有效的 Windows 用户账户。如果用户没有提供,则请求就会失败并且向用户返回"401 拒绝访问"消息。

(5) IIS 检查用户是否具有请求资源的 Web 权限。如果用户没有提供,则请求就会失败并且向用户返回"403 禁止访问"消息。

(6) 添加任何安全模块,如 Microsoft ASP. NET 模拟。

(7) IIS 检查有关静态文件、Active Server Pages(ASP)和通用网关接口(CGI)文件上资源的 NTFS 权限。如果用户不具备资源的 NTFS 权限,则请求就会失败并且向用户返回"401 拒绝访问"消息。

(8) 如果用户具有 NTFS 权限,则可完成该请求。

通常使用访问控制矩阵来限制主体对客体的访问权限。访问控制机制可以用一个三元组(S,O,A)来表示。其中,S 代表主体集合,O 代表客体集合,A 代表属性集合,A 集合中列出了主体 S_i 对客体 O_j 所允许的访问权限。这一关系可以用一个访问控制矩阵来表示。

$$
\mathbf{A} = \begin{bmatrix} a_{00} & a_{01} & \cdots & a_{0n} \\ a_{10} & a_{11} & \cdots & a_{1n} \\ \vdots & \vdots & \ddots & \vdots \\ a_{m0} & a_{m1} & \cdots & a_{mn} \end{bmatrix} = \begin{bmatrix} S_0 \\ S_1 \\ \vdots \\ S_m \end{bmatrix} \begin{bmatrix} O_0 & O_1 & \cdots & O_n \end{bmatrix}
$$

其中,$s_i(i=0,1,\cdots,m)$ 是主体 S_i 对所有客体的权限集合;$O_j(j=0,1,\cdots,n)$ 是客体 O_j 对所有主体的访问权限集合。即对于任意一个 $s_i \in S$,都存在一个相应的 $a_{ij} \in A$,且 $a_{ij} = P(S_i,O_j)$,其中 P 是访问权限的函数。$a_{ij}(i=0,1,\cdots,m;\ j=0,1,\cdots,n)$ 就代表了主体 S_i 可以对客体 O_j 执行什么样的操作。

访问控制涉及的领域很广,方法也很多,根据控制策略的不同,访问控制可以划分为自主访问控制、强制访问控制和基于角色的访问控制 3 种。下面各节将分别介绍这几种不同类型的访问控制策略。

6.3　自主访问控制

自主访问控制(Discretionary Access Control,DAC)是指对某个客体具有拥有权(或控制权)的主体能够将对该客体的一种访问权或多种访问权自主地授予其他主体,并在随后的任何时刻将这些权限回收。这种控制是自主的,也就是指具有授予某种访问权力的主体(用户)能够自己决定是否将访问控制权限的某个子集授予其他的主体或从其他主体那里收回他所授予的访问权限。

通常数据库中的数据可以是由各个不同的用户存储的,这些用户可以代表个人也可以代表某个团体或一级组织。存储某个数据的用户,我们称他为该数据的拥有者。也就是说,在自主访问控制中,数据的拥有者有权决定系统中的哪些用户对他的数据具有访问权,以及具有什么样的访问权,系统中的用户要对某个数据进行某种方式的访问时,必须是经过该数据的拥有者授权了的。

例如,假设某所大学使用计算机系统进行学生信息的管理工作。教务处在系统中建立了一张表,存储了每个学生的有关信息,如姓名、年龄、年级、专业、系别、成绩、受过哪些奖励和处分等。教务处不允许每个学生都能看到所有这些信息。他可能按这样一个原则来控制:每个学生可以看到自己的有关信息,但不允许看到别人的;每个班的老师可以随时查看自己班的学生的有关信息,但不能查看其他班学生的信息。并且教务处可限制教务处以外的所有用户不得修改这些信息,也不能插入和删除表中的信息,这些信息的拥有者是教务处。教务处可按照上述原则对系统中的用户(该大学的所有老师和学生)进行授权。于是其他用户只能根据教务处的授权来对这张表进行访问。

　　在计算机中如何实现上述要求呢？根据教务处的授权规则,计算机中相应存放有一张表,将教务处的授权情况记录下来,我们称它为授权表。以后当任何用户对教务处的数据要进行访问时,系统首先查这张表,检查教务处是否对他进行了授权,如果有授权,计算机就执行其操作;若没有,则拒绝执行。

　　在自主访问控制中,用户可以针对被保护对象制定自己的保护策略。因此自主访问控制是一种比较宽松的访问控制,可以非常灵活地对策略进行调整。由于拥有易用性与可扩展性,自主访问控制机制经常被用于商业系统。比如在很多操作系统和数据库系统中通常都采用自主访问控制,来规定访问资源的用户或应用的权限。虽然自主访问控制是保护计算机系统资源不被非法访问的一种有效手段,但它有一个明显的缺点:这种控制是自主的,虽然这种自主性为用户提供了很大的灵活性,但同时也带来了严重的安全问题。假设主体A 将某个访问权限授予了 B,没有授予 C,但是由于自主访问控制策略本身没有对已经具有权限的用户如何使用和传播权限强加任何限制,因而 C 可能从 B 那里得到该访问权限,这使得本来不具访问权限的 C 也能进行访问了。由此看出,这种权限的传递可能会给系统带来安全隐患。比如,在一个交互系统中,用户首先登录,然后启动某个进程为该用户做某项工作,这个进程就继承了该用户的属性,包括访问权限,而这种访问权限也可能是它本身不应具有的访问权限,这样就可能破坏系统的安全性。因此从系统的整体利益出发,必须采取更强有力的访问控制手段,这就是强制访问控制。

6.4　强制访问控制

　　所谓强制访问控制(Mandatory Access Control,MAC),是指计算机系统根据使用系统的机构事先确定的安全策略,对用户的访问权限进行强制性的控制。

　　强制访问控制用来保护系统确定的对象,对此对象用户不能进行更改。也就是说,系统独立于用户行为强制执行访问控制,用户不能改变他们的安全级别或对象的安全属性。这样的访问控制规则通常对数据和用户按照安全等级划分标签,访问控制机制通过比较安全标签来确定授予还是拒绝用户对资源的访问。强制访问控制进行了很强的等级划分,所以经常用于军事用途。

　　例如美国国防部提出的多级安全策略,是军事安全策略的一种数学描述,以计算机能实现的形式定义,它就是一种强制访问控制。下面简要地介绍一下这种强制访问控制方法(示例如图 6.6 所示)。

　　读取文件　　　　　　　　　　　　读取文件

　　拒绝　　　　　　　　　　　　　　允许

文件:导弹计划　　　　　用户:Kevin　　　　　文件:电话簿
安全级别:高密　　　　　安全级别:机密　　　　安全级别:秘密

图 6.6　强制访问控制示例

　　计算机系统对系统中每一个主体(用户或代表用户的进程)分配一个安全等级(或称安全属性),主体的安全等级标志着用户不会将信息透露给未经授权的用户;对用户访问的对象(也称客体),如数据、存储器段、目录和网络结点等,也分配一个安全等级,给予客体的安全等级能反映出客体本身的敏感程度。当主体对某客体进行访问时,系统要对这个主体和客体的安全等级进行比较,来决定用户能否访问该客体。主、客体的安全等级由两部分组成:密级和部门属性。其访问规则可简单地描述为"向下读,向上写"。即:

　　(1) 仅当主体的安全等级大于等于客体的安全等级时,主体可读访问客体。

　　(2) 仅当主体的安全等级小于等于客体的安全等级时,主体可写访问客体。

　　也就是说,主体安全级别必须高于被读取对象的级别,同时主体安全级别必须低于被写入对象的级别。这个策略的安全原则是信息只能由低安全等级流向高安全等级,而不能由高安全等级流向低安全等级。这一安全策略特别适合于军事部门和政府办公部门。

　　强制访问控制在自主访问控制的基础上,增加了对网络资源的属性划分,规定不同属性下的访问权限。一般安全属性可分为 4 个级别:最高秘密级(Top Secret)、机密级(Secret)、秘密级(Confidential)以及无级别级(Unclassified)。其级别顺序为 T>S>C>U,规定如下 4 种强制访问控制策略。

- 下读:用户级别大于文件级别的读操作。
- 上写:用户级别低于文件级别的写操作。
- 下写:用户级别大于文件级别的写操作。
- 上读:用户级别低于文件级别的读操作。

　　这些策略保证了信息流的单向性,上读-下写方式保证了数据的完整性,上写-下读方式则保证了信息的安全性。下面举一实例来具体说明。

　　例如,某单位部分行政机构如图 6.7 所示。

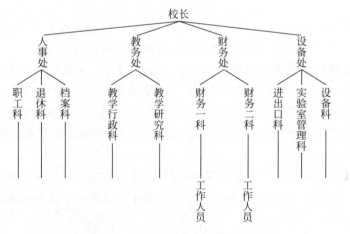

图 6.7　某单位部分行政机构示意图

　　假设计算机系统中的数据的密级分为一般、秘密、机密和绝密 4 个级别,人为地规定:

一般<秘密<机密<绝密

　　对用户的密级规定为,校长可以看所有的数据,处长只能看机密及以下的数据,科长只能看秘密及以下的数据,一般工作人员只能看一般的数据。

现定义校长的安全等级：密级为绝密，部门属性为所有的部门。

即 $C_{校长}$ ＝(绝密,{人事处,教务处,财务处,设备处})

教务处长的安全等级 $C_{教}$ ＝(机密,{教务处})

财务处长的安全等级 $C_{财}$ ＝(机密,{财务处})

财务一科长的安全等级 $C_{一财}$ ＝(秘密,{财务处})

财务处工作人员的安全等级 $C_工$ ＝(一般,{财务处})

假设财务一科长创建了一份工作文件 A，文件 A 的安全等级定义为与一科长的安全等级相同，即 C_A ＝(秘密,{财务处})。

那么，对于文件 A，只有校长和财务处长能看到，而教务处长不能看，尽管教务处长的密级是机密级，可以看秘密级的文件，但教务处长的部门属性仅是{教务处}，他无权看财务处的信息。

再比如，Web 服务以"秘密"的安全级别运行。假如 Web 服务器被攻击，攻击者在目标系统中以"秘密"的安全级别进行操作，他将不能访问系统中安全等级为"机密"及"高密"的数据。

强制访问控制技术引入了安全管理员机制，增加了安全保护层，可防止用户无意或有意地使用自主访问的权利。使得强制访问控制的安全性比自主访问控制的安全性有了提高，但灵活性却要差一些。例如，某些高安全等级的操作系统规定了强制访问控制策略，通过给系统用户和文件分配安全属性，强制性地规定该属性下的权限、低安全级别不能访问高安全级别的信息、不同组别间的信息不能互访等。

强制访问控制和自主访问控制有时会结合使用。在一个既具有自主访问控制，又具有强制访问控制的计算机系统中，当一个主体要访问某个客体时，他必须既要通过自主访问控制的检查，又要通过强制访问控制的检查，只有这两道检查都通过了，他才能对这个客体进行访问。例如，系统可能首先执行强制访问控制来检查用户是否有权限访问一个文件组(这种保护是强制的，也就是说：这些策略不能被用户更改)，然后再针对该组中的各个文件制定相关的访问控制列表(自主访问控制策略)。

6.5　基于角色的访问控制

在强制访问控制和自主访问控制这两种传统的访问控制方法中，都是由主体和访问权限直接发生关系，主要针对用户个人授予权限，主体始终是和特定的实体捆绑对应的。例如，用户以用户名注册，系统分配一定的权限，该用户将始终以该用户名访问系统，直至销户。但在现实社会中，这种访问控制方式可能会出现一些问题：在用户注册到销户这期间，在用户的权限需要变更时，必须在系统管理员的授权下才能进行，因此很不方便；大型应用系统的访问用户往往种类繁多、数量巨大并且动态变化，当用户量大量增加时，按每个用户分配一个注册账号的方式将使得系统管理变得复杂，工作量急剧增加，且容易出错；另外，也很难实现系统的层次化分权管理，尤其是当同一用户在不同场合处在不同的权限层次时，系统管理则很难实现(除非同一用户以多个用户名注册)。

而在实际工作中，不同的用户可能具有相同的权限，如人事处档案科的工作人员可以阅读处理档案的权限是相同的,但其他的人若不获得特别的批准,是不允许接近这些档案的。

为了反映实际工作中的这种需要,克服传统的访问控制方法出现的问题,进一步提高管理效率,基于角色的访问控制(Role Based Access Control,RBAC)方法应运而生。它的基本思想是在用户和访问权限之间引入角色的概念,将用户和角色联系起来,通过对角色的授权来控制用户对系统资源的访问。这种方法可根据用户的工作职责设置若干角色,不同的用户可以具有相同的角色,在系统中享有相同的权力,同一个用户又可以同时具有多个不同的角色,在系统中行使多个角色的权力。例如,某医院有许多外科医生和内科医生,外科医生与内科医生的处方权限有些是不相同的,但所有内科医生的权限都是相同的,所有外科医生的权限也都是相同的,因此,我们可以在医疗系统中设置内科医生角色和外科医生角色。当工作职责变动时,可按新的角色进行重新授权。

在 RBAC 的描述中,涉及用户、角色、许可、会话、活跃角色、组等基本概念,下面分别进行介绍。

在 RBAC 中,许可(Privilege,也叫权限)就是允许对一个或多个客体执行操作。角色(Role)就是许可的集合。RBAC 的基本思想是:授权给用户(User)的访问权限通常由用户在一个组织中担当的角色来确定。RBAC 与访问控制列表(ACL)不同,访问控制列表直接将主体和受控客体相联系,而 RBAC 在中间加入了角色,通过角色沟通主体与客体。在 RBAC 中,许可被授权给角色,角色被授权给用户,用户不直接与许可关联。这种分层的优点是当主体发生变化时,只需修改主体与角色之间的关联而不必修改角色与客体的关联。

RBAC 对访问权限的授权由管理员统一管理,而且授权规定是强加给用户的,这是一种非自主型集中式访问控制方式。

用户是一个静态的概念,会话(Session)则是一个动态的概念。Session 在 RBAC 中是比较隐晦的一个元素,一次会话是用户的一个活跃进程,它代表用户与系统的交互。从标准上说,每个 Session 是一个映射,一个用户到多个 Role 的映射。当一个用户激活他所有角色的一个子集的时候,建立一个 Session。每个 Session 和单个的 User 关联,并且每个 User 可以关联到一个或多个 Session。用户与会话是一对多的关系,一个用户可同时打开多个会话。一个会话构成一个用户到多个角色的映射,即会话激活了用户授权角色集的某个子集,这个子集称为活跃角色集。活跃角色集决定了本次会话的许可集。

实际上,RBAC 认为权限授权是 Who、What、How 的问题。在 RBAC 方法中,Who、What、How 构成了访问权限三元组,也就是"Who 对 What(Which)进行 How 的操作"。

- Who:权限的拥有者或主体(如 Principal、User、Group、Role、Actor 等)。
- What:权限针对的对象或资源(Resource、Class)。
- How:具体的权限(Privilege,正向授权与负向授权)。
- Operator:操作。表明对 What 的 How 操作。也就是 Privilege+Resource。
- Role:角色。一定数量的权限的集合。权限分配的单位与载体,目的是隔离 User 与 Privilege 的逻辑关系。
- Group:用户组。权限分配的单位与载体。权限不考虑分配给特定的用户而是分配给组。组可以包括组(以实现权限的继承),也可以包含用户,组内用户继承组的权限。User 与 Group 是多对多的关系。Group 可以层次化,以满足不同层级权限控制的要求。

　　基于角色的访问控制(RBAC)是目前国际上流行的先进的安全访问控制方法。它通过分配和取消角色来完成用户权限的授予和取消,并且提供角色分配规则。角色访问控制与访问者的身份认证密切相关,通过确定该合法访问者的身份来确定访问者在系统中对哪类信息有什么样的访问权限。一个访问者可以充当多个角色,一个角色也可以由多个访问者担任。没有严格的等级概念,根据用户在系统中承担的职务或工作的职责,分配权限、进行控制。安全管理人员可以根据需要定义各种角色,并设置合适的访问权限,而用户根据其责任和资历再被指派为不同的角色。这样,整个访问控制过程就分成两个部分,即访问权限与角色相关联,角色再与用户关联,从而实现用户与访问权限的逻辑分离。基于角色的访问控制的一般模型如图 6.8 所示。

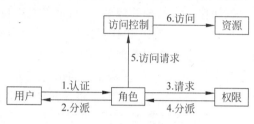

图 6.8　RBAC 模型

　　从图 6.8 可以看出,RBAC 的关注点在于角色与用户及权限之间的关系。关系的左右两边都是 Many-to-Many 关系,就是 User 可以有多个 Role,Role 可以包括多个 User。

　　在 RBAC 系统中,User 实际上是在扮演角色(Role),可以用 Actor 来取代 User。考虑到多人可以有相同权限,RBAC 引入了 Group 的概念。Group 同样也被看作是 Actor。而 User 的概念就具体到一个人。Group 和 User 都和组织机构有关,但不是组织机构。两者在概念上是不同的。组织机构是物理存在的公司结构的抽象模型,包括部门、人、职位等,而权限模型是对抽象概念描述。引入 Group 这个概念,除了用来解决多人相同角色问题外,还用以解决组织机构的另一种授权问题。例如,我希望所有的 A 部门的人都能看 A 部门的新闻。有了这样一个 A 部门对应的 Group,就可直接授权给这个 Group。

　　Role 作为一个用户(User)与权限(Privilege)的代理层,解耦了权限和用户的关系,所有的授权应该给予 Role 而不是直接给 User 或 Group。Privilege 是权限,由 Operation 和 Resource 组成,表示对 Resource 的一个 Operation。例如,对于新闻的删除操作。Role-Privilege 是 Many-to-Many 的关系,这就是权限的核心。

　　在 RBAC 模型系统中,每个用户进入系统时都会得到一个会话,一个用户会话可能激活的角色是该用户的全部角色的子集。对此用户而言,在一个会话内可获得全部被激活的角色所包含的访问权限。

　　不像 ACL 只支持低级的用户/许可关系,RBAC 支持角色/许可,角色/角色的关系,由于 RBAC 的访问控制是在更高的抽象级别上进行的,系统管理员可以通过角色定义、角色分配、角色设置、角色分层、角色限制来实现组织的安全策略。

　　首先,系统管理员定义系统中的各种角色,每种角色可以完成一定的职能,不同的用户根据其职能和责任被赋予相应的角色,一旦某个用户成为某角色的成员,则此用户可以完成该角色所具有的职能。也就是说,管理员无须知道某一员工叫什么名字,而是根据员工在单位的角色和身份来定义。比如做市场的员工,就只能拥有市场部员工的权限;做销售的,就只能访问销售人员才能看到的内容。另外,根据组织的安全策略,将特定的岗位定义为特定的角色,将特定的角色授权给特定的用户。例如可以定义某些角色接近 DAC,某些角色接近 MAC。系统管理员也可以根据需要设置角色的可用性以适应某一阶段企业的安全策略,例如设置所有角色在所有时间内可用,特定角色在特定时间内可用,用户授权角色的子集在特定时间内可用等。当系统中增加新的应用功能时可以在角色中添加新的权限。此外，可撤销用户的角色或从角色中撤销一些原有的权限。

组织结构中通常存在一种上、下级关系，上一级拥有下一级的全部权限。为此，RBAC引入了角色分层的概念。角色分层把角色组织起来，能够很自然地反映组织内部人员之间的职权、责任关系。角色之间也可存在继承关系，层次之间存在高对低的继承关系，即上级角色可继承下级角色的部分或全部权限，从而形成了角色层次结构。

下面通过一个具体实例来说明基于角色的访问控制策略。

例如在一个学校管理系统中，可以定义校长、院长、系统管理员、学生、老师、处长、会计、出纳员等角色。其中，担任系统管理员的用户具有维护系统文件的责任和权限，而不管这个用户具体是谁。系统管理员也可能是由某个老师兼任，这样他就具有两种角色。但是出于责任分离，需要对一些权利集中的角色组合进行限制，比如规定会计和出纳员不能由同一个用户担任。可以根据实际需要进一步设计如下的访问策略。

（1）允许系统管理员查询系统信息和开关系统，但不允许读或修改学生的信息。

（2）允许一个学生查询自己的信息，但不能查询其他任何信息或修改任何信息。

（3）允许老师查询所有学生的信息，但只能在规定的时间和范围内修改学生信息。

……

角色控制既可以在自主访问控制中运用，也可以在强制访问控制中运用。

另外，基于角色的访问控制方法具有以下显著的特点。

（1）由于基于角色的访问控制不需要对用户一个一个地进行授权，而是通过对某个角色授权，来实现对一组用户的授权，因此简化了系统的授权机制。一旦员工的角色发生变化，管理人员只需要调整员工的角色，对该员工的授权就可以相应地发生变化，而无须一个系统、一个模块地去调整了。由于角色/权限之间的变化比角色/用户关系之间的变化相对要慢得多，因此，基于角色的管理在使用上是非常方便的，减小了授权管理的复杂性，降低了管理开销。

（2）基于角色的访问控制可以很好地描述角色层次关系，能够很自然地反映组织内部人员之间的职权、责任关系。并且给用户分配角色不需要很多技术，可以由行政管理人员来执行，而给角色配置权限的工作比较复杂，需要一定的技术能力，可以由专门的技术人员来承担，但是不让他们具有给用户分配角色的权限，这与现实中的情况正好一致。

（3）利用基于角色的访问控制可以实现最小特权原则。在访问控制中应遵循的一条很重要的安全原则是"最小特权原则"或称为"知所必需"，也就是说对于任何一个主体来说，他只应该具有为完成他的工作职责需要的最小的权力。最小特权原则对于满足完整性目标是非常重要的，这一原则的应用还可限制事故、错误、未授权使用带来的损害。最小特权原则要求用户只具有执行一项工作所必需的权限，他所拥有的权力不能超过他执行工作时所需的权限。要保证最小特权就要求验证用户的工作内容是什么，要确定执行该项工作所要求的权限最小集合，并限制用户的权限域。系统管理员可以根据组织内的规章制度、职员的分工等设计拥有不同权限的角色，只有角色需要执行的操作才授权给角色，当一个主体要访问某资源时，如果该操作不在主体当前活跃角色的授权操作之内，该访问将被拒绝。若拒绝了不是主体职责的事务，则那些被拒绝的权限就不能绕过阻止安全性策略。通过使用RBAC，很容易满足一般系统的用户执行最小权限的需求。

（4）RBAC 机制可被系统管理员用于执行职责分离的策略。职责分离是指有些许可不能同时被同一用户获得，以避免出现安全上的漏洞。例如收款员、出纳员、审计员应由不同的用户担任。在 RBAC 中，职责分离可以有静态和动态两种实现方式。静态职责分离只有当一个角色与用户所属的其他角色彼此不互斥时，这个角色才能授权给该用户。动态职责分离只有当一个角色与一个主体的任何一个当前活跃角色都不互斥时该角色才能成为该主体的另一个活跃角色。角色的职责分离也称为角色互斥，是角色限制的一种。职责分离是保障安全的一个基本原则，对于反欺诈行为是非常有效的，它是在真实系统中最重要的想法。

（5）基于角色的访问控制可以灵活地支持企业的安全策略，并对企业的变化有很大的可适应性。由于多级安全访问控制是严格地根据安全级的比较来控制主体对信息的访问权的，不能完全反映现实工作中的模式，因为信息有时需要从高向低流动或横向流动。所以利用对"角色"授权的方式可以使强制访问控制实现起来较为灵活。

总之，RBAC 作为传统访问机制的理想候选，近年来得到了广泛研究，并以其灵活性、方便性和安全性在许多系统尤其是大型数据库系统的权限管理中得到应用。今后，由于大规模网络和分布式环境的广泛应用，网络和分布式系统中的访问控制技术将成为未来的研究热点。另外，组织和系统结构的复杂化要求拥有动态灵活的安全策略。因此研究和发展基于角色的访问控制技术将具有非常广阔的前景。

6.6　关　键　术　语

身份认证（Identity Authentication）
主体（Subject）
客体（Object）
访问控制（Access Control）
自主访问控制（Discretionary Access Control）
强制访问控制（Mandatory Access Control）
基于角色的访问控制（Role Based Access Control）
开放式身份（Open Identity）
开放式授权（Open Authorization）
非集中身份互用系统（Yet Another Decentralized Identity Interoperability System）

6.7　习　题　6

6.1　简述身份认证的基本概念。
6.2　简述使用密码进行身份认证的优缺点。
6.3　简述 OpenID 和 OAuth 认证协议的功能与区别。

6.4　简述访问控制的基本概念。

6.5　有哪几种访问控制策略？

6.6　什么是强制访问控制 MAC 策略？它的适用场合是什么？

6.7　什么是自主访问控制 DAC 策略？它的安全性怎么样？

6.8　为什么 MAC 能阻止特洛伊木马？

6.9　简述什么是基于角色的访问控制 RBAC。

第7章 网络安全协议

本章导读

➢ 本章主要介绍几种常见的网络安全协议,如 Kerberos、SSL、IPSec、PGP 等。

➢ Kerberos 是一种基于可信赖的第三方的认证系统。Kerberos 提供了一种在开放式网络环境下进行身份认证的方法,它使网络上的用户可以相互证明自己的身份。

➢ SSL(安全套接字层)协议是一种基于 Web 应用的安全协议,主要目的是在两个通信应用程序之间提供私密性和可靠性,使应用程序在通信时不用担心被窃听和篡改。这个过程主要通过 3 个元素来完成:SSL 握手协议、SSL 记录协议、SSL 告警协议。

➢ IPSec 协议在网络层上实施安全保护,这使得所有使用 IP 协议进行数据传输的应用系统和服务都可以使用 IPSec,而不必对这些应用系统和服务本身做任何修改。IPSec 采用端对端加密模式,其基本工作原理是:发送方在数据传输前(即到达网线之前)对数据实施加密,在整个传输过程中,报文都是以密文方式传输,直到数据到达目的结点,才由接收端对其进行解密。IPSec 协议组包括网络认证协议(AH)、封装安全载荷协议(ESP)、密钥管理协议(IKE)、用于网络认证及加密的一些算法等。

➢ PGP 主要用于安全电子邮件。PGP 提供 5 个方面的功能:鉴别、保密性、压缩、E-mail 兼容性和分段功能。

TCP/IP 是一个开放协议,随着 Internet 的快速发展,越来越多的人开始使用 TCP/IP 协议,这使得它的各种安全脆弱性也逐步体现出来,整个网络面临着诸如窃听、数据篡改、身份欺骗、盗用密码、中间人攻击、拒绝服务攻击等多种安全威胁。针对这些安全问题,目前还无法设计出一种全新的网络协议来取代 TCP/IP,因此可行的解决方法是在 TCP/IP 参考模型的各层增加一些安全协议来保证安全。

在网络通信中最常用、最基本的安全协议按照其完成的功能可以分成以下三类。

- 密钥交换协议:一般情况下是在参与协议的两个或者多个实体之间建立共享的秘密,通常用于建立在一次通信中所使用的会话密钥。协议可以采用对称密码体制,也可以采用非对称密码体制,例如 Diffie-Hellman 密钥交换协议。
- 认证协议:认证协议中包括实体认证(身份认证)协议、消息认证协议、数据源认证和数据目的认证协议等,用来防止假冒、篡改、否认等攻击。
- 认证和密钥交换协议:这类协议将认证和密钥交换协议结合在一起,是网络通信中应用最普遍的安全协议。该类协议首先对通信实体的身份进行认证,如果认证成功,则进一步进行密钥交换,以建立通信中的工作密钥,也叫密钥确认协议。例如 Needham-Schroeder 协议、分布认证安全服务(DASS)协议、ITU-T X.509 认证协议等。

当前主要的一些安全协议大多分布在 TCP/IP 参考模型的最高三层,即应用层、传输层和网络层,常见的协议如下所示。

- 网络层的安全协议：IPSec。
- 传输层的安全协议：SSL/TLS。
- 应用层的安全协议：SHTTP(Web 安全协议)、PGP(电子邮件安全协议)、S/MIME (电子邮件安全协议)、MOSS(电子邮件安全协议)、PEM(电子邮件安全协议)、SSH (远程登录安全协议)和 Kerberos(网络认证协议)等。

本章将重点介绍 Kerberos、IPSec、SSL、PGP 等几种主流的网络安全协议。

7.1　认　证　协　议

认证是证实信息交换过程有效性和合法性的一种手段,认证包括通信对象的认证和消息内容的认证。通信对象的认证可以分为人机认证(常常称为身份认证)和设备间认证,一般将设备之间的认证称为认证协议。身份认证和认证协议最常用的方法是采用"挑战/应答"方式,即"一方问,另一方回答",挑战方根据对方应答来判断对方是否是真实的所声称的实体。在第 6 章介绍的身份认证中,主要是设备对人的认证,设备提出问题,用户回答。人机认证可以通过下面 4 种方法进行：

(1) 根据用户知道什么。如借助口令验证,通过提问验证等。

(2) 根据用户拥有什么。如用磁卡和个人识别卡 PIN 一起使用。

(3) 根据用户的生物特征。验证用户具有哪些生理特征,如指纹、声音、视网膜纹路、脚印、容貌等。

(4) 根据用户的下意识动作。不同人的同一个动作会留下不同的特征,如手写签字。

设备之间的认证一般通过协议来完成,"协议"可以通俗地认为是双方交互的一种"语言",设备双方将通过这种"语言(协议)"完成挑战/应答的认证过程。认证协议主要通过密码技术实现,使用密码技术完成通信双方或多方的身份认证、密钥分发、保密通信和完整性确认等功能。在认证协议中,"挑战/应答"方式的过程是这样的：一方发送给另外一方一个临时值(challenge),通常使用一个临时交互号,并要求后续从另外一方收到的消息(response)包含这个正确的临时值,即包含这个临时交互号(随机数)。认证协议通常采用密码学机制,如对称加密、非对称加密、密码学中的 Hash 函数、数字签名和随机数生成程序等来保证消息的保密性、完整性以及消息来源、消息目的、次序、时间性和消息含义等的正确性。基于所采用的密码技术,可以简单地将认证协议分为基于对称密码的认证协议、基于公钥密码的认证协议、基于密码学中 Hash 函数的认证协议等。

7.1.1　基于对称密码的认证协议

基于对称密码的认证协议的基本思想是需要认证的双方事先建立共享密钥并安全分配,即认证双方有共享的密钥。认证过程就是双方互相验证对方是否拥有共享的密钥。双方一般是利用随机数或者时间标记进行挑战/应答交互。

在 3.12 节介绍了一个基于对称密码的密钥分配协议(见图 3.56),该协议由 Needham 和 Schroeder 于 1978 年提出,也称为 Needham-Schroeder 协议,该协议在密钥分配过程中实现了认证过程。

(1) A→KDC：ID_A，ID_B，N_1

(2) KDC→A：$E_{ka}[k_s \parallel ID_A \parallel ID_B \parallel N_1 \parallel E_{kb}\{k_s, ID_A\}]$

(3) A→B：$E_{kb}\{k_s, ID_A\}$

(4) B→A：$E_{ks}\{N_2\}$

(5) A→B：$E_{ks}\{N_2-1\}$

该协议(1)、(2)、(3)步完成后，A 和 B 双方同时分配了一个共享的对称密钥 k_s，这 3 个过程完成了密钥分配，(3)、(4)、(5)步完成了认证过程。协议过程如下。

第一步，A 向密钥分配中心(KDC)发送一条明文消息。该消息包含 A 与 B 的标识，以及 A 生成的一个随机数 N_1(临时交互号)。

第二步，密钥分配中心 KDC 返回给 A 一条用 K_a 加密的消息，为 A 和 KDC 之间的共享主密钥。此消息中包含了 A 发送的随机量 N_1，A 和 B 的标识，KDC 生成的用于 A、B 双方认证之后进行加密通信的会话密钥 k_s，以及称之为票据(ticket)的子消息 $E_{kb}\{k_s, ID_A\}$。该票据中包含了用 k_b 加密的会话密钥 k_s 和 A 的标识，k_b 为 B 和 KDC 共享的主密钥。A 收到上述消息之后可以用 k_s 解密，并检查其中的随机数是否与他在第一步时发出的随机数一致。如果一致，那么 A 就可以断定此消息是新的(fresh)，因为它必定是在 A 产生随机数之后才生成的。由于 A 可能同时与多个主体通信，所以检查消息中 B 的标识对于确认通信的主体是必要的。从这条消息，A 还得到了密钥分配中心(KDC)生成的会话密钥 k_s 以及票据。因为 A 不知道 k_b，所以他无法通过解密获知票据的内容，但他可以在第三步简单地把票据转发给 B。

第三步，当 B 收到 A 在第三步发出的消息后，通过解密，他就可以发现是 A 想与他通信，并且知道会话密钥是 k_s。

第四步，B 生成一个随机量 N_2，用会话密钥 k_s 加密后发给 A。这通常被称为一个挑战(challenge)，B 通过此挑战来确定 A 是否知道会话密钥 k_s。

在协议的最后，A 接收 B 的挑战 $E_{ks}\{N_2\}$，用 k_s 解密，把得到的随机量减 1，即 $\{N_2-1\}$(这里需要对 N_2 进行改变，如果不改变，攻击者可以重放)，再用会话密钥 k_s 加密后发送给 B。B 在检验过收到的数的确是其发出的随机量减去 1 之后，就可以确信 A 知道此会话密钥了。因此成功地完成协议之后，A 和 B 就能确信他们之间拥有了一个除了可信赖的 KDC 之外，只有他们才知道的会话密钥。并且，A 相信与他用 k_s 进行加密通信的一定是 B，因为只有 B 才可能解密票据得到会话密钥；B 也相信与他用 k_s 进行加密通信的一定是 A，因为只有 A 才能解密包含票据的从认证服务器发来的消息而得到会话密钥 k_s。由此，A 与 B 完成了双向身份认证，同时也可以进行秘密通信了。

主体使用会话密钥的目的是使得密钥泄露造成的损失只局限在一轮会话中，这样攻击者即使可能通过密码分析，或是攻入认证服务器，或是攻入 A 或 B 的主机来获得会话密钥，由于 A、B 之间下一轮会话又将使用新的会话密钥，就使得攻击一个会话密钥变得相对昂贵、冒险而又费时，因此很不划算。然而，如果一个会话密钥的获得能有更多的作用，那么对攻击者来说就是值得的了。假定有攻击者 H 记录下 A 与 B 之间执行 Needham-Schroeder 共享密钥协议的一轮消息，并且进而破获了其会话密钥 k_s，也许此密钥的破获可能相对费劲而又费时(如经过蛮力攻击等)，但攻击者可以在第三步冒充 A 利用旧的会话密钥欺骗 B。在这个攻击中，攻击者 H 首先向 B 发送一个他记录的从 A 发出的旧消息，此消息用于向 B 表明是 A 在与 B 通信并且 k_s 是会话密钥。B 无法知道这是不是一个 A 发送的正常通信请求,也不记得他过去曾经用过 k_s 作为会话密钥。遵循协议,B 将向 A 发送一个加密的新随机量作为挑战。H 截获之,并用 k_s 解密得到此随机量,然后向 B 返回一个响应消息,使得 B 相信他正在用会话密钥 k_s 与 A 通信,而实际上 A 根本没有参加这一轮协议的运行。除非 B 记住所有以前使用的与 A 通信的会话密钥,否则 B 无法判断这是一个重放攻击,攻击者由此可以随意冒充 A 与 B 进行通信了。

Denning 协议使用时间戳修正了这个漏洞,改进的协议如下:

(1) A→KDC: ID_A, ID_B, N_1

(2) KDC→A: $E_{ka}[k_s \parallel ID_A \parallel ID_B \parallel N_1 \parallel E_{kb}\{k_s, ID_A\}]$

(3) A→B: $E_{kb}\{k_s, ID_A, T\}$

(4) B→A: $E_{ks}\{N_2\}$

(5) A→B: $E_{ks}\{N_2 - 1\}$

其中,T 表示时间戳。T 记录了认证服务器 S 发送消息(2)时的时间,A、B 根据时间戳验证消息的"新鲜性",从而避免了重放攻击。

Denning 协议比 Needham/ Schroeder 协议在安全性方面增强了一步,但是如果发送者的时钟比接收者的时钟快,攻击者就可以从发送者窃听消息,并在以后当时间戳对接收者来说成为当前时重放给接收者,这种重放将会得到意想不到的后果,称为抑制重放攻击。

7.1.2 基于公钥密码的认证协议

基于公钥密码的认证协议的基本思想是基于每方拥有公私钥对,公钥公开,私钥保密,认证过程是验证对方是否具有其公钥所对应的私钥。双方一般是利用随机数或者时间标记进行挑战/应答交互。

一个简单的基于公钥的认证协议:

(1) A→B: $E_{KUb}\{ID_A, N_1\}$

(2) B→A: $E_{KUa}\{N_1 - 1, N_2, k_s\}$

(3) A→B: $E_{ks}\{N_2 - 1\}$

其中,KU_b 是 B 的公钥,KU_a 是 A 的公钥,N_1 和 N_1 是临时交互号(随机数)。首先 A 向 B 发送自己的标识和临时交互号 N_1,并用 B 的公钥加密作为一个挑战;B 接收到该消息后用自己的私钥解密,知道 A 的标识和临时交互号 N_1,B 将 $N_1 - 1$ 作为应答,同时也发送一个挑战 N_2 和回话钥 k_s,作为另一个挑战,并用 A 的公钥加密,A 接收到后用自己的私钥解密,获得 N_2 和回话钥 k_s,用 k_s 加密 $N_2 - 1$ 作为应答。

在上面的协议中,(1)、(2)两步实现了 A 对 B 的认证,由于 A 用 B 的公钥加密,只有 B 有自己的私钥,B 能够完成步骤(2),就说明 B 具有自己的私钥。(2)、(3)两步实现了 B 对 A 的认证,这是由于只有真正的 A 才具有 A 的私钥。

在 4.7 节介绍了一种公钥授权协议,该协议采用公钥密码对双方进行认证。协议包括 7 个步骤,(1)、(2)和(4)、(5)步完成了对 A 和 B 的公钥分配,(3)、(6)、(7)步是 A 和 B 双方用对方的公钥进行认证,其步骤如下:

(3) A→B: $E_{KUb}\{ID_A \parallel N_1\}$

(5) B→A: $E_{KUa}\{N_1 \parallel N_2\}$

（7）A→B：$E_{KUb}\{N_2+1\}$

（3）、（5）步是 A 对 B 的认证，（5）、（7）步是 B 对 A 的认证。

还有一类特殊的基于公钥密码的认证方法，称为基于能力的认证。当公钥证书中包含实体公钥，双方交互公钥证书就能完成双方的公钥分配。如果证书中包含实体的一些其他能力性质，那么就能完成对实体的能力认证。由于证书是由权威中心 CA 用私钥签名，因此具有不可假冒性。

基于能力的认证的基本思想是验证用户是否具有访问某个资源或者服务的能力，这个方案本质上是将授权、认证和访问控制联合为一体，提供了一个适合具有开放和动态特性的安全决策框架。这种方案不必知道那些要访问资源的主体身份，仅仅是信任他们做这些。能力是用户拥有某些特权的证书，证书可以用于证明你具有什么样的权限，如某人具有驾照的证书，就能证明他具有驾驶汽车的能力。能力由双方都信任的权威实体发行给用户，由权威实体签名，不能伪造。用户持该能力访问服务，服务提供者用权威实体的公钥对用户的能力进行认证。

7.1.3　基于密码学中的散列函数的认证

在 5.3 节介绍了采用散列函数对消息的认证，使用密码学中的散列函数也能实现两个实体之间的相互认证。

Lee 和 Hwang 在 2005 年设计了一种在 RFID 中阅读器和标签之间相互认证的 LCAP 协议，该协议主要使用密码学中的散列函数，阅读器 R 和标签 T 之间通过挑战/应答方式完成双向认证，该协议过程简述如下：

（1）R→T：r

（2）T→R：$h_L(ID\|r),h(ID)$

（3）R→T：$h_R(ID\|r)$

第一步，阅读器 R 选择一个随机数 r 并向标签 T 发送挑战指令。

第二步，标签根据随机数 r 和自身的 ID 计算 $h(ID\|r)$、$h(ID)$，将 $h_L(ID\|r)$ 发送给阅读器，其中，$h_L(ID\|r)$ 是 $h(ID\|r)$ 的左半部分。

第三步，阅读器首先检查接收到的 $h(ID)$ 是否与自己存储的 $h(ID)$ 一致，如果不一致，认证终止；如果一致，阅读器根据随机数 r 计算 $h_R(ID\|r)$，其中，$h_R(ID\|r)$ 是 $h(ID\|r)$ 的右半部分，并计算 $h(ID\oplus r)$，将下一次会话的标签 ID 设置为 $(ID\oplus r)$，并将 $h_R(ID\|r)$ 传给标签。

最后标签检查 $h_R(ID\|r)$ 是否正确，如果正确，就完成了对阅读器的认证，并更新自己的 ID 为 $(ID\oplus r)$。

7.2　Kerberos 协议

在一个开放的分布式网络环境中，用户通过工作站访问服务器上提供的服务时，存在着两个方面的安全问题。一方面，工作站无法可信地向网络服务证实用户的身份。特别是，存在着以下 3 种威胁。

（1）用户可能访问某个特定工作站，并假装成另一个用户在操作工作站。

（2）用户可能会更改工作站的网络地址，使从这个已更改的工作站上发出的请求看似来自伪装的工作站。

（3）用户可能窃听他人的报文交换过程，并使用重放攻击来获得对一个服务器的访问权或中断服务器的运行。

因此，提供服务的计算机必须能够识别请求服务的实体的身份，能够限制非授权用户的访问并能够认证对服务的请求，比如我去邮件服务器申请我的邮件，服务程序必须能够验证我就是我所申明的那个人。

另一方面，在开放的网络环境中，客户也必须防止来自服务端的欺骗。以自动取款机（ATM）为例，如果存在欺骗，那么客户将泄露自己的账户信息。

如何使用一个集中的认证服务器，提供用户对服务器的认证以及服务器对用户的认证，这就是 Kerberos 要解决的问题。

7.2.1 Kerberos 协议概述

Kerberos 是由美国麻省理工学院（MIT）提出的基于可信赖的第三方的认证系统，它是基于 Needham-Schroeder 协议设计的，采用对称密码体制。Kerberos 提供了一种在开放式网络环境下进行身份认证的方法，它使网络上的用户可以相互证明自己的身份。Kerberos 一词源自希腊神话，在希腊神话故事中，Kerberos 是一种长有 3 个头的狗，还有一个蛇形尾巴，是地狱之门的守卫者。现代取 Kerberos 这个名字指要有"3 个头"来守卫网络之门，这"3 个头"包括认证（Authentication）、清算（Accounting）和审计（Audit）。常见的版本有 Kerberos Version 4 和 Kerberos Version 5。Kerberos 发布的第一个报告中列出了 Kerberos 的需求。

（1）安全性（Security）：网络窃听者不能获得必要信息以假冒其他用户。并且，Kerberos 应足够强壮以至于潜在的攻击者无法找到它的脆弱的连接。

（2）可靠性（Reliability）：Kerberos 应高度可靠，应该使用分布式服务器体系结构，并且能够使得一个系统备份另一个系统。

（3）透明性（Transparency）：用户除了要求输入密码以外，应感觉不到认证的发生。

（4）可伸缩性（Scalability）：系统应能够支持大数量的客户机和服务器。

为了以后叙述方便，先来介绍 Kerberos 协议中的一些概念。

- Principal（安全个体）：被鉴别的个体，有一个名字（Name）和密码（Password）。
- KDC（密钥分配中心）：可信的第三方，即 Kerberos 服务器，提供 Ticket 和临时的会话密钥。
- Ticket（访问许可证）：是一个记录凭证，客户可以用它来向服务器证明自己的身份，其中包括客户的标识、会话密钥、时间戳以及其他一些信息。Ticket 中的大多数信息都被加密，密钥为服务器的密钥。
- Authenticator（认证符）：是另一个记录凭证，其中包含一些最近产生的信息，产生这些信息需要用到客户机和服务器之间共享的会话密钥。
- Credentials（证书）：由一个 Ticket 加上一个秘密的会话密钥组成。

　　Kerberos 有一个保存所有客户密钥的数据库。对于个人客户,密钥是一个加密的密码,对于需要鉴别的网络业务或希望使用这些业务的客户机,则要用 Kerberos 注册其密钥。由于 Kerberos 知道每个实体的密钥,因此它能产生消息向一个实体证实另一个实体的身份,它还为两个实体产生一个会话密钥用来加密双方间的通信消息,在通信完毕后销毁该会话密钥。

7.2.2　Kerberos 协议的工作过程

　　Kerberos 采用对称密钥体制对信息进行加密,其基本思想是:能正确对信息进行解密的用户就是合法用户。用户在对应用服务器进行访问之前,必须先从第三方(Kerberos 服务器)获取该应用服务器的访问许可证(Ticket)。出于实现和安全考虑,Kerberos 认证服务被分配到两个相对独立的服务器,因此 Kerberos 密钥分配中心(KDC,即 Kerberos 服务器)是由认证服务器(AS,Authentication Server)和许可证颁发服务器(TGS,Ticket Granting Server)两个部分构成的。

　　Kerberos 的认证过程如图 7.1 所示。

　　认证过程描述如下。

　　(1) 用户 C 想要获取访问某一应用服务器的许可证时,先以明文方式向认证服务器 AS 发出请求,要求获得访问 TGS 的许可证。

　　(2) AS 以证书(Credential)作为响应,证书包括访问 TGS 的许可证和用户与 TGS 间的会话密钥。会话密钥以用户的密钥加密后传输。

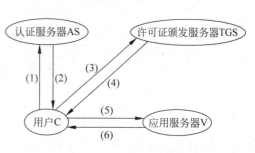

图 7.1　Kerberos 的认证过程

　　(3) 用户解密得到 TGS 的响应,然后利用 TGS 的许可证向 TGS 申请应用服务器的许可证,该申请包括 TGS 的许可证和一个带有时间戳的认证符(Authenticator)。认证符以用户与 TGS 间的会话密钥加密。

　　(4) TGS 从许可证中取出会话密钥、解密认证符,验证认证符中时间戳的有效性,从而确定用户的请求是否合法。TGS 确认用户的合法性后,生成所要求的应用服务器的许可证,许可证中含有新产生的用户与应用服务器之间的会话密钥。TGS 将应用服务器的许可证和会话密钥传回到用户。

　　(5) 用户向应用服务器提交应用服务器的许可证和用户新产生的带时间戳的认证符(认证符以用户与应用服务器之间的会话密钥加密)。

　　(6) 应用服务器从许可证中取出会话密钥、解密认证符,取出时间戳并检验有效性。然后向用户返回一个带时间戳的认证符,该认证符以用户与应用服务器之间的会话密钥进行加密。据此,用户可以验证应用服务器的合法性。

　　至此,双方完成了身份认证,并且拥有了会话密钥。其后进行的数据传递将以此会话密钥进行加密。因为从 TSG 获得的 Ticket 是有时间标记的,因此用户可以用这个 Ticket 在一段时间内请求相应的服务而不用再次认证。

　　Kerberos 将认证从不安全的工作站移到了集中的认证服务器上,为开放网络中的两个主体提供身份认证,并通过会话密钥对通信进行加密。对于大型的系统可以采用层次化的区域(Realm)进行管理。

综上所述,Kerberos 使用一个集中认证服务器,提供用户对服务器和服务器对用户的认证,而不是为每一个服务器提供详细的认证协议。它的主要优点是通过对实体和服务的统一管理实现单一注册,也就是说用户通过在网络中的一个地方的一次登录就可以使用网络上他可以获得的所有资源。它利用传统密码学中的共享密钥技术(V4 之前的版本使用DES 算法,V5 使用 3DES 算法增强安全性)与网络上的每个实体和服务分别共享一个不同的秘密密钥,是否知道此秘密密钥即是身份的证明。

Kerberos 也存在以下一些问题:

(1) Kerberos 服务器的损坏将使得整个安全系统无法工作。

(2) AS 在传输用户与 TGS 之间的会话密钥时是以用户密钥加密的,而用户密钥是由用户密码生成的,因此可能受到密码猜测的攻击。

(3) Kerberos 使用了时间戳,因此存在时间同步问题。

(4) 要将 Kerberos 用于某一应用系统,则该系统的客户端和服务器端软件都要做一定的修改。

7.3　SSL 协议

安全套接字层(Secure Socket Layer,SSL)协议是网景(Netscape)公司提出的基于Web 应用的安全协议,是一种用于传输层安全的协议。传输层安全协议的目的是为了保护传输层的安全,并在传输层上提供实现保密、认证和完整性的方法。SSL 指定了一种在应用程序协议(例如 HTTP、Telnet、NNTP、FTP)和 TCP/IP 之间提供数据安全性分层的机制。它为 TCP/IP 连接提供数据加密、服务器认证、消息完整性以及可选的客户机认证。

7.3.1　SSL 协议概述

SSL 协议的体系结构如图 7.2 所示。

SSL 握手协议	SSL 修改密文协议	SSL 告警协议	HTTP
SSL 记录协议			
TCP			
IP			

图 7.2　SSL 的体系结构

从图 7.2 中可以看出,SSL 协议位于传输层上面,且它自己也是一个分层协议。SSL 有两层,其中低层是 SSL 记录协议层,传输各种加密信息和鉴别信息,为不同的更高层协议提供基本的安全服务;而 SSL 握手协议、SSL 修改密文协议、SSL 告警协议位于上层。在TCP 和 HTTP 之间加上 SSL 前后的对照关系如图 7.3 所示。

从图 7.3 中可以看出,SSL 记录协议为 HTTP 准备了一个简单的套接字应用程序接口,这也是 SSL 得名的原因。

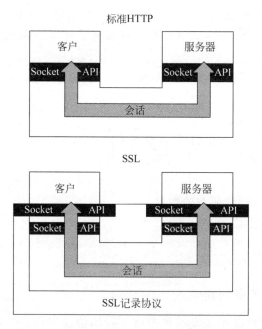

图 7.3　TCP/IP 中加入 SSL 记录前后的比较

SSL 中有以下两个重要概念。

（1）SSL 连接：连接提供了服务之间的传输。SSL 连接是点对点的关系，每一个连接与一个会话相联系。

（2）SSL 会话：SSL 会话是客户机和服务器之间的关联，会话通过握手协议（在 SSL 协议的高层）来创建。会话定义了加密安全参数的一个集合，该集合可以被多个连接所共享。会话可以用来避免为每个连接进行昂贵的新安全参数的协商。

7.3.2　SSL 记录协议

SSL 协议位于传输层上面，为了实现机密性和消息完整性服务，它从应用层取得的数据需要重定格式（分片、压缩（可选的）、应用 MAC、加密等）后才能传给传输层进行发送。同样，当 SSL 协议从传输层接收到数据后需要对其进行解密等操作后才能交给上层的应用层。这个工作是由 SSL 记录协议完成的。

SSL 记录协议中规定，发送方执行的操作步骤如下所示（见图 7.4）。

（1）从上层接受传输的应用报文。

（2）分片：将数据分片成可管理的块，每个上层报文被分成 16KB 或更小的数据块。

（3）进行数据压缩（可选）：压缩是可选的，压缩的前提是不能丢失信息，并且增加的内容长度不能超过 1024B，默认的压缩算法为空。

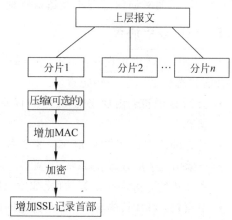

图 7.4　SSL 记录协议的发送方执行的操作步骤

（4）增加 MAC：加入信息认证码（MAC），这一步需要用到共享的密钥。

（5）加密：利用 IDEA、DES、3DES 或其他加密算法对压缩报文和 MAC 码进行数据加密。

（6）增加 SSL 记录首部：增加由内容类型、主要版本、次要版本和压缩长度组成的首部。

（7）将结果传输到下层。

接收方接收数据的工作过程相反，步骤如下。

（1）从低层接受报文。

（2）解密。

（3）用事先商定的 MAC 码校验数据。

（4）如果是压缩的数据，则解压缩。

（5）重装配数据。

（6）将信息传输到上层。

7.3.3　SSL 修改密文规约协议

SSL 修改密文规约协议用来发送修改密文规约协议信息。任何时候客户都能请求修改密码参数，比如握手密钥交换。在修改密文规约的通告发出以后，客户方就发出一个握手密钥交换信息（如果可得到的话），鉴定认证信息，服务器则在处理了密钥交换信息之后发送一个修改密文规约信息。此后，新的双方约定的密钥就将一直使用到下次提出修改密钥规约请求为止。

7.3.4　SSL 告警协议

SSL 告警协议是用来将 SSL 有关的告警传送给对方实体的。和其他使用 SSL 的情况一样，告警报文按照当前状态说明被压缩和加密。SSL 告警协议的每个报文由两个字节组成。第 1 个字节的值用来表明告警的级别，第 2 个字节表示特定告警的代码。如果在通信过程中某一方发现任何异常，就需要给对方发送一条警示消息通告。警示消息有两种：第 1 种是 Fatal 错误，如传递数据过程中，发现错误的 MAC，双方就需要立即中断会话，同时消除自己缓冲区中相应的会话记录；第二种是 Warning 消息，在这种情况下，通信双方通常都只是记录日志，而对通信过程不会造成任何影响。

7.3.5　SSL 握手协议

一个 SSL 会话工作在不同的状态，即会话状态和连接状态。

会话状态包括以下一些元素。

- 会话标识符：由服务器选择的任意字节序列来标识一个活动的或可恢复的会话状态。
- 对方的证书：对方的 X509.v3 证书。这个元素是可选的，可以为空。
- 压缩方法：即压缩的算法。
- 密文规约：指定加密算法（比如空、DES 等）和 MAC 算法。
- 主密钥：48B 长的客户/服务器之间的共享密钥。
- 可重新开始标志：一个用来指示会话是否可用于新连接的标志。

连接状态包括以下内容。

- 服务器和客户随机数：服务器和客户为每次连接选择的任意长度的字节序列。
- 服务器写 MAC 密钥：用于服务器进行 MAC 操作的密钥。
- 客户写 MAC 密钥：用于客户 MAC 操作的密钥。
- 服务器写密钥：用于服务器加密数据和客户解密数据的密钥。
- 客户写密钥：用于客户加密数据和服务器解密数据的密钥。
- 初始化向量：存储加密信息的初始化向量。
- 序号：用以指明自从上次修改密文规约信息以来所传输的信息数量。

SSL 握手协议协调客户和服务器之间的状态。另外，对应于修改密文规约信息的加密操作还有读和写状态。当有会话双方中任意一方发送一个修改密码规格的信息，它便从挂起的写状态改变为当前写状态；同样，双方中任意一方收到了一个修改密码规约的信息，它便从挂起读状态改变为当前读状态。

SSL 握手协议用于鉴别初始化和传输密钥，它使得服务器和客户能相互鉴别对方的身份，并保护在 SSL 记录中发送的数据。因此在传输任何应用数据前，都必须使用握手协议。一个 SSL 会话是按以下步骤初始化的。

（1）在客户方，用户用 URL 发出的请求中，HTTP 用 HTTPS 替代。

（2）客户方的 SSL 请求通过 TCP 的 443 端口与服务器方的 SSL 进程建立连接。

（3）然后客户方初始化 SSL 握手状态，用 SSL 记录协议作为载体。这时，客户/服务器双方的连接中还没有加密和完整性检查的信息。

另外，SSL 握手协议准许客户和服务器一起协商决定 SSL 连接期间所需的参数，如协议版本、密码算法、客户和服务器的双向鉴别（可选）和公钥加密算法。在协商期间，所有握手信息都包装成特定的 SSL 信息转发给 SSL 记录协议。图 7.5 描述了 SSL 握手的过程。

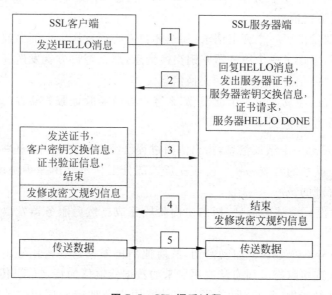

图 7.5　SSL 握手过程

SSL 握手的详细过程如下。

(1) 客户发出一个带有客户 HELLO 信息的连接请求。包括如下信息：

- 想要使用的 SSL 版本号。
- 时间信息，以标准的 UNIX 32 位格式标识的当前时间和日期。
- 会话标识(可选)，如果没有指定的话，则服务器重用上一次的会话标识或返回一个错误信息。
- 密文组(客户方所支持的各种加密算法选项清单，包括认证码、密钥交换方法、加密和 MAC 算法)。
- 客户方所支持的压缩算法。
- 随机数。

(2) 服务器评估客户方发来的 HELLO 信息中的各项参数，并且返回一个服务器方的 HELLO 信息，其中包含 SSL 会话的各项参数，具体内容如下。

- 版本号。
- 时间信息，以标准的 UNIX 32 位格式标识的当前时间和日期。
- 会话标识。
- 密文组。
- 压缩方法。
- 随机数。

在服务器 HELLO 消息发送之后，服务器发出如下信息。

- 服务器证书，如果服务器需要被鉴别的话。
- 服务器密钥交换信息，如果得不到证书或证书仅仅用作签名的话。
- 证书请求，如果客户要求被鉴别的话。

最后，服务器发出一个服务器 HELLO DONE 信息，开始等待客户的回音。

(3) 客户发送下列信息。

- 如果服务器发出了一个证书请求，那么客户方必须发送一个证书或非证书信息。
- 如果服务器发送了一个服务器密钥交换信息，那么客户方就发送一个基于公钥算法的由 HELLO 信息决定的密钥交换信息。
- 如果客户方已经发送了一个证书，那么客户方就需验证服务器方的证书并且发出一个证书验证信息指明结果。

然后，客户方发出一个结束信息，指出协商过程已经完成。客户方还将发送一个修改密文规约信息来产生共享的常规密钥。应该注意这部分工作不是由握手协议控制，而是由修改密文规约协议管理的。

(4) 服务器发出一个结束信息，指出协商阶段完成。然后服务器发出一个修改密文规约信息。

(5) 会话双方分别产生一个加密密钥，然后他们再根据这些密钥导出会话主密钥。握手协议改变状态至连接状态。所有从应用层来的数据传输作为特定信息传输给对方。

一旦主密钥已经产生，客户/服务器双方就能用它来加密应用层的数据了。SSL 记录协议为这些信息指定一个格式。一般这些信息包含一个报文摘要以保证不会被替换，且这些数据都是用对称密钥加密的。通常其中使用的对称密码算法是 RC2 或 RC4,尽管在 SSL 协议中也支持 DES、三重 DES 和 IDEA。美国联邦安全局(NSA)是美国联邦政府的一个机构,曾强令限制出口到美国之外的加密产品密钥长度不许超过 56 位。因此,SSL 在协商阶段如果遭遇出口版本和非出口版本的会话相连接,则统一为出口版本加密工具所被限制的密钥长度。

SSL 会话所带来的额外开销显然是不可忽视的。因此 SSL 协议允许客户和服务器双方重用会话密钥信息来重新开始会话而不必第 2 次进行协商和鉴别。经过握手阶段,会话双方已经产生了一个主密钥。由这个主密钥,他们还将产生其他会话密钥用于会话数据的对称加密和产生数字签名。由此之后第 1 个加密的数据是来自服务器的结束信息。如果客户方能理解这些信息,则意味着:

(1) 机密性已经达到,因为该信息是用对称密钥加密的密文块(例如 DES 或 RC4)。

(2) 信息的完整性已经得到保证,因为该信息中包含了信息鉴别码,该码是一个报文摘要或者是该信息本身再附加一个从主密钥导出的验证信息。

(3) 服务器已经被鉴别,因为它能够从预先主密钥中导出主密钥,而预先主密钥是事先用服务器的公有密钥加密传送的,因此预先主密钥也只有服务器用自己的私有密钥解开。当然,这都依赖于服务器公有密钥证书的完整性。

7.3.6　TLS 协议

IETF 正在定义一种新的协议,叫做"传输层安全(Transport Layer Security, TLS)"。它建立在网景公司所提出的 SSL 3.0 协议规范基础上,对于用于传输层安全性的标准协议,整个行业好像都正在朝着 TLS 的方向发展。TLS 1.0 版是基于 SSL 的。TLS 1.0 的相关文档是 RFC2246。两个互相不知其代码的应用程序可用 TLS 来安全地通信。SSL 3.0 和 TLS 1.0 没有明显的区别。对它们的信息格式稍加修改之后,它们就能进行互操作了。

7.3.7　SSL 协议应用

SSL 协议的应用很广泛,例如 Web 浏览器,可以通过 SSL 来达到网页传输的安全性。当顾客想从 Web 站点购买某个产品时,顾客和 Web 站点都要进行认证。顾客通常是以提供名字和密码的方式来认证他自己。另一方面,Web 站点通过交换一块签名数据和一个有效的 X.509 证书(作为 SSL 握手的一部分)来认证它自己。顾客的浏览器验证该证书并用所附的公用密钥验证签名数据。一旦双方都认证了,交易就可以开始了。

SSL 能用相同的机制处理服务器认证(如上面的示例中所示)和客户机认证。下面来看一个使用 Web 客户机和服务器的范例。Web 客户机通过连接到一个支持 SSL 的服务器,启动一次 SSL 会话。支持 SSL 的典型 Web 服务器在一个与标准 HTTP 请求(默认为端口 80)不同的端口(默认为端口 443)上接受 SSL 连接请求。当客户机连接到这个端口上时,它将启动一次建立 SSL 会话的握手。当握手完成之后,通信内容被加密,并且执行消息完整性检查,直到 SSL 会话过期。SSL 创建一个会话,在此期间,握手必须只发生过一次。

SSL 握手过程步骤如下。

(1) SSL 客户机连接到 SSL 服务器,并要求服务器验证它自身的身份。

（2）服务器通过发送它的数字证书证明其身份。这个交换还可以包括整个证书链，以至某个根证书权威机构(CA)。可通过检查有效日期并确认证书包含有可信任 CA 的数字签名，来验证证书。

（3）然后，服务器发出一个请求，对客户端的证书进行验证。但是，因为缺乏公钥体系结构，当今的大多数服务器并不进行客户端认证。

（4）协商用于加密的消息加密算法和用于完整性检查的哈希函数。通常由客户机提供它支持的所有算法列表，然后由服务器选择最强健的加密算法。

（5）客户机和服务器通过下列步骤生成会话密钥。

① 客户机生成一个随机数，并使用服务器的公钥（从服务器的证书中获得）对它加密，并发送到服务器上。

② 服务器用更加随机的数据（当客户机的密钥可用时则使用客户机密钥，否则以明文方式发送数据）响应。

③ 使用哈希函数，从随机数据生成密钥。

综上所述，SSL 的主要目的是在两个通信应用程序之间提供私密性和可靠性，使应用程序在通信时不用担心被窃听和篡改。SSL 协议的优点是它提供了连接安全，具有以下 3 个基本属性。

- 机密性：即连接是私有的。在初始握手阶段，双方建立对称密钥后，信息即用该密钥加密。
- 完整性：在信息中嵌入信息鉴别码(MAC)来保证信息的完整性。其中使用了安全哈希函数（例如 SHA 和 MD5）来进行 MAC 计算。
- 鉴别：在握手阶段，客户用不对称密钥或公开密钥鉴别服务器。

但是，SSL 要求对每个数据进行加密和解密操作，因而在带来高性能的同时，对系统也要求高资源开销。另外，SSL 协议主要是使用公开密钥体制和 X.509 数字证书技术保护信息传输的机密性和完整性，它不能保证信息的不可否认性，主要适用于点对点之间的信息传输，常用 Web Server 方式。再者，SSL 为带有安全功能的 TCP/IP 套接字应用程序接口提供了一个替代的方法。从理论上，在 SSL 之上可通过安全方式运行任何原有 TCP/IP 应用程序而无须修改。但实际上，SSL 目前还只是用在 HTTP 连接上。网景公司打算将 SSL 用到其他一些应用层协议上，诸如 NNTP 和 Telnet。

7.4　IPSec 协议

IP 层是 TCP/IP 网络中最关键的一层，IP 作为网络层协议，其安全机制可对它上层的各种应用服务提供透明的覆盖式安全保护。因此，IP 安全是整个 TCP/IP 安全的基础，是 Internet 安全的核心。

由于协议 IPv4 在最初设计时没有过多地考虑安全性，缺乏对通信双方真实身份的验证能力，缺乏对网络上传输的数据的完整性和机密性保护，并且由于 IP 地址可用软件配置等灵活性以及基于源 IP 地址的认证机制，使 IP 层存在着网络业务流易被监听和捕获、IP 地址欺骗、信息泄露和数据项被篡改等多种攻击方式,而 IP 是很难抵抗这些攻击的。

为了实现 IP 安全,Internet 工程任务组(IETF)于 1994 年启动了一项 IP 安全工程,专门成立了 IP 安全协议工作组(IPSec),来制定和推动一套称为 IPSec 的 IP 安全协议标准。其目标是把安全特征集成到 IP 层,以便对 Internet 的安全业务提供低层的支持。1995 年 8 月,IETF 公布了 5 个与安全有关的建议标准,在互联网层定义了一个 IP 安全体系结构——IPSec,IPSec 主要文档如下。

- RFC2401:安全体系结构概述。
- RFC2402:IP 鉴别首部(Authentication Header,AH)。
- RFC2406:封装安全载荷(Encapsulating Security Payload,ESP)。
- RFC2409:Internet 密钥交换(The Internet Key Exchange,IKE)。

IPSec 提供了两种安全机制:认证和加密。认证机制使 IP 通信的数据接收方能够确认数据发送方的真实身份以及数据在传输过程中是否遭篡改。加密机制通过对数据进行编码来保证数据的机密性,以防数据在传输过程中被窃听。IPSec 通过在 IP 协议中增加两个基于密码的安全机制——验证头(AH)和封装安全有效负载(ESP)——来实现 IP 数据项的认证、完整性和机密性。通过 IP 安全协议和密钥管理协议构建起 IP 层安全体系结构的框架,能保护所有基于 IP 的服务和应用,并且当这些安全机制正确实现时,它不会对用户、主机及其他未采用这些安全机制的 Internet 部件有负面影响。由于这些安全机制是独立于算法的,所以在选择和改变算法时不会影响其他部分的实现,对用户和上层应用程序是透明的。IPSec 的设计既适用于 IPv4 又适用于 IPv6,它在 IPv4 中是一个建议的可选服务,对于 IPv6 则是一项必须支持的功能。

7.4.1　IPSec 安全体系结构

IPSec 协议不是一个单独的协议,而是一组安全协议集,是在 IP 包级为 IP 业务提供保护的安全协议标准,其基本目的就是把安全机制引入 IP 协议,通过使用现代密码学方法支持机密性和认证性服务,使用户能有选择地使用并得到所期望的安全服务。IPSec 包括众多协议和算法,比如网络认证协议(AH)、封装安全载荷协议(ESP)、密钥管理协议(IKE)和用于网络认证及加密的一些算法等。IPSec 将几种安全技术结合形成一个比较完整的安全体系结构,它规定了如何在对等层之间选择安全协议,确定安全算法和密钥交换,向上提供了访问控制、数据源认证、数据加密等网络安全服务。这些协议之间的相互关系如图 7.6 所示。

在 IPSec 安全协议组中,ESP 机制规定了为通信提供机密性和完整性保护的具体方案,包括 ESP 载荷的格式、语义、取值以及对进入分组和外出分组的处理过程等。其中,ESP 涉及密码学中的核心组件——加密和鉴别算法。为了 IPSec 通信两端能相互交互,ESP 载荷中各字段的取值应该对双方都可理解,因此通信双方必须保持对通信消息相同的解释规则,即应持有相同的解释域

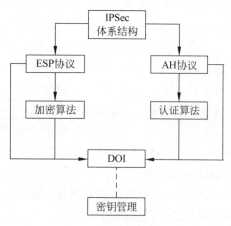

图 7.6　IPSec 安全体系结构

(Interpretation of Domain,DOI)。DOI 规定了每个算法的参数要求和计算规则,如对算法的密钥长度要求、对算法的强度要求以及初始向量的计算规则等。为了达到 IPSec 实施的互通性,ESP 还规定了双方必须支持的默认的加密及鉴别算法。当需要在 IPSec 中加入新的算法时,可以通过扩展 DOI 以及在协商时修改相应算法字段的取值来达到目的。

AH 协议定义了认证的应用方法,提供数据源认证和完整性保证。AH 协议规定了 AH 头在 AH 实现中应插入 IP 头的位置、AH 头的语法格式、各字段的语义及取值方式,以及实施 AH 时进入和外出分组的处理过程。AH 机制涉及密码学中的核心组件——鉴别算法。为了达到通信双方的交互,AH 实现的通信双方必须支持默认的鉴别算法,以确保通信双方的互通性。当需要在 IPSec 中添入新的鉴别算法时,可以通过扩展相应 DOI 的取值以及修改协商时的相应算法字段来实现。

在进行 IP 通信时,可以根据实际安全需求同时使用 AH 和 ESP 这两种协议或选择使用其中的一种。AH 和 ESP 都可以提供认证服务,不过,AH 提供的认证服务要强于 ESP。

IKE 协议是 IPSec 目前唯一的、正式确定的密钥交换协议,为 AH 和 ESP 提供密钥交换支持,同时也支持其他机制,如密钥协商。

为了正确封装及提取 IPSec 数据包,有必要采取一套专门的方案,将安全服务或密钥与要保护的通信数据联系到一起;同时要将远程通信实体与要交换密钥的 IPSec 数据传输联系到一起。换句话说,要解决如何保护通信数据、保护什么样的通信数据以及由谁来实行保护的问题。这样的构建方案称为安全关联(Security Association,SA)。

SA 是两个应用 IPSec 实体(主机和路由器)间的一个单向逻辑连接,决定保护什么、如何保护以及谁来保护通信数据。它规定了用来保护数据包安全的 IPSec 协议、转换方式、密钥以及密钥的有效存在时间等。SA 是单向的,要么对数据包进行"进入"保护,要么进行"外出"保护。也就是说,在一次通信中,IPSec 需要建立两个 SA,一个用于入站通信,另一个用于出站通信。若某台主机,如文件服务器或远程访问服务器,需要同时与多台客户机通信,则该服务器需要与每台客户机分别建立不同的 SA。每个 SA 用唯一的 SPI 索引标识,当处理接收数据包时,服务器根据 SPI 值来决定该使用哪种 SA。

具体采用什么方式,要由三方面的因素决定:第一个是安全参数索引(SPI),该索引存在于 IPSec 协议头内;第二个是 IPSec 协议值;第三个是要向其应用 SA 的目标地址。通常,SA 是以成对的形式存在的,每个朝一个方向。既可手工创建它,也可采用动态创建方式。在手工方式下,安全参数由管理员按安全策略手工指定、手工维护。但是,手工维护容易出错,而且手工建立的 SA 没有存活时间的说法,除非再用手工方式将其删除,否则便会一直存在下去。若用动态方式创建,则 SA 有一个存活时间与其关联在一起。这个存活时间通常是由密钥管理协议在 IPSec 通信双方之间加以协商而确立下来的,存活时间非常重要。若超时使用一个密钥,会为攻击者侵入系统提供更多的机会。SA 的自动建立和动态维护是通过 IKE 进行的。如果安全策略要求建立安全、保密的连接,但却不存在相应的 SA,IPSec 的内核则会启动或触发 IKE 协商。

SA 驻留在安全关联数据库(SAD)内。SAD 为进入和外出包维持一个活动的 SA 列表。SAD 的字段包括如下内容。

- 外部头目的 IP 地址:SA 的目的地址,可为终端用户系统、防火墙、路由器等网络系统。目前的 SA 管理机制只支持单播地址的 SA。

- IPSec 协议：标识 SA 用的是 AH 还是 ESP。
- SPI：32 位的安全参数索引，标识同一个目的地的 SA。
- 序号计数器：32 位，用于产生 AH 或 ESP 头的序号，仅用于外出数据包。
- 序号计数器溢出标志：标识序号计数器是否溢出。如溢出，则产生一个审计事件，并禁止用 SA 继续发送数据包。
- 抗重播窗口：32 位计数器及位图，用于决定进入的 AH 或 ESP 数据包是否为重发。仅用于进入数据包，如接收方不选择抗重播服务（如手工设置 SA 时），则抗重播窗口未被使用。
- AH 信息：指示认证算法、密钥、密钥生命期等与 AH 相关的参数。
- ESP 信息：指示加密认证算法、密钥、初始值、密钥生命期等与 ESP 相关的参数。
- SA 的生存期：一个时间间隔。超过这一间隔后，应建立一个新的 SA（以及新的 SPI）或终止通信。生存期以时间或字节数为标准，或将二者结合使用，并优先采用先到者。
- IPSec 协议模式：隧道、传输或混合方式（通配符），说明应用 AH 或 ESP 的模式。
- 路径最大传输单元（MTU）：所考察的路径的 MTU 及其寿命变量。

SA 提供的安全服务取决于所选的安全协议（AH 或 ESP）、SA 模式、SA 作用的两端点和安全协议所要求的服务。一个 SA 对 IP 数据报不能同时提供 AH 和 ESP 保护。因此，如果要对特定业务流提供多种安全保护，就需要使用多个 SA。一系列 SA 被应用于业务流，则称其为 SA 束。SA 束的顺序由安全策略决定，SA 束中各个 SA 的终点可能不同。例如，一个 SA 可能用于移动主机与安全网关之间，而另一个可能用于移动主机与安全网关内的主机之间。

7.4.2　AH 协议

1. AH 的功能

AH 协议为 IP 通信提供数据源认证、数据完整性和反重播保证，它能保护通信免受篡改，但不能防止窃听，适合用于传输非机密数据。AH 的工作原理是在每一个数据包上添加一个身份验证报头。此报头包含一个带密钥的 Hash 散列（可以将其当作数字签名，只是它不使用证书），此 Hash 散列在整个数据包中计算，因此对数据的任何更改将致使散列无效——这样就提供了完整性保护。AH 不能提供加密服务，这就意味着分组将以明文的形式传送。由于 AH 的速度比 ESP 稍微快一点，因此仅当需要确保分组的源和完整性而不考虑机密性的时候，可以选择使用 AH。

2. AH 的两种模式

在为每一个数据包添加身份验证报头时，AH 可以使用两种模式：传输模式和隧道模式。传输模式用于两台主机之间，只对上层协议数据（传输层数据）和 IP 头中的固定字段提供认证，主要保护传输层协议头，实现端到端的安全；隧道模式对整个 IP 数据项提供认证保护，把需要保护的 IP 包封装在新的 IP 包中，既可用于主机也可用于安全网关，并且当 AH 在安全网关上实现时，必须采用隧道模式。

在传输模式的 AH 中，封装后的分组 IP 头仍然是原 IP 头，只是 IP 头的协议字段由原来

图 7.7　AH 传输模式

的值变为 51,表示 IP 头后紧接的载荷为 AH 载荷。一般 AH 为整个数据包提供完整性检查(见图 7.7),但如果 IP 报头中包含"生存期(Time To Live)"或"服务类型(Type of Service)"等值可变字段,则要在进行完整性检查时将这些值可变的字段去除。

在传输模式中,即使内网中的其他用户也不能篡改传输于两个主机之间的数据内容,这分担了 IPSec 处理负荷,从而避免发生 IPSec 处理的瓶颈问题。由于每一个希望实现传输模式的主机都必须安装并实现 IPSec 模块,因此它不能实现对端用户的透明服务。用户为获得 AH 提供的安全服务,必须付出内存、处理时间等方面的代价,而且由于不能使用私有 IP 地址,因此必须使用公共地址资源,这就可能暴露子网内部的拓扑结构。

在隧道模式的 AH 中,不是将原始的 IP 报头移到最左边然后插入 AH 报头,而是复制原始 IP 报头,并将复制的 IP 报头移到数据报最左边作为新的 IP 报头。随后在原始 IP 报头与 IP 报头的副本之间放置 AH 报头。原始 IP 报头保持原封不动,并且整个原始 IP 报头都被认证或由加密算法进行保护。

图 7.8 标示出了 AH 隧道模式中的签名部分。AH 隧道模式为整个数据包提供完整性检查和认证,认证功能优于 ESP。但在隧道技术中,AH 协议很少单独实现,通常与 ESP 协议组合使用。

图 7.8　AH 隧道模式

隧道模式的 AH 实施的优点是:子网内部的各主机可以借助路由器的 IPSec 处理,透明地得到安全服务,子网内部可以使用私有 IP 地址,因而无须申请公有地址资源。它的缺点是:IPSec 主要集中在路由器,增加了路由器的处理负荷,容易形成通信的瓶颈,内部的诸多安全问题(如篡改等)不可控。

3. AH 的格式

AH 报头字段包括以下几个部分(见图 7.9)。

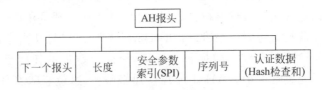

图 7.9　AH 报头格式

- Next Header(下一个报头,占 8 字节):识别下一个使用 IP 协议号的报头。例如,Next Header 值等于 6 时,表示紧接其后的是 TCP 报头。对于 UDP,它的值将是 17。
- Length(长度,占 8 字节):AH 报头长度。
- Security Parameters Index(SPI,安全参数索引,占 32 字节):这是一个为数据报识别安全关联的 32 位伪随机值。其中,SPI 值 0 被保留,用来表明"没有安全关联存在"。
- Sequence Number(序列号,占 32 字节):这是一个无符号单调递增的计数器,从 1

开始的 32 位单增序列号,不允许重复,唯一地标识了每一个发送数据包,为安全关联提供反重播保护。接收端将校验序列号为该字段值的数据包是否已经被接收过,若是,则拒收该数据包。对于一个特定的 SA,它用于实现反重传服务。这些信息不被接收对等实体使用,但是发送方必须包含这些信息。当建立一个 SA 时,这个值被初始化为 0。如果使用反重传服务重传,那么这个值决不允许重复。由于发送方并不知道接受方是否使用了反重传功能,该字段中的值不能被重复的事实就要求终止 SA,并且在传送第 23 个分组之前建立一个新的 SA。

- Authentication Data(AD,认证数据,可变长):该字段包含了数据包的哈希值,用于检验数据的完整性。接收端接收数据包后,首先执行 Hash 计算,再与发送端所计算的该字段值比较,若二者相等,表示数据完整,若在传输过程中数据遭修改,两个计算结果不一致,则丢弃该数据包。通过这个值,通信双方能实现对数据的完整性保护、分组级数据源鉴别以及通信的抗重放攻击。

4. 认证算法

用于计算完整性校验值(ICV)的认证算法由 SA 指定,对于点到点通信,合适的认证算法包括基于对称密码算法(如 DES)或基于单向 Hash 函数(如 MD5 或 SHA-1)的带密钥的消息认证码(MAC)。

对于特定的 IP 包,只有当 IPSec 系统判定了有与之相应的 SA 后,才调用 AH 处理过程对 IP 包进行 AH 处理。发送者对 IP 包计算认证数据 ICV,并将结果放入输出包的认证数据字段随包发送。接收者在接收包之前,会对认证数据的正确性进行验证,正确的 IP 包才被接收,否则将包丢弃,并作为审计事件记入日志。RFC2402 对 AH 头的格式、位置、验证的范围及进入和外出处理规则进行了描述。

7.4.3　ESP 协议

1. ESP 的功能

ESP 为 IP 数据包提供完整性检查、认证和加密。可以将其看作"超级 AH",因为它提供机密性并可防止篡改。ESP 服务依据建立的安全关联(SA)是可选的。然而,也有如下一些限制。

- 完整性检查和认证一起进行。
- 仅当与完整性检查和认证一起时,"重播(Replay)"保护才是可选的。
- "重播"保护只能由接收方选择。

ESP 的加密服务是可选的,但如果启用加密,则也就同时选择了完整性检查和认证。因为如果仅使用加密,入侵者就可能伪造包以发动密码分析攻击。ESP 可以单独使用,也可以和 AH 结合使用。

2. ESP 的两种模式

ESP 也有两种模式:传输模式和隧道模式。但 ESP 协议的工作模式与 AH 不一样。正如 ESP 的名字暗示的那样,ESP 使用一个头和一个尾包围原始的数据报,从而封装它的全部或部分内容。

图 7.10 给出了 ESP 传输模式。这时,IP 报头被调整到数据报左边,并插入 ESP 报头;

ESP 报尾以及 ICV(完整性校验值,用于认证)被附加在数据报末端。如果需要加密,仅对原始数据和新的 ESP 报尾进行加密。认证从 ESP 报头一直延伸到 ESP 报尾。

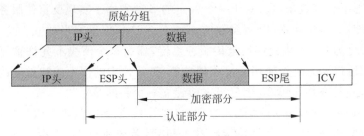

图 7.10　ESP 传输模式

图 7.11 描述了 ESP 隧道模式。在 ESP 隧道模式下,原数据包(包括原 IP 报头和数据)被封装在 ESP 报头和 ESP 报尾之间,外边附上了新的 IP 报头。在这种模式下,加密部分为原 IP 数据包和 ESP 报尾,完整性检查部分为 ESP 报头、原 IP 数据包以及 ESP 报尾。整个原始数据报都可以用这种方法进行加密或认证。如果既选择 ESP 认证又选择 ESP 加密,那么应该首先实现加密。这就允许在传输之前与发送方没有改变数据报的保证一同实现认证,并且接收方在对分组进行解密之前认证数据报。

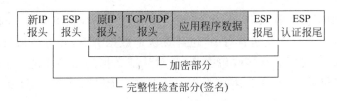

图 7.11　ESP 隧道模式

3. ESP 的格式

ESP 协议包括 ESP 报头、ESP 报尾和 ESP 认证报尾 3 个部分。ESP 由 IP 协议号 50 标识。

ESP 报头字段包括以下一些内容(见图 7.12)。

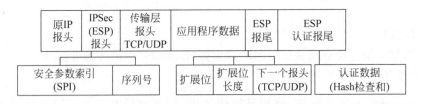

图 7.12　ESP 报头、报尾和认证报尾

* Security Parameters Index(SPI,安全参数索引):为数据包识别安全关联。
* Sequence Number(序列号):从 1 开始的 32 位单增序列号,不允许重复,唯一地标识了每一个发送数据包,为安全关联提供反重播保护。接收端校验序列号为该字段值的数据包是否已经被接收过,若是,则拒收该数据包。

ESP 报尾字段包括以下内容(见图 7.12)。

* Padding(扩展位):0～255 个字节。DH 算法要求数据长度(以位为单位)模 512 为

448,若应用数据长度不足,则用扩展位填充。

- Padding Length(扩展位长度):接收端根据该字段长度去除数据中的扩展位。
- Next Header(下一个报头):识别下一个使用 IP 协议号的报头,如 TCP 或 UDP。

ESP 认证报尾字段包括的内容为 Authentication Data(AD,认证数据),包含完整性检查和(见图 7.12)。不管是在 ESP 传输模式下还是在 ESP 隧道模式下,完整性检查都从 ESP 报头一直延伸到 ESP 报尾,但不包括 IP 报头,因此 ESP 不能保证 IP 报头不被篡改。

如果已经使用了其他 IPSec 协议,则 ESP 报头应插在其他任何 IPSec 协议报头之前。

4. 加密算法和认证算法

ESP 所采用的加密算法由 SA 指定。为了提高加密效率,ESP 设计使用的是对称密码算法。由于 IP 包可能会失序到达,因此每个 IP 包必须携带接收者进行解密所要求的密码同步数据(如初始化向量 IV)。这个数据可以在有效负载字段中明确携带,也可以从包头中推导出来。由于机密性是可选择的,因此加密算法可以是"空"。ESP 中的认证算法与 AH 的认证算法一样。由于认证算法是可选的,因此认证算法也可以是"空"。

虽然加密和认证算法都可为"空",但二者不能同时为"空"。因为这样做不仅毫无安全保证可言,而且也为系统带来了无谓的负担。

5. ESP 处理

ESP 的处理过程发生在发送时的 IP 分割之前以及接收时的 IP 重新组合之后。

发送时的处理包括如下一些内容。

- ESP 头定位:在传输模式下,ESP 头插在 IP 头和上一层协议头之间;在隧道模式下,ESP 头在整个源 IP 数据项之前。
- 查找:只有当与此会话相关的有效的 SA 存在时,才进行 ESP 处理。
- 包加密:把数据封装到 ESP 的有效负载字段,在传输模式下,只封装上层协议数据;在隧道模式下,封装整个原 IP 数据项。应使用由 SA 指定的密钥和加密算法对上述结果加密。

接收时的处理过程为:当接收方收到一个 IP 数据项时,先根据包中目的 IP 地址、安全协议 ESP 和 SPI 查找 SA,若没有用于此会话的 SA 存在,则接收者必须丢弃此包,并记入日志,否则就按 SA 中指定的算法进行解密并重新构造原 IP 数据项格式。

7.4.4　IKE 协议

两台 IPSec 计算机在交换数据之前,必须首先建立某种约定。这种约定,称为安全关联(SA),指双方需要就如何保护信息、交换信息等公用的安全设置达成一致。因此必须有一种方法,使那两台计算机安全地交换一套密钥,以便在它们的连接中使用。Internet 工程任务组(IETF)制定的安全关联标准法和密钥交换解决方案——IKE(Internet 密钥交换)协议——负责这些任务。IKE 主要完成两个任务:一是安全关联的集中化管理,以减少连接时间;二是密钥的生成和管理。

实现密钥管理的机制有很多,包括手工密钥分发、通过 SNMP 的 MIB 变量的配置等。其中密钥交换协议(IKE)以其高度的自动化、较严密的信息交换保护体系,以及丰富灵活的功能集,在众多管理机制中脱颖而出。以下将对 IKE 进行介绍。

IKE 协议是 IPSec 目前唯一的、正式确定的密钥交换协议,它为 AH 和 ESP 提供密钥交换支持,同时也支持其他机制,加密钥协商。IKE 是 IPSec 安全关联(SA)在协商它们的保护套件和交换签名或加密密钥时所遵循的机制,它定义了双方交流策略信息的方式和构建并交换身份验证消息的方式。

IKE 是由另外 3 种协议(ISAKMP、Oakley 和 SKEME)混合而成的一种协议。

其中,ISAKMP 协议(Internet Security Association and Key Management Protocol, Internet 安全关联和密钥管理协议)定义了程序和信息包格式来建立、协商、修改和删除安全关联(SA)。SA 包括了各种网络安全服务执行所需的所有信息,这些安全服务包括 IP 层服务(如头认证和负载封装)、传输或应用层服务,以及协商流量的自我保护服务等。ISAKMP 定义包括交换密钥生成和认证数据的有效载荷。这些格式为传输密钥和认证数据提供了统一框架,而它们与密钥产生技术、加密算法和认证机制相独立。ISAKMP 区别于密钥交换协议是为了把安全连接管理的细节从密钥交换的细节中彻底地分离出来。不同的密钥交换协议中的安全属性也是不同的。然而,需要一个通用的框架用于支持 SA 属性格式,用于谈判、修改与删除 SA,ISAKMP 即可作为这种框架。把功能分离为三部分增加了一个完全的 ISAKMP 实施安全分析的复杂性。然而在有不同安全要求且需协同工作的系统之间这种分离是必需的,而且还应该使对 ISAKMP 服务器更深层次发展的分析简单化。ISAKMP 支持在所有网络层的安全协议(如 IPSEC、TLS、TLSP、OSPF 等)的 SA 协商。ISAKMP 通过集中管理 SA 减少了在每个安全协议中重复功能的数量。ISAKMP 还能通过一次对整个栈协议的协商来减少建立连接的时间。ISAKMP 中,解释域(DOI)用来组合相关协议,通过使用 ISAKMP 协商安全连接。共享 DOI 的安全协议从公共的命名空间选择安全协议和加密转换方式,并共享密钥交换协议标识。同时它们还共享一个特定DOI 的有效载荷数据目录解释,包括安全连接和有效载荷认证。

Oakley 和 SKEME 定义了通信双方建立一个共享的验证密钥所必须采取的步骤。IKE 吸收了 Oakley 和 SKEME 这两大不同密钥交换协议的优点。Oakley 的特色是描述了一系列密钥交换方法,起名为"模式"(Modes);而 SKEME 的特色是描述了密钥分类、可信度和更新机制。这两部分恰好可以互补,因此 IPSec 工作组就把这两部分进行了有机的组合,形成了 IKE。

IKE 使用了两个阶段的 ISAKMP:第一阶段,协商创建一个通信信道(IKE SA),并对该信道进行验证,为双方进一步的 IKE 通信提供机密性、消息完整性以及消息源验证服务;第二阶段,使用已建立的 IKE SA 建立 IPSec SA。分两个阶段来完成这些服务有助于提高密钥交换的速度。

第一阶段协商(也称为主模式协商)的步骤如下。

(1) 策略协商。在这一步中,就 4 个强制性参数值进行协商。

- 加密算法:选择 DES 或 3DES。
- Hash 算法:选择 MD5 或 SHA。
- 认证方法:选择证书认证、预置共享密钥认证或 Kerberos v5 认证。
- Diffie-Hellman 组的选择。

(2) Diffie-Hellman(DH)交换。

虽然名为"密钥交换",但事实上在任何时候,两台通信主机之间都不会交换真正的密钥,它们之间交换的只是一些 DH 算法生成共享密钥所需要的基本材料信息。Diffie-Hellman 算法是用于密钥交换的最早、最安全的算法之一。DH 算法的基本工作原理是:通信双方公开或半公开交换一些准备用来生成密钥的"材料数据",在彼此交换过密钥生成"材料"后,两端可以各自生成完全一样的共享"主密钥",保护紧接其后的认证过程。在任何时候,双方都绝不交换真正的密钥。通信双方交换的密钥生成"材料"长度不等,"材料"长度越长,所生成的密钥强度也就越高,密钥破译就越困难。在协商过程中,对等的实体间应选择同一个 DH 组,即密钥"材料"长度应该相等。若 DH 组不匹配,将视为协商失败。DH 交换可以是公开的,也可以受保护。

(3) 认证。DH 交换需要得到进一步认证,如果认证不成功,通信将无法继续下去。"主密钥"结合在第(1)步中确定的协商算法,对通信实体和通信信道进行认证。在这一步中,整个待认证的实体载荷,包括实体类型、端口号和协议,均由第(2)步生成的"主密钥"提供机密性和完整性保证。

在第二阶段 SA(也叫快速模式 SA,为数据传输而建立的安全关联)中,协商建立 IPSec SA,为数据交换提供 IPSec 服务。第二阶段协商消息受第一阶段 SA 保护,任何没有第一阶段 SA 保护的消息将被拒收。

第二阶段协商(快速模式协商)的步骤如下。

(1) 策略协商。双方交换保护需求。

- 使用哪种 IPSec 协议: AH 或 ESP。
- 使用哪种 Hash 算法: MD5 或 SHA。
- 是否要求加密,若是,选择加密算法: 3DES 或 DES。

在上述三方面达成一致后,将建立起两个 SA,分别用于入站和出站通信。

(2) 会话密钥"材料"刷新或交换。在这一步中,将生成加密 IP 数据包的"会话密钥"。生成"会话密钥"所使用的"材料"可以和生成第一阶段 SA 中"主密钥"的相同,也可以不同。如果不做特殊要求,只需要刷新"材料"后,生成新密钥即可。若要求使用不同的"材料",则在密钥生成之前,首先进行第二轮的 DH 交换。

(3) SA 和密钥连同 SPI,被递交给 IPSec 驱动程序。第二阶段协商过程与第一阶段协商过程类似,不同之处在于:在第二阶段中,如果响应超时,则自动尝试重新进行第一阶段 SA 协商。

第一阶段 SA 建立起安全通信信道后保存在高速缓存中,在此基础上可以建立多个第二阶段 SA 协商,从而提高整个建立 SA 过程的速度。只要第一阶段 SA 不超时,就不必重复第一阶段的协商和认证。允许建立的第二阶段 SA 的个数由 IPSec 策略属性决定。

由 IKE 建立的 IPSec SA 有时也会为密钥带来"完美向前保密(PFS)"特性。所谓 PFS,是指即使攻击者破解了一个密钥,也只能还原这个密钥加密的数据,而不能还原其他的加密数据。要达到理想的 PFS,一个密钥只能用于一种用途,生成一个密钥的素材也不能用来生成其他的密钥。我们把采用短暂的一次性密钥的系统称为 PFS。

而且如果愿意,也可使通信对方的身份具有同样的特性。通过一次 IKE 密钥交换,可创建多对 IPSec SA。正是由于提供了多样性的选择,才使 IKE 既具有广泛的包容性,又具有高度的复杂性。

7.5 PGP

随着 Internet 的发展,电子邮件作为其最重要的应用之一,也得到了越来越广泛的应用,从一般的个人通信手段发展到了网上媒体和政务/商务等重要且正式的场合。因此电子邮件的安全以及电子邮件系统的安全性也得到了越来越多的关注。

电子邮件在 Internet 上传输,从一台计算机传输到另一台计算机,电子邮件所经过的网络上的任意一个系统管理员或黑客都可能截获和更改该邮件,甚至伪造某人的电子邮件。这就类似于传统的邮政系统中的明信片,邮件本身的安全性需要依赖邮件经过的网络系统的安全性和管理人员的诚实、对信息的漠不关心。

为了保证电子邮件的安全,首先要保证邮件不被无关的人窃取或更改,同时接收者也必须能确定该邮件是由合法发送者发出的。因此针对电子邮件采用的安全技术主要是加密技术和签名技术,但目前还没有安全电子邮件的正式标准。下面就以应用较为广泛的 PGP 协议标准为例来进行介绍。

PGP(Pretty Good Privacy,相当好的保密)是由 MIT 的 P. R. Zimmerrmann 提出的,主要用于安全电子邮件,它可以对通过网络进行传输的数据创建和检验数字签名、加密、解密以及压缩。由于它免费供应、源代码完全公开,并可在 MS-DOS、Windows、UNIX、Macintosh 等多种平台上使用,故近年来得到了广泛使用。

PGP 提供 5 个方面的功能:鉴别、机密性、压缩、E-mail 兼容性和分段功能,如表 7.1 所示。

表 7.1 PGP 的功能

功　　能	使用的算法	解 释 说 明
签别	RSA 或 DSS,MD5 或 SHA	用 MD5 或 SHA 对消息散列,并用发送者的私钥加密消息摘要
机密性	IDEA、CAST 或三重 DES,Diffie-Hellman 或 RSA	发送者产生一次性会话密钥,用会话密钥以 IDEA、CAST 或三重 DES 加密消息,并用接收者的公钥以 Diffie-Hellman 或 RSA 加密会话密钥
压缩	ZIP	使用 ZIP 压缩消息,以便于存储和传输
E-mail 兼容性	Radix64 交换	对 E-mail 应用提供透明性,将加密消息用 Radix64 变换成 ASCII 字符串
分段功能	—	为适应最大消息长度限制,PGP 实行分段并重组

7.5.1 鉴别

PGP 的鉴别服务用于说明由谁发来的报文且只能由他发出。

PGP 的鉴别操作过程如图 7.13(a)所示。

其中,图 7.13 中的参数的含义如下所示。

- K_S:会话钥。
- K_{RA}:用户 A 的私钥。

- K_{UA}：用户 A 的公钥。
- EP：公钥加密。
- DP：公钥解密。
- EC：常规加密。
- DC：常规解密。
- H：散列函数。
- ‖：连接。
- Z：用 ZIP 算法进行数据压缩。
- Z^{-1}：解压缩。
- R64：用 Radix64 转换到 ASCII 格式。

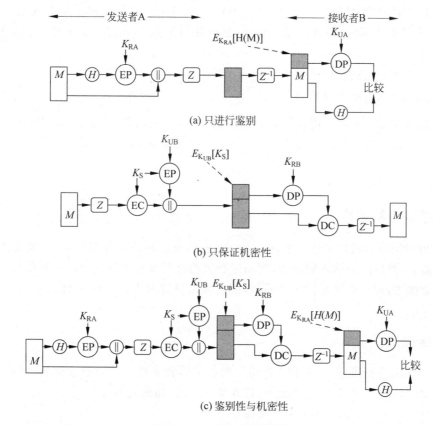

图 7.13 PGP 的操作过程

PGP 鉴别的过程可描述如下。

- 发送者产生消息 M。
- 用 SHA-1 对 M 生成一个 160 位的散列码 H。
- H 用发送者的私钥加密,并与 M 连接。
- 接收者用发送者的公钥解密并恢复散列码 H。
- 对消息 M 生成一个新的散列码,与 H 比较。如果一致,则消息 M 被认证,即报文作为已鉴别的报文接受(提供 DSS/SHA-1 可选替代方案和签名与消息分离的支持)。

7.5.2 机密性

PGP 提供的另一个基本服务是机密性,它是通过对将要传输的报文或者将要像文件一样存储在本地的报文进行加密来提供这一基本服务的(见图 7.15(b))。

PGP 加解密采用 CAST-128(或 IDEA 或 3DES)、64 位 CFB 方式。总要面对密钥分配问题。在 PGP 中,每个常规密钥只使用一次,即对每个报文生成新的 128 位的随机数。因此,尽管在文档中这个密钥被称为会话密钥,实际上它是一次性密钥。因为只被使用一次,所以会话密钥与报文绑定在一起并和报文一起传输。为了保护密钥,将使用接收者的公开密钥对它进行加密。其过程如下:

- 发送者生成消息 M 并为该消息生成一个 128 位的随机数作为会话密钥。
- 使用会话密钥、CAST-128 算法(或 IDEA 或 3DES)对消息 M 进行加密。
- 会话密钥用 RSA 及接收者的公钥加密并与消息 M 结合(也可用 Diffie-Hellman 算法)。
- 接收者用自己的私钥解密恢复会话密钥。
- 用会话密钥解密恢复消息 M。

PGP 结合了常规密钥加密和公开密钥加密算法,一是时间上的考虑,对称加密算法比公开密钥加密速度快很多倍;二是公开密钥解决了会话密钥分配问题,因为只有接收者才能用私有密钥解密一次性会话密钥。PGP 巧妙地将常规密钥加密和公开密钥加密结合起来,从而使会话安全得到保证。

7.5.3 鉴别与机密性

PGP 可以同时提供机密性与鉴别。当加密和认证这两种服务都需要时,发送者先用自己的私钥签名,然后用会话密钥加密,再用接收者的公钥加密会话密钥(见图 7.15(c))。在这里要注意次序,如果先加密再签名的话,别人可以将签名去掉后签上自己的签名,从而篡改签名。

7.5.4 压缩

PGP 对报文进行压缩,这有利于在电子邮件传输和文件存储时节省空间。但压缩算法的放置位置比较重要,在默认的情况下,放在签名之后、加密之前。

在压缩之前生成签名有如下两个理由。

(1) 对没有经过压缩的报文进行签名更好些。这样,为了将来的验证就只需要存储没压缩的报文和签名。如果对压缩文档签名,那么为了将来的验证就必须存储压缩过的报文,或者在需要验证时更新压缩报文。

(2) 即使个人愿意在验证时动态生成重新压缩的报文,PGP 的压缩算法也存在问题。算法不是固定的,算法的不同实现在运行速度和压缩比上进行不同的折中,因此产生了不同的压缩形式。但是,这些不同的压缩算法是可以互操作的,因为任何版本的算法都可以正确地解压其他版本的输出。如果在压缩之后应用散列函数和签名,将约束所有的 PGP 实现都使用同样的压缩算法。

另外,在压缩之后对报文加密可以加强加密的强度。因为压缩过的报文比原始明文冗余更少,密码分析更加困难。

7.5.5 E-mail 兼容性

当使用 PGP 时,至少传输报文的一部分需要被加密。如果只使用签名服务,那么报文摘要被加密(使用发送者的私有密码)。如果使用机密性服务,报文加上签名(如果存在)要被加密(使用一次性的对称密码)。因此,部分或全部的结果报文由任意的 8 位二进制流组成。但是,很多电子邮件系统只允许使用 ASCII 文本。为了满足这一约束,PGP 提供了将原始 8 位二进制流转换成可打印的 ASCII 字符的服务。

为实现这一目的采用的方案是 Radix64 转换,每 3 个字节的二进制数据为一组映射成 4 个 ASCII 字符。这种格式附加了 CRC 校验来检测传输错误,使得 Radix64 将报文的长度扩充了 33%。幸运的是报文的会话密钥和签名部分相对紧凑,并且明文报文已经进行了压缩,实际上压缩足以补偿 Radix64 的扩展。因此,整体压缩比仍然可以达到三分之一。

Radix64 算法的一个值得注意的方面是它将输入流转换成 Radix64 的格式时,并不管输入流的内容,即使输入流正好是 ASCII 正文。因此,如果报文被签名但还没有被加密,并且对整个分组应用上述转换,输出的结果对于偶然的观察者将是不可读的,这提供了一定程度的机密性。作为选项,PGP 可以配置成只将签名的明文报文的签名部分转换成 Radix64 的格式,这可以使得接收报文的人不使用 PGP 就能阅读报文。当然,必须使用 PGP 才能验证签名。

7.5.6 分段与重组

电子邮件设施经常受限于最大的报文长度,例如最大 50KB 的限制。任何长度超过这个数值的报文都必须划分成更小的报文段,每个段被单独发送。

为了满足这个约束,PGP 自动将过长的报文划分成可以使用电子邮件发送的足够小的报文段。分段是在所有其他的处理(包括 Radix64 转换)完成之后才进行的,因此会话密钥部分和签名部分只在第一个报文段的开始位置出现一次;在接收端,PGP 将各段自动重新装配成完整的原来的分组。

7.5.7 PGP 密钥管理

在 PGP 里面,最有特色的或许就是它的密钥管理。PGP 包含 4 种密钥:一次性会话密钥、公开密钥、私有密钥和基于密码短语的常规密钥。

在用户使用 PGP 时,应该首先生成一个公开密钥/私有密钥对。其中,公开密钥可以公开,而私有密钥绝对不能公开。PGP 将公开密钥和私有密钥用两个文件存储,一个用来存储该用户的公开/私有密钥,称为私有密钥环;另一个用来存储其他用户的公开密钥,称为公开密钥环。

为了确保只有该用户可以访问私有密钥环,PGP 采用了比较简洁和有效的算法。当用户使用 RSA 生成一个新的公开/私有密钥对时,输入一个密码短语,然后使用散列算法(例如 SHA-1)生成该密码的散列编码,将其作为密钥,采用 CAST-128 等常规加密算法对私有密钥加密,存储在私有密钥环中。当用户访问私有密钥时,必须提供相应的密码短语,然后 PGP 根据密码短语获得散列编码,将其作为密钥,对加密的私有密钥解密。通过这种方式,就保证了系统的安全性依赖于密码的安全性。

双方使用一次性会话密钥对每次会话内容进行加解密。这个密钥本身是基于用户鼠标和键盘击键时间而产生的随机数。

注意：每次会话的密钥均不同。这个密钥经过 RSA 或 Diffie-Hellman 加密后和报文一起传送到对方。

下面介绍 PGP 的公开密钥管理。假设 A 想要获得 B 的公开密钥，可以采取几种方法，包括复制给 A、通过电话验证公开密钥是否正确、从双方都信任的人 C 那里获得、从认证中心获得等。PGP 并没有建立认证中心这样的概念，它采用信任机制。公开密钥环上的每个实体都有一个密钥合法性字段，用来标识信任程度。信任级别包括完全信任、少量信任、不可信任、不认识的信任等。当新来一个公开密钥时，根据上面附加的签名来计算信任值的权重和，以确定信任程度。

在实际应用中，所有 PGP 用户可以签发各自的 PGP 证书，通常是由许多公认的个人来签发证书，形成一个非正式的信任网，要与一个用户建立信任关系，就必须信任为此用户签发证书的人，它只适合于小规模的用户群体。

7.6　关键术语

密钥分配中心(Key Distribution Center，KDC)

访问许可证(Ticket)

认证符(Cator)

安全套接字层(Secure Socket Layer，SSL)

IPSec 安全协议(IP Security Protocol)

安全关联(Security Association，SA)

传输模式(Transport Mode)

隧道模式(Tunneling Mode)

7.7　习题 7

7.1　简述 Kerberos 的基本工作过程。

7.2　简述 SSL 握手的过程。

7.3　在 IPSec 中，ESP 和 AH 分别有什么作用？

7.4　AH 的传输模式与隧道模式有何区别？

7.5　ESP 的传输模式与隧道模式有何区别？

7.6　电子邮件存在哪些安全性问题？

7.7　PGP 加密电子邮件时，邮件的主题和附件是否被加密？

第8章 公钥基础设施

本章导读

➢ 公钥基础设施是利用公钥密码理论和技术建立的、提供安全服务的基础设施,用于创建、管理、存储、分发和撤销数字证书的一套体系。PKI 是目前网络安全建设的基础与核心,是电子商务等网络应用的安全实施的基本保障。它能为各种不同安全需求的用户提供多种安全服务,包括身份认证、数据保密性、数据完整性、不可否认性、时间戳服务等。

➢ 公钥证书是将公钥信息和公钥持有人进行绑定的一个载体,也称公钥证书,它由权威机构(CA)采用数字签名技术,颁发给用户,用以证明用户身份的一种数字凭证。

➢ X.509 定义了公钥证书的格式,PKI 实现中使用了 X.509 的认证格式。

➢ 作为一种基础设施,PKI 的应用范围非常广泛,并且在不断发展之中,包括 Web 安全通信、电子邮件和虚拟私有网(VPN)等。

随着网络技术和信息技术的发展,各种网络应用蓬勃发展,特别是电子商务、电子政务等应用已逐步被人们所接受,并在得到不断普及。这些网络应用中的信息安全问题则成为重中之重,必须从技术上保证在网上交易过程中能够实现身份认证和识别;网上的交易信息的私密性需要得到保护,提供交易信息的完整性、交易中各方对交易操作的不可否认性。

数字证书认证体系技术能有效地解决上述安全要求,因此在国内外电子商务中,都得到了广泛的应用。将数字证书的使用和管理作为核心的公钥基础设施(Public Key Infrastructure,PKI)成为目前网络安全建设的基础与核心,是电子商务等应用安全实施的基本保障,对 PKI 技术的研究和开发成为目前信息安全领域的热点。

8.1 理 论 基 础

PKI 是利用公钥密码理论和技术为网络安全应用提供安全服务的基础设施,不针对任何一种具体的网络应用,但它提供了一个基础平台,并提供了友好的接口。PKI 采用数字证书对公钥进行管理,通过第三方的可信任机构(认证中心,即 CA),把用户的公钥和用户的其他标识信息捆绑在一起,如用户名和电子邮件地址等信息,以在 Internet 上验证用户的身份。任何应用或者用户只需要知道如何接入 PKI 获得服务,其提供的安全服务对于用户是透明的。简单来说,PKI 的主要目的是通过自动管理密钥和证书,为用户建立起一个安全的网络运行环境,使用户可以在多种应用环境下方便地使用加密、数字签名技术等多种密码技术,从而保证 Internet 上数据的安全性。

作为安全的基础设施,PKI 需要提供的是基础服务。安全基础设施就是为整个应用组织提供安全的基本框架,可以被组织中任何需要安全的应用和对象使用。安全基础设施的"接入点"必须是统一的,便于使用的(就像墙上的电源插座一样)。安全基础设施的主要目标就是实现"应用支撑"的功能。从某种意义上说,电力系统就是一个应用支撑,它可以让"应用"(如电灯)正常地工作。进一步地讲,由于电力基础设施具有通用性和实用性的特点,使它能支撑新的"应用"。因此,公钥基础设施为了能够提供让应用程序增强自己的数据和资源的安全的一个基础平台,应该提供像将电器设备插入墙上的插座一样简单、易于使用的接口;基础设施提供的服务是可预测且有效的;上层应用无须了解基础设施如何提供服务即可有效地使用其提供的安全服务。

下面我们将首先介绍 PKI 中涉及的安全服务概念和密码技术。

8.1.1　网络安全服务

ITU-T 推荐方案 X.800,即 OSI 安全框架,对安全框架给出了一种概念上的定义。这个框架是作为国际标准而开发的,所以计算机和通信商已经在他们的产品和服务中提供了这些安全特性,这些产品和服务与安全服务和安全机制的结构化定义相互关联。OSI 对安全攻击、安全机制和安全服务都给出了定义。

网络攻击(或称网络威胁)分为被动攻击和主动攻击。被动攻击主要指消息内容的泄露,即信息被泄露或透露给某个非授权实体,这种信息泄露主要是来自于攻击者对网络通信进行窃听、流量分析等信息探测攻击。即使使用了加密机制的消息,攻击者也可能会获得某种消息模式,用以确定通信实体的身份和位置,获取消息的频率、长度等。主动攻击主要指对信息的修改和伪造,包括如下内容。

- 伪造:攻击者假冒某个实体,或者伪造某个消息,如获取认证信息并在一段时间之后重放该认证信息以欺骗合法方。以破坏身份的认证性。
- 重放:将消息截获后再次发送以产生非授权的效果。以破坏消息的认证性。
- 消息篡改:破坏消息的完整性,修改合法消息的一部分或延迟消息的传输或改变消息的顺序以获得非授权的效果。
- 拒绝服务攻击:阻止或禁止对通信设施的正常使用和管理,使得信息或资源的合法访问被无条件拒绝。

为了防止上述安全威胁,加强数据处理系统和信息传输的安全性的一种处理过程或通信服务被称为安全服务,其目的在于使用一种或多种安全机制进行反攻击。X.800 将安全服务定义为通信开发系统协议层提供的服务,从而保证系统或数据传输有足够的安全性,并将服务进行了分类,这里我们给出和 PKI 相关的安全服务类型。

- 认证性:认证服务与保证通信的真实性有关。认证服务向接收方保证消息来自于所声称的发送方。认证性包括实体认证和数据源认证。实体认证是用于逻辑连接时为通信的实体之间提供身份可信性认证;数据源认证指的是在无连接传输时保证收到的消息来源是其所声称的来源。
- 数据保密性:防止传输的信息受到被动攻击,这包括信息内容的泄露,以及流量攻击,这会使得攻击者无法获得与消息相关的信息,如消息的源、宿、长度等信息。
- 数据完整性:保证消息在通信中没有被攻击者篡改。处理消息流动面向连接的完整性服务用于保证收到的消息和发出的消息一致,没有被复制、插入、修改、更改顺序或重放。无连接的完整性服务,仅仅防止对单条消息的修改,而不管大量的上下文信息。

- 不可否认性:防止信息发送方或接收方否认传输或接受过某条消息。当消息发出后,接收方可以证明消息确实由声称的发送方发出;当消息接收后,发送方能证明消息确实由声称的接收方收到。
- 访问控制:限制和控制通过通信连接对主机和应用进行存取的能力。每个试图获得访问控制的实体必须被识别或认证后才能获得相应的存取权限。

8.1.2　密码技术

虽然 PKI 是基于公钥密码体制的,但是其实现和上层应用综合使用了其他多种密码技术,包括对称和非对称加/解密、数字签名、消息认证码、散列函数、数字证书、数字信封、双重数字签名等。

1. 对称和非对称加/解密

对称加密机制也称单钥密码技术,即加密密钥和解密密钥是相同的。对称密码加密机制的特点是:保密性好、计算效率高、处理速度快,适合于大数据量的加/解密。但缺点是:对于密钥的分发管理困难。

非对称密码体制也称为公钥密码体制或双钥密码体制,它不仅可以提供加/解密功能,还可以实现数字签名。密码机制中使用一对密钥:一个可以公开,称为公钥;一个由用户秘密保存,称为私钥。公钥和私钥是不同的,且从公钥推出私钥在计算上是不可行的,这是非对称密码机制的基本安全要求之一。非对称密码机制的特点是:便于密钥的分发管理、可以实现数字签名。缺点是:计算效率低,不适合大数据量的处理。

因此,对称加密和非对称加密虽然都可以提供加/解密功能,但是在实际应用中,彼此并不能完全替代,通常采用混合使用的模式,重复发挥两种密码机制的特点,如使用非对称密码机制交换对称会话密钥或短的认证信息,使用对称密码机制加密大数据量的消息。

2. 消息认证码与散列函数

消息认证码是保证数据完整性的加密技术,它使用密钥对消息进行加密处理,生成一段短数据块,作为消息的认证码,这个认证码和消息的每一位都相关,原始消息的任何一位的修改都会反映到这小段数据上。因此,它可以用来判断原数据是否被篡改。PKI 中广泛地使用了消息认证码技术,从而提供数据的完整性服务。

散列函数和消息认证码函数功能类似,也是对消息产生一段短的数据块,作为和原始消息相关的认证信息,但不同的是,散列函数不使用密钥信息。这就意味着它的使用和消息认证码函数不同。在 PKI 中,散列函数通常和非对称密码机制结合使用,用来实现数字签名。

3. 数字签名

数字签名是 PKI 中提供的典型应用,它基于非对称密码机制实现,使用签名私钥对消息进行签名处理,得到一段信息和原消息一起发送或存放,实现和现实中类似的手写签名一样的效果。任何具有签名者的公钥的人或实体都可以对消息的签名进行验证,判断其签名的合法性。数字签名可以提供身份认证、数据完整性、不可否认性等安全服务。

根据非对称密码体制的特点,数字签名在应用中的实现主要有两种形式。

(1) 直接使用签名私钥进行数字签名:这种方式适合于对数据量小的信息进行签名。

(2) 结合散列函数实现数字签名:这种方式适合对数据量大的信息进行签名。首先对被签名的消息计算散列值,然后使用私钥对消息散列值而不是直接对消息进行签名。验证者收到消息及签名后,首先使用散列函数计算出所收到的消息的散列值,然后使用公钥对该散列值以及收到的数字签名进行验证。

4. 数字信封

所谓数字信封,就是消息发送方用接收方的公钥,对本次会话的对称会话密钥进行加密,同时使用这个对称密钥对传输的其他消息进行加密,然后将这两部分密文都传送给接收方。接收方收到两段密文后,首先是要通过自己的私钥解密得到对称密钥,然后使用对称密钥解密另外一段密文。其中发送方对于对称密钥的加密处理得到的密文,就好像是将钥匙放在一个信封中传送给接收方,因此称为数字信封。数字信封是 PKI 中对于加密、数字签名和散列函数的综合使用,是比较常用的一种技术。

数字信封的具体操作如图 8.1 所示。

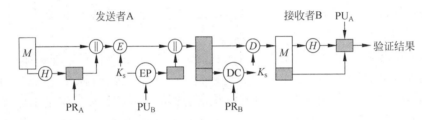

图 8.1　数字信封

(1) 首先发生方 A 对消息 M 计算散列值。

(2) A 使用自己的私钥 PR_A 对散列值进行签名,得到对消息的数字签名。

(3) A 将消息明文、数字签名和自己的公钥 PU_A,使用对称密钥 K 进行加密处理,得到密文 E。

(4) A 使用接收方的公钥 PU_B 对于 K 进行加密处理,形成一个数字信封。

(5) A 将第(3)步中得到的密文和第(4)步中得到的数字信封,发送给 B。

(6) B 收到消息后,要用自己的私钥 PR_B 对数字信封进行解密,获得对称密钥 K。

(7) B 使用 K 对密文 E 进行解密得到消息原文、数字签名和 A 的公钥信息。

(8) B 使用散列函数计算消息原文的散列值。

(9) B 使用公钥 PU_A 验证对散列值的数字签名是否合法。

5. 双重数字签名

所谓双重签名,是指发送者需要发送两组相关的信息给接收者,对这两组相关信息,接收者只能解读其中的一组,而另一组只能直接转发给第三方接收者。这种应用中使用的两组数字签名称为双重数字签名。

数字签名在 SET 协议中的一个重要应用就是双重签名。在交易中持卡人发往银行的支付指令是通过商家转发的,为了避免在交易的过程中商家窃取持卡人的信用卡信息,以及避免银行跟踪持卡人的行为,侵犯消费者隐私,但同时又不能影响商家和银行对持卡人所发信息的合理的验证,只有当商家同意持卡人的购买请求后,才会让银行给商家付费,SET 协议采用双重签名来解决这一问题。

8.2 PKI 的组成

PKI 是利用公钥密码技术来实现并提供信息安全服务的基础设施,它能够为所有网络应用透明的提高加密、数字签名等密码服务所需要的密钥和证书管理。PKI 在实际应用上是一套软硬件系统和安全策略的集合,它提供了一整套安全机制,使用户在不知道对方身份或分布地很广的情况下,以证书为基础,通过一系列的信任关系进行通信和电子商务交易。一个典型的 PKI 系统如图 8.2 和图 8.3 所示,其中包括 PKI 策略、软硬件系统、认证机构(CA)、注册机构(Register Authority,RA)、证书发布系统、PKI 应用接口等。

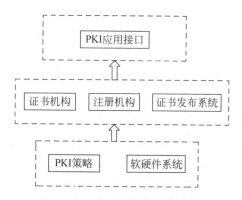

图 8.2 一个典型的 PKI 系统的组成

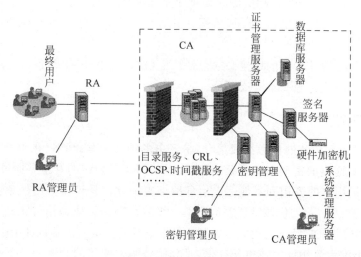

图 8.3 PKI 的组成结构

PKI 安全策略建立和定义了一个信息安全方面的指导方针,同时也定义了密码系统使用的处理方法和原则。它包括一个组织怎样处理密钥和有价值的信息,根据风险的级别定义了安全控制的级别。一般情况下,在 PKI 中有两种类型的策略:一个是证书策略,用于管理证书的使用;另外一个就是证书使用声明(Certificate Practice Statement,CPS)。一些由商业证书发放机构(CCA)或者可信的第三方操作的 PKI 系统需要 CPS。这是一个包含如何在实践中增强和支持安全策略的一些操作过程的详细文档。它包括 CA 是如何建立和运作的,证书是如何发行、接收和撤销的,密钥是如何产生、注册的,以及密钥是如何存储的,用户是如何得到它的等。

证书机构 CA 是 PKI 的信任基础,它管理公钥的整个生命周期,其作用包括:发放证书、规定证书的有效期和通过发布证书撤销列表(Certificate Revocation Lists,CRL)来确保在必要时可以撤销证书。

注册机构 RA 提供用户和 CA 之间的一个接口,它用于获取并认证用户的身份,向 CA 提出证书请求。这里指的用户,是指将要向认证中心(即 CA)申请数字证书的客户,可以是个人,也可以是集团或团体、某政府机构等。注册机构 RA 是 CA 的证书发放、管理的延伸。它主要负责:接收和验证新注册人的注册信息;代表最终用户生成密钥对;接收和授权密钥备份和恢复请求;接收和授权证书吊销请求;按需分发或恢复硬件设备,如令牌。注册管理一般由一个独立的注册机构(即 RA)来负责。它接受用户的注册申请,审查用户的申请资格,并决定是否同意 CA 向其签发数字证书。注册机构并不给用户签发证书,而只是对用户进行资格审查。因此,RA 可以设置在直接面对客户的业务部门,如银行的营业部、机构人事部门等。对于一个规模较小的 PKI 应用系统来说,可把注册管理的职能分配给认证中心 CA,而不设立独立运行的 RA。但这并不是取消了 PKI 的注册功能,而只是将其作为 CA 的一项功能而已。PKI 国际标准推荐由一个独立的 RA 来完成注册管理的任务,可以增强应用系统的安全。

证书发布系统负责证书的发放,如可以通过用户自己,或是通过目录服务。目录服务器可以是一个组织中现存的,也可以是 PKI 方案中提供的。

一个 PKI 系统还必须包括相应的存储证书的证书库。证书库包括 LDAP 目录服务器和普通数据库,用于对用户申请、证书、密钥、CRL、日志等信息进行存储和管理,并提供一定的查询功能。

换一个角度说,PKI 系统的构建必须包括认证机构、证书库、密钥备份及恢复系统、证书撤销系统、PKI 应用接口等基本组成部分。

8.2.1　认证机构

认证机构 CA 是 PKI 的核心组成部分,是证书的颁发机构。PKI 的服务都是围绕对密钥的管理展开的,这里的密钥指的是公钥/私钥对。PKI 对公钥的管理是通过数字证书来实现的,通过 CA 把用户的公钥和其他标识信息捆绑在一起。认证中心的任务就是负责产生、分配并管理数字证书。每一份数字证书都与上一级的数字签名证书相关联,最终通过安全链追溯到一个已知的并被广泛认为是安全、权威、足以信赖的机构——根认证中心(根 CA)。

数字证书也称为公钥证书或电子证书,是公钥体制中使用的公钥的一个密钥管理载体,它是一种权威性的电子文档,形同网络环境中的一种身份证,用以证明某个主题(如用户、服务器等)的身份以及其所持有的公开密钥的真实性和合法性。而认证机构则是这样一个可信机构,它对任何主体的公钥进行公证,并证明主体的身份,以及该主体与其所持有的公钥之间的匹配关系。认证机构的主要职责如下。

- 验证并标识证书申请者的身份。
- 确保 CA 用于签名证书的非对称密钥的质量。
- 确保整个认证过程的安全性,确保签名私钥的安全性。
- 证书资料信息(包括公钥证书序列号、CA 标识等)的管理。
- 确定并检查证书的有效期。
- 确保证书主题标识的唯一性,防止重名。
- 发布并维护作废证书列表。
- 对整个证书签发过程做日志记录。
- 向申请人发出通知。

其中 CA 对所颁发的证书的数字签名保证了证书的有效性和权威性,因此 CA 需要保护好自己的一对密钥,确保其高度的机密性,防止他方伪造证书。CA 的公钥在网上公开,整个网络系统必须保证完整性。

主体的公钥可以由如下方式产生,然后由 CA 对其进行数字签名。

- 用户自己生成密钥对,然后将公钥以安全的方式传送给 CA,这种方法的优点是用户私钥不会被传播给其他实体,但该过程必须保证用户公钥的可验证性和完整性。
- 密钥对由 CA 产生,然后将其以安全的方式传送给用户。认证机构是用户信任的实体,并且具有必要的、安全的安全手段,这是一种比较合适的选择。该过程必须确保密钥对的机密性、完整性和可验证性,这种方式对 CA 的可信性要求更高。

8.2.2　证书和证书库

证书库是 CA 颁发证书和撤销证书的集中存放地,是 Internet 上的一种公共信息库,可供用户进行开放式查询。

证书库的一般构造方法是采用支持 LDAP 协议的目录系统。证书及证书撤销信息在目录系统上发布,其标准格式采用 X.500 系列。用户或相关应用可以通过 LDAP 来访问证书库,实时查询证书和证书撤销信息。系统必须保证证书库的完整性,防止伪造、篡改证书。

证书库中存放的数字证书是一个经 CA 数字签名的包含公开密钥拥有者信息和公开密钥的文件,证书的权威性取决于该机构的权威性。最简单的证书包含一个公开密钥、名称以及证书授权中心的数字签名。一般情况下证书中还包括密钥的有效时间、发证机关(证书授权中心)的名称、该证书的序列号等信息。

证书是 PKI 的管理核心,PKI 适用于异构环境,所以证书的格式在所使用的范围内必须统一。证书的格式遵循 ITUT X.509 国际标准,关于该标准,我们会在后续章节中详细介绍。

X.509 目前有 3 个版本:v1、v2 和 v3,其中,v3 是在 v2 的基础上加上扩展项后的版本,这些扩展包括由 ISO 文档(X.509-AM)定义的标准扩展,也包括由其他组织或团体定义或注册的扩展项。为了适应新的需求,ISO/IEC 和 ANSI X9 发展了 X.509 v3 版本证书格式,该版本证书通过增加标准扩展项对 v1 和 v2 证书进行了扩展。另外,根据实际需要,各个组织或团体也可以增加自己的私有扩展。

X.509 v1 和 v2 证书所包含的主要内容如下。

- 证书版本号:指明 X.509 证书的格式版本。

- 证书序列号：序列号指定由 CA 分配给证书的唯一的数字型标识符。当证书被取消时,则将此证书的序列号放入由 CA 签发的 CRL 中。
- 签名算法标识符：指定由 CA 签发证书时所使用的签名算法。算法标识符用来指定 CA 签发证书时所使用的公开密钥算法和 Hash 算法,需在知名标准组织(如ISO)注册。
- 签发机构名：标识签发证书的 CA 的 X.500 DN 名字。包括国家、省市、地区、组织机构、单位部门和通用名。
- 有效期：指定证书的有效期,包括证书开始生效的日期和时间以及失效的日期和时间。每次使用证书时,都需要检查证书是否在有效期内。
- 证书用户名：指定证书持有者的 X.500 的唯一名字。包括国家、省市、地区、组织机构、单位部门和通用名,还可包含 E-mail 地址等个人信息。
- 证书持有者公钥信息：证书持有者公开密钥信息域包含两个重要信息。证书持有者的公开密钥的值；公开密钥使用的算法标识符。此标识符包含公开密钥算法和 Hash 算法。
- 签发者唯一标识符：签发者唯一标识符在 v2 版被加入到证书定义中。此域用在当同一个 X.500 名字用于多个认证机构时,用 1 位字符串来唯一标识签发者的 X.500 名字。该标识符是可选的。
- 证书持有者唯一标识符：持有证书者唯一标识符在 v2 版的标准中被加入到 X.509 证书定义。此域用在当同一个 X.500 名字用于多个证书持有者时,用 1 位字符串来唯一标识证书持有者的 X.500 名字。该标识符是可选的。
- 签名值：证书签发机构对证书上述内容的签名值。

X.509 v3 证书是在 v2 的基础上增加了扩展项,以使证书能够附带额外信息。标准扩展是指由 X.509 v3 版本定义的对 v2 版本增加的具有广泛应用前景的扩展项,任何人都可以向一些权威机构,如 ISO,来注册一些其他扩展,如果这些扩展项应用广泛,也许以后会成为标准扩展项。数字证书的格式可参见第 4 章中的相关内容。

8.2.3　证书撤销

CA 签发证书来捆绑用户的身份和公钥。和各种其他类型的证件一样,证书在有效期内可能因为一些原因需要撤销用户信息和公钥的捆绑关系,如用户姓名的改变、用户与所属团体的关系发生变更、私钥泄露等。

这就需要终止证书的生命期,并警告其他用户不再使用这个证书。PKI 为此提供了证书撤销的管理机制,撤销证书有以下几种机制。

(1) 撤销一个或多个主体的证书。

(2) 撤销由某一对密钥签发的所有证书。

(3) 撤销由 CA 签发的所有证书。

一般 CA 通过发布证书撤销列表 CRL 来发布撤销信息。CRL 是由 CA 签名的一组电子文档,包括了被撤销证书的唯一标识(证书序列号)。CRL 为应用程序和其他系统提供了一种检验证书有效性的方式。任何一个证书被撤销后,CA 就会通过发布 CRL 的方式来通知各方。目前,同 X.509 v3 证书对应的 CRL 为 X.509 v2 CRL,其所包含的内容如下。

- CRL 的版本号：0 表示 X.509 v1 标准；1 表示 X.509 v2 标准；目前常用的是与 X.509 v3 证书对应的 CRL v2 版本。
- 签名算法：包含算法标识和算法参数，用于指定证书签发机构用来对 CRL 内容进行签名的算法。
- 证书签发机构名：签发机构名，由国家、省市、地区、组织机构、单位部门、通用名等组成。
- 本次签发时间：本次 CRL 的发布时间，以 UTCTime 或 GeneralizedTime 的形式表示。
- 下次签发时间：下次 CRL 的发布时间，和本次签发时间的表示形式一致。
- 用户公钥信息：其中包括撤销的证书序列号和证书撤销时间。撤销的证书序列号是指要撤销的、由同一个 CA 签发的证书的一个唯一标识号，同一机构签发的证书不会有相同的序列号。
- 签名算法：对 CRL 内容进行签名的签名算法。
- 签名值：证书签发机构对 CRL 内容的签名值。

另外，CRL 中还包含扩展域和条目扩展域。CRL 扩展域用于提供与 CRL 有关的额外信息部分，允许团体和组织定义私有的 CRL 扩展域来传送他们独有的信息；CRL 条目扩展域则提供与 CRL 条目有关的额外信息部分，允许团体和组织定义私有的 CRL 条目扩展域来传送他们独有的信息。

另外，CRL 一般通过 Internet 上下载的方式存储在用户端。如果合适，在撤销一个用户的证书时应提供一个新的证书，CA 以离线方式通知证书拥有者证书已被撤销。CA 必须维护颁发被撤销的带时间标记的证书列表。

对证书撤销信息的查询，也可以使用在线查询方式。在线证书状态协议（Online Certificate Status Protocol，OCSP）是 IETF 颁布的用于检查数字证书在某一交易时间是否有效的标准，可以实时进行这类检查，比下载和处理 CRL 的传统方式更快、更方便和更具独立性。为立即检查证书是否被撤销，用户的客户机必须形成请求，并将请求转发到一个 OCSP 应答器，即网络中保存最新撤销信息的服务器应用程序。应答器对请求给予回答。证书机构或其他实体向作为公共密钥基础设施的可信体系组成部分的可信赖机构提供 OCSP 应答器。对于使用 OCSP 应答器的用户来说，获得这一信息的最佳途径是使证书机构将信息直接输入到应答器中。根据证书机构与 OCSP 应答器之间的关系，证书机构可以转发即时的通知或证书撤销信息，并且这些信息可以立即被提供给用户。

8.2.4　密钥备份和恢复

密钥的备份和恢复是 PKI 中的一个重要内容。因为可能会有很多原因造成丢失解密数据的密钥，那么被加密的密文将无法解开，造成数据丢失。为了避免这种情况的发生，PKI 提供了密钥备份与解密密钥的恢复机制，即密钥备份与恢复系统。

在 PKI 中，密钥的备份和恢复分为 CA 自身根密钥和用户密钥两种情况。

由于 CA 根密钥是整个 PKI 安全运营的基石，其安全性关系到整个 PKI 系统的安全及正常运行，因此对于根密钥的产生和备份的安全性要求很高。根密钥由硬件加密模块中的加密机产生，加密机系统管理员启动专用的管理程序执行备份过程。备份方法是将根密钥分为多块,为每一块生成一个随机密码,使用该密码加密该模块,然后将加密后的密钥块分别写入不同的 IC 卡中,每个密码以一个文件形式存放,每人保存一块。在恢复密钥时,由各密钥备份持有人分别插入各自保管的 IC 卡,并输入相应的密码才能恢复密钥。

在 CA 签发用户证书时,就可以做密钥备份。一般将用户密钥存放在 CA 的资料库中。进行恢复时,根据密钥对历史存档进行恢复。在完成恢复之后,将产生一个新的签名密钥对来代替旧的签名密钥对。

值得注意的是,密钥备份和恢复一般只针对解密密钥,签名私钥是不做备份的。

8.2.5　PKI 应用接口

PKI 需要提供良好的应用接口,使得其所能提供的服务可以为各种不同的应用进行安全、一致、可信的交互,以降低管理维护成本,提高应用系统使用的透明度。为此,PKI 应用接口需要实现以下功能。

- 完成证书的验证,为所有应用提供一致、可信的方式使用公钥证书。
- 以安全、一致的方式与 PKI 的密钥备份与恢复系统交互,为应用提供统一的密钥备份与恢复支持。
- 在所有应用系统中,确保用户的签名私钥始终在用户本人的控制下。
- 根据案情策略自动为用户更换密钥,实现密钥更换的自动、透明与一致。
- 为方便用户访问加密的历史数据,要向应用提供历史密钥的安全管理服务。
- 为所有应用访问统一的公钥证书库提供支持。
- 以可信、一致的方式与证书撤销系统交互,向所有应用提供统一的证书撤销处理服务。
- 完成交叉证书的验证工作,为所有应用提供统一模式的交叉验证支持。
- 支持多种密钥存储介质。
- 提供跨平台服务。

8.3　PKI 的功能

8.3.1　证书的管理

PKI 中提供对证书的管理包括: 证书的申请和审批、证书的签发和下载、证书的查询和获取、证书撤销等。

1. 证书的申请和审批

注册审核机构 RA 负责证书的申请和审批功能。处理流程是: 用户直接从 RA 处获得申请表,填写相关内容,提交给 RA,由 RA 对相关内容进行审核并决定是否审批通过该证书申请的请求。通过审核后,RA 将申请请求及审批通过的信息提交给相应的认证中心 CA,由 CA 进行证书的签发。其中证书的申请和审批方式有离线和在线两种,终端用户可视具体情况选择合适的方式。

有些简单的 PKI 系统的 CA 和 RA 是一体的,即证书的申请、审批和签发都由 CA 来完成。

2. 证书的签发和下载

RA 完成了证书的申请和审批后,将证书请求提交给 CA,由 CA 颁发所申请的证书,其中由 CA 所生成的证书格式符合 X.509 v3 标准,CA 对证书进行数字签名。

证书的签发分为离线方式和在线方式两种。

离线方式包括两个步骤:(1)证书申请被批准注册后,RA 端的应用程序初始化申请者的信息,在 LDAP 目录服务器中添加证书申请人的有关信息;(2)RA 初始化信息后传给 CA,CA 将相应的一次性密码和认证码通过可靠途径(电子邮件或保密信封)传递给证书申请者,证书申请者在 RA 处输入密码和认证码并确认无误后,在现场领取证书。证书可存入软盘或者存放于 USB Key 中。

在线方式包括 3 个步骤:(1)RA 端首先从 CA 处接收到该申请的一次性密码和认证码,然后由 RA 将其交给证书申请者;(2)证书申请者通过 Internet 登录网上银行网站,通过浏览器安装根 CA 的证书;(3)申请者在银行的网页上,按提示填入从 RA 处拿到的密码和认证码信息,就可以下载自己的证书了。

3. 证书的查询和获取

当用户收到发送者进行数字签名的信息时,需要验证该数字签名,如果希望将加密信息发送给其他用户,需要获取其他用户的公钥证书并验证有效性。且证书都存在周期问题,所以在使用证书中所携带的公钥之前,需要保证当前证书是有效的;另外,即便是在有效期内,也可能该证书已经被用户更新或撤销了,这都需要进行查询和验证。

PKI 体系中提供了获取证书的多种方式。

- 发送者发送签名信息时,附加发送自己的证书。
- 单独发送证书信息的通道。
- 从访问发布证书的目录服务器获得。
- 从证书的相关实体处获得。

发送者在发送用于验证数字签名的证书的同时,可以发布证书链。这时,如果接收者拥有证书链上的每一个证书,就可以验证发送者的证书。

PKI 系统提供对证书状态信息的查询,以及对证书撤销列表的查询机制。可以通过 LDAP 协议,实时地访问证书目录和证书撤销列表,提供实时在线查询,以确认证书的状态。

4. 证书撤销

证书在使用过程中可能会因为各种原因而被废止。例如,密钥泄密,相关从属信息变更,密钥有效期中止或者 CA 本身的安全隐患所引起废止等。因此 PKI 提供了专门的证书撤销功能,这部分内容已在第 8.2.3 节中给出了详细讨论。

8.3.2　密钥的管理

1. 密钥的产生和分发

用户公/私钥对的产生、验证及分发有两种方式:用户自己完成或由代理完成。

用户自己可以产生密钥对,选取产生密钥方法,负责私钥的存放;用户应向 CA 提交自己的公钥和身份证明,CA 对用户进行身份认证,对密钥的强度和持有者进行审核。在审核通过的情况下,对用户的公钥产生证书;然后通过面对面、信件或电子方式将证书安全地发放给用户；最后 CA 负责将证书发布到相应的目录服务器。

在某些情况下，用户自己产生了密钥对后，到在线证书审核机构去进行证书申请。此时，审核机构完成对用户的身份认证后，以数字签名的方式向 CA 提供用户的公钥及相关信息；CA 完成对公钥强度检测后产生证书，CA 将签名的证书返给审核机构，由审核机构发放给用户或者 CA 通过电子方式将证书发放给用户。

密钥也可以由 CA 为用户产生。在这种情况下，用户在 CA 中心产生并获得密钥对，密钥对产生之后，CA 中心应自动销毁本地的用户私钥对副本；用户取得密钥对后，保存好自己的私钥，将公钥送至 CA，再按上述方式申请证书。

2. 密钥的备份和恢复

PKI 提供了密钥备份与解密密钥的恢复机制，即密钥备份与恢复系统。密钥的备份和恢复分为 CA 自身根密钥和用户密钥两种情况。

3. 密钥的自动更新

一个证书的有效期是有限的，这就需要定期更新证书。但对 PKI 用户来说，手工完成密钥更新几乎是不可行的，因为用户自己经常会忽视证书已过期，只有使用失败时才能发觉。因此，PKI 系统提供密钥的自动更新功能。也就是说，无论用户的证书用于何种目的，在认证时，都会在线自动检查有效期，当失效日期到来之前的某个时间间隔内自动启动更新程序，生成一个新的证书来代替旧证书，新旧证书的序列号不同。

密钥更新针对加密密钥对和签名密钥对，由于其安全性要求的不一样，其自动过程也不完全一样。

PKI 系统采取对管理员和用户透明的方式进行加密密钥对和证书的更新工作，提供全面的密钥、证书及生命周期的管理。系统对快要过期的证书进行自动更新，不需要管理员和用户干预。当加密密钥对接近过期时，系统将生成新的加密密钥对。这个过程基本上与证书发放过程相同，即 CA 使用 LDAP 协议将新的加密证书发送给目录服务器，以供用户下载。

签名密钥对的更新是当系统检查证书是否过期时，对接近过期的证书，将创建新的签名密钥对。利用当前证书建立与认证中心之间的连接，认证中心将创建新的认证证书，并将证书发回 RA，在归档的同时，供用户在线下载。

4. 密钥历史档案管理

由于密钥的不断更新，经过一定的时间段，每个用户都会形成多个"旧"证书和至少一个"当前"证书。这一系列的旧证书和相应的私钥就构成了用户密钥和证书的历史档案，简称密钥历史档案。密钥历史档案也是 PKI 系统的一个必不可少的功能。例如，某用户几年前加密的数据或其他人用他的公钥为其加密的数据，无法用现在的私钥解密，那么就需要从他的密钥历史档案中找到正确的解密密钥来解密数据。与此类似，有时也需要从密钥历史档案中找到合适的证书验证以前的签名。

类似于密钥更新，管理密钥历史档案也应当由 PKI 自动完成。在任何系统中，需要用户自己查找正确的私钥或用每个密钥去尝试解密数据，这对用户来说是无法容忍的。

8.3.3　交叉认证

每个 CA 只能覆盖一定的作用范围，这个范围称为 CA 的域。例如，不同的企业有各自的 CA,它们颁发的证书只能在企业内有效,当属于不同 CA 域的用户需要进行安全通信时,则需要提供一种互相认可对方证书的机制,在原本没有联系的 CA 之间建立信任关系,这就是交叉认证(Cross-Certification)。

交叉认证机制用于保证一个 PKI 团体的用户可以验证另一个 PKI 团体的用户证书。它是将这些以前无关的 CA 连接在一起的机制,从而使得在它们各自主体群之间能够进行安全通信。它是第三方信任的扩展。其实质是为了实现大范围内各个独立 PKI 域的互连互通、互操作而采用的一种信任模型。

交叉认证从 CA 所在域来分有两种形式:域内交叉认证和域间交叉认证。域内交叉认证即进行交叉认证的两个 CA 属于相同的域。例如,在一个组织的 CA 层次结构中,某一层的一个 CA 认证它下面一层的一个 CA,这就属于域内交叉认证。域间交叉认证即两个进行交叉认证的 CA 属于不同的域。完全独立的两个组织间的 CA 之间进行交叉认证就是域间交叉认证。

交叉认证既可以是单向的也可以是双向的。在一个域内各层次 CA 结构体系中的交叉认证,只允许上一级的 CA 向下一级的 CA 签发证书,而不能反过来,即只能单向签发证书。而在网状的交叉认证中,双方可以相互给对方签发证书,实现双向交叉认证。

交叉认证有两个操作:首先在两个域之间建立信任关系,这通常是一次性操作。在双方交叉认证的情况下,两个 CA 安全地交换他们的验证密钥。这些密钥用于验证他们在证书上的签名。为了完成这个操作,每个 CA 签发一张包含自己公钥的证书,该证书称为交叉证书。后续操作由客户端软件完成,这个操作包含了验证已由交叉认证的 CA 签发的用户证书的有效性,这个操作需要经常执行。该操作被称为跟踪信任链,链指的是交叉证书认证链表,沿着这个链表可以跟踪所有验证用户证书的 CA 密钥。

8.3.4　安全服务

PKI 体系提供的安全服务功能,包括身份认证、完整性、机密性、不可否认性、时间戳和数据的公正性服务。

1. 身份认证

身份认证指的是用户提供他是谁的证明。认证的实质就是证实被认证对象是否属实和是否有效的过程,常常被用于通信双方相互确认身份,以保证通信的安全。其基本思想是通过验证被认证对象的某个专有属性,达到确认被认证对象是否真实、有效的目的。PKI 的认证服务采用数字签名这一密码技术。

数字签名技术是基于公钥密码学的强认证技术,其效果和现实中的手写签名类似,并具有法律效应。在网络应用中,每个参与交易的实体都拥有一对签名的密钥,签名者自己知道签名私钥,并保证其安全。公开的是进行验证签名的公钥。因此只要私钥安全,就可以有效地对产生该签名的声称者进行身份验证,保证交互双方的身份真实性。同时公钥得到 PKI 中的 CA 的认可,由 CA 为其签发一个将用户身份和公钥进行绑定的网上身份证——数字证书,来保证公钥的可靠性,以及它与合法用户的对应关系。这样,在各种应用中,可以有效地实现身份认证。

作为认证体系的 PKI,完成身份认证主要体现在以下所述的 3 个步骤和层次。

(1) 交易双方建立连接后,首先一方验证另一方所持证书的有效性,通过访问证书目录,查询各自的证书撤销列表,以确认各自的证书都是当前使用的有效证书。这一查询就可以对双方的身份进行确认,因为 CA 为每个实体签发证书前就对其身份做了必要的信用度审核。

（2）交易一方验证另一方所持证书是否为共同认可的可信 CA 签发,即 CA 的有效性。由于在系统的初始化时各交易实体已获得可信 CA 的公钥,而且每个实体所持证书中都有该 CA 所做的签名。因此,如果所要验证的证书是由该 CA 签发,那么验证一方就可以用所拥有的 CA 公钥对 CA 所做的签名进行有效地验证。这样就保证了 CA 的可靠性。

（3）完成了以上的验证,证书的有效性就得到了确认。在真正处理业务前,交易中的被验证一方还要对一些可以验证身份的信息,如自己的标识符和密码用所拥有的签名私钥进行签名,然后传给该交易中的验证一方。这时验证方就可以直接用被验证方的证书中的公钥对这次所做的签名进行验证。

2. 数据完整性

数据的完整性就是防止信息被非法篡改,确认通信双方接收到的数据和从数据源发出的数据完全一致。

正如前面章节中所讨论的,可以通过采用安全的散列函数和数字签名技术实现数据完整性保护,特别是双重数字签名可以用于保证多方通信时数据的完整性。用户在发送信息之前对消息进行散列值的计算,并对散列值进行数字签名。收到消息的人可以对消息的签名进行验证,如果有任何细微的篡改,验证者都可以知晓。对于其中所用到的签名私钥和验证所用的公钥,PKI 提供的保护和身份认证中讨论的一样。

3. 数据机密性

数据的机密性就是实现对所保护数据的加密/解密,从而保证数据在传输和存储中,未被授权的人无法获取真实的信息。所有的机密数据都是由加密技术实现的。而 PKI 的机密性服务是一个框架结构,通过这个功能模块可以实现交易中的算法协商和密钥交换,而且对参与通信的实体来说这些过程是透明的。

PKI 中提供的公钥密码服务不仅可以完成数字签名,而且可以实现加密/解密操作。用于不同用途的公钥通常是须要严格分离的,即用于加密的公钥不能同时用于对数字签名的验证。CA 在颁发证书的时候会给出严格的用途说明。

当需要提供对信息的机密性保护时,发送者可以使用数字信封的方式首先使用对称会话密钥对原始数据进行加密,然后使用公钥对较短的对称会话密钥加密。发送者获取接收者的公钥及对其有效性的验证是依赖于对 CA 的信任。

4. 不可否认性

不可否认用于从技术上保证实体对他们行为的诚实,即参与交互的双方都不能事后否认自己曾经处理过的每次操作。这在电子商务、电子政务等应用中非常重要,主要包括数据来源的不可否认性、发送方的不可否认性以及接收方在接收后的不可否认性。PKI 所提供的不可否认功能,是基于数字签名以及其所提供的时间戳服务功能的。

在进行数字签名时,签名私钥只能被签名者自己掌握,系统中的其他参与实体无法得到该密钥,这样只有签名者自己能做出相应的签名,其他实体是无法做出这样的签名的。这样,签名者从技术上就不能否认自己做过该签名。为了保证签名私钥的安全,一般要求这种密钥只能在防篡改的硬件令牌上产生,并且永远不能离开令牌,以保证签名私钥的安全。再利用 PKI 提供的时间戳功能,来证明某个特别事件发生在某个特定的时间或某段特别数据在某个日期已存在,防止消息的重放。这样,签名者对自己所做的签名将无法进行否认。

5. 时间戳

在电子商务、电子政务应用中,信息交换的时间信息非常重要,这是保证文件的有效性和防止被伪造和篡改的关键性内容,或者提供不可否认服务。支持这些服务的一个关键因素就是在 PKI 中使用安全时间戳(就是说时间源是可信的,时间值必须被安全地传送)。最重要的不是时间本身的精确性,而是相关时间、日期的安全性。PKI 中的时间戳机构(Time Stamp Authority, TSA)可以提供时间戳服务,给电子文档加上权威的时间凭证。时间戳产生的过程是:用户首先计算需要加时间戳的消息的散列值,然后将该散列值发送给 TSA, TSA 加上收到该散列值的权威时间,再进行数字签名,然后返回给用户。一般由用户自己保持该时间凭证。在发生纠纷时,用户可以出示时间戳,由第三方进行仲裁。

PKI 中必须存在用户可信任的权威时间源。事实上,权威时间源提供的时间并不需要正确,仅仅需要用户作为一个"参照"时间完成基于 PKI 的事务处理。例如,事件 B 发生在事件 A 的后面。毫无疑问,最好使用世界上官方时间源提供的时间。虽然安全时间戳是PKI 支持的服务,但依然可以在不依赖 PKI 的情况下实现安全时间戳服务。一个 PKI 体系中是否需要实现时间戳服务,完全依照应用的需求来决定。

8.4　信　任　模　型

所谓信任模型就是一个建立和管理信任关系的框架。在 PKI 中,当两个认证机构中的一方给对方的公钥或双方给对方的公钥颁发证书时,两者间就建立了这种信任关系。信任模型描述了如何建立不同认证机构之间的认证路径以及构建和寻找信任路径的规则。

PKI 的信任模型主要阐述以下一些问题。

- 一个实体能够信任的证书是怎样被确定的?
- 这种信任是怎样被建立的?
- 在一定的环境下,这种信任如何被控制?

目前较流行的 PKI 信任模型主要有 4 种:认证机构的严格层次结构模型、分布式信任结构模型、Web 模型和以用户为中心的信任模型。

8.4.1　认证机构的严格层次结构模型

认证机构的严格层次结构可以描绘为一棵倒转的树,根在顶上,叶在最下面,如图 8.4所示。在这棵倒转的树上,根代表一个对整个 PKI 域内的所有实体都有特别意义的 CA,通常被叫做根 CA,作为信任的根或"信任锚",它也是信任的起点。在根 CA 的下面是零层或多层中间 CA(也被称作子 CA,它们从属于根 CA),这些 CA 由中间结点代表,从中间结点再伸出分支。与非 CA 的 PKI 实体相对应的叶结点通常被称作终端实体或终端用户。

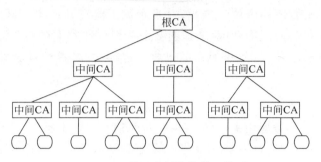

图 8.4　严格层次结构的信任模型

在这个机构中,根 CA 直接认证连在它下面的 CA,中间 CA 可以认证其下面的 CA,也可以直接认证终端实体。每个实体都必须拥有根 CA 的公钥。在这个模型中,根公钥的安装是随后进行的所有通信进行证书处理的基础。因此,它必须通过一种安全的方式完成。

在多层的严格层次结构中,终端实体直接由被其上层 CA 颁发证书,但其信任锚是另一个不同的 CA(根 CA)。在没有子 CA 的浅层次结构中,终端实体的根和证书颁发者是相同的。这种层次结构被称为可信颁发者层次结构。

根 CA 具有一个自签名的证书,依次对它下面的 CA 进行签名;层次结构中叶子结点上的 CA 用于对终端实体进行签名;对于实体而言,它信任根 CA,可以不必关心中间的 CA,但它的证书是由底层的 CA 签发的。要维护这棵树,在每个结点 CA 上需要保存两种证书。

(1) 向前证书(Forward Certificates):其他 CA 发给它的证书。

(2) 向后证书(Reverse Certificates):它发给其他 CA 的证书。

假设实体 A 收到 B 的一个证书,B 的证书中含有签发该证书的 CA 的信息,沿着层次树往上找,可以构成一条证书链,直到根证书。验证过程正好沿相反的方向,从根证书开始,依次往下验证每一个证书中的签名,一直到验证 B 的证书中的签名。如果所有的签名验证都通过,则 A 可以确定所有的证书都是正确的,如果他信任根 CA,则他可以相信 B 的证书和公钥。

例如终端实体 A 持有可信根 CA 的公钥,它需要去验证另一个终端实体 B 的证书,而 B 的证书是由 CA_2 签发的,而 CA_2 的证书是由 CA_1 签发的,CA_1 的证书是由根 CA 签发的。则 A 首先使用根 CA 的公钥验证 CA_1 的证书,验证通过后,使用所提取 CA_1 的公钥来验证 CA_2 的公钥,类似地可以得到 CA_2 的公钥,最后 A 使用 CA_2 的公钥验证 B 的证书,从而获取 B 的公钥信息。至此,A 可以使用 B 的公钥进行加密或者验证数字签名。

8.4.2　分布式信任结构模型

与严格层次结构相反,分布式信任结构把信任分散到两个或更多个 CA 上。更准确地说,A 把 CA_1 的公钥作为它的信任锚,而 B 可以把 CA_2 的公钥作为它的信任锚。因为这些 CA 的密钥都作为信任锚,因此相应的 CA 必须是整个 PKI 群体的一个子集所构成的严格层次结构的根 CA(CA_1 是包括 A 在内的层次结构的根,CA_2 是包括 B 在内的层次结构的根)。

如果这些严格层次结构都是可信颁发者层次结构,那么该总体结构被称作完全同位体结构(Fully Peered Architecture),因为所有的 CA 实际上都是相互独立的同位体(在这个结构中没有子 CA)。另一方面,如果所有的严格层次结构都是多层结构(Multi-Level Hierarchy),那么最终的结构就被叫做满树结构(Fully Treed Architecture)。注意,根 CA 之间是同位体,但是每个根又是一个或多个子 CA 的上级。最终的结构也可能是混合结构(Hybrid Treed Architecture)(具有若干个可信颁发者层次结构和若干个多层树型结构)。一般说来,完全同位体结构部署在某个组织内部,而满树结构和混合结构则是在原来相互独立的 PKI 系统之间进行互联的结果。在不同的同位体根 CA 之间的互连过程则被称为交叉认证。

交叉认证是一种把以前无关的 CA 连接在一起的机制,从而使得它们各自的实体之间的安全通信成为可能。交叉认证可以是单向的,也可以是双向的。如果 A 被 CA_1 认证,并拥有 CA_1 的公钥证书;B 被 CA_2 认证,拥有 CA_2 的公钥证书。如果 CA_1 和 CA_2 进行了双向的交叉认证后,则 A 可以使用其所信任的 CA_1 的证书去验证 CA_2 的证书,验证通过后,再使用 CA_2 的证书验证 B 的证书。同样,B 也可以类似地验证 A 的证书。

8.4.3 Web 模型

Web 模型是在万维网(World Wide Web)上诞生的,它的构建依赖于流行的浏览器。在这种模型中,许多 CA 的公钥被预装在标准的浏览器上。这些公钥确定了一组浏览器用户最初信任的 CA。尽管这组根密钥可以被用户修改,然而几乎没有普通用户对于 PKI 和安全问题能精通到可以进行这种修改的程度。

初看之下,这种模型似乎与分布式信任结构模型相似,但从根本上讲,它更类似于认证机构的严格层次结构模型。Web 模型通过与相关域进行互连而不是扩大现有的主体群体,来使 A 成为浏览器中所给出的所有域的依托方。实际上,每个浏览器厂商都有自己的根,并且由厂商认证嵌入到浏览器中的 CA。但根 CA 并不被浏览器厂商的根所认证,而是物理地嵌入软件来发布,作为对 CA 名字和它的密钥的安全绑定。实质上,这是一种有隐含根的严格层次结构(更准确地说浏览器厂商是实质上的根 CA,而层次结构中下面的第一层则是所有的已嵌入的 CA 的密钥)。

Web 模型在方便性和简单互操作性方面有明显的优势,但是也存在许多安全隐患。例如,因为浏览器的用户自动地信任预安装的所有公钥,所以如果这些根 CA 中有一个是有问题的,安全性将被完全破坏。A 将相信任何声称是 B 的证书都是 B 的合法证书,即使它实际上只是由可以将公钥嵌入浏览器中的 CA 签署的挂在 B 名下的 C 的公钥。这样,A 就可能无意间向 C 透露机密或接受 C 伪造的数字签名。这种假冒能够成功的原因是:A 一般不知道收到的证书是由哪一个根密钥验证的。在嵌入到其浏览器中的多个根密钥中,A 可能只认可所给出的一些 CA,但并不了解其他 CA。在 Web 模型中,A 的软件平等而无任何疑问地信任这些 CA,并接受它们中的任何一个签署的证书。

另外一个潜在的安全隐患是没有实用的机制来撤销嵌入到浏览器中的根密钥。如果发现一个根密钥是有问题的或者与根的公钥相应的私钥被泄密了,要使全世界数百万个浏览器都自动地撤销该密钥的使用是不可能的。这是因为无法保证这个撤销的信息能传达到所有的浏览器,而且即便通知了浏览器,浏览器也没有处理这个撤销消息的功能。因此,从浏览器中去除坏密钥需要全世界的每个用户都同时采取明确的动作;否则,一些用户将是仍处于危险之中。但是这样一个全世界范围内的同时动作是不可能实现的。

最后,该模型还缺少在 CA 和用户之间建立合法协议的有效方法,该协议的目的是使

CA 和用户共同承担责任。因为,浏览器可以自由地从不同站点下载,也可以预装在操作系统中;CA 不知道也无法确定它的用户是谁,并且一般用户对 PKI 也缺乏足够的了解,因此不会主动与 CA 直接接触。这样,所有的责任最终或许都会由用户承担。

8.4.4　以用户为中心的信任模型

在一般被称作以用户为中心的信任模型中,每个用户都对决定信赖哪个证书和拒绝哪个证书直接完全地负责。在这个信任模型中,没有专门的 CA 中心,每个用户可以向他所信任的人签发公钥证书,通过这样的方式建立一个信任网。

PGP(相当好的保密)使用的就是以用户为中心的信任模型。在 PGP 中,一个用户通过担当 CA 的角色并使其公钥被其他人所认证来建立信任网。例如,当 A 收到一个据称属于 B 的证书时,她发现这个证书是由她不认识的 C 签署的,而 C 的证书是由她认识并且信任的 D 签署的。那么,A 可以先验证 D 的证书,然后再验证 B 的证书,从而决定信任 B 的密钥,A 也可以决定不信任 B 的密钥。

因为要依赖于用户自身的行为和决策能力,因此以用户为中心的模型在技术水平较高和利害关系高度一致的群体中是可行的,但是在一般的群体(其用户有极少或者没有安全及 PKI 的概念)中是不现实的。这种模型一般不适合用在贸易、金融或政府环境中,因为在这些环境下,通常希望或需要对用户的信任实行某种控制,显然这样的信任策略在以用户为中心的模型中是不可能实现的。

8.5　PKI 的相关标准

从整个 PKI 体系建立与发展的历程来看,与 PKI 相关的标准主要包括以下一些内容。

8.5.1　X.209 ASN.1 基本编码规则

ASN.1 是描述在网络上传输信息格式的标准方法。它由两部分组成:第 1 部分(ISO 8824/ITU X.208)描述信息内的数据、数据类型及序列格式,也就是数据的语法;第 2 部分(ISO 8825/ITU X.209)描述如何将各部分数据组成消息,也就是数据的基本编码规则。

ASN.1 原来是作为 X.409 的一部分而开发的,后来才独立地成为一个标准。这两个协议除了在 PKI 体系中被应用外,还被广泛应用于通信和计算机的其他领域。

8.5.2　X.500

人们经常需要查询网络上的对象信息,如人、组织、国家、计算机,甚至可以是计算机中的某个网络通信进程。虽然这些对象在不断变化着,相对于查询的频率而言,对象信息的稳定时间是较长的。而且在查询中,人们希望根据对方的名字,而不是计算机的地址进行查询,而且地址也比名字更容易变化,所以经常要做"名字-地址"映射。基于这种需求,人们开发了目录服务网络应用。目录中按一定的格式记录了现实世界中大量对象的信息,供用户(人、计算机应用程序等)做各种频繁查询和相对少量的修改。实现目录服务的方式有多种,但目前趋于统一到 ITU-X.500 系列建议标准。

X.500 是一套已经被国际标准化组织(ISO)接受的目录服务系统标准,它包括了一系列完整的目录数据服务,定义了一个机构如何在全局范围内共享其名字和与之相关的对象。X.500 系列建议组成包括:X.500 是目录服务的概要介绍;X.501 定义了目录服务的模型;X.511 对目录的各种抽象服务做了定义;X.518 描述分布操作的实现过程;X.519 是传输协议;X.520 和 X.521 定义了常用对象类和属性;X.509 提出了一种认证的框架;X.525 规定了备份。

X.500 是层次性的,其中的管理域(机构、分支、部门和工作组)可以提供这些域内的用户和资源信息。它定义一个机构如何在一个企业的全局范围内共享名字和与它们相关的对象。X.500 规定总体命名方式,全球统一的名字空间。X.500 目录服务可以向需要访问网络任何资源的电子文件系统和应用,或需要知道网络上的实体名字和地点的管理系统提供信息。一个完整的 X.500 系统称为一个目录。这个目录是一个数据库,称为目录信息数据库(DIB)。在数据库中的实体被称为对象。对象包括这个对象的描述信息、分用户对象和资源对象,如打印机对象。X.500 系列建议的目录服务是分布式的。每个目录的用户由一个目录用户代理(Directory User Agent,DUA)代表,它就是用户用于访问目录服务的进程。在用户看来,整个目录在逻辑上是统一的整体,但实际上目录信息可以分布在不同组织管理的计算机上。这些计算机中运行的相互配合提供服务的进程是目录服务代理(Directory Server Agent,DSA)。

一个 DSA 收到操作请求后,如果它本地的目录信息能够完成此操作,它就返回结果,否则 DSA 有两种选择:它可以把请求转发给存有相关目录信息的 DSA,收集它们返回的结果,再把结果送回请求者;它也可以直接向请求者返回一个参考指针,告诉请求者相关的 DSA 的访问地址,由请求者自己和此 DSA 联系。目录的分布式操作都基于这两种简单的操作模式。

全部目录信息分布在许多 DSA 中,这些 DSA 在不同的国家受不同组织的管理。一个组织管理的全部 DSA 和 DUA 组成一个目录管理域(Directory Management Domain,DMD)。这些 DSA 中存储的条目构成目录信息树(Directory Information Tree,DIT)域,一个 DIT 域即是全部目录信息树的一部分。DIT 域中的条目总可以分成不相交的若干子树,每一个子树叫做一个自治管理区。自治管理区是目录管理的独立单位,各个自治管理区独自管理自己的子树。自治管理区下又可分为一个或多个特定管理区,每个特定管理区独立负责它所辖条目特定方面的事务(如存取控制、目录构成规则等)。特定管理区又可分成内部管理区,内部管理区可以嵌套,它对自己内部的条目有一定管理权限,同时又受到上级特定内部管理区的管理,实现了有限代理管理机制。这样一个单位既对全单位的条目有管理权,又可下放一部分权限给下属部门,由他们自己管理。

目录为用户(DUA)提供了 9 种操作,主要分成两类:第一类是对目录信息的检测,包括读属性、比较、列出下级条目等;第二类操作涉及对目录中条目的修改,包括添加一个条目、删除条目、修改条目等。X.500 定义了实现目录服务时网络中的传输协议:DSA 之间的通信协议称为目录系统协议(DSP),DSA 和 DUA 之间使用目录访问协议(DAP),用户的操作请求和结果都是通过 DAP 协议传输的。这两个协议基于 OSI 七层模型,它们都是应用层协议,必须有表示层、会话层等层协议的支持,所以协议开销比较大,对计算机的要求较高。

总结而言,X.500 所规定的目录服务有以下特点。

（1）分布性：目录信息分布在各地的计算机中，并由各组织管理，既保证了目录信息总体结构一致，又满足了分级管理的需要。

（2）灵活性：规模可大可小，大到全球，小到只有一台 DSA 的单位，X.500 系列目录服务都能胜任，并且容易扩展。

（3）查询灵活：X.500 系列定义的操作提供了非常灵活的查询条件，并且还可根据需要扩展，可满足复杂的查询需求。

（4）平台无关：所使用的通信协议框架是 OSI 七层模型，完全与平台无关，保证各种类型计算机在目录服务中的互操作性。

（5）全球统一的名称空间：X.500 系列建议规定了总体命名方式，虽然目录信息库中存放着各种类型的对象的信息，但对象的名称结构都是相同的。

（6）安全性：X.501 建议规定了存取控制方案，充分保证条目信息的安全，同时又便于管理者对用户的存取权限进行控制。X.509 建议提出了一个基于公开密钥加密体制的认证框架，利用此框架，目录服务可以为其他应用提供完善的身份认证服务。

在 PKI 体系中，X.500 被用来唯一标识一个实体，该实体可以是机构、组织、个人或一台服务器。X.500 被公认为是实现一个目录服务的最好途径，但是它的实现需要很大投资，效率不高，在实际应用中存在着不少障碍。DAP 对相关层协议环境要求过多，在许多小系统上无法使用，也不适应 TCP/IP 协议体系。鉴于此，出现了 DAP 的简化版 LDAP。

8.5.3　X.509

X.509 是由国际电信联盟制定的数字证书标准。在 X.500 确保用户名称唯一性的基础上，X.509 为 X.500 用户名称提供了通信实体的认证机制，并规定了实体认证过程中广泛适用的证书语法和数据接口。

在 X.509 方案中，默认的加密机制是公钥密码机制。X.509 的最初版本公布于 1988年。X.509 证书由用户公共密钥和用户标识符组成。此外还包括版本号、证书序列号、CA标识符、签名算法标识、签发者名称、证书有效期等信息。这一标准的最新版本是 X.509 v3，它定义了包含扩展信息的数字证书。该版数字证书提供了一个扩展信息字段，用来提供更多的灵活性及特殊应用环境下所需的信息传送。X.509 v4 版本已经被推出。目前，X.509 标准已用于许多网络安全应用程序，包括 IP 安全(IPSec)、安全套接层(SSL)、安全电子交易(SET)、安全多媒体 Internet 邮件扩展(S/MIME)等。

在 X.509 标准中，PKI 起到了重要的作用，PKI 是在 X.509 基础上发展起来的。X.509标准的范围包括以下 4 个方面。

- 具体说明了目录的认证信息的形式。
- 描述如何从目录获取认证信息。
- 说明如何在目录中构成和存放认证信息的假设。
- 定义各种应用使用的认证消息的执行方法。

该标准定义了以下技术术语，本文中对其中一些给出了详细讨论。

- 属性证书(Attribute Certificate)：将用户的一组属性和其他信息，通过认证机构的私钥进行数字签名，使其成为不可伪造的用于证书的扩展。
- 认证令牌(Authentication Token)：在强认证交换期间运行的信息，用于认证其发送者。

- 用户证书、公钥证书、证书(User Certificate、Public Key Certificate、Certificate)：颁发机构使用其私钥进行签名的用户的公钥和一些相关信息。
- CA 证书(CA-Certificate)：由一个 CA 颁发给另一个 CA 的证书。
- 证书策略(Certificate Policy)：已命名的一组规则,指明证书对特定的组合具有公共安全要求的应用类别的适用性。
- 证书用户(Certificate User)：需要确切知道另一个实体公钥的某个实体。
- 证书使用系统(Certificate-Using System)：在本目录规范定义的由正式用户所使用的功能实现。
- 认证机构(Certificate Authority)：受用户信任的机构,负责创建和分配证书。
- 认证路径(Certification Path)：目录信息树中客体证书的有序系列,它和在该路径的最初客体的公钥一起,可以被处理以获得该路径的最终客体的公钥。
- CRL 分布点(CRL Distribution Point)：通过 CRL 分布点所分布的 CRL,可以含有某个 CA 颁发的证书全集中的某个子集的撤销项,或者含有多个 CA 的撤销项。
- 密码体制(Cryptographic System)：从明文到密文和从密文到明文的变换汇集,使用的特定变换由密钥来选定。通常用一个数学算法来定义这些变换。
- Δ-CRL(delta-CRL)：仅指示自 CRL 颁发以来变更的一部分 CRL。
- 端实体(End Entity)：不是为签署证书的目的而使用其公钥的证书主体。
- 密钥协定(Key Agreement)：无须传送甚至是加密形式的密钥,在线协商密钥值的一种方法。
- 策略映射(Policy Mapping)：当某个域中的一个 CA 认证了另一个域中的一个 CA 时,对在第 2 个域中的一个特定证书策略,可能被第 1 个 CA 域中的认证机构认为是等价于第 1 个域中的一个特定证书政策的认可。
- 简单认证(Simple Authentication)：借助简单密码分配方法进行的认证。
- 强认证(Strong Authentication)：借助密码派生凭证方法进行的认证。
- 安全策略(Security Policy)：由管理安全服务和设施的使用和提供的安全机构所拟定的一组规则。
- 信任(Trust)：当第 1 个实体假设第 2 个实体完全按照第 1 个实体的期望进行动作时,则称第 1 个实体"信任"第 2 个实体。在认证框架中,"信任"的关键作用是描述鉴别实体和认证机构之间的关系;一个鉴别实体应确信它"信任"的认证机构可以创建有效、可靠的证书。
- 证书序列号(Certificate Serial Number)：在颁发证书的 CA 范围内的唯一数值,该整数值无歧义地与那个 CA 所颁发的一个证书相关联。

除此之外,还有一些我们在前面章节中已经介绍的概念,如单向函数、散列函数、公钥、私钥等。

第 8.2 节中给出了证书和 CRL 的基本格式,X. 509 中还规定了对证书和 CRL 在以下领域的扩展。

- 密码和策略信息：这些证书和 CRL 对所涉及的密钥的附加信息进行扩展,如主体密钥和颁发者密钥的密钥标识符、预期的或受限的密钥用法的指示符和证书策略的指示符。

- 主体属性和颁发者属性：这些证书和 CRL 扩展支持证书主体、证书颁发者或 CRL 颁发者不同名称形式的可替换名称。这些扩展也可传送关于证书主体的附加属性信息，以帮助证书用户确信证书主体是一个特定的个人或实体。
- 认证路径限制：认证路径限制确定了 CA 证书的一些限制规范，即由另一 CA 颁发给某一个 CA 的证书，当包括多个证书策略时，以便于自动化处理证书路径。当对于某一环境中的不同应用而言策略不同时，或者当与外部环境发生互操作时，则出现了多个证书策略。这些限制可以限制由 CA 主体所颁发的证书类型，或者在认证路径上后续可以出现的证书类型。
- 基本的 CRL 扩展：允许 CRL 包括撤销原因的指示，提供一个证书的临时暂停和包括 CRL 颁布序列号，而该序列号允许证书的用户在来自某一个 CRL 颁发者的序列中检测到丢失的 CRL。
- CRL 分布点和 Δ-CRL：这些证书和 CRL 扩展允许把来自某一个 CA 的完整的撤销信息集合分配到若干独立的 CRL，并且允许把来自多个 CA 的撤销信息合并到某一个 CRL。这些扩展还支持自先前的 CRL 颁发以来仅指示变化的部分 CRL 的使用。

包含在证书或 CRL 中的任何扩展都是颁发该证书或 CRL 的认证机构的可选项。在证书或 CRL 中，扩展被标志为关键的或非关键的。如果扩展被标志为关键的，并且证书使用系统不能识别出该扩展字段类型，或者没有实现扩展的语义，则系统认为该证书无效。如果扩展被标志为非关键的，则不能识别出或实现相应扩展的证书使用系统可以忽略该证书的扩展部分。

X.509 标准中描述了两种认证：简单认证(使用密码作为身份的认证)和强认证(使用密码技术实现认证)。

1. 简单认证

简单认证提供建立在用户标识符、双方协商的密码，以及某个单一区域中双方可理解的密码的使用和处理方法之上的本地认证方法。简单认证一般只用于本地的对等实体，即一个 DUA 和一个 DSA 之间，或一个 DSA 与另一个 DSA 之间的鉴别。通常可以采用以下 3 种方法实现简单鉴别。

第 1 种方法是以清楚明确(即无保护)的方法将用户的可标识符和密码传送给接收方，以待考察，其处理过程如下。

(1) 发送方用户 A 将其标识符和密码发送给接收方用户 B。

(2) 用户 B 将用户 A 声明的标识符和口令发送给目录，然后目录用比较操作，检查与用户 A 有关的目录项的用户密码。

(3) 目录向用户 B 返回证实(或否认)该口令是否有效的信息。

(4) 用户 B 可以向用户 A 发送认证结果，即成功或失败信息。

第 2 种方法是将用户的标识符、密码，以及一个随机数和/或时间标记通过使用单向函数进行保护并传送。

第 3 种方法是将第 2 种方法连同一个随机数和/或时间标记一起通过使用单向函数进行保护，然后再传送。图 8.5 显示了有保护的简单认证过程。

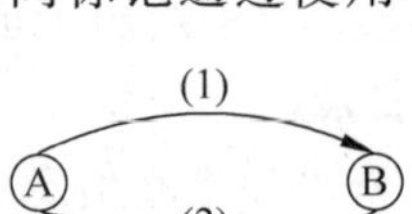

图 8.5　有保护的简单认证过程

（1）发送方 A 使用单向函数 f_1 得到认证码，向 B 发送如下信息。

$$t_A, q_A, A, f(t_A, q_A, A, \text{passw}_A)$$

其中，t_A 是时间戳；q_A 是随机数，主要用于减少重放和隐藏密码，并使用散列函数对时间戳、随机数、标识符和密码进行计算。

（2）B 收到上述信息后，使用收到的信息和本地存储的密码进行单向计算，将计算的结果和收到的散列值进行比较，如果一致，则返回核实结果（证实或拒绝）给 A。

2. 强认证

X. 509 标准中采用的强认证方法是利用公钥密码体制来实现的。该认证框架并不限定使用某个特定的密码体制，适用于任何公开密码体制。但是，两个需要互相认证的用户必须支持相同的密码算法。

每个用户都可用其所拥有的私钥来标识。一个用户则可根据其通信对方是否拥有这个私钥来确定他是否确实为授权用户。一个用户若要确定其通信对方是否拥有该用户的私钥，他就必须拥有该用户的公钥。用户的公钥值可以直接从目录的用户项中获得。

对一个用户来说，为了信任该认证过程，他可以选择从其信任的机构获得其他用户的公钥。这个可被公众信任的机构，即为认证机构 CA。

如前所述，这里提到的证书具有以下特征。

- 任何访问认证机构的公钥用户，都可以申请并得到已被 CA 认证的公钥证书。
- 除认证机构外，没有任何其他组织能够修改这个证书而不被查出。

下面是 3 种常见的强认证方法，其中采用的符号描述方法和前面章节有所不同，这里给出说明：X{I} 表示用户 X 对信息 I 的数字签名，它包含信息 I 及其散列值。

（1）单向认证：由 A 单一地向 B 传送认证信息的过程，如图 8.6 所示。

其中，t_A 是时间戳，r_A 是随机数，sgnData 是一个附加信息，为由签名者提供的数据源认证。A 使用自己的私钥对这些信息进行数字签名。B 收到后首先验证签名是否合法，再通过检查 t_A 和 r_A 来判断该消息是否为重放消息。这种单向认证方式可以用于网上银行的 B2C 认证，即银行 B 认证客户 A 的情况中。

（2）双向认证：除了单向认证过程，B 还将对 A 给出应答，如图 8.7 所示。

其中，B 在收到 A 的消息后，经检查合法，则生成一个不重复的随机数 r_B，使用自己的私钥对 r_B、时间戳 t_B、A 的标识符以及 sgnData 进行签名，发送给 A。A 对于 B 的应答进行检查，判断是否合法。这种双向认证方式可以应用于网上银行的 B2B 交易认证，银行 B 不但要认证客户 A，客户 A 还要认证银行 B 是否为自己真正的开户行。

（3）三向认证：在双向认证的基础上，对于 B 给 A 发的认证消息，A 再给出应答，表示已经收到 B 的消息并给予了响应，对于 B 提供的随机数及其标识符进行数字签名，这样 B 在收到 A 再次返回的消息，就认证了 A。三向认证的过程如图 8.8 所示。

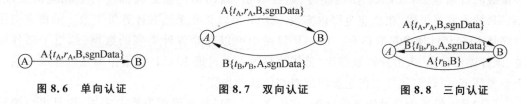

图 8.6 单向认证　　　　图 8.7 双向认证　　　　图 8.8 三向认证

8.5.4   PKCS 系列标准

公钥密码标准(Public Key Cryptography Standard,PKCS)是由美国 RSA 数据安全公司及其合作伙伴制定的一组公钥密码学标准,其中包括证书申请、证书更新、证书作废表发布、扩展证书内容以及数字签名、数字信封的格式等方面的一系列相关协议。到 1999 年底,PKCS 已经公布了以下标准,这些标准主要用于用户的证书申请、证书更新过程,以及在 PKI 中涉及的一些协议及相关的操作中。

- PKCS♯1:定义 RSA 公开密钥算法加密和签名机制,主要用于组织 PKCS♯7 中所描述的数字签名和数字信封。
- PKCS♯3:定义 Diffie-Hellman 密钥交换协议。
- PKCS♯5:基于密码的加密标准。描述了使用由密码生成的密钥来加密 8 位位串并产生一个加密的 8 位位串的方法。主要用于密钥的安全传输,但不加密消息。
- PKCS♯6:描述了公钥证书的标准语法,主要描述 X.509 证书的扩展格式。
- PKCS♯7:定义一种通用的消息语法,包括数字签名和加密等用于增强的加密机制。PKCS♯7 与 PEM 兼容,所以不需其他密码操作,就可以将加密的消息转换成 PEM 消息。
- PKCS♯8:描述私钥信息格式,该信息包括公开密钥算法的私有密钥以及可选的属性集等。
- PKCS♯9:定义了一些用于 PKCS♯6 证书扩展、PKCS♯7 数字签名和 PKCS♯8 私钥加密信息的属性类型。
- PKCS♯10:描述证书请求语法。
- PKCS♯11:称为 Cyptoki,定义了一套独立于技术的程序设计接口,用于智能卡和 PCMCIA 卡之类的加密设备。
- PKCS♯12:描述个人信息交换语法标准。描述了将用户公钥、私钥、证书和其他相关信息打包的语法。
- PKCS♯13:椭圆曲线密码体制标准。
- PKCS♯14:伪随机数生成标准。
- PKCS♯15:密码令牌信息格式标准。通过定义令牌上存储的密码对象的通用格式来增进密码令牌的互操作性。

8.5.5   轻量级目录访问协议

轻量级目录访问协议(Lightweight Directory Access Protocol,LDAP)的目的很明确,就是要简化 X.500 目录的复杂度以降低开发成本,同时适应 Internet 的需要,所以被称为轻量级的目录服务。LDAP 在功能性、数据表示、编码和传输方面都进行了相应的修改。LDAP 技术发展很快,在企业范围内实现 LDAP 可以让几乎所有计算机平台上的所有应用程序从 LDAP 目录中获取信息。LDAP 目录中可以存储各种类型的数据,如电子邮件地址、邮件路由信息、人力资源数据库、公钥信息等。通过把 LDAP 目录作为系统集成中的一个重要环节,可以简化员工在企业内部查询信息的步骤。

LDAP 已经成为目录服务的标准,它比 X.500 DAP 协议更为简单实用,而且可以根据需要定制,因而实际应用也更为广泛。与 X.500 不同,LDAP 支持 TCP/IP 协议,这对访问 Internet 是必需的。X.500 采用公钥基础结构(PKI)作为主要的认证方式,而 LDAP 最初并不考虑些安全问题,目前已增加安全机制。为保证数据访问安全,可使用 LDAP 的 ACL(访问控制列表)来控制对数据读和写的权限。LDAP 目前有两个版本:第 2 版 LDAP v2 和第 3 版 LDAP v3。基于 LDAP v3 的服务器可以让普通用户使用支持 LDAP 功能的 Web 浏览器,进行有关电子邮件用户的查询,可以查询的用户属性包括姓名、电话号码、电子邮件地址、地址信息等;系统管理员可以通过 LDAP 客户程序进行远程目录管理操作,如添加、删除、修改用户账户信息等;可以请求服务器执行扩展操作。1997 年,LDAP 第 3 版本成为 Internet 标准。目前,LDAP v3 已经在 PKI 体系中被广泛应用于证书信息发布、CRL 信息发布、CA 政策以及与信息发布相关的各个方面。

　　LDAP 目录以树状的层次结构来存储数据,LDAP 目录记录的标识名用来读取单个记录,以及回溯到树的顶部。在 LDAP 中,目录是按照树型结构组织的,目录由条目(Entry)组成,条目相当于关系数据库中表的记录;条目具有标识名 DN 的属性(Attribute)集合,DN 相当于关系数据库表中的主键(Primary Key);属性由类型(Type)和多个值(Values)组成,相当于关系数据库中的域(Field),由域名和数据类型组成。为了方便检索的需要,LDAP 中的 Type 可以有多个 Value,而不像关系数据库中为降低数据的冗余性,要求实现的各个域必须是不相关的。LDAP 中条目的组织一般按照地理位置和组织关系进行组织,非常直观。LDAP 把数据存放在文件中,为提高效率可以使用基于索引的文件数据库,而不是关系数据库。LDAP 协议集还规定了可识别的标识符的命名方法、存取控制方法、搜索格式、复制方法、URL 格式、开发接口等,LDAP 对于存储这样的信息最为有用,也就是数据需要从不同的地点读取,但是不需要经常更新。

　　如果需要开发一种提供公共信息查询的系统,一般的设计方法可能是采用基于 Web 的数据库设计方式,即前端使用浏览器而后端使用 Web 服务器加上关系数据库。但这种方法的缺点是后端关系数据库的引入将导致系统整体的性能降低和对系统的管理比较烦琐,因为需要不断地进行数据类型的验证和事务的完整性确认;并且前端用户对数据的控制不够灵活,用户权限的设置一般只能是设置在表一级而不是设置在记录一级。

　　目录服务的推出主要是解决上述数据库中存在的问题。目录与关系数据库相似,具有描述性的、基于属性的记录集合,但其数据类型主要是字符型。为了检索的需要,添加了 BIN(二进制数据)、CIS(忽略大小写)、CES(大小写敏感)、TEL(电话型)等语法(Syntax),而不是关系数据库提供的整数、浮点数、日期和货币等类型,同样也不提供像关系数据库中普遍包含的大量的函数。它主要面向数据的查询服务(查询和修改操作比例一般大于 10∶1),不提供事务的回滚(Rollback)机制,它的数据修改使用简单的锁定机制实现 All-or-Nothing,它的目标是快速响应和大容量查询,并且提供多目录服务器的信息复制功能。

　　LDAP 的主要功能,也是其优势,体现在如下几个方面。

　　(1) 可以在任何计算机平台上,用很容易获得的,而且数目不断增加的 LDAP 的客户端程序访问 LDAP 目录,而且也很容易定制应用程序为它加上 LDAP 的支持。

　　(2) LDAP 协议是跨平台的和标准的协议,因此应用程序就不用为 LDAP 目录放在什么样的服务器上操心了。因为 LDAP 是 Internet 的标准,所以得到了业界的广泛认可和支持。LDAP 服务器可以是任何一个开放源代码或商用的 LDAP 目录服务器(或者还可能是具有 LDAP 界面的关系型数据库),因为可以用同样的协议、客户端连接软件包和查询命令与 LDAP 服务器进行交互。大多数的 LDAP 服务器安装起来很简单,也容易维护和优化。

(3) LDAP 服务器可以用"推"或"拉"的方法复制部分或全部数据。例如,可以把数据"推"到远程的办公室或下级目录,以增加数据的安全性。LDAP 服务器中内置了复制技术,且很容易配置。

(4) LDAP 允许根据需要使用访问控制信息(Access Control Information,ACI 或者访问控制列表)控制对数据读和写的权限。例如,设备管理员有权改变员工的工作地点和办公室号码,但是不允许改变记录中其他的域。ACI 可以根据谁访问数据、访问什么数据、数据存在什么地方等对数据进行访问控制,因为这些都是由 LDAP 目录服务器完成的,所以不用担心在客户端的应用程序上是否要进行安全检查。

(5) LDAP 提供了复杂的、不同层次的访问控制或者 ACI。这些访问可以在服务器端控制,因此比用客户端软件更能保证数据安全。

8.6　PKI 的应用与发展

8.6.1　PKI 的应用

作为一种基础设施,PKI 的应用范围非常广泛,并且在不断发展之中,包括在 Web 服务器和浏览器之间的通信、电子邮件、电子数据交换、在 Internet 上的信用卡交易、虚拟私有网等。下面给出几个常见的应用。

1. 虚拟专用网络

虚拟专用网络(VPN)是一种架构在公用通信基础设施上的专用数据通信网络,利用网络层安全协议(尤其是 IPSec)和建立在 PKI 上的加密与签名技术来获得机密性保护。基于 PKI 技术的 IPSec 协议现在已经成为架构 VPN 的基础,它可以为路由器之间、防火墙之间或者路由器和防火墙之间提供经过加密和认证的通信。虽然它的实现复杂一些,但其安全性比其他协议都完善得多。在基于 PKI 对 VPN 产品中,用户使用数字证书在客户端和服务器之间建立安全的 VPN 连接。

2. 安全电子邮件

作为 Internet 上最有效的应用,电子邮件凭借其易用、低成本和高效已经成为现代商业中的一种标准信息交换工具。随着 Internet 的持续发展,商业机构或政府机构都开始用电子邮件交换一些秘密的或是有商业价值的信息,这就引出了一些安全方面的问题,包括消息和附件可以在不为通信双方所知的情况下被读取、篡改或截掉,发信人的身份无法确认。

在实际使用中,PGP 技术在电子邮件通信中得到了一定的发展,但由于 PGP 的应用模式局限了其应用是用户对用户的,并需要在通信之前实现沟通,对于电子邮件的安全需求(机密、完整、认证和不可否认)可以考虑采用 PKI 技术来获得。目前发展很快的安全电子邮件协议是 S/MIME(The Secure Multipurpose Internet Mail Extension),它的实现是依赖于 PKI 技术的。

3. Web 安全

浏览 Web 页面是人们最常用的访问 Internet 的方式。如果要通过 Web 进行一些商业交易,该如何保证交易的安全呢? 为了透明地解决 Web 的安全问题,在两个实体进行通信之前,先要建立 SSL 连接,以此实现对应用层透明的安全通信。利用 PKI 技术,SSL 协议允许在浏览器和服务器之间进行加密通信。此外在服务器端和浏览器端通信时,双方可以通过数字证书的交互确认对方的身份。基于 PKI 技术,结合 SSL 协议和数字证书,则可以保证 Web 交易多方面的安全需求,使 Web 上的交易和面对面的交易一样安全。

4. 安全电子交易

电子商务在提供机遇和便利的同时,也面临着一个最大的挑战,即交易的安全问题。在 Internet 购物的环境中,持卡人希望在交易中保密自己的账户信息,使之不被人盗用;商家则希望客户的订单不可否认,并且,在交易过程中,交易各方都希望验明其他方的身份,以防止被欺骗。针对这种情况,由美国 Visa 和 MasterCard 两大信用卡组织联合国际上多家科技机构,共同制定了应用于 Internet 上的以银行卡为基础进行在线交易的安全标准,这就是"安全电子交易(Secure Electronic Transaction,SET)"。

由于 SET 提供了消费者、商家和银行之间的认证,确保了交易数据的安全性、完整可靠性和交易的不可否认性,因此它成为目前公认的信用卡/借记卡的 Internet 交易的国际安全标准。SET 协议采用公钥密码体制和 X. 509 数字证书标准,是 PKI 框架下的一个典型实现,同时也在不断升级和完善。

8.6.2　PKI 的发展

从目前的发展来说,PKI 的使用范围非常广,而不仅仅局限于一般人认为的 CA 机构,它还包括完整的安全策略和安全应用。因此,PKI 的开发也从传统的身份认证到各种与应用相关的安全场合,如企业安全电子商务和政府的安全电子政务等。

PKI 发展的一个重要方面就是标准化问题,它也是建立互操作性的基础。本文前面章节讨论的 PKI 相关标准,包括美国 RSA 公司的公钥加密标准 PKCS 系列和 Internet 工程任务组 IETF(Internet Engineering Task Force)和 PKI 工作组 PKIX(Public Key Infrastructure Working Group)所定义的一组具有互操作性的公钥基础设施协议。其他工业界和政府组织也规定了各自的协议子集和操作模型,这些协议子集和操作模型是这些组织根据他们各自的安全和电子服务需求对更为宽泛的 PKI 规范进行剪裁得到的。

2001 年,由微软、Versign 和 WebMethods 三家公司发布了 XML 密钥管理规范(XML Key Management Specification,XKMS),被称为第二代 PKI 标准。XKMS 由两部分组成: XML 密钥信息服务规范(XML Key Information Service Specification,X-KISS)和 XML 密钥注册服务规范(XML Key Registration Service Specification,X-KRSS)。X-KISS 定义了包含在 XML-SIG 元素中的用于验证公钥信息合法性的信任服务规范;使用 X-KISS 规范,XML 应用程序可通过网络委托可信的第三方 CA 处理有关认证签名、查询、验证、绑定公钥信息等服务。X-KRSS 则定义了一种可通过网络接受公钥注册、撤销、恢复的服务规范; XML 应用程序建立的密钥对,可通过 X-KRSS 规范将公钥部分及其他有关的身份信息发给可信的第三方 CA 注册。X-KISS 和 X-KRSS 规范都按照 XML Schema 结构化语言定义,使用简单对象访问协议(SOAP v1.1)进行通信,其服务与消息的语法定义遵循 Web 服务定义语言(WSDL v1.0)。目前 XKMS 已成为 W3C 的推荐标准,并已被微软、VerSign 等公司集成于他们的产品中(微软已在 ASP. net 中集成了 XKMS,VerSign 公司已发布了基于 Java 的信任服务集成工具包 TSIK)。

　　PKI 的发展受到应用驱动的影响,发展非常快,已经出现了大量成熟技术、产品和解决方案,PKI 正逐步走向成熟。目前,PKI 产品的生产厂家很多,比较有代表性的主要有 VeriSign 公司、Entrust 公司和 Baltimore 公司。VeriSign 公司借助 RSA 成熟的安全技术,提供的 PKI 产品为用户之间的内部信息交互提供了安全保障。另外,VeriSign 公司也提供对外的 CA 服务,包括证书的发布和管理等功能,并且同一些大的生产商,如 Microsoft 公司、JavaSoft 公司等,保持了伙伴关系,以在 Internet 上提供代码签名服务。Entrust 公司从事 PKI 的研究与产品开发已经有很多年的历史了,并一直在业界保持领先地位,拥有许多成熟的 PKI 及配套产品,并提供了有效的密钥管理功能。总部设在爱尔兰的 Baltimore 公司推出的 PKI 产品——UniCERT——是一个策略驱动、模块化的 PKI,可以使整个 PKI 贯彻同一个安全策略,同时依靠模块化的设计,实现了高度的灵活性和可扩展性。

　　我国是从 20 世纪 90 年代末开始发展 PKI 及其应用的,在此期间,PKI 的厂商在 PKI 的可用性和技术实施方面也取得了很大进步。国内已经成功建设的大型行业性或是区域性的 PKI/CA 就有四十多个。除此之外,许多企事业单位内部建立的小型 PKI/CA 还有很多。影响最大的行业性 PKI/CA 有中国金融认证中心(CFCA)、中国电信认证中心(CTCA);影响最大的区域性 PKI/CA 有上海 CA 认证中心和广东 CA 认证中心。这些 CA 中心主要用于电子商务。各级政府也在建设 PKI/CA,主要用于电子政务。2002 年 4 月,我国在信息安全标准委员会的领导下,由 WG4 工作组制定了一系列的 PKI 标准。制定的 PKI 标准规范有基于 X.509 的国内证书格式规范、PKI 组件最小互操作规范、X.509 在线证书状态查询协议、X.509 证书管理协议、PKI 产品的安全测试认证规范、PKI 系统安全保护等级评估准则、PKI 系统安全保护等级技术要求等。在我国电子签名法颁发之后,PKI 的应用更是得到了有力的支持和推动。随着电子商务、电子政务的蓬勃发展,进一步实现 PKI 的互联互通对我国电子商务、电子政务的发展非常重要。

8.7　关　键　术　语

公钥基础设施(Public Key Infrastructure,PKI)

认证中心(也称权威中心)(Certificate Authority,CA)

数字证书(Digital Certificate)

公钥证书(Public Key Certificate)

证书撤销链表(Certificate Revocation Lists,CRL)

在线证书状态协议(Online Certificate Status Protocol,OCSP)

交叉认证(Cross-Certification)

证书策略(Certificate Policy)

证书用户(Certificate User)

认证路径(Certification Path)

简单认证(Simple Authentication)

强认证(Strong Authentication)

信任(Trust)

公钥密码标准(Public Key Cryptography Standard,PKCS)

轻量级目录访问协议(Lightweight Directory Access Protocol,LDAP)

时间戳机构(Time Stamp Authority,TSA)

8.8　习　题　8

8.1　PKI 的主要组成部分是什么? 它们各自的功能各是什么?

8.2　什么是交叉认证? 请给出交叉认证的过程。

8.3　PKI 中有哪些常见的信任模型? 各种模型的特点是什么?

8.4　PKI 可以提供哪些安全服务?

8.5　X.509 标准的目标是什么?

8.6　X.509 中是如何撤销证书的?

8.7　请具体描述 PKI 在网络安全应用中的一个案例,并分析 PKI 在其中所起的作用。

8.8　请给出案例,说明基于 PKI 的 SSL 是如何工作的。

第9章 防 火 墙

本章导读

➢ 本章主要介绍防火墙的概念、作用、分类、技术、体系结构等内容。

➢ 防火墙是位于一个或多个安全的内部网络和非安全的外部网络（如 Internet）之间的、进行网络访问控制的网络设备（或系统）。防火墙的目的是防止不期望的或未授权的用户和主机访问内部网络，确保内部网正常、安全地运行。

➢ 防火墙决定了哪些内部服务可以被外界访问，外界的哪些人可以访问内部的服务，以及哪些外部服务可以被内部人员访问。

➢ 根据物理特性，防火墙可分为两大类：软件防火墙和硬件防火墙。从结构上又可分为单一主机防火墙、路由集成式防火墙和分布式防火墙3种。按工作位置可分为边界防火墙、个人防火墙和混合防火墙。按防火墙性能可分为百兆级防火墙和千兆级防火墙两类。

➢ 防火墙技术有两种：数据包过滤技术和代理服务。

➢ 防火墙的体系结构主要有3种：双宿主机防火墙结构、屏蔽主机防火墙结构和屏蔽子网防火墙结构。

随着计算机和网络的发展，各种攻击和入侵手段也相继出现了。特别是在 Web 环境中，威胁来自于多个方面，从端点到传输到边界，最后到达 Web 服务器和后台数据库，这一系列的数据交换都可能会引发大量的安全问题。为了保护计算机的安全，人们开发出一种能阻止计算机之间直接通信的技术——"防火墙（FireWall）"技术。

防火墙的基本功能是对网络通信进行筛选屏蔽以防止未授权的访问进出计算机网络。简单的概括就是对网络进行访问控制。绝大部分的防火墙都是放置在内部（可信任）网络（Internal）和外部（不可信任）网络（Internet）之间，通过监测、限制、更改跨越防火墙的数据流，尽可能地对外部不可信任网络屏蔽内部可信任网络的信息、结构和运行状况，以此来实现对内部可信任网络的安全保护。

防火墙对组织机构、企业内部的安全策略的实施等都具有重要的意义。本章将阐述防火墙的一些概念和相关技术。

9.1　防火墙概述

9.1.1　防火墙的基本概念

"防火墙"一词源自于早期建筑。在古代，构筑和使用木质结构房屋的时候为防止火灾的发生和蔓延，人们将坚固的石块堆砌在房屋周围作为屏障，这种防护构筑物就被称为"防火墙"。如今在计算机网络中,沿用了"防火墙"这个名字来表示实现类似的网络安全功能。用专业术语来说,"防火墙"是一种位于两个或多个网络间并实施网络之间访问控制的组件集合。对于普通用户来说,所谓"防火墙",指的就是一种被放置在自己的计算机与外界网络之间的防御系统,从网络发往计算机的所有数据都要经过它的判断处理后,才会决定能不能把这些数据交给计算机,一旦发现有害数据,防火墙就会将其拦截下来,这样就实现了对计算机的保护。

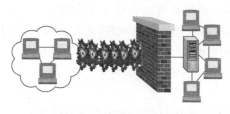

图 9.1 防火墙示意图

一个防火墙可以设置在 PC、路由器、大型主机、UNIX 工作站等计算机上,它可以决定从外部网能访问内部网的哪些信息和服务以及谁能访问这些信息和服务,从而达到保护企业内部网的信息资源的目的。也就是说,防火墙允许可信任的数据通过,拒绝恶意访问,保护内部网络免于受到外部网的攻击。图 9.1 是一个防火墙的示意图。

防火墙是一种综合性技术,并不仅仅指用来提供一个网络安全保障的主机、路由器或多机系统,而是一整套保障网络安全的手段。防火墙有如下两条基本的规则。

(1) 一切未被允许的就是禁止的。基于该规则,防火墙应封锁所有信息流,然后对希望提供的服务逐项开放,即只允许符合开放规则的信息进出。这种方法非常实用,可以创造一种十分安全的环境,因为所能使用的服务范围受到了严格的限制,只有特定的、被选中的服务才被允许使用。这就使得用户使用的方便性受到了影响。

(2) 一切未被禁止的就是允许的。基于该规则,防火墙逐项屏蔽被禁止的服务,而转发所有其他信息流。这种方法可以提供一种更为灵活的应用环境,可为用户提供更多的服务。但却很难提供可靠的安全防护,特别是当网络服务日益增多或受保护的网络范围增大时。

典型的防火墙具有以下 3 个方面的基本特性。

(1) 内部网络和外部网络之间的所有网络数据流都必须经过防火墙。

内部网络和外部网络之间的所有网络数据流都必须经过防火墙是防火墙所处网络的位置特性,同时也是一个前提。因为只有当防火墙是内、外部网络之间通信的唯一通道,才可以全面、有效地保护内部网络不受侵害。根据美国国家安全局制定的《信息保障技术框架》,防火墙适用于用户网络系统的边界,属于用户网络边界的安全保护设备。所谓网络边界即是采用不同安全策略的两个网络的连接处,比如用户网络和 Internet 之间连接、和其他业务往来单位的网络连接,用户内部网络不同部门之间的连接等。防火墙的目的就是在网络连接之间建立一个安全控制点,通过允许、拒绝或重新定向经过防火墙的数据流,实现对进、出内部网络的服务和访问的审计和控制。从图 9.1 中可以看出,防火墙的一端连接内部的局域网,而另一端则连接着 Internet,所有的内、外部网络之间的通信都要经过防火墙。

(2) 只有符合安全策略的数据流才能通过防火墙。

防火墙最基本的功能是确保网络流量的合法性,并在此前提下将网络的流量快速地从一条链路转发到另外的链路上。防火墙将网络上的流量通过相应的网络接口接收上来,按照 OSI 协议栈的七层结构顺序上传,在适当的协议层进行访问规则和安全审查,然后将符合通过条件的报文从相应的网络接口送出,而对于那些不符合通过条件的报文则予以阻断。因此,从这个角度上来说,防火墙是一个类似于桥接或路由器的、多端口的(网络接口大于等于2)转发设备,它跨接于多个分离的物理网段之间,并在报文转发过程中完成对报文的审查工作。

(3) 防火墙自身应具有非常强的抗攻击免疫力。

防火墙自身应具有非常强的抗攻击免疫力是防火墙之所以能担当组织或企业内部网络安全防护重任的先决条件。防火墙处于网络边缘,它就像一个边界卫士一样,每时每刻都要面对黑客的入侵,这样就要求防火墙自身要具有非常强的抗击入侵的本领。因此防火墙操作系统本身是关键,只有自身具有完整信任关系的操作系统才可以谈论系统的安全性。其次就是防火墙自身具有非常低的服务功能,除了专门的防火墙嵌入系统外,再没有其他应用程序在防火墙上运行。当然这些安全性也只能说是相对的。

9.1.2　防火墙的作用及局限性

防火墙能有效地防止外来的入侵,它在网络系统中的作用可以归纳为以下几个方面。

(1) 集中的安全管理。防火墙允许网络管理员定义一个中心(阻塞点)来防止非法用户(如黑客、网络破坏者等)进入内部网络,禁止存在不安全因素的访问进出网络,并抗击来自各种线路的攻击。防火墙定义的安全规则可以运行于整个内部网络系统,而无须在内部网的每台机器上分别设立安全策略。防火墙可以定义不同的认证方法,而不需要在每台机器上分别安装特定的认证软件。外部用户也只需要经过一次认证即可访问内部网。因此防火墙技术能够简化网络的安全管理、提高网络的安全性。

(2) 安全警报。通过防火墙可以方便地监视网络的安全性,并产生报警信号。网络管理员必须审查并记录所有通过防火墙的重要信息。

(3) 重新部署网络地址转换(Network Address Translator,NAT)。Internet的迅速发展使得有效的、未被申请的IP地址越来越少,这意味着想进入Internet的机构可能申请不到足够的IP地址来满足内部网络用户的需要。为了接入Internet,可以通过网络地址转换(NAT)来完成内部私有地址到外部注册地址的映射。防火墙是部署NAT的理想位置,利用NAT技术,将有限的IP地址动态或静态地与内部的IP地址对应起来,可用来缓解地址空间短缺的问题,并可隐藏内部网的结构。

(4) 审计和记录网络的访问及使用情况。由于所有的访问都要经过防火墙,所以它是审计和记录网络访问及使用情况的一个最佳地点。比如网络管理员可以在此向管理部门提供Internet连接的费用情况,查出潜在的带宽瓶颈位置,并能够依据本机构的核算模式提供部门级的计费等。

(5) 向外发布信息。防火墙除了起到安全屏障作用外,也是部署WWW服务器和FTP服务器的理想位置。允许Internet访问上述服务器,而禁止对内部受保护的其他系统进行访问。

但是,防火墙的功能也有局限性,主要表现在以下几个方面。

(1) 防火墙不能防范不经由防火墙的攻击和威胁。例如,如果允许从受保护网内部不受限制地向外拨号,一些用户可以形成与Internet的直接连接,从而绕过防火墙,造成一个潜在的后门攻击渠道。

(2) 不能防御已经授权的访问,以及存在于网络内部系统间的攻击,不能防御合法用户恶意的攻击以及社交攻击等非预期的威胁。比如A是B公司的职员,那么他经过MIS部门的授权就可以通过防火墙来访问企业内部资源了,现在他因一些原因离职,在人事部门未通知 MIS 部门收回对 A 的访问授权期间,A 仍可畅通无阻地进入 B 公司的内部网,这将给 A 提供窃取公司内部信息的可乘之机。

(3) 防火墙不能防止感染了病毒的软件或文件的传输。只能在每台主机上装反病毒软件。

(4) 防火墙不能防止数据驱动式攻击。当有些表面看来无害的数据被邮寄或复制到 Internet 主机上并被执行而发起攻击时,就会发生数据驱动攻击。

(5) 不能修复脆弱的管理措施和存在问题的安全策略。

9.1.3 防火墙的分类

防火墙的形式多种多样,有的取代系统上已经装备的 TCP/IP 协议栈,有的在已有的协议栈上建立自己的软件模块,有的干脆就是独立的一套操作系统。还有一些应用型的防火墙只对特定类型的网络连接提供保护(比如 SMTP 或者 HTTP 协议等)。还有一些基于硬件的防火墙产品其实应该归入安全路由器一类。以上产品都可以叫做防火墙,因为他们的工作方式都是一样的:即分析出入防火墙的数据包,决定放行还是把它们丢弃。因此为防火墙分类的方法也很多。

1) 根据物理特性,防火墙可分为两大类:软件防火墙和硬件防火墙

软件防火墙是一种安装在负责内外网络转换的网关服务器或者独立的个人计算机上的特殊程序,它是以逻辑形式存在的。防火墙程序跟随系统启动,通过运行在 Ring0 级别的特殊驱动模块把防御机制插入系统关于网络的处理部分和网络接口设备驱动之间,形成一种逻辑上的防御体系。在没有软件防火墙之前,系统和网络接口设备之间的通道是直接的,网络接口设备通过网络驱动程序接口(Network Driver Interface Specification,NDIS)把网络上传来的各种报文都忠实地交给系统处理。例如一台计算机接收到请求列出计算机上所有共享资源的数据报文,NDIS 直接把这个报文提交给系统,系统在处理后就会返回相应数据,在某些情况下就会造成信息泄露。而使用软件防火墙后,尽管 NDIS 接收到的仍然是原封不动的数据报文,但是在提交到系统的通道上多了一层防御机制,所有数据报文都要经过这层机制根据一定的规则判断处理,只有它认为安全的数据才能到达系统,其他数据则被丢弃。因为有规则提到“列出共享资源的行为是危险的”,因此在防火墙的判断下,这个报文会被丢弃,这样一来,系统接收不到报文,则认为什么事情也没发生过,也就不会把信息泄露出去了。软件防火墙工作于系统接口与 NDIS 之间,用于检查过滤由 NDIS 发送过来的数据,在无须改动硬件的前提下便能实现一定强度的安全保障,但是由于软件防火墙自身属于运行于系统上的程序,不可避免地需要占用一部分 CPU 资源以维持工作,而且由于数据判断处理需要一定的时间,在一些数据流量大的网络里,软件防火墙会使整个系统工作效率和数据吞吐速度下降,甚至有些软件防火墙会存在漏洞,导致有害数据可以绕过它的防御体系,给数据安全带来损失,因此,许多企业并不会考虑用软件防火墙方案作为公司网络的防御措施,而是使用看得见摸得着的硬件防火墙。

硬件防火墙是一种以物理形式存在的专用设备,通常架设于两个网络的连接处,直接从网络设备上检查过滤有害的数据报文,位于防火墙设备后端的网络或者服务器接收到的是经过防火墙处理的相对安全的数据,不必另外分配 CPU 资源去进行基于软件架构的 NDIS

数据检测,可以大大提高工作效率。硬件防火墙一般是通过网线连接于外部网络接口与内部服务器或企业网络之间的设备,这里又另外派分出两种结构。一种是普通硬件级别防火墙,它拥有标准计算机的硬件平台和一些功能经过简化处理的 UNIX 系列操作系统和防火墙软件。这种防火墙措施相当于专门拿出一台计算机安装了软件防火墙,除了不需要处理其他事务以外,它毕竟还是一般的操作系统,因此有可能会存在漏洞和不稳定因素,安全性并不能做到最好。另一种是所谓的"芯片"级硬件防火墙,它采用专门设计的硬件平台,在上面搭建的软件也是专门开发的,并非流行的操作系统,因而可以达到较好的安全性能保障。但无论是哪种硬件防火墙,管理员都可以通过计算机连接上去设置工作参数。由于硬件防火墙的主要作用是把传入的数据报文进行过滤处理后转发到位于防火墙后面的网络中,因此它自身的硬件规格也是分档次的,尽管硬件防火墙已经足以实现比较高的信息处理效率,但是在一些对数据吞吐量要求很高的网络里,档次低的防火墙仍然会形成瓶颈,所以对于一些大企业而言,芯片级的硬件防火墙才是他们的首选。但硬件防火墙最显著的缺点是它太贵了! 对于一般家庭用户而言,自己的数据和系统安全也无须专门用到一个硬件设备去保护,因而个人用户只要安装一种好用的软件防火墙就够了。

2) 从结构上又可分为单一主机防火墙、路由集成式防火墙和分布式防火墙 3 种

"单一主机防火墙"就是最常见的一台硬件防火墙,它独立于其他网络设备,位于网络边界。这种防火墙的结构其实与一台计算机的结构差不多,同样包括 CPU、内存、硬盘等基本组件,当然主板更是不能少了,且主板上也有南、北桥芯片。它与一般计算机最主要的区别就是一般这种防火墙都集成了两个以上的以太网卡,因为它需要连接一个以上的内、外部网络。其中的硬盘就是用来存储防火墙所用的基本程序,如包过滤程序、代理服务器程序等,有的防火墙还把日志记录也记录在此硬盘上。虽然如此,因为它的工作性质,决定了它要具备非常高的稳定性、实用性,以及非常高的系统吞吐性能。正因如此,看似与 PC 差不多的配置,价格却高很多。

一些厂商为了节约成本,直接把防火墙功能嵌入路由设备,就形成了路由集成式防火墙。

随着人们对网络安全防护要求的提高,传统防火墙明显感觉到力不从心,因为给网络带来安全威胁的不仅是外部网络,更多的是来自内部网络,传统防火墙无法对内部网络实现有效地保护,除非对每一台主机都安装防火墙。基于此,一种新型的防火墙——分布式防火墙诞生了。分布式防火墙再也不是只位于网络边界,而是渗透于网络中的每一台主机,对整个内部网络的主机实施保护。当然不是为每台主机安装防火墙,而是把防火墙的安全防护系统延伸到网络中的各台主机。一方面有效地保证了用户的投资不会很高,另一方面给网络所带来的安全防护是非常全面的。分布式防火墙已不再是一个独立的硬件实体,而是由多个软、硬件组成的系统,在网络服务器中,通常会安装一个用于防火墙系统的管理软件,在服务器及各主机上安装有集成网卡功能的 PCI 防火墙卡,这样一块防火墙卡同时兼有网卡和防火墙的双重功能。这样一个防火墙系统就可以彻底保护内部网络。各主机把任何其他主机发送的通信连接都视为"不可信"的,都需要严格过滤。而不是像传统防火墙那样,仅对外部网络发出的通信请求"不信任"。

3) 按工作位置可分为边界防火墙、个人防火墙和混合防火墙

所谓"边界",就是指两个网络之间的接口处,工作于此的防火墙就被称为"边界防火墙"。这类防火墙一般都是硬件类型的,价格较贵、性能较好。

与之相对的有"个人防火墙",它们通常是基于软件的防火墙,只处理一台计算机的数据,而不是整个网络的数据,现在一般家庭用户使用的软件防火墙就是个人防火墙。

混合防火墙是一整套防火墙系统,由若干个软、硬件组件组成,分布于内、外部网络边界和内部各主机之间,既对内、外部网络之间通信进行过滤,又对网络内部各主机间的通信进行过滤。它属于最新的防火墙技术之一,性能最好、价格也最贵。

4) 按防火墙性能可分为百兆级防火墙和千兆级防火墙两类

因为防火墙通常位于网络边界,所以不可能只是十兆级的。这主要是指防火墙的通道带宽(Bandwidth),或者说是吞吐率。当然通道带宽越宽,性能越高,这样的防火墙因包过滤或应用代理所产生的延时也越小,对整个网络通信性能的影响也就越小。

5) 从实现技术上分,防火墙可分为两大类技术:数据包过滤技术和代理服务

数据包过滤(Packet Filtering)技术是在网络层对数据包进行选择,选择的依据是系统内设置的过滤逻辑,被称为访问控制表(Access Control Table)。通过检查数据流中每个数据包的源地址、目的地址、所用的端口号、协议状态等因素,或它们的组合来确定是否允许该数据包通过。数据包过滤防火墙的逻辑简单、价格便宜、易于安装和使用,网络性能和透明性好,它通常安装在路由器上。路由器是内部网络与 Internet 连接必不可少的设备,因此在原有网络上增加这样的防火墙几乎不需要任何额外的费用。数据包过滤防火墙有以下几个主要缺点。

(1) 定义复杂,容易出现因配置不当带来的问题,非法访问一旦突破防火墙,即可对主机上的软件和配置漏洞进行攻击。

(2) 数据包的源地址、目的地址以及 IP 的端口号都在数据包的头部,很有可能被窃听或假冒。

(3) 允许数据包直接通过,容易造成数据驱动式攻击的潜在危险。所谓代理服务,顾名思义就是代表你的网络和外界打交道,是通过代理服务器实现的。代理服务器不允许存在任何网络内外的直接连接,代理服务器重写数据包而不是简单地将其转发。给人的感觉就是网络内部的主机都站在了网络的边缘,但实际上它们都躲在代理的后面,露面的只是代理。当代理服务器得到一个客户的连接意图时,它们将核实客户请求,并经过特定的安全化的代理应用程序处理连接请求,将处理后的请求传递到真实的服务器上,然后接受服务器应答,并做进一步处理后,将答复交给发出请求的最终客户。代理服务器在外部网络向内部网络申请服务时发挥了中间转接的作用。例如一台 WWW 代理服务器,所有的请求都间接地由代理服务器处理,这台服务器不同于普通的代理服务器,它不会直接处理请求,它会验证请求发出者的身份、请求的目的地和请求内容。如果一切符合要求的话,这个请求会被批准送到真正的 WWW 服务器上。当真正的 WWW 服务器处理完这个请求后并不会直接把结果发送给请求者,它会把结果送到代理服务器,代理服务器会按照事先的规定检查这个结果是否违反了安全规定,当这一切都通过后,返回结果才会真正地被送到请求者的手里。代理型防火墙的最突出的优点就是安全。由于每一个内外网络之间的连接都要通过代理(Proxy)的介入和转换,通过专门为特定的服务(如 HTTP)编写的安全化的应用程序进行处理,然后由防火墙本身提交请求和应答,没有给内外网络的计算机以任何直接会话的机会,从而避免了入侵者使用数据驱动类型的攻击方式入侵内部网。包过滤类型的防火墙是很难彻底弥补这一漏洞的。就像你要向一个陌生的重要人物递交一份声明一样,如果先将

这份声明交给你的律师,然后律师就会审查你的声明,确认没有什么负面的影响后才由他交给那个陌生人。在此期间,陌生人对你的存在一无所知,如果要对你进行侵犯,他面对的将是你的律师,而你的律师当然比你更加清楚该如何对付这种人。代理服务也存在一些不足之处:因为它不允许用户直接访问网络,所以会使访问速度变慢;由于需要对每一个特定的 Internet 服务器安装相应的代理服务软件,用户不能使用未被服务器支持的服务,对每一类服务要使用特殊的客户端软件;更不幸的是,并不是所有的 Internet 应用软件都可以使用代理服务。

综上所述,数据包过滤和代理服务器有一个共同的特点,就是它们仅仅依靠特定的逻辑判定是否允许数据包通过。一旦满足逻辑,则防火墙内外的计算机系统建立直接联系,防火墙外部的用户便有可能直接了解防火墙内部的网络结构和运行状态,这有利于实施非法访问和攻击。另外,它们之间又各有所长,具体使用哪一种或是否混合使用,要看具体需要。一般情况下,在使用防火墙产品时,对使用较为频繁、信息可共享性高的服务采用应用层代理,例如 WWW 服务;对于实时性要求高、使用不频繁且用户自定义的服务可以采用数据包过滤机制,如 Telnet 服务。我们将在第 9.2 节更为详细地介绍这几种防火墙技术。

9.2　防火墙技术

传统意义上的防火墙技术分为两大类,即数据包过滤技术和代理服务。其中,数据包过滤可分为静态包过滤和动态包过滤两种。代理服务也可分为应用级网关和电路级网关两大类。无论一个防火墙的实现过程多么复杂,归根结底都是在这几种技术的基础上进行功能扩展的。

9.2.1　数据包过滤

在大多数情况下,数据包过滤是用设置了过滤规则的路由器来实现的。当一个数据包到达了一个包过滤路由器,该路由器便从包首部截取特定信息,然后依据过滤规则判定该包是否可通过或被丢弃。一般从包首部截取的信息有源 IP 地址、目的 IP 地址、TCP/UDP 源端口号、TCP/UDP 目的端口号、ICMP 信息类型和封装协议信息(TCP、UDP、ICMP 或 IP隧道)等。

包过滤规则是基于网络安全策略(即凡是未被明确许可的就是禁止的或凡是未被明确禁止的就是许可的)的。包过滤规则是在考虑了外部攻击以及服务级别限制和收发双方的通信级别限制等因素后制定的。其工作示意图如图 9.2 所示。包过滤类型的防火墙要遵循的一条基本原则是"最小特权原则",即明确允许那些管理员希望通过的数据包,禁止其他数据包。

包过滤又可分为静态包过滤和动态包过滤两种。

静态包过滤这种类型的防火墙根据定义好的过滤规则审查每个数据包,以便确定其是否与某一条包过滤规则匹配。过滤规则基于数据包的报头信息进行制定。报头信息中包括 IP 源地址、IP 目标地址、传输协议(TCP、UDP、ICMP 等)、TCP/UDP 目标端口、ICMP 消息类型等。由于大多数服务使用熟知的端口号,因此可以采用在过滤器中允许或拒绝相关端口信息的办法来过滤。例如,FTP 程序在连接期间使用两对端口号(不过一般的 Internet 服务对所有的通信都只使用一对端口号),第一对端口号用于 FTP 的"命令通道"提供登录和执行命令的通信链路,而另一对端口号则用于 FTP 的"数据通道"提供客户机和服务器之间的文件传送。在一般的 FTP 会话过程中,客户机首先向服务器的端口 21(命令通道)发送一个 TCP 连接请求,然后执行 LOGIN、DIR 等各种命令。一旦用户请求服务器发送数据,FTP 服务器就用其 20 端口(数据通道)向客户的数据端口发起连接。FTP 服务器监听来自 TCP 端口号 21 的连接请求,且与处于非被动模式的客户用端口 20 进行出网数据连接。因此,如果允许 FTP 连接通过过滤器到达内部网,则意味着允许所有在首部带有 20 和 21 号端口信息的包通过。另一方面,比如 NFS,它要用到 RPC(基于端口动态分配的协议),并且每次连接使用不同的端口号。允许这些服务便会引起安全问题。有些黑客的攻击可用一些高级过滤规则,如检查 IP 数据报的可选项、片偏移等方法。静态包过滤的明显缺陷是,为了实现期望的通信,它必须保持一些端口永久开放,这就为潜在的攻击提供了机会。

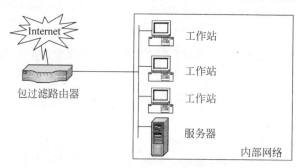

图 9.2 数据包过滤

动态包过滤采用动态设置包过滤规则的方法,避免了静态包过滤所具有的问题。这种技术后来发展成为所谓包状态监测(Stateful Inspection)技术。采用这种技术的防火墙对通过其建立的每一个连接都进行跟踪,并且根据需要可动态地在过滤规则中增加或更改。状态监视器作为防火墙技术其安全特性最佳,它采用了一个在网关上执行网络安全策略的软件引擎——检测模块。检测模块在不影响网络正常工作的前提下,采用抽取相关数据的方法对网络通信的各层实施监测,抽取部分数据,即状态信息,并动态地保存起来作为以后制定安全决策的参考。检测模块支持多种协议和应用程序,并可以很容易地实现应用和服务的扩充。与其他安全方案不同,当用户访问到达网关的操作系统前,状态监视器要抽取有关数据进行分析,结合网络配置和安全规定做出接纳、拒绝、鉴定或给该通信加密等决定。一旦某个访问违反安全规定,安全报警器就会拒绝该访问,并做下记录向系统管理器报告网络状态。状态监视器的缺点是配置非常复杂,而且会降低网络的速度,它也允许外部客户和内部主机的直接连接,不提供用户的鉴别机制。

包过滤规则有时会非常复杂。特别是要对已有规则设置一些例外的话,那这些规则就会非常复杂了。尽管可采用一些测试程序来检验,但仍然可能留下安全漏洞。包过滤并不能对网络提供绝对安全的保护。还有,包过滤可以限制命令类的信息通过防火墙,但若要对传输的数据进行过滤是不可能的,因为这必须要理解特定服务所传输的内容。为了达到此目的,需要提供应用级的控制。

9.2.2　应用级网关

应用级网关也常称为代理服务器。应用级网关提供两个网络间传输的高水平的控制，即能进行特定服务内容的监控和提供基于网络安全策略的过滤。因此，对任何所需的应用，可在网关上安装相应的代理程序来管理，让特定的服务数据通过网关。应用级网关的结构如图 9.3 所示。

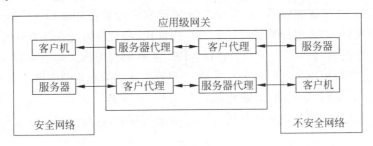

图 9.3　应用级网关

应用代理服务器可以在网络应用层提供授权检查及代理服务。当外部某台主机试图访问(如用 Telnet)受保护网时，它必须先在防火墙上经过身份认证。通过身份认证后，防火墙运行一个专门为 Telnet 设计的程序，把外部主机与内部主机相连接。在这个过程中，防火墙可以限制用户访问的主机、访问的时间及访问的方式。同样，受保护网络内部用户访问外部网时也须先登录到防火墙上，通过验证后才可使用 Telnet 或 FTP 等有效命令。

一个代理服务器对于客户来说，起到一个服务器的作用，但对于目的服务器来说，它又是一个客户，它在客户和目的服务器之间建立了一个虚拟连接。尽管从客户方看来，代理服务器似乎是透明的，但代理服务器能在客户的数据传到服务器之前对任何特定类型的数据进行监测和过滤。例如，一个 FTP 服务器允许向外部网用户提供服务，为了保护服务器免受任何可能的攻击，防火墙中的 FTP 代理可配置为拒绝 PUT 和 MPUT 命令。

一个代理服务器也是一个针对特定服务的中继服务器，它运行在主机上，连接着安全和非安全网络，在应用层上而不是 IP 层上控制数据的交换。这样，就使得凡是代理服务器能处理的应用层协议，都能在安全和非安全网络之间禁止路由的情况下，仍然能经由代理服务取得中继完成数据的交换。图 9.4 是一个 FTP 代理服务器的示意图。

为了让任何客户都能访问代理服务器，客户端和服务器端软件必须要做相应修改以支持代理连接。在图 9.4 中，FTP 客户端首先要通过代理服务器对它的认证，然后，FTP 会话才在代理服务器的约束下开始进行。大多数代理服务器采用更复杂的认证方法，如安全 ID 卡，这种机制每次产生一个不重复的、唯一的密钥。

因为代理服务器对 IP 数据包的所有数据都进行扫描，所以与 IP 数据包过滤相比，它可以具有更多更好的登记、日志、统计、分析和报告功能。例如，HTTP 代理能记录用户所访问的 URL。应用级代理的另一个特点是能实行更强的用户身份认证。例如，当用户从非安全网络使用 FTP 和 Telnet 服务时，代理服务器可对这些用户进行强制性的身份认证。应用网关代理既可以隐藏内部 IP 地址，又可以给单个用户授权，即使攻击者盗用了一个合法的 IP 地址，他也通不过严格的身份认证。因此应用级网关比报文过滤具有更高的安全性。

应用级网关的不足之处在于，这种代理技术需要为每个应用网关写专门的程序。另外，为了通过代理服务器实现连接,客户端软件得做一些修改以支持代理服务,否则就要由用户的操作来替代。例如,若要连接到 Telnet 服务器,用户通常要先通过代理服务器的身份认证,然后再通过目的 Telnet 服务器的认证。这种认证使得应用网关不透明,用户每次连接都要受到"盘问",这给用户带来许多不便。不过一个修改好了的 Telnet 客户端软件能让代理服务器对用户透明,用户只需在 Telnet 命令行里指定目的服务器而不需指定代理服务器。

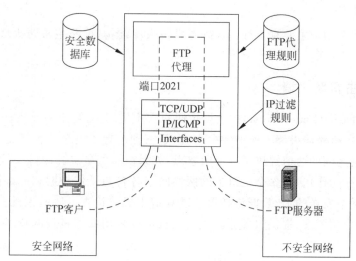

图 9.4　FTP 代理服务器

9.2.3　电路级网关

电路级网关是一个通用代理服务器,工作在 TCP/IP 协议的 TCP 层,仅仅提供 TCP 连接的转发而不提供任何其他的报文处理和过滤(见图 9.5)。比如在 Telnet 的连接中,电路层网关简单地进行了中继,并不做任何审查、过滤或协议管理。它只在内部连接和外部连接之间来回复制字节,但隐藏受保护网络的有关信息,所以它实际上是一个透明网关。

有些电路级网关还能转发 UDP 报文。电路级网关可以说是一种特殊类型的应用级网关。因为应用级网关能配置成一旦用户身份认证成功,便允许所有信息通过,就如同电路级网关一样。

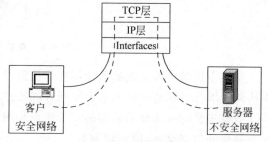

图 9.5　电路级网关

电路级网关有时也能处理入网的 UDP或 TCP 连接。但是,处于安全网络内的客户端,必须要预先通知网关,将有这样的包要到来。

一个熟知的电路级网关的例子是 SOCKS。由于 SOCKS 不对通过的数据流做监测和过滤,所以可能出现安全问题。要最小化安全问题,就要使用外部网络中的可信任服务和资源。

电路层网关常用于对外连接,此时假设网络管理员对其内部用户是信任的。它的优点是主机可以被设置成混合网关,对于内连接它支持应用层或代理服务,而对于外连接它支持电路层功能。这样,使得防火墙系统对于要访问 Internet 服务的内部用户来说使用起来很方便,同时又能提供保护内部网络免于外部攻击。

9.3　防火墙的体系结构

防火墙的体系结构主要有 3 种:双宿主机防火墙结构、屏蔽主机防火墙结构和屏蔽子网防火墙结构。

9.3.1　双宿主机防火墙

双宿主机(Dual-Homed Host)防火墙也叫双穴主机网关,是用一台装有两块网卡(故称为双宿)的堡垒主机做防火墙。所谓堡垒主机,是一种配置了安全防范措施的网络计算机,堡垒主机为网络之间的通信提供了一个阻塞点,如果没有堡垒主机,网络之间就不能相互访问(故起到了堡垒的作用)。堡垒主机上的两块网卡各自与受保护网和外部网相连,从一个网络到另一个网络发送的 IP 数据包必须经过双宿主机的检查。堡垒主机上运行着防火墙软件,可以转发应用程序、提供服务等。堡垒主机可以采用数据包过滤技术,也可以采用代理服务技术。双宿主机至少有两个 IP 地址。在这种防火墙里,IP 转发是被禁止的,即在两个网络接口中的 IP 通信是断开的(见图 9.6)。

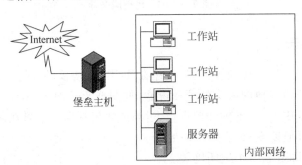

图 9.6　双宿网关防火墙

双宿主机防火墙实施的安全策略是任何没有特别允许的传输都是被禁止的。因此双宿主机防火墙肯定能将任何来自未知服务的攻击堵住。

双宿主机防火墙体系结构的主要优点是网络结构比较简单,而且由于内、外部网络之间没有直接的数据交互,因而较为安全。

双宿主机防火墙体系结构的主要弱点是一旦黑客侵入堡垒主机并使其只具有路由功能,任何 Internet 上的用户均可以随便访问内部网络了。

9.3.2　屏蔽主机防火墙

如果一个信息服务器(如 Web 或 FTP 服务器)不仅需要为内部也要为外部的用户提供服务的话,那么它可以安装在受保护的网络里面,或安装在防火墙和路由器之间。当信息服务器安装在防火墙和路由器之间时,防火墙必须有相应的代理以使安全网络里面的用户能访问该信息服务器(因为这时信息服务器是在防火墙外面),同时为了安全,路由器也要进行包过滤的配置,这种类型的防火墙就叫做屏蔽主机防火墙。

屏蔽主机防火墙由包过滤路由器(也称屏蔽路由器)和堡垒主机(用作应用级网关)组成。它采用屏蔽路由器和堡垒主机双重安全设施,使所有进出的数据都要经过屏蔽路由器和堡垒主机,保证了网络级和应用级的安全。路由器进行包过滤,堡垒主机进行应用安全控制(见图 9.7)。这是一种很可靠的设计,一个黑客必须穿透路由器和堡垒主机才能够到达内部网络。为了使堡垒主机具备足够强的抗攻击性能,在堡垒主机上只安装最小的服务、并且所拥有的权限也是最低的。

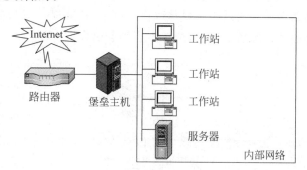

图 9.7 屏蔽主机防火墙

在实现时,通常是一个堡垒主机安装在内部网络上,在路由器上设立过滤规则,并使这个堡垒主机成为从外部网络唯一可直接到达的主机,这确保了内部网络不受未被授权的外部用户的攻击。如果受保护网是一个虚拟扩展的本地网,即没有子网和路由器,那么内部网的变化不影响堡垒主机和屏蔽路由器的配置。将危险带限制在堡垒主机和屏蔽路由器。网关的基本控制策略由安装在上面的软件决定。其中的路由器被配置成为可转发所有不可信任的通信到堡垒主机和信息服务器,由于内部网络与堡垒主机在同一个子网内,安全策略可以允许内部用户直接访问外部网络,或强制使他们用代理服务访问外部网络,实现这些依赖于配置路由器的过滤规则,所以路由器仅仅接受从堡垒主机发起的出网通信连接。

在屏蔽主机防火墙配置下,允许信息服务器放在路由器和堡垒主机之间。同样,由安全策略决定外部和内部用户是直接访问信息服务器还是必须经由堡垒主机才能访问信息服务器。如果要实施强有力的安全保护,则可让内、外网络访问信息服务器的通信必须经由堡垒主机进行。

在屏蔽主机防火墙配置下,堡垒主机可以是一台标准主机,或者为了构造更安全的防火墙,堡垒主机也可以是一台双宿主机。这样,所有内部到信息服务器和经过路由器到外部网络的通信就自动地被强制从装在双宿主机上的代理服务器通过。因而堡垒主机就成为外部网络唯一能访问的主机。任何人都不能登录堡垒主机,除非攻击者侵入系统,改变了配置,绕过了防火墙。

屏蔽主机防火墙易于实现也最为安全。但如果攻击者设法登录到堡垒主机上面,则整个内部网络都将面临巨大威胁。这与双穴主机网关受攻击时的情形差不多。

9.3.3 屏蔽子网防火墙

在屏蔽主机防火墙和双宿主机防火墙这两种体系结构中,堡垒主机都是最关键的,如果攻击者设法登录到它上面，内部网络中的其余主机就会受到很大威胁。为了解决这个问题，出现了屏蔽子网防火墙体系结构。

屏蔽子网防火墙由两个包过滤路由器和一个堡垒主机构成，它在内部网络和外部网络之间建立了一个被隔离的子网（见图 9.8）。其基本实现方法是在外部和内部网络之间创建一个非军事区（DMZ），其中可以安放堡垒主机、Web 服务器和 Mail 服务器等公用服务器，外部路由器仅仅允许从外部访问堡垒主机（也可到信息服务器），内部路由器仅允许从内部访问堡垒主机，这内外两个路由器强制使得所有入网和出网通信都要通过堡垒主机。

设置非军事区的一个重要好处就是由于两个路由器强制使得内、外两方的网络系统必须通过堡垒主机，那么堡垒主机就没必要是双宿主机了，这就提供了比双宿主机更快的吞吐量。不过，这将使路由器的配置更复杂，配置不当则会引发安全问题。

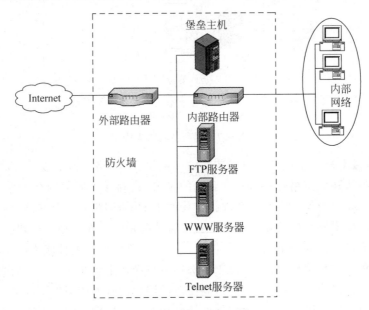

图 9.8　屏蔽子网防火墙

在很多实现中，将两个包过滤路由器放在子网的两端，在子网内构成一个 DNS，内部网络和外部网络均可访问被屏蔽子网，但禁止它们穿过被屏蔽子网通信。有的屏蔽子网中还设有一堡垒主机作为唯一可访问点，支持终端交互或作为应用网关代理。这种配置的危险带包括堡垒主机、子网主机及所有连接内网、外网和屏蔽子网的路由器。

屏蔽子网防火墙提供了强有力的安全保护，因为入侵者要穿过三层屏障才能到达内部网络，即使堡垒主机被入侵者控制，内部网络仍会受到内部包过滤器的保护。如果攻击者试图完全破坏防火墙，他必须重新配置连接 3 个网的路由器，既不切断连接又不要把自己锁在外面，同时又不使自己被发现，这还是可能的。但若禁止网络访问路由器或只允许内网中的某些主机访问它，则攻击会变得很困难。在这种情况下，攻击者得先侵入堡垒主机，然后进入内网主机，再返回来破坏屏蔽路由器，并且整个过程中不能引发警报。因此屏蔽子网防火墙在各种类型的防火墙中提供了最高级别的安全保护。

综上所述，防火墙作为网络安全政策和策略中的一个组成部分，减轻了网络和系统被用于非法和恶意目的的风险。虽然防火墙并不是解决网络安全问题的万能药方，但作为维护网络安全的关键技术之一,它在今后采用的网络安全防范体系中,仍将占据着举足轻重的位置。

9.4 关键术语

防火墙(Firewall)

软件防火墙(Software Firewall)

硬件防火墙(Hardware Firewall)

单一主机防火墙(Host Firewall)

应用级网关(Application-Level Gateway)

电路级网关(Circuit-Level Gateway)

堡垒主机(Bastion Host)

双宿主机防火墙(Dual-Homed Host Firewall)

屏蔽主机防火墙(Screened Host Firewall)

屏蔽子网防火墙(Screened-Subnet Firewall)

9.5 习 题 9

9.1 什么是防火墙?防火墙能防病毒吗?

9.2 简述防火墙的主要功能。

9.3 简述防火墙的分类。

9.4 简述防火墙的局限性。

9.5 怎样通过防火墙进行数据包过滤?

9.6 代理服务器防火墙是如何实现的?

9.7 假如一个公司希望实现一个高安全性能的防火墙来隔离用户做出的内部和外部请求,你将推荐哪种体系结构的防火墙?

第 10 章 入 侵 检 测

本章导读

➢ 本章主要介绍入侵检测的概念、模型、分类、技术等内容。

➢ 入侵检测(Intrusion Detection)是指通过对行为、安全日志或审计数据或其他网络上可以获得的信息进行操作,检测到对系统的闯入或闯入的企图。

➢ 入侵检测是防火墙的合理补充,它帮助系统对付网络攻击,扩展了系统管理员的安全管理能力(包括安全审计、监视、进攻识别和响应),提高了信息安全基础结构的完整性。采用入侵检测系统是预警、监控、处置网络攻击的有效方法。

➢ 一个入侵检测系统(IDS)通常由 3 个部分组成:提供事件记录流的信息资源;发现入侵事件的分析引擎;对分析引擎的输出做出反应的响应组件。

➢ 有影响的入侵检测模型主要有 IDES 模型、IDM 模型以及公共入侵检测框架 CIDF。

➢ 根据数据源的不同,通常可以分为基于主机的入侵检测系统、基于网络的入侵检测系统和分布式入侵检测系统 3 种。

➢ 根据分析引擎所采用的技术,可以将入侵检测技术分为异常检测(Anomaly Detection)技术和误用检测(Misuse Detection)技术两大类。

➢ 异常检测提取正常模式审计数据的数学特征,检查事件数据中是否存在与之相违背的异常模式。误用检测则搜索审计事件数据,查看其中是否存在预先定义的入侵模式。

➢ 入侵防御系统(Intrusion Prevention System,IPS)是一种能够检测已知和未知攻击,并且成功阻止攻击的软、硬件系统,是网络安全领域为弥补防火墙及入侵检测系统(IDS)的不足而新发展起来的一种计算机信息安全技术。

➢ IPS 与 IDS 最主要的不同就是 IPS 能够提供主动性的防御,在遇到攻击时能够检测并尝试阻止入侵,而 IDS 仅仅是检测到攻击。

➢ IPS 系统根据部署方式可分为 3 类:基于主机的入侵防御系统、基于网络的入侵防御系统和应用入侵防御系统。

➢ IPS 提供主动防御,通过一个网络端口接收来自外部系统的流量,数据流经过 IPS 处理引擎进行大规模并行深层检测,检查确认其中不包含异常活动或可疑内容后,再通过另外一个端口将它传送到内部系统中。

➢ IPS 的主要技术特征有:嵌入式在线运行模式、深入分析和控制 IPS、高质量的入侵特征库、高效处理数据包的能力和强大的响应功能。

➢ IPS 技术主要面对的挑战有 3 个:(1)单点故障;(2)性能瓶颈;(3)误报和漏报。今后会向 3 个方向发展:标准化与智能化、自身发展与完善、与防火墙 IDS 等网络安全技术相结合。

　　防火墙作为网络安全技术中最常用的方法之一,其安全防护的层次处在网络的边界,因此虽然能阻挡外部攻击者,但对内部攻击却无能为力。另外,它的局限性也使得它不能防止通向站点的后门,无法防范数据驱动型的攻击,不能防止用户由 Internet 上下载被病毒感染的计算机程序或将该类程序附在电子邮件上传输,即使是某些防火墙本身也会引起一些安全问题。

数据加密和认证技术作为提高信息系统及数据安全性、保密性和防止秘密数据被破解所采用的主要手段之一,也是一种静态的被动防护,对内部攻击者也无能为力,因为它们持有私钥。

安全研究的历史给了我们一个有价值的教训——没有 100％的安全方案,无论多么安全的方案都可能存在这样或那样的漏洞,不管在网络中加入多少入侵预防措施(如加密、防火墙和认证),通常还是会有一些被人利用而入侵的薄弱环节。当一个入侵(入侵的定义为"一些试图损害一个资源的完整性、有效性的行为集合")行为发生时,如果能被足够快地检测出来,并在系统被破坏和数据被威胁之前入侵者就能被确认和逐出系统的话,网络系统的安全性无疑将大大提高。因此,在有了入侵预防技术(如加密、防火墙和认证)作为第一道防线之后,为了对抗内部攻击,还需要在网络中建立完善的主动防御机制——入侵检测系统(IDS)作为保护网络系统的第二道防护墙。而且,一个有效的入侵检测系统还是一种威慑,以防止攻击者的入侵。

10.1　入侵检测概述

10.1.1　入侵检测的基本概念

入侵检测(Intrusion Detection)是指通过对行为、安全日志或审计数据或其他网络上可以获得的信息进行操作,检测到对系统的闯入或闯入的企图。入侵检测技术是一种动态的网络检测技术,主要用于识别对计算机和网络资源的恶意使用行为,包括来自外部用户的入侵行为和内部用户的未经授权的活动。一旦发现网络入侵现象,则应当作出适当的反应。对于正在进行的网络攻击,则应采取适当的方法来阻断攻击(与防火墙联动),以减少系统损失。对于已经发生的网络攻击,则应通过分析日志记录找到发生攻击的原因和入侵者的踪迹,作为增强网络系统安全性和追究入侵者法律责任的依据。它从计算机网络系统中的若干关键点收集信息,并分析这些信息,察看网络中是否有违反安全策略的行为和遭到袭击的迹象。

入侵检测系统由入侵检测的软件与硬件组合而成,是防火墙之后的第二道安全闸门,在不影响网络性能的情况下能对网络进行监测,提供对内部攻击、外部攻击和误操作的实时保护。它的主要任务如下。

- 监视、分析用户及系统活动。
- 对系统构造和弱点的审计。
- 识别反映已知进攻的活动模式并向相关人士报警。
- 异常行为模式的统计分析。
- 评估重要系统和数据文件的完整性。
- 操作系统的审计跟踪管理,并识别用户违反安全策略的行为。

对一个成功的入侵检测系统来讲,它不但可以使系统管理员时刻了解网络系统(包括程序、文件、硬件设备等)的任何变更,还能给网络安全策略的制定提供指南;入侵检测的规模还应根据网络威胁、系统构造和安全需求的改变而改变,即必须能够适用于多种不同的环境;入侵检测系统在发现攻击后,应及时做出响应,包括切断网络连接、记录事件、报警等;更为重要的一点是,它应该易于管理和配置,从而使非专业人员非常容易地获得网络安全。

一个入侵检测系统(IDS)通常由以下 3 个部分组成。

- 提供事件记录流的信息资源。
- 发现入侵事件的分析引擎。
- 对分析引擎的输出做出反应的响应组件。

10.1.2　入侵检测系统基本模型

1980 年,James P. Anderson 在他的一份题为 *Computer Security Threat Monitoring and Surveillance*(计算机安全威胁监控与监视)的技术报告中,第 1 次详细阐述了入侵检测的概念。他提出了一种对计算机系统风险和威胁进行分类的方法,并将威胁分为外部渗透、内部渗透和不法行为 3 种,还提出了利用审计跟踪数据监视入侵活动的思想。这份报告被公认为是入侵检测的开山之作。在此之后,有关入侵检测系统模型和技术的研究也逐渐发展起来,其中有影响的入侵检测模型主要有入侵检测专家系统(IDES)模型、层次化入侵检测(IDM)模型以及公共入侵检测框架(CIDF)。

1. 入侵检测专家系统模型

1984—1986 年,乔治敦大学的 Dorothy Denning 和 SRI/CSL(SRI 公司计算机科学实验室)的 Peter Neumann 提出了一个实时入侵检测系统模型,取名为 IDES(入侵检测专家系统)。它独立于特定的系统平台、应用环境、系统弱点以及入侵类型,为构建入侵检测系统提供了一个通用的框架(见图 10.1)。

从图 10.1 中可以看出,该模型由 6 个部分组成:主体(Subject)、对象(Object)、审计记录(Audit Records)、轮廓特征(Profile)、异常记录(Anomaly Records)和活动规则(Activity Rules)。其中,主体指系统操作中的主动发起者,例如计算机操作系统的进程、网络的服务连接等。对象指系统所管理的资源,如文件、命令、设备等。主体和客体

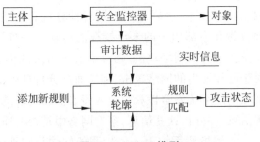

图 10.1　IDES 模型

有时是会相互转变的。例如当操作系统进程 A 去访问文件 B 时,进程 A 是主体,而从进程创建者的角度去看,则进程 A 为对象。因此模型中的审计数据的对象是在不断变化的,具体取决于入侵检测系统的审计策略。审计记录指主体对对象实施操作时系统产生的数据,如用户注册、命令执行、文件访问等。轮廓是 IDES 模型用来刻画主体对对象的行为,并使用随机变量(Metrics)和统计模型来定量描述观测到的主体对象的行为活动特征。异常记录是指 IDES 动态地更新轮廓并检测异常行为,当发现异常行为时产生异常记录信息。活动规则指明当一个审计记录或异常记录产生时应采取的动作。

由于 IDES 模型无法检测出新的攻击方法,1988 年,SRI/CSL 的 Teresa Lunt 等人改进了 Denning 的入侵检测模型,并开发出了一个入侵检测专家系统。该系统包括一个异常检测器和一个专家系统,分别用于基于行为的检测(异常检测,Anomaly Detection)和基于知

识的检测(误用检测,Misuse Detection)。

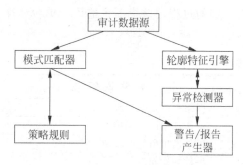

图 10.2 改进的 IDES 入侵检测模型

对于误用检测,需要为模式匹配器准备好入侵的模式库。对于异常检测,则首先利用收集的数据,采取一定的统计方法建立相应的系统分析模型,作为系统正常运行的参考基准,这个过程由系统的分析引擎完成。而异常检测器则不断地计算相应统计量的变化情况,一旦系统偏移参考基准超过许可范围,就认为系统异常。一种改进的入侵检测模型如图 10.2 所示。

Denning 归纳了可用于入侵检测的 4 种统计模型。

1) 操作模型(Operational Model)

操作模型主要针对系统中的事件计数。例如,在一定时间段内统计输入密码错误的次数。该模型将得到的统计值与门限值进行比较,如果超出正常范围就触发异常响应。这种模型除了可以应用于异常检测之外,同样也适用于误用检测。

2) 均值与标准偏差模型(Mean and Standard Deviation Model)

该模型基于这样一个假设:分析器根据均值和标准偏差这两个参量就可以了解系统行为的度量。在检测过程中,如果观察到的系统/用户行为超出了可以信任的范围,就认为是异常。信任区间(Confidence Interval)通常用与均值之间的标准偏差 d 来表示。这种特征提取的方法适用于事件计数、内部定时以及资源使用状况等统计范畴。

3) 多元模型(Multivariate Model)

该模型是均值与标准偏差模型的扩展。这种模型基于对两个或多个参量之间的相关分析,摆脱了依赖于单个参量来判断系统异常的束缚。例如,在使用单个参量时,可能仅仅针对会话的时间长短进行判断,而引入多元模型之后,就可以在此基础上结合 CPU 的使用率等进行判断,从而提高了判断的准确性。

4) 马尔可夫过程模型(Markov Process Model)

该模型是最为复杂的模型。检测器把每一种不同类型的审计事件看做是一个状态变量,使用状态转移矩阵(State Transition Matrix)表示在系统状态转移的过程中存在的概率特征(不是状态本身的概率,而是状态转移的概率)。在检测过程中,使用正常情况下的状态转移矩阵,针对每一次系统的实际状态变化计算其发生的概率,如果计算结果非常小,则认为是出现了异常。基于马尔可夫模型的检测器可以发现异常的用户命令或事件序列,而不仅仅是发现单个异常事件。这种方法实际上提出了针对事件流进行状态分析的思想。

2. 层次化入侵检测模型

1988 年的莫里斯蠕虫事件发生之后,网络安全才真正引起了军方、学术界和企业的高度重视。美国空军、国家安全局和能源部共同资助空军密码支持中心、劳伦斯利弗摩尔国家实验室、加州大学戴维斯分校和 Haystack 实验室开展了对分布式入侵检测系统(DIDS)的研究。DIDS 是分布式入侵检测系统历史上的一个里程碑,它的检测模型采用了分层结构,属于层次化入侵检测模型(IDM),包括数据、事件、主体、上下文、威胁和安全状态等 6 层,如表 10.1 所示。该模型给出了当网络中的计算机受攻击时,将捕获的数据流抽象加工成 IDS 可以识别形式的过程。通过把收集到的原始数据进行加工抽象并进行数据关联操作,IDM

构造了一台虚拟的计算机环境,这台虚拟计算机由所有相连的主机和网络组成。将分布式系统看做一台虚拟的计算机的方法简化了入侵行为识别的过程。该模型也适用于单台计算机环境。

表 10.1　IDM 模型

层　　次	名　　称	解　释　说　明
6	安全状态(Security State)	网络整体安全情况
5	威胁(Thread)	动作产生的结果种类
4	上下文(Context)	事件发生所处的环境
3	主体(Subject)	事件的发起者
2	事件(Event)	日志记录特征性质和表示动作描述
1	数据(Data)	操作系统或网络访问日志记录

其中,第 1 层针对的客体(Object)包括主机操作系统的审计记录、局域网监视器结果和第三方的审计软件包提供的数据。在该层次上,刻画客体的语法和语义与数据来源是相关联的,主机或网络上的所有操作都可以用这样的客体表示。

第 2 层处理的客体是对第 1 层客体的扩充,该层次的客体称为事件。事件描述第 1 层的客体内容所表示的含义和固有特征性质。用来说明事件的数据域有两个:动作(Action)和领域(Domain)。Action 刻画了审计记录的动态特征,Domain 给出了审计记录的对象的特征。事件的 Action 包括会话开始、会话结束、读文件或设备、写文件或设备、执行进程、进程结束、创建文件或设备、删除文件或设备、移动文件或设备、改变权限、改变用户号等。Domain 包括标签、认证、审计、网络、系统、系统信息、用户信息、应用工具、拥有者、非拥有者等。

第 3 层引入一个唯一标识号,即主体。主体用来鉴别在网络中跨越多台主机使用的用户。

第 4 层(上下文)用来说明事件发生时所处的环境,或者给出了事件产生的背景。上下文(Context)分为时间型和空间型两类。时间型 Context 需要选取某个时间为参考点,然后利用相关的事件信息来检测入侵。空间型 Context 说明了事件的来源与入侵行为的相关性,它指出事件来源于哪个特别的用户或者哪台主机。

第 5 层考虑事件对网络和主机形成的威胁。当把事件和它的 Context 结合起来分析时,就能够发现存在的威胁。可以根据误用的特征和对象划分威胁类型,即入侵者做了什么和入侵的对象是什么。

第 6 层用 1~100 来表示网络的安全状态,数字值越高,则网络的安全性就越低。实际上,可以将网络安全的数字值看成是对系统中所有主体产生威胁的函数。

分布式入侵检测系统在实现 IDM 模型时,采用了一个数据库保存各层次的信息,安全管理员可以根据需要查询相关的信息。

3. 公共入侵检测框架

公共入侵检测框架(CIDF)是一个入侵检测系统的通用模型,是为了提高 IDS 产品、组件及与其他安全产品之间的互操作性,由美国国防高级研究计划署(DARPA)和 Internet 工程任务组(IETF)的入侵检测工作组(IDWG)发起制定的一系列建议草案,它从体系结构、

API、通信机制、语言格式等方面规范 IDS 的标准。CIDF 将一个入侵检测系统分为以下部

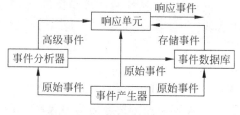

图 10.3　CIDF 体系结构

分：事件产生器(Event Generator)、事件分析器 (Event Analyzer)、响应单元(Response Units)和 事件数据库(Event Database),如图 10.3 所示。

在这个模型中,事件产生器、事件分析器和 响应单元通常以应用程序的形式出现,而事件 数据库则往往是文件或数据流的形式,很多 IDS 厂商都以数据收集部分、数据分析部分和控制

台部分分别代替事件产生器、事件分析器和响应单元。CIDF 将 IDS 需要分析的数据统称 为事件,它可以是网络中的数据包,也可以是从系统日志或其他途径得到的信息。在上述 4 个组件知识逻辑实体中,一个组件可能是某台计算机上的一个进程甚至线程,也可能是多个 计算机上的多个进程,它们以 GIDO(统一入侵检测对象)格式进行数据交换。GIDO 是对事 件进行编码的标准通用格式,由 CIDF 描述语言 CISL 定义,它可以是发生在系统中的审计 事件,也可以是对审计事件的分析结果。

事件产生器的任务是从入侵检测系统之外的计算环境中收集事件,并将这些事件转换 成 CIDF 的 GIDO 格式传送给其他组件。例如,事件产生器可以是读取 C2 级审计踪迹并将 其转换成 GIDO 格式的过滤器,也可以是被动地监视网络并根据网络数据流产生事件的另 一种过滤器,还可以是 SQL 数据库中产生事件的应用代码。

事件分析器从其他组件收到的 GIDO 进行分析,并将产生的新 GIDO 再传送给其他部 件。分析器可以是一个轮廓描述工具,统计、检查现在的事件是否可能与以前某个事件来自 同一个事件序列,也可以是一个特征检测工具,用于在一个事件序列中检查是否有已知的误 用攻击特征。此外,事件分析器还可以观察事件之间的关系,将有联系的事件分类到一起, 以利于以后的进一步分析。

响应单元处理收到的 GIDO,并根据 GIDO 采取相应的措施,如杀死相关进程、将连接 复位、修改文件权限等。

事件数据库用来存储 GIDO,以备系统需要的时候使用。

由于 CIDF 有一个标准格式 GIDO,所以这些组件也适用于其他环境,只需要将典型的 环境特征转换成 GIDO 格式,这样就提高了组件之间的消息共享和互通性。

10.2　入侵检测系统分类

入侵检测是监视计算机网络系统中违背系统安全策略行为的过程,通常由数据源、分析 引擎和响应 3 个部分组成,因此可以分别从这 3 个角度对入侵检测系统进行分类。

根据数据源的不同,通常可以分为基于主机的入侵检测系统、基于网络的入侵检测系统 和分布式入侵检测系统 3 种。为了检测攻击,入侵检测系统必须能够发现攻击的证据。基 于主机的入侵检测通常从主机的审计记录和日志文件中获得所需的主要数据,并辅之以主 机上的其他信息,例如文件系统属性、进程状态等,在此基础上完成检测攻击行为的任务,早 期的入侵检测系统都是基于主机的入侵检测系统。随着网络环境的普及,出现了大量基于

网络的入侵检测系统,通过监听网络中的数据包来获得必要的数据来源,并通过协议分析、特征匹配、统计分析等手段发现当前发生的攻击行为。分布式入侵检测系统是能够同时分析来自主机系统审计日志和网络数据流的入侵检测系统。

针对分析引擎的不同,可分为异常入侵检测和误用入侵检测两大类。在误用检测中,入侵过程模型及它在被观察系统中留下的踪迹是决策的基础。通过事先定义某些特征的行为是非法的,然后将观察对象与之进行比较以做出判别。误用检测基于已知的系统缺陷和入侵模式,它能够准确地检测到某些特征的攻击,但却过度依赖事先定义好的安全策略,所以无法检测系统未知的攻击行为,从而产生漏报。在异常检测中,观察到的不是已知的入侵行为,而是所研究的通信过程中的异常现象,它通过检测系统的行为或使用情况的变化来完成。通过建立正常轮廓,明确所观察对象的正常情况,然后决定在何种程度上将一个行为标为"异常",并如何做出具体决策。异常检测可以识别出那些与正常过程有较大偏差的行为,但无法知道具体的入侵情况。由于对各种网络环境的适应性不强,且缺乏精确的判定准则,异常检测经常会出现虚警情况,但可以检测到系统未知的攻击行为。

响应大致分为 3 类:报警响应、手工响应和主动响应。其中大部分系统采用的是报警响应,报警响应是当检测到入侵行为后,入侵检测系统向网络系统管理员或相关人员发出报警信息。手工响应是系统提供有限的、预先编制好的响应程序,并能指导网络管理员选择合适的程序进行响应。与报警响应相比,这类系统的优点明显,但是仍然会给攻击者留下较大的入侵时间窗口。而主动入侵响应系统不需要管理员手工干预,检测到入侵行为后,系统自动进行响应决策,自动执行响应措施。不论是从应对数量惊人的入侵事件考虑,还是从响应时间考虑,主动入侵响应系统都是目前较为理想的响应方法。

另外,根据检测速度,入侵检测系统可分为实时检测和离线检测。实时检测是指一个系统以在线的方式检测入侵,并且当入侵刚刚进入时即给出警告,这种类型的入侵需要很快的反应速度。基于网络的检测在实时环境中工作起来要容易些,因为在这种环境中可以监控网络流量包。

下面主要详细介绍基于主机的入侵检测系统、基于网络的入侵检测系统和分布式入侵检测系统。

10.2.1　基于主机的入侵检测系统

基于主机的入侵检测系统(HIDS)通过监视与分析主机的审计记录、日志等信息来检测入侵。它的数据源来自以下几个方面。

- 操作系统审计记录(由专门的操作系统机制产生的系统事件记录)。
- 系统日志(由系统程序产生的、用于记录系统或应用程序事件的文件,通常以文本文件的方式存放)。
- 基于应用的日志信息。
- 基于目标的对象信息。

1. 操作系统审计记录

操作系统的审计记录(Audit Trail)由包含在操作系统内部的专门的审计子系统产生。这些审计文件由审计记录组成,每条审计记录描述了一次单独的系统事件。当系统中的用户采取动作或调用进程时,引起相应的系统调用或执行命令,此时审计系统就会产生对应的审计记录。比如用户登录和退出事件、文件和对象存取事件、安全策略改变事件、系统关闭重启事件、账号管理事件等都会产生审计记录。一般对于每类事件,可以选择审计失败的事件,也可选择审计成功的事件,或者两者都审计。

2. 系统日志

系统日志是反映各种系统事件和配置的文件,与审计记录相比更加直观化和人性化。在某些特殊的环境下,可能无法获得操作系统的审计记录或者不能对审计记录进行正确解释,此时系统日志就成为系统安全管理必不可少的信息来源了。另外,从法律的角度来说,在系统遭受到外界的入侵攻击之后,如果需要使用受保护系统的数据源作为指控的证据,那么多种独立的数据源从不同角度反映出的同一个事件,要比单个数据源反映的事件更具说服力。但是系统日志的安全性与操作系统的审计记录相比,仍然要差一些。原因有以下两个。

(1) 产生系统日志的软件通常作为应用程序而不是作为操作系统的子系统运行,相对于由操作系统内核或专门的审计子系统产生的审计记录来说,更容易遭到恶意的破坏和修改。

(2) 系统日志通常存储在系统未经保护的目录中,并且以文本方式存储,而审计记录则经过加密和校验处理,为防止恶意的篡改提供了有效的保护机制。

3. 基于应用的日志信息

目前的应用系统越来越趋向于面向对象和分布式结构,要想在单一的操作系统层次上获取整个系统的完整信息,已经不太可能。而应用日志通常代表了系统活动的用户级抽象信息,相对于系统级的安全数据来说,去除了大量的冗余信息,更易于管理员浏览和理解。例如数据库管理系统是典型的需要引入审计机制和入侵检测的应用环境;WWW 服务器的日志信息也是最为常见的应用级数据源,主流的 WWW 服务器都提供访问日志机制。

在入侵检测系统中,信息的组织工作通常是通过对产生的每个事件插入时间戳并依次对事件进行排序来完成。为了便于用户对审计数据更好地加以理解,入侵检测系统有时需要针对不同来源的事件数据流进行合并以及从人工智能的角度对原始的事件数据流进行更高层次的抽象,从而提取出原始数据背后隐藏的具有真正意义的重要信息。

4. 基于目标的对象信息

在某些受保护的系统中,进行完全的内核级安全审计将消耗大量的系统资源。在这种情况下,产生了面向目标进行安全监视的想法。在确定审计目标之前,首先需要评估出系统中关键的或是有特殊价值的对象,针对每一个对象制定信息收集和监视机制。受监视目标的每一次状态的转变都将与系统的安全策略进行比较,所出现的任何差异都作为日志记录下来。

常见的、基于目标的监视技术是完整性校验,它可以监视系统对象(例如关键文件)的状态变化。与动态的审计机制和系统日志不同,这种方法提供的是静态的安全检查。尽管静态的检查不能完全满足实时检测的目的,但由于占用系统资源少,检测成本低,因此仍然被认为是检测入侵行为的有效手段。

基于主机的 IDS 的主要优点如下。

(1) 能更准确地判断攻击是否成功。基于主机的 IDS 使用的是含有已发生事件的信息,可以比基于网络的 IDS 更加准确地判断攻击是否成功。

(2) 能监视特定的系统活动。基于主机的 IDS 监视用户访问文件的活动,包括文件存取、改变文件权限、试图建立新的可执行文件以及试图访问特殊的设备。例如,基于主机的

IDS 可以监督所有用户的登录及退出系统的情况,以及每位用户在连接到网络以后的行为;还可监视只有管理员才能实施的非正常行为;还可审计能影响系统记录的校验措施的改变以及主要系统文件和可执行文件的改变。系统能够查出那些欲改写重要系统文件或者安装特洛伊木马或后门的尝试并将它们中断。

(3) 基于主机的 IDS 可以检测到那些基于网络的系统察觉不到的攻击。例如,来自网络内部的攻击可以躲开基于网络的入侵检测系统。

(4) 由于基于主机的 IDS 系统安装在企业的各种主机上,它们更加适合于交换的环境和加密的环境。交换设备可将大型网络分成许多的小型网络部件加以管理,所以从覆盖足够大的网络范围的角度出发,很难确定配置基于网络的 IDS 的最佳位置。而基于主机的入侵检测系统可安装在所需的重要主机上,在交换的环境中具有更高的能见度。由于加密方式位于协议堆栈内,所以基于网络的 IDS 可能对某些攻击没有反应,基于主机的 IDS 没有这方面的限制。

(5) 检测和响应速度接近实时。尽管基于主机的入侵检测系统不能提供真正实时的反应,但如果措施得当,其反应速度可以非常接近实时。

(6) 花费更加低廉。

10.2.2　基于网络的入侵检测系统

在计算机网络系统中,局域网普遍采用的是基于广播机制的以太网(Ethernet)协议。该协议保证传输的数据包能被同一局域网内的所有主机接收。基于网络的入侵检测就是利用以太网这一特性,通过在共享网段上对通信数据进行侦听来采集数据,分析可能的入侵。以太网卡通常有正常模式(Normal Mode)和杂收模式(Promiscuous Mode)两种工作模式。在正常模式下,网卡每接收到一个到达的数据包,就会检查该数据包的目的地址,如果是本机地址或广播地址,则将数据包放入接收缓冲区;若是其他目的地址的数据,则直接丢弃。因此,在正常模式下,主机仅处理以本机为目标的数据包。在杂收模式下,网卡可以接收本网段内传输的所有数据包,无论这些数据包的目的地址是否为本机。基于网络的入侵检测系统利用网卡的杂收模式,获得经过本网段的所有数据信息,从而实现获取网络数据的功能。另外,因为不同操作系统的数据链路访问方式不一样,所以根据不同的操作系统提供不同的数据链路访问的接口,来获取网络数据包。例如网络监视器(Sniffer),它是攻击者常用的收集信息的工具,也被广泛应用在基于网络的入侵检测系统(NIDS)中进行网络事件信息的收集。

除了 Sniffer 之外,其他各种网络设备也可以提供用于入侵判别的有价值信息。例如,网络管理系统可以对网络性能和使用状况进行统计。防火墙的审计信息也常成为网络入侵检测系统的重要辅助信息,常常可以用来分析入侵的类型。

基于网络的 IDS 有如下优点。

(1) 能检测基于主机的系统漏掉的攻击。基于网络的 IDS 检查所有数据包的头部从而发现恶意的和可疑的行动迹象。基于主机的 IDS 无法查看数据包的头部,所以它无法检测到这一类型的攻击。例如,许多来自于 IP 地址的拒绝服务型攻击(Denial of Service,DoS)只能在它们经过网络时,检查包的头部才能被发现。

(2) 攻击者不易转移证据——因为基于网络的 IDS 实时地检测网络通信,所以攻击者无法转移证据。被捕获的数据不仅包括攻击的方法,而且还包括可识别黑客身份和对其进行起诉的信息。

(3) 实时检测和响应。基于网络的 IDS 可以在恶意及可疑的攻击发生的同时将其检测出来,并做出更快的通知和响应。例如,一个基于 TCP 的对网络进行的拒绝服务攻击(DoS)可以通过将基于网络的 IDS 发出 TCP 复位信号,在该攻击对目标主机造成破坏前将其中断。而基于主机的 IDS 只有在可疑的登录信息被记录下来以后才能识别攻击并做出反应。而这时关键系统可能早就遭到了破坏,或是运行基于主机的 IDS 已被摧毁。实时响应是可根据预定义的参数做出快速反应,这些反应包括将攻击设为监视模式以收集信息、立即中止攻击等。

(4) 检测未成功的攻击和不良意图——基于网络的 IDS 增加了许多有价值的数据,以判别不良意图。即便防火墙可以正在拒绝这些尝试,位于防火墙之外的基于网络的 IDS 也可以查出躲在防火墙后的攻击意图。基于主机的 IDS 无法查到从未攻击到防火墙内主机的未遂攻击,而这些丢失的信息对于评估和优化安全策略是至关重要的。

10.2.3　分布式入侵检测系统

虽然入侵检测系统减轻了网络安全管理人员的压力,有效地弥补了防火墙的缺陷,但传统的 IDS 普遍存在一些有待克服的问题。

- 系统的弱点或漏洞分散在网络中各个主机上,这些弱点有可能被入侵者一起用来攻击网络,而仅依靠 HIDS 或 NIDS 不能发现更多的入侵行为。
- 现在的入侵行为表现出相互协作入侵的特点,例如分布式拒绝服务攻击(DDoS)。
- 入侵检测所需要的数据来源分散化,使收集原始的检测数据变得更困难,如交换型网络使得监听网络数据包受到限制。
- 由于网络传输速度加快,网络流量不断增大,所以集中处理原始数据的方式往往造成检测的实时性和有效性大打折扣。

为了解决这些问题,便产生了分布式入侵检测系统(DIDS)。DIDS 综合了基于主机和基于网络的 IDS 的功能。DIDS 的分布性表现在两个方面:首先数据包过滤的工作由分布在各网络设备(包括联网主机)上的探测代理完成;其次探测代理认为可疑的数据包将根据其类型交给专用的分析层设备处理。各探测代理不仅实现信息过滤,同时对所在系统进行监视;而分析层和管理层则可对全局的信息进行关联性分析。这样对网络信息进行分流,既可以提高检测速度,解决检测效率低的问题,又增强了 DIDS 本身抗击拒绝服务攻击的能力。

DIDS 由主机代理(Host Agent)、局域网代理(LAN Agent)和控制器(DIDS Director)三大部分组成,如图 10.4 所示。主机代理负责监测某台主机的安全,依据搜集到这台主机活动的信息产生主机安全事件,并将这些安全事件传送到控制器。同样,局域网代理监测局域网的安全,依据搜集到的网络数据包信息产生局域网安全事件,也把这些局域网安全事件传给控制器。控制器根据安全专家的知识、主机安全事件和网络安全事件进行入侵检测推理分析,最后得出整个网络的安全状态结论。主机代理并不是安装在局域网中的所有主机上,而是按照特定的安全需求做出决定。控制器还提供了 DIDS 与安全管理人员的用户接口。

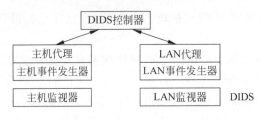

图 10.4　DIDS 结构框图

10.3　入侵检测系统分析技术

根据分析引擎所采用的技术,可以将入侵检测技术分为异常检测(Anomaly Detection)技术和误用检测(Misuse Detection)技术两大类。异常检测提取正常模式审计数据的数学特征,检查事件数据中是否存在与之违背的异常模式。误用检测则搜索审计事件数据,查看其中是否存在预先定义的误用模式。

10.3.1　异常检测技术

异常检测是目前入侵检测系统研究的重点,其特点是通过对系统异常行为的检测,可以发现未知的攻击模式。异常检测的关键问题在于正常使用模式(Normal Usage Profile)的建立以及如何利用该模式对当前的系统/用户的行为进行比较,从而判断出与正常模式的偏离程度。"模式(Profile)"通常由一组系统的参量(Metrics)来定义。所谓参量,是指系统/用户的行为在特定方面的衡量标准。每个参量都对应于一个门限值(Threshold)或对应于一个变化区间。就像我们可以用"体温"这个参量来衡量人体是否异常一样。

异常检测基于这样一个假设:无论是程序的执行还是用户的行为,在系统特征上都呈现出紧密的相关性。例如,某些特权程序总是访问特定目录下的系统文件,而程序员则经常编辑和编译 C 语言程序,其正常活动与一个打字员的正常活动肯定不同。这样,根据各自不同的正常活动建立起来的模式(Profile)便具有用户特性。入侵者即使使用正常用户的账号,其行为并不会与正常用户的行为相吻合,因而仍可以被检测出来。但事实上入侵活动集合并不等于异常活动集合,因此异常检测可能造成如下一些情况。

- 将不是入侵的异常活动标识为入侵,我们称之为伪肯定(False Positives),会造成假报警。
- 将入侵活动误以为正常活动,我们称之为伪否定(False Negatives),会造成漏判,其严重性比第 1 种情况高得多。

常用的异常检测方法有统计异常检测、基于神经网络的异常检测、基于数据挖掘的异常检测等。

1. 统计异常检测

统计异常检测方法根据异常检测器观察主体的活动,利用统计分析技术基于历史数据建立模式(Profile),这些用在模式中的数据仅包括与正常活动相关的数据,然后模式被周期性地更新,以反映系统随时间的变化。统计方法的假定是模式能正确地反映系统的正常活动且数据是纯净的。模式反映了系统的长期统计特征,如果训练数据被正确选择,这些特征则被认为是稳定的,这也意味着不需要频繁地进行模式更新。

设 $M_1,M_2,\cdots,M_n$ 为 Profile 的特征参量,这些参量可以是 CPU、I/O 和邮件的使用、文件访问数量以及网络会话时间等。用 $S_1,S_2,\cdots,S_n$ 分别表示轮廓中参量 $M_1,M_2,\cdots,M_n$ 的异常测量值。这些值表明了异常程度,若 S_i 的值越高,则表示 M_i 的异常性越大。将这些异常测量值平方后加权计算得出轮廓异常值。

$$a_1S_1^2 + a_2S_2^2 + \cdots + a_nS_n^2, \quad a_i > 0$$

这里 a_i 表示轮廓与参量 M_i 相关的权重。一般而言,参量 $M_1,M_2,\cdots,M_n$ 不是相互独立的,需要有更复杂的函数处理其相关性。

如果 Profile 的异常值超过了一定的门限值(Threshold),就可认为是发现了异常,从而进行报警。

统计异常检测方法具有一定的优势。使用该方法可以揭示某些我们感兴趣的、可疑的活动,从而发现违背安全策略的行为;另外在维护上比较方便,不像误用检测系统那样需要对规则库不断地更新和维护。

统计方法也存在一些明显的缺陷。首先,使用统计方法的大多数系统是以批处理的方式对审计记录进行分析的,它不能提供对入侵行为的实时检测和自动响应的功能。另外,统计方法的特性导致了它不能反映事件在时间顺序上的前后相关性,因此事件发生的顺序通常不作为分析引擎所考察的系统属性。然而,许多预示着入侵行为的系统异常都依赖于事件的发生顺序,在这种情况下,使用统计方法进行异常检测就有了很大的局限性。最后,如何确定合适的门限值也是统计方法所面临的棘手问题。门限值如果选择的不恰当,就会导致系统出现大量的错误报警。

2. 基于神经网络的异常检测

人工神经网络(NN)模型主要是模仿生物神经系统,采用自适应学习技术来标记异常行为。它通过接收外部输入的刺激,不断获得并积累知识,进而具有一定的判断预测能力。尽管神经网络模型的种类很多,但其基本模式都是由大量简单的计算单元(又称为结点或神经元)相互连接而构成的一种并行分布处理网络。基于神经信息传输的原理,结点之间以一定的权值进行连接,每个结点对 N 个加权的输入求和,当求和值超过某个阈值时,结点为"兴奋"状态,有信号输出。结点的特征由其阈值、非线性函数的类型所决定,而整个神经网络则由网络拓扑、结点特征以及对其进行训练所使用的规则所决定。

将神经网络用于异常检测,其方法主要是通过训练神经网络,使之能在给定前 n 个动作或命令的前提下预测出用户下一个动作或命令。网络经过对用户常用的命令集进行一段时间的训练后便可以根据已存在网络中的用户特征文件来匹配真实的动作或命令。

神经网络有多种模型,在入侵检测系统中,一般采用前向神经网络,并采用逆向传播法(Back Propagation,BP)对检测模型进行训练。基于神经网络的入侵检测模型如图 10.5 所示。

此模型有一个输入层,用于接受二进制输入信号。这些二进制输入信号对应于已经保存在信息库中的相关事件。神经网络的输出层用来指示可能的入侵。它根据问题相关事件的数量、

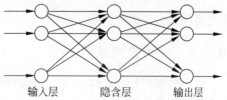

输入层　　　隐含层　　　输出层

图 10.5　基于神经网络的入侵检测模型

规则数量、入侵行为的数量等,确定模型中需要多少个隐含层,隐含层神经元的数目则取决于训练用的样本数以及经验积累。神经网络的每一层由一个或者多个神经元组成,前一层的输出作为后一层的输入,每层神经元与其下一层的神经元相连,并被赋予合适的权值。

神经网络的训练有两个过程:前向过程和反向过程。前向过程是指对于给定的输入和目前的权值来估计神经网络的输出值。在反向过程中,将求得的神经网络输出值与期望输出值相比较,并将比较所得差值作为误差输出反馈到神经网络中,以调整神经网络的权值。

基于神经网络的异常检测系统的优点是:能够很好地处理噪音数据,对训练数据的统计分布不做任何假定,且不用考虑如何选择特征参量的问题,很容易适应新的用户群。

基于神经网络的异常检测存在如下问题。

- 如果命令窗口(即 n 的大小)过小将造成伪肯定,即造成假报警。反之,如果命令窗口过大则造成许多不相关的数据,同时增加伪否定的机会,即造成漏判。
- 神经网络拓扑结构只有经过相当的训练后才能确定下来,不合适的训练数据还将导致建立匪夷所思的、不稳定的结构。
- 入侵者可能在网络学习阶段训练该网络。

3. 基于数据挖掘的异常检测

基于数据挖掘的异常检测以数据为中心,把入侵检测看成一个数据分析过程,利用数据挖掘的方法从审计数据或数据流中提取出感兴趣的知识,这些知识是隐含的、事先未知的、潜在有价值的信息,提取的知识表示为概念、规则、规律、模式等形式,并用这些知识去检测异常入侵和已知的入侵。

数据挖掘从存储的大量数据中识别出有效的、新的、具有潜在用途及最终可以理解的知识。数据挖掘算法多种多样,目前主要有以下几种。

(1) 分类算法,它将一个数据集合映射成预先定义好的若干类别。这类算法的输出结果就是分类器,它可以用规则集或决策树的形式表示。利用该算法进行入侵检测的方法是首先收集有关用户或应用程序的“正常”和“非正常”的审计数据,然后应用分类算法得到规则集,并使用这些规则集来预测新的审计数据是属于正常行为还是异常行为。

(2) 关联分析算法,它决定数据库记录中各数据项之间的关系,利用审计数据中各数据项之间的关系作为构造用户正常使用模式的基础。

(3) 序列分析算法,它获取数据库记录在事件窗口中的关系,试图发现审计数据中的一些经常以某种规律出现的事件序列模式,这些频繁发生的事件序列模式有助于在构造入侵检测模型时选择有效的统计特征。

其他的异常检测方法还包括基于贝叶斯网络的异常检测、基于模式预测的异常检测、基于机器学习的异常检测等。

10.3.2 误用检测技术

误用检测(Misuse Detection)是指根据已知的入侵模式来检测入侵。入侵者常常利用系统和应用软件中的弱点进行攻击,误用检测是将这些弱点构成某些模式,如果入侵者攻击方式恰好与检测系统模式库中的模式匹配,则入侵者将被检测到。显然,误用入侵检测依赖于模式库,如果没有构造好模式库,IDS 就不能检测到入侵者。误用检测将所有攻击形式化存储在入侵模式库中。

1. 基于串匹配的误用检测

基于串匹配的入侵检测系统是最早使用误用检测技术的系统。入侵检测系统 Snort 采用的技术是基于串匹配技术的误用检测方法。基于串匹配的入侵检测方法具有原理简单、扩展性好、检测效率高、实时性好等优点,但只适用于比较简单的攻击方式,并且误报警率较高。

2. 基于专家系统的误用检测

基于专家系统的误用检测方法利用专家系统存储已有的知识(攻击模式),通常是以 if-then 的语法形式表示的一组规则和统计量,if 部分表示攻击发生的条件序列,当这些条件满足时,系统采取 then 部分所指明的动作。然后输入检测数据(审计事件记录),系统根据知识库中的内容对检测数据进行评估,判断是否存在入侵行为模式。

利用专家系统进行检测的优点在于它对环境表现得比较健壮,而且把系统的推理控制过程和问题的最终解答相分离,即用户不需要理解或干预专家系统内部的推理过程。

但使用专家系统进行入侵检测时,也存在以下一些问题。

- 处理海量数据时存在效率问题。
- 缺乏处理序列数据的能力,即缺乏分析数据前后的相关性问题的能力。
- 专家系统的性能完全取决于设计者的知识和技能,且规则必须被人工创建。
- 无法处理判断的不确定性。
- 规则库的维护同样是一项艰巨的任务,更改规则时必须考虑到对知识库中其他规则的影响。

3. 基于状态转换分析的误用检测

基于状态转换分析的误用检测工作的基础是状态转换图(State Transition Diagrams)或表,即使用状态转移图来表示和检测已知攻击模式。状态转换图用来表示一个事件序列,状态转移图中的结点(Node)表示系统的状态,弧线代表每一次状态的转变。该方法来源于一个事实,即所有入侵者都是从某一受限的特权程序开始逐步提升自身的权限来探测系统的脆弱性,以获得结果。

利用状态转换图检测入侵的过程如下:在任意一个时刻,当一定数量的入侵模式与审计日志部分匹配时,一些特征动作已经使得检测系统到达各自状态转换图中的某些状态。如果某一状态转换图到达了终止状态,则表示该入侵模式已经成功匹配。否则,当下一个特征动作到来时,推理引擎能把当前状态转变成满足断言条件的下一状态。如果当前状态的断言条件不能满足,则状态转换图会从当前状态转换到最近的、能满足断言条件的状态。

基于状态转换分析的入侵检测方法的一个优势是状态转移图提供了一种直观的、高级别的、独立于审计数据格式的入侵表示,状态转换能够表达包含入侵模式特征动作的部分顺序,而且它采用特征动作的最小可能子集来检测入侵行为,这样同一入侵的多个不同变种也能被检测出来。

状态转换分析方法的缺点是状态声明和标签都是人工编码,这使得它不能检测到标签库以外的攻击。

4. 基于着色 Petri 网的误用检测

着色 Petri 网也是一种基于状态的入侵检测方法,利用 Petri 网可以描述各种复杂的网络事件。在采用着色 Petri 网检测方法的入侵检测模型中,每个入侵标签被表达为一个模式,该模式表达事件和它们的内容间的关系。关系模式准确地表达了一个成功的入侵和入侵者的企图。着色 Petri 网图中的顶点表示系统状态。整个特征匹配过程由标记(Token)的动作构成,标记在审计记录的驱动下,从初始状态向最终状态(标识入侵发生的状态)逐步前进。处于不同状态时,标记的颜色用来代表事件所处的系统环境(Context)。当标记出现某种特定的颜色时,预示着目前的系统环境满足了特征匹配的条件,此时就可以采取相应的响应动作。

基于着色 Petri 网的入侵检测方法的主要优点是模式独立于任何基础匹配的计算框架,并提供一个模型,其中分类中的所有策略都被表达和匹配,它可被快速和方便地设计,事件序列可被直接表达。

基于着色 Petri 网的入侵检测系统的缺陷是尽管在定义入侵特征时可以尽可能地通用化,但系统对于检测未知的攻击仍然无能为力。

当前研究中还有一些其他检测技术,比如基于生物免疫的入侵检测、遗传算法、基于代理的入侵检测、隐马尔可夫模型等。

综上所述,在 Internet 应用日益普及、访问手段多样化的今天,各种攻击手段层出不穷,入侵检测系统作为一种安全防范措施,是防火墙的合理补充,它帮助系统对付网络攻击,扩展了系统管理员的安全管理能力(包括安全审计、监视、进攻识别和响应),提高了信息安全基础结构的完整性。采用入侵检测系统是预警、监控、处置网络攻击的有效方法。

10.4　入侵防御系统

入侵防御系统(Intrusion Prevention System,IPS)是一种能够检测已知和未知攻击并且成功阻止攻击的软硬件系统,是网络安全领域为弥补防火墙及入侵检测系统(IDS)的不足而新发展起来的一种计算机信息安全技术。

IPS 与 IDS 最主要的不同就是 IPS 能够提供主动性的防御,在遇到攻击时能够检测并尝试阻止入侵,而 IDS 仅仅是检测到攻击。

10.4.1　入侵防御系统的基本概念

1. 入侵防御系统的产生

防火墙和入侵检测系统在网络安全防护方面起着重要的作用,但在实际应用中,它们都存在着一些缺陷。

防火墙的作用是检测流经它的所有网络数据流,阻止不符合安全策略的数据流通过,但却不能阻止入侵行为。传统防火墙能检测网络层和传输层的数据,不能检测应用层的内容,且多采用数据包过滤检测技术,不会针对每一个字节进行细致检查,因此会漏掉一些攻击行为。另外,一般防火墙被串行部署在网络进出口处,检查进出的所有数据流,但对于网络流量较大的网络而言,巨大的处理需求往往使得防火墙成为网络的堵塞点。

入侵检测系统的作用是通过监视网络和系统中的数据流,检测是否存在违反安全策略的行为或企图,若有则发出警报通知管理员采取措施。IDS 一般作为防火墙的合理补充,经常被旁路并联在网络内部,以及时发现穿透防火墙的深层攻击行为。但 IDS 最大的缺陷在于误报与漏报现象严重,用户往往被淹没在海量的报警信息中,而会漏掉真正的报警。另外,作为旁路并联在网络上的 IDS 设备,无法对通过防火墙的深层攻击进行实时阻断。

在用户对网络安全日益增长的需求下,将 IDS 的深层分析能力和防火墙的在线部署功能结合起来,形成一个新的安全产品的想法被提出来,这就是 IPS 的起源。

2000 年,NetWork ICE 公司首次提出了 IPS 这个概念,此后推出了 BlackICE Guard。它与传统 IDS 最大的区别是串行部署,并能够直接分析网络数据并实时对恶意数据进行丢弃处理。从 2006 年起,大量的国外安全厂商纷纷推出相应的 IPS 产品,IPS 开始逐渐被人们关注。

2. IPS 与 IDS 的区别

IPS 在一定程度上像一个 IDS 和防火墙的混合体,或者可以与已有的防火墙一起发挥作用。IPS 与 IDS 都基于检测技术,两者之间的区别主要在以下几点。

(1) IDS 的目的是提供监视、审计、取证和对网络活动的报告,而 IPS 的目的是为资产、资源、数据和网络提供保护。IPS 则能够提供主动性的防御,在遇到攻击时能够检测并尝试阻止入侵,而 IDS 仅仅是检测到攻击。

(2) IPS 串联在网络上,利用了 OSI 参考模型的所有 7 层信息,对攻击进行过滤,提供了一种主动的、积极的入侵防范。而 IDS 只是旁路并联安装,用于检测入侵行为。

(3) IDS 使用非确定性的方法从当前和历史的通信流中查找威胁或者潜在的威胁,包括执行通信流、通信模式和异常活动的统计分析。IPS 必须是确定性的,它所执行的所有丢弃通信包的行为必须是正确的。IPS 被认为是一直在网络上处于工作状态,执行访问控制的决定。

此外,IPS 与传统的 IDS 还有两点关键区别:自动阻截和在线运行,两者缺一不可。防护工具必须设置相关策略,以对攻击自动做出响应,而不仅仅是在恶意通信进入时向网络主管发出告警。要实现自动响应,系统就必须在线运行。当黑客试图与目标服务器建立会话时,所有数据都会经过 IPS 传感器,传感器位于活动数据路径中。传感器检测数据流中的恶意代码,核对策略,在未转发到服务器之前将信息包或数据流阻截。由于是在线操作,因而能保证处理方法适当而且可预知。

10.4.2　入侵防御系统的分类

IPS 系统根据部署方式可分为 3 类:基于主机的入侵防御系统(Host-based Intrusion Prevention System,HIPS)、基于网络的入侵防御系统(Network-based Intrusion Prevention System,NIPS)和应用入侵防御系统(Application Intrusion Prevention System,AIPS)。

1. 基于主机的入侵防御系统(HIPS)

HIPS 通过在主机/服务器上安装软件代理程序,防止网络攻击入侵操作系统以及应用程序。HIPS 能够保护服务器的安全弱点不被不法分子所利用,在防范蠕虫病毒的攻击中起到了很好的防御作用。HIPS 可以根据自定义的安全策略以及分析学习机制来阻断对服务器/主机发起的恶意入侵。HIPS 可以阻断缓冲区溢出、改变登录密码、改写动态链接库以及其他试图从操作系统夺取控制权的入侵行为，可整体提升主机的安全水平。

2. 基于网络的入侵防御系统（NIPS）

NIPS 通过检测流经的网络流量，提供对网络系统的安全保护，由于它采用在线连接方式，所以一旦辨识出入侵行为，NIPS 就可以去除整个网络会话，而不仅仅是复位会话。同样由于实时在线，NIPS 需要具备很高的性能，以免成为网络的瓶颈，因此 NIPS 通常被设计成类似于交换机的网络设备，提供线速吞吐速率以及多个网络端口。NIPS 必须基于特定的硬件平台，才能实现千兆级网络流量的深度数据包检测和阻断功能。这种特定的硬件平台通常可以分为 3 类：(1)网络处理器（网络芯片）；(2)专用的 FPGA 编程芯片；(3)专用的 ASIC 芯片。

3. 应用入侵防御系统（AIPS）

AIPS 是 NIPS 的一个特例，它把基于主机的入侵防御扩展成为位于应用服务器之前的网络设备。AIPS 被设计成一种高性能的设备，配置在应用数据的网络链路上，以确保用户遵守设定好的安全策略，保护服务器的安全。

10.4.3　入侵防御系统的原理

IPS 与 IDS 在检测方面的原理相同。它首先由信息采集模块实施信息收集，内容包括系统、网络、数据及用户活动的状态和行为；然后利用模式匹配、协议分析、统计分析、完整性分析等技术手段，由信号分析模块对收集到的有关系统、网络、数据及用户活动的状态、行为等信息进行分析；最后由反应模块对分析结果做出相应的反应。

IPS 提供主动防御，预先对入侵活动和攻击性网络流量进行拦截，避免其造成损失，而不仅仅是在恶意通信进入时向网络主管发出告警。IPS 是通过直接嵌入到网络流量中实现这一功能的，即通过一个网络端口接收来自外部系统的流量，数据流经过 IPS 处理引擎进行大规模并行深层检测，检查确认其中不包含异常活动或可疑内容后，再通过另外一个端口将它传送到内部系统中。

IPS 的主要工作依靠 IPS 引擎完成，IPS 数据包处理引擎是专业化定制的集成电路，里面包含许多种类的过滤器，每种过滤器采用并行处理检测和协议重组分析的工作方式，分析相对类型的数据包，深层检查数据包的内容。其工作原理如图 10.6 所示。

当数据流进入 IPS 引擎之后，第 1 步，首先对每个数据包进行逐一字节地检查，异常的数据包将被丢弃，通过检查的数据包依据报头信息，如源 IP 地址、目的 IP 地址、端口号、应用域等进行分类，并记录数据流的状态信息；第 2 步，根据数据包的分类，相关的过滤器进行筛选，若任何数据包符合匹配条件，则标志为命中；第 3 步，标志为"命中"的数据包会被丢弃，检测安全的数据包可以继续前进；第 4 步，命中数据包被丢弃时，与之相关的流状态信息也会被更新，指示 IPS 丢弃该流中其余的所有内容。

经过上述几个步骤，有问题的数据包以及所有来自同一数据流的后续数据包都能在 IPS 设备中被清除掉。IPS 能够实时检查和阻止入侵的关键在于 IPS 引擎拥有数目众多的过滤器，针对不同的攻击行为 IPS 有不同的过滤器用于处理。每种过滤器都设有相应的过

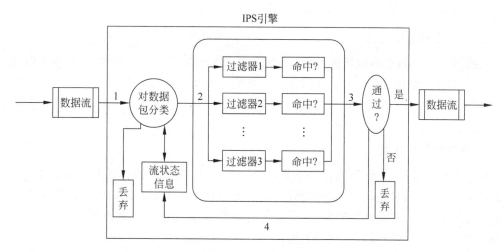

图 10.6　IPS 工作原理

滤规则,为了确保准确性,这些规则的定义非常广泛。在对传输内容进行分类时,过滤引擎还需要参照数据包的信息参数,并将其解析至一个有意义的域中进行上下文分析,以提高过滤的准确性。当新的攻击手段被发现之后,IPS 就会创建一个新的过滤器。如果有攻击者利用计算机网络的数据链路层至应用层的漏洞发起攻击,IPS 都能够从数据流中检查出这些攻击并加以阻止。

10.4.4　入侵防御系统的技术特征

IPS 的主要技术特征可以归纳为如下几点。

(1) 嵌入式在线运行模式。IPS 若要采用在线运行方式检测数据包,对可疑的数据包依据安全策略进行实时阻拦,只有采用嵌入式模式运行的 IPS 设备才能实现,根据需要可将其嵌入到服务器、关键主机、路由器、以太网交换机上。

(2) 深入分析和控制 IPS。为达到主动防御的目的,IPS 必须具备完善的安全策略,具备深入分析能力,根据攻击类型以确定哪些恶意流量已经被拦截,以及给出相应的响应要求。

(3) 高质量的入侵特征库。信息系统综合威胁不断发展扩大,需要多层、深度的防护才能有效,为达到高效检测的目的,IPS 必须建立丰富且尽量完备的入侵特征库。IPS 还应该定期升级入侵特征库,并快速应用到所有传感器。

(4) 高效处理数据包的能力。IPS 必须具有高效处理数据包的能力,对整个网络性能的影响保持在最低水平。

(5) 强大的响应功能。IPS 强大的响应功能是它区别于 IDS 的最显著的特点,也是其进行主动防御的保障。它的响应是主动性的响应,IPS 根据检测结果阻断入侵或延时入侵过程以降低损失。此外,IPS 还可以根据策略配置,分别采用实时、近期和长期的响应行为。

10.4.5　入侵防御系统的发展

IPS 技术需要面对很多挑战,其中主要有 3 个挑战:单点故障、性能瓶颈、误报和漏报。

今后的发展方向大致有以下几个方面。

1. 标准化与智能化

虽然 IPS 的市场在不断增强,但就目前而言,IPS 还缺乏相应的标准,而且兼容性不强,不同 IPS 之间的数据交换和信息通信几乎不可能。因此,具有标准化接口的 IPS 将是未来 IPS 的特征;另外,随着网络入侵方法的多样化和综合化,需要对智能化的 IPS 进行深入研究,以解决其自学习和自适应能力。

2. 自身发展与完善

对于 HIPS 来说,应该与操作系统提供商通力合作,打通受操作系统限制的瓶颈,加强兼容性和稳定性,同时增强对应用的支持,是当前 HIPS 的发展之道。而基于网络的 IPS 则要面对更多的挑战,避免错误阻断、实现快速网络支持、减少网络带宽占用、降低处理包的延迟等问题是基于网络的 IPS 发展的关键。

3. 与防火墙、IDS 等网络安全技术相结合

当前存在两种误区,一种观点认为 IPS 是 IDS 的更高版本,IPS 将替代 IDS。然而从现实状况和发展形势来看,IDS 与 IPS 的优势互补,如果基于网络的 IDS 与基于主机的 IPS 产品能结合使用,则更能有效地防护网络入侵;另一种观点则认为有了 IPS 就不必使用防火墙了。其实 IPS 并不能成为防火墙的替代者,至少在当前的情况下,IPS 与防火墙的互补作用还十分明显,防火墙是粒度比较粗的访问控制产品,负责提供 2～4 层的基本安全环境和高速转发能力,而 IPS 主要负责 4～7 层流量的小粒度控制。有时,当多种应用和设备试图提供功能全面地保护而一起出现时,防火墙、IDS 和 IPS,这三者之间的关系是模糊不清的。

在未来,IPS 可以采用一些更为先进的技术来提高系统的性能。如采用并行处理检测技术来提高检测速度,采用协议重组分析和事件关联分析技术来进一步加大检测的深度,采用机器学习技术来提高自适应能力等。还要进一步提高 IPS 的响应性能。数据挖掘技术可进一步提高网络数据的应用价值,使 IPS 具备更高的智能性。IPS 是网络安全领域的一个新的卫士,它将极大地增强网络安全领域的实力,为 Internet 提供更高层次的安全保障。

10.5　关 键 术 语

入侵检测(Intrusion Detection)

基于主机的入侵检测系统(HIDS)

基于网络的入侵检测系统(NIDS)

分布式入侵检测系统(DIDS)

异常检测(Anomaly Detection)

误用检测(Misuse Detection)

入侵防御系统(Intrusion Prevention System,IPS)

基于主机的入侵防御系统(Host-based Intrusion Prevention System,HIPS)

基于网络的入侵防御系统(Network-based Intrusion Prevention System,NIPS)

应用入侵防御系统(Application Intrusion Prevention System,AIPS)

10.6 习 题 10

10.1 什么叫入侵检测?

10.2 一个入侵检测系统(IDS)通常由哪几个部分组成?

10.3 根据数据源的不同,入侵检测系统可分为哪几类? 各自有什么特点?

10.4 比较异常检测和误用检测方法的异同。

10.5 基于数据挖掘的异常检测方法的思路是什么?

10.6 简述入侵检测系统与入侵防御系统的异同。

10.7 简述入侵防御系统的工作原理。

第11章 恶 意 代 码

本章导读

➢ 本章主要介绍恶意代码的概念和类型、计算机病毒特征和原理、蠕虫病毒工作原理和典型蠕虫病毒的介绍、木马病毒工作原理和种类,以及恶意代码的防治对策。

➢ 恶意代码是一种计算机程序,按传播方式,恶意代码大致分成计算机病毒、蠕虫、木马等。

➢ 计算机病毒是指在计算机程序中插入的破坏计算机功能或者破坏数据、影响计算机使用并且能够自我复制的一组计算机指令或程序代码。

➢ 蠕虫病毒是自包含的程序(或是一套程序),它通常是经过某种网络连接将自身从一台计算机分发到其他计算机系统中。

➢ 特洛伊木马是一种伪装成正常程序的恶意代码。木马程序表面上看是有用的或无害的,但却包含了为完成特殊任务而编写的代码。

➢ 计算机病毒的防治技术大致可以分为 3 类:预防病毒类、检测病毒类和清除病毒类。

恶意代码(Malicious Code)是一种计算机程序,它通过把代码在不被察觉的情况下嵌入到另一段程序中,从而达到运行具有入侵性或破坏性的程序,或破坏被感染计算机数据的安全性和完整性的目的。按传播方式,恶意代码大致分成计算机病毒、蠕虫、特洛伊木马、移动代码、复合型病毒等。本章主要介绍计算机病毒、蠕虫和特洛伊木马的原理及防治对策。

11.1　计算机病毒

计算机病毒是指在计算机程序中插入的破坏计算机功能或者破坏数据、影响计算机使用并且能够自我复制的一组计算机指令或程序代码。与医学上的"病毒"不同,计算机病毒不是天然存在的,是某些人利用计算机软件和硬件所固有的脆弱性编制的一组指令集或程序代码。它能通过某种途径潜伏在计算机的存储介质(或程序)里,当达到某种条件时即被激活,通过修改其他程序的方法将自己的精确副本或者可能演化的形式放入其他程序中,从而感染其他程序,对计算机资源进行破坏,所谓的病毒是人为创建的,对其他用户的危害性很大。

11.1.1　计算机病毒的起源与发展

计算机病毒并非是最近才出现的新产物,事实上计算机之父约翰·冯·诺依曼(Joho Von Neumann)在 1949 年通过《复杂自动机组织论》就提出了计算机病毒的基本概念:"一部事实上足够复杂的机器能够复制自身。"计算机病毒发展史也从此揭开了序幕。

1983 年 11 月 3 日美国计算机专家弗莱德·科恩(Fred Cohen)在美国国家计算机安全

会议上,演示了他研制的一种在运行过程中可以复制自身的破坏性程序。沦·艾德勒曼(Len Adlemn)将它命名为计算机病毒,并在每周召开一次的计算机安全讨论会上正式提出来,8 小时后专家们在 VAXII/750 计算机系统上运行该病毒,第 1 个病毒实验成功。一周后获准进行实验演示,从而在实验上证实了计算机病毒的存在,这就是世界上第 1 例被证实的计算机病毒。

1986 年初,在巴基斯坦的拉合尔(Lahore),巴锡特(Basit)和阿姆杰德(Amjad)两兄弟经营着一家 IBM 的 PC 及其兼容机的小商店。他们为了打击盗版软件的使用者编写了 Pakistan 病毒,即 BRAIN。在一年内流传到世界各地。

1988 年 3 月 2 日,一种针对 Macintosh 的病毒发作,这天感染的 Macintosh 都停止了工作,只显示"向所有 Macintosh 的使用者宣布和平的信息"以庆祝 Macintosh 的生日。

1988 年底,我国国家统计系统发现"小球"病毒。随后,中国有色金属总公司所属昆明、天津、成都等地的一些单位,全国一些科研部门和国家机关也相继发现病毒入侵。自从"中国炸弹"病毒出现后,我们发现了越来越多的国产病毒。

在病毒的发展史上,病毒的出现是有规律的。一般情况下一种新的病毒技术出现后,病毒迅速发展,接着反病毒技术的发展会抑制其流传。操作系统升级后,病毒也会调整为新的攻击方式,产生新的病毒技术。病毒的阶段性划分为:原始病毒阶段、混合型病毒阶段、多态性病毒阶段、网络病毒阶段。

11.1.2　计算机病毒的特征

计算机病毒是一段具有自我复制能力并通过向其他可执行程序注入副本来实现传播的计算机程序代码。根据分析它的产生、传播和破坏行为,计算机病毒有以下几个主要特征。

1. 传染性

计算机病毒具有传染性,一旦病毒被复制或产生变种,其发展速度之快令人难以预防。传染性是病毒的基本特征。计算机病毒也会通过各种渠道从已被感染的计算机扩散到未被感染的计算机,在某些情况下造成被感染的计算机工作失常甚至瘫痪。是否具有传染性是判别一个程序是否为计算机病毒的最重要条件。

2. 潜伏性

病毒进入系统之后一般不会马上发作,可以在几周或者几个月甚至几年内隐藏在合法程序中,默默进行传染扩散而不被人发现。潜伏性越好,在系统中的存在时间就会越长,传染范围也就越大。潜伏性的另外一个表现是,计算机病毒的内部往往有一种触发机制,不满足触发条件时,计算机病毒除了传染外不做什么破坏。一旦触发条件得到满足,有的病毒在屏幕上显示信息、图形或特殊标识,有的病毒则执行破坏系统的操作,如格式化磁盘、删除磁盘文件、对数据文件做加密、封锁键盘、使系统锁死等。

3. 隐蔽性

计算机病毒一般是采用很高编程技巧编写的、短小精悍的一段代码,它们躲在合法程序当中,具有很强的隐蔽性,有的可以通过防病毒软件检查出来,有的则根本就查不出来。在没有防护措施的情况下,病毒程序取得系统控制权后,可以在很短的时间里传染大量其他程序,而且计算机系统通常仍能正常运行,用户不会感到任何异常,好像在计算机内不曾发生过什么。这是病毒传染的隐蔽性。

4. 多态性

计算机病毒试图在每一次感染时改变它的形态,使对它的检测变得更困难。一个多态病毒还是原来的病毒,但不能通过扫描特征字符串来发现。病毒代码的主要部分相同,但表达方式发生了变化,也就是同一程序由不同的字节序列表示。

5. 破坏性

破坏文件或数据,扰乱系统正常工作的特性被称为破坏性。任何病毒只要侵入系统,可能会导致正常的程序无法运行,删除计算机内的文件或使计算机内的文件受到不同程度的损坏。通常表现为:增、删、改、移。

11.1.3　计算机病毒的分类

目前世界上的病毒多达十几万种,可以分为以下几种基本类型。

1. 感染文件型病毒

感染文件型病毒会把自己加载到可执行文件中(如 Windows 系统中的.exe 文件和.dll 文件等)。当病毒感染了一个程序后,它在被执行时就自我复制去感染系统中的其他程序和破坏操作。目前,jerusalem 和 cascade 病毒是这类病毒中比较著名的。

2. 感染引导区型病毒

感染引导区型病毒可以感染软盘、硬盘或可移动存储设备的主引导区。当带病毒的磁盘上的内容在系统启动时被读取时,病毒代码就会被执行,在用户对软盘或硬盘进行读写动作时进行感染活动。感染引导区病毒的隐蔽性非常强,可以对计算机造成极大破坏。Ichelangelo 和 Stoned 病毒是这种病毒中比较典型的。

3. 宏病毒

宏病毒是把自己加载到 Word、Excel、Access 等办公自动化程序中,利用宏语言编写的应用程序来运行和繁殖。由于用户经常把带有宏程序的文件共享,所以宏病毒的传播速度是非常快的。宏病毒利用宏命令的强大系统调用功能,实现某些涉及系统底层操作的破坏。Marker 和 Melissa 病毒是这种病毒的典型例子。

4. 恶作剧电子邮件

这种病毒就像它的名字一样,是一种假冒的病毒警告。它的内容一般是恐吓用户,表示将要对用户计算机造成极大的破坏;或是欺骗用户计算机即将被病毒感染,警告他们立即采取紧急措施。通常这种病毒的传播是通过一些无辜的用户,他们希望发送这个信息提醒其他人防范病毒的侵袭。恶作剧电子邮件并不会造成什么危害,但是有的恶作剧电子邮件会指使用户修改系统设置或是删除某些文件,这将会影响系统的安全性。Good Times 和 Bud Frogs 病毒传播得比较广泛。

5. 变形病毒

为了避免被防毒软件模拟而被侦查,有些病毒在每一次传染到目标后,病毒自身代码和结构在空间上、时间上具有不同的变化,利用此种技术的病毒被称为可变形的。要达到可变形,必须拥有一个变形引擎。一个变形病毒通常非常庞大且复杂。举例来说,Simile 病毒包含 14 000 行汇编语言,其中 90％都是变形引擎。

11.1.4　计算机病毒的结构和原理

1. 计算机病毒的结构

计算机病毒一般被放在可执行文件的开始或结尾,或以其他方式嵌入,关键是要保证当调用受感染文件时,首先被执行的是病毒程序,然后才是原来的程序。计算机病毒一般由 3 个模块构成:引导模块、感染模块和破坏模块。下面分别对它们进行描述。

1) 引导模块

引导模块是计算机病毒的控制中心,它的主要作用是当程序开始工作时将病毒程序从外存引入内存,使病毒的感染模块和破坏模块处于活动状态,以监视系统运行。当满足触发条件时,病毒会按照设计的程序去调用破坏模块发动攻击。

2) 感染模块

感染模块用于实现计算机病毒的扩散功能。它寻找到感染目标后,判断目标是否已被感染,若目标未被感染则完成感染工作。

3) 破坏模块

破坏模块是计算机病毒的核心部分,它用于完成设计者的破坏初衷。首先判断程序运行过程中是否出现了满足病毒触发条件的情况,若满足则调用破坏程序的功能,比如删除程序、改写磁盘上的文件内容等。

以上是计算机病毒的组成部分,但并不是所有的病毒都由这 3 个模块组成,也有的病毒会缺少其中一些模块,或者模块之前的界限不明显。

2. 计算机病毒的原理

计算机系统的内存是一个非常重要的资源,几乎所有的工作都需要在内存中运行,所以控制了内存就相当于控制了计算机,病毒一般都是通过各种方式把自己植入内存,获取系统最高控制权,然后感染在内存中运行的程序。注意,所有的程序都在内存中运行,也就是说,在感染了病毒后,你所有运行过的程序都有可能被传染上,感染哪些文件这由病毒的特性所决定。绝大多数病毒的工作原理都非常相似,下面以引导型病毒、文件型病毒以及宏病毒为例来介绍计算机病毒的工作过程。

1) 引导型病毒工作过程

计算机病毒必须进入内存才可以继续感染,只有被运行才可以进入内存。引导型病毒感染的不是文件,而是磁盘引导区,病毒将自身写入引导区,这样,只要磁盘被读写,病毒就首先被读取入内存。接着系统执行引导区内容,首先被执行的是病毒的引导模块,引导模块将病毒的全部代码放到内存某段位置,并对这一段内存进行监控。然后,引导模块会修改系统参数,为病毒的传染和迫害设置触发条件。最后,病毒会执行系统的正常引导过程,完成系统的引导工作,在内存中的病毒等待满足触发条件的时刻,一旦满足条件则完成其破坏功能。

2) 文件型病毒工作过程

对于可执行文件,计算机病毒在传染的时候,首先要将病毒代码植入被传染的程序(也称宿主)中,并修改宿主程序的入口地址,使之分别指向病毒的感染模块和破坏模块,这样当执行宿主程序时,病毒代码会首先执行感染和破坏功能,完成后再将程序的执行权交给宿主程序,使用户觉察不到宿主程序中病毒的存在,如图 11.1 所示。

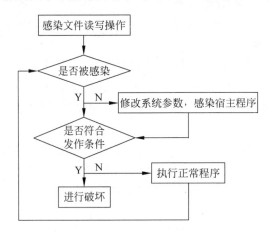

图 11.1　文件型病毒工作过程

3）宏病毒工作过程

宏病毒是一类主要感染 Word、Excel 等办公软件的病毒,是利用了一些数据处理系统内置宏命令编程语言的特性而形成的。这些数据处理系统内置宏编程语言,使得宏病毒有机可乘。病毒可以把特定的宏命令代码附加在指定文件上,当 Word 等文档被打开时,隐藏在宏命令中的病毒就被激活,用于监视文档的操作,一旦到达触发点就进行破坏。如果文档关闭,宏病毒随着宏命令退出,不会驻留内存。

11.2　蠕　虫　病　毒

1988 年一个由美国 CORNELL 大学研究生莫里斯（Robert Morris）编写的蠕虫病毒造成了数千台计算机宕机,蠕虫病毒开始现身网络。

蠕虫病毒是自包含的程序（或是一套程序）,它通常是经过某种网络连接将自身从一台计算机分发到其他计算机系统中。蠕虫病毒在计算机之间进行传播时无须用户干预,它不像一般病毒那样感染文件后执行直接破坏行为,它只是在计算机内存中自我复制,并向网络上尽可能多的计算机发送自身的副本。这种高速的自我复制在内存中达到一定数量后,会造成网络或本地系统资源耗尽导致拒绝服务攻击,甚至会引起系统崩溃。

11.2.1　蠕虫病毒与一般计算机病毒的异同

蠕虫病毒具有一般计算机病毒的一些共性,如感染性、隐蔽性、破坏性等,它们都是攻击计算机的系统,但它们也存在差异（见表 11.1）。蠕虫病毒是利用计算机系统的漏洞主动攻击网络计算机,传播方式是采用网络连接或电子邮件方式由一台计算机自我复制到另外一台计算机,不感染文件,而一般病毒必须以其他程序文件为宿主文件进行依附感染和传播。蠕虫病毒与一般病毒的区别如表 11.1 所示。

表 11.1　蠕虫病毒和一般病毒之间的区别

	蠕 虫 病 毒	一 般 病 毒
存在形式	独立程序	寄生
复制方式	自我复制	嵌入到宿主程序(文件)中
感染方式	主动攻击	宿主程序运行
感染目标	网络上的其他计算机	本地文件
触发感染	程序自身	计算机使用者
影响重点	网络性能和系统性能	文件系统
用户	无关	病毒传播的关键环节
防止措施	为系统漏洞打补丁	从宿主文件中清除

11.2.2　蠕虫病毒的工作原理

蠕虫病毒程序一般由两部分组成：主程序和引导程序。主程序一旦在计算机上建立就会搜索与当前计算机联网的其他计算机的信息。它能通过读取公共配置文件，并运行显示当前网上联机状态信息的系统使用程序而做到这一点。随后，它尝试利用前面所描述的那些缺陷，在这些远程计算机上建立引导程序，把蠕虫病毒程序传染给每台计算机。

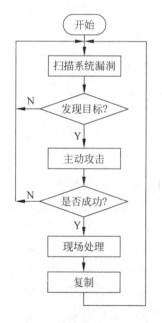

图 11.2　蠕虫病毒工作流程

1. 蠕虫病毒的工作流程

蠕虫病毒的工作流程一般可以分为漏洞扫描、攻击、现场处理、复制 4 个阶段(见图 11.2)。当蠕虫病毒扫描到有漏洞的计算机系统后，将蠕虫主体迁移到目标主机。然后，蠕虫病毒进入被感染的系统，对目标主机进行现场处理。现场处理部分的工作包括隐藏、信息搜集等。不同的蠕虫病毒采用的网络地址生成策略可能并不同，甚至随机生成。各个步骤的繁简程度也不同，有的十分复杂，有的则很简单。

2. 蠕虫病毒的工作方式

随机产生一个网络地址；判断对应此网络地址的计算机是否满足感染条件，如果满足则感染，否则持续循环扫描检测。

3. 蠕虫病毒的行为特征

蠕虫的活动行为特征一般包括主动攻击，行踪隐蔽，利用系统、网络应用服务漏洞，造成网络拥塞，降低系统性能，产生安全隐患具有反复性和破坏性。

4. 蠕虫病毒的传播方式

蠕虫病毒一般使用 3 种网络工具进行传播：电子邮件设备、远程执行工具、远程登录工具。蠕虫病毒可以将自身的副本以电子邮件的形式发送到网络的其他计算机上，在其他计算机上执行自身复制，以用户身份进入远程系统，然后使用命令将自身从一台计算机复制到另外一台计算机。

11.2.3 典型蠕虫病毒介绍

1. Morris 蠕虫病毒

人们最初和最为熟知的蠕虫病毒应该就是 1998 年 Robert Morris 所设计的大小为 60KB 的病毒。Morris 蠕虫病毒通过 Internet 并使用多种不同的技术在 UNIX 系统中传播,当复制工作开始执行时,它的首要任务是找到当前主机所联系的其他系统,从而可以从当前主机进入其他系统。Morris 蠕虫病毒是通过检查各种各样的目录来完成该任务的。这些目录中可能包含以下内容:表明主机信任其他哪些系统的系统目录、用户邮件地址文件、用户赋予自身登录远程账户的许可权目录,以及用来报告网络连接状态的文件。一旦找到其他系统,Morris 蠕虫病毒就会想办法获取它们的访问权限。一般有 3 种方法。

(1) Morris 蠕虫病毒试图以合法用户的身份登录远程系统。病毒首先会试图打开局部密码文件,然后再使用它所得到的密码和相应的用户标识部分。该设想基于许多用户会在不同的系统中使用相同的密码。为了得到用户的密码,蠕虫病毒将执行一种专门用来破译密码的程序,并努力得到每个用户的用户名及其简单的排列、包含 432 个内置密码的列表(Morris 蠕虫病毒认为该列表是可能的候选者)、当前系统目录中的所有指令。

(2) 在 Finger 协议上安装窃听器,从而能知道远程用户所在之处。

(3) 在远程处理操作的调试选择权中设置后门程序,这些远程操作是指发送或接收用户邮件。

以上提到的几种方法,只要有一个能够成功,Morris 蠕虫病毒就会和操作系统命令解释器进行通信。它会向该命令解释器发送一个比较短的引导程序,并发布某条命令来执行该程序,然后在网络上终止连接主机的操作。接下来该引导程序便收回主程序并下载病毒的其他部分,最后新的病毒就可以开始执行了。

2. 冲击波蠕虫病毒

冲击波蠕虫(Worm. Blaster 或 Lovesan)是一种传播于 Microsoft 操作系统(Windows XP 与 Windows 2000)的蠕虫病毒,爆发于 2003 年 8 月。冲击波蠕虫病毒是一种利用 Microsoft Windows DCOM RPC 漏洞进行传播的蠕虫病毒,传播能力很强。在短短一周之内,冲击波蠕虫病毒至少攻击了全球 80% 的 Windows 用户。

蠕虫病毒爆发前首先有过一个阶段是人为的网络攻击,受到攻击的系统会出现系统意外终止运行,然后计算机重新启动等现象。最常见的是使用过程中窗口突然出现以下类似信息"系统即将关机,请保存所有正在运行的工作,然后注销。未保存的改动将会丢失。关机是由 NTAUTHORITY\SYSTEM 初始的"等。这些具体发作形式开始是由于攻击者从网络利用 RPC 漏洞实施了攻击,只要连接 Internet 就可能被攻击,重装系统也不能解决问题。但是接下来很快就出现了利用这一漏洞的蠕虫病毒,而且蠕虫所具有的不断自我复制和自动传播的特点,使得受到破坏的计算机数量急剧上升。受到感染的系统所表现出来的基本问题如下。

- Windows XP:开机不定时,产生"Remote Procedure Call(RPC)服务意外终止……Windows 将重新启动……"的报告,系统将反复自动重新启动,无法正常使用。
- Windows 2000:复制/粘贴无效、svchost. exe 服务不断报错、一些硬件加速的功能无法调用、无法拖拽、页面无法浏览等,网络服务器可能有 RPC 服务停止,因此会引起其他服务(如 IIS)不能正常工作。

3. 红色代码

2001 年 7 月出现的红色代码蠕虫病毒利用 Microsoft IIS 系统的服务器的安全漏洞进行病毒的传播,它使得系统在 Windows 状态下不能检查系统文件。红色代码利用任意探测到的 IP 地址,对其他主机进行传播。在某个特定时间内,它只进行传播,然后再从不同主机向政府 Web 站点发送大量的包以发动"拒绝服务"的攻击。红色代码也会以周期性地暂停活动和恢复活动。在第二次的大规模的攻击中,红色代码仅用 14 个小时就感染了近 36 万台计算机,加上对目标服务器攻击所造成的伤害,它消耗了大量的 Internet 资源并损坏了大量的服务器。

红色代码 2 是攻击 Microsoft IIS 服务器时产生的变种。此外,该改进版建立了一个后门,使得被攻击的计算机"后门打开",从而也使得攻击者可以直接控制被攻击的计算机。

4. 尼姆达

2001 年末,出现了尼姆达(Worm. Nimda)蠕虫病毒,它的破坏力极强,主要通过电子邮件、共享网络资源、已被感染的 Web 服务器、IIS 服务器漏洞、扫描红色代码病毒中的后门等方式从一台计算机传播到另一台计算机。

尼姆达蠕虫病毒运行时,通常会修改 HTM、HTML、ASP 等类型的文件的 Web 文档或受感染系统中的可执行文件,并且以不同的文件名对自身进行大量复制。

除以上介绍的典型蠕虫病毒外,曾造成重大伤害的还有利用 Microsoft SQL Server 缓冲区溢出的漏洞进行传播的 SQL Slammer,以及利用大量发送电子邮件进行感染的 Mydoom。随着 Internet 的高速发展,恶意软件层出不穷,并且能飞速传播。

11.2.4 蠕虫病毒的发展与防治

通过对蠕虫病毒工作原理的分析,蠕虫病毒在使用现有技术的前提下,其能力可以在以下几个方面有所加强。

(1) 跨平台运行能力:现在的蠕虫病毒所能运行的平台比较单一,跨平台性能还不足,将来的蠕虫病毒会包含丰富的漏洞库,具有多操作系统的运行能力。

(2) 多态性:为了躲避杀毒软件的检测,蠕虫病毒在传播的过程中除了改变外形,也将加强密码技术的使用,并且通过自身拥有的一套行为模式指令系统,从而表现出不同的行为。

(3) 隐身技术:进一步融入操作系统内核,具有更强的防查杀功能。

(4) 攻击智能化电子产品:越来越多的智能化电子产品,例如网络电视、智能冰箱、掌上电脑、3G 手机、便携信息终端(PDA)等,这些电子产品可利用先进的无线技术连接到 Internet 上,利用这些电子产品操作系统存在的漏洞实现攻击,轻者使它们不能正常工作,重者使它们的系统瘫痪,甚至彻底报废。

网络蠕虫病毒的种类越来越多,破坏力也越来越大,而且更加隐蔽,网络蠕虫病毒的防范和控制越来越困难。尽早地发现蠕虫病毒并对感染蠕虫病毒的主机进行隔离和恢复,是防止蠕虫病毒泛滥、造成重大损失的关键。对于蠕虫病毒的防治可以采用以下几个主要措施。

(1) 修补系统漏洞,及时下载系统漏洞补丁程序,并及时升级系统。

(2) 设置防火墙:禁止除服务端口外的其他端口,切断蠕虫病毒的传输通道和通信通道。

(3) 对邮件进行监控,防止带毒邮件进行传播。

(4) 建立局域网内部的升级系统,包括各种操作系统补丁程序升级、各种常用的应用软件升级、各种杀毒软件病毒库的升级等。

(5) 建立灾难备份系统:对于数据库和数据系统,必须采用定期备份、多机备份措施,防止意外灾难下的数据丢失。

(6) 采用入侵检测技术:入侵检测是一种主动防御网络攻击的技术,不仅能主动监控外网的攻击还能监控来自内部的攻击,弥补了防火墙的不足。建立病毒检测系统能够在第一时间检测到网络异常和蠕虫病毒攻击,及时断开感染蠕虫病毒的计算机。

(7) 删除蠕虫病毒要利用的程序:删除或重命名客户端上传程序,如 ftp. exe 和 fftp. exe;删除或重命名命令解释器,如 UNIX 系统下的 shell,Windows 系统下的 cmd. exe 和 WScript. exe 等。

11.3　特洛伊木马

特洛伊木马得名于古希腊神话中特洛伊木马的故事。这是一种伪装成正常程序的恶意代码。木马程序表面上看有用或无害,但却包含了为完成特殊任务而编写的代码,比如在系统中提供后门使黑客可以窃取数据、更改系统配置或实施破坏等,这些特殊功能处于隐蔽状态,执行时不为人知。特洛伊木马不能进行自我复制并传播,因此它不属于计算机病毒或蠕虫,但却可以被计算机病毒或蠕虫将其复制到目标系统上,作为其攻击的手段。

11.3.1　木马的特征

木马程序实质是一种基于 C/S(客户/服务器)模式的远程控制管理工具,服务器端安装在被控制的计算机中。它一般通过电子邮件或其他手段让用户在其计算机中运行,达到控制该用户计算机的目的。客户端由控制者使用,一般客户端和服务器端建立连接后实现对远程计算机的控制。目前世界上有很多木马程序,它们使用不同的程序语言编写而成,也能运行在不同的平台上,通常具备以下几个特征如下。

1. 伪装性

木马程序的服务器端会被攻击者伪装成合法程序,比如伪装成常用的各种文件形式,或者捆绑在正常的程序中。这样诱惑用户执行它,木马代码就会在未经授权的情况下植入到系统中运行。

2. 隐蔽性

木马程序与病毒程序一样具有隐蔽性,一般在计算机启动时悄悄运行,不会暴露在系统进程管理器中,以躲避各种安全工具的检测,用户往往觉察不到。

3. 破坏性

通过客户端程序的远程控制,攻击者可以对被控制计算机中的文件进行删除、编辑等破坏操作。除此之外,木马程序能够窥视被入侵计算机上的所有资料,不仅包括硬盘上的文件,还包括显示器中的画面,使用者在计算机操作过程中输入的密码等,盗取使用者信息进行违法活动。

11.3.2 木马的工作原理

从过程上看木马入侵大致可分为以下 6 步,下面我们就按这 6 步来详细阐述木马的攻击原理。

1. 配置木马

一般来说一个设计成熟的木马都有木马配置程序,从具体的配置内容看,主要是为了实现两方面功能。(1)木马伪装:木马配置程序为了在服务端尽可能地隐藏木马,会采用多种伪装手段,如修改图标、捆绑文件、定制端口、自我销毁等。(2)信息反馈:木马配置程序将就信息反馈的方式或地址进行设置,如设置信息反馈的邮件地址、IRC 号、ICO 号等。

2. 传播木马

(1) 传播方式:木马的传播方式主要有两种:一种是通过 E-mail,控制端将木马程序以附件的形式夹在邮件中发送出去,收信人只要打开附件系统就会感染木马;另一种是软件下载,一些非正规的网站以提供软件下载为名义,将木马捆绑在软件安装程序上,用户下载后,只要运行这些程序,木马就会自动安装。

(2) 伪装方式:鉴于木马的危害性,很多人对木马还是有一定了解的,这对木马的传播起了一定的抑制作用,这是木马设计者所不愿见到的,因此他们开发了多种功能来伪装木马,以达到降低用户警觉、欺骗用户的目的。

3. 运行木马

服务端用户运行木马或捆绑木马的程序后,木马就会自动进行安装。首先将自身复制到 Windows 的系统文件夹中(C:\Windows 或 C:\Windows\System 目录下),然后在注册表、启动组、非启动组中设置好木马的触发条件,这样木马的安装就完成了。木马在安装后就可以启动了。

4. 信息泄露

一般来说,设计成熟的木马都有一个信息反馈机制。所谓信息反馈机制是指木马在被成功安装后会收集一些服务端的软硬件信息,并通过 E-mail、IRC 或 ICO 的方式告知控制端用户。

5. 建立连接

一个木马连接的建立首先必须满足两个条件:一是服务端已安装了木马程序;二是控制端和服务端都要在线。在此基础上控制端可以通过木马端口与服务端建立连接。

6. 远程控制

建立木马连接后,控制端端口和木马端口之间将会出现一条通道。控制端上的控制端程序可凭借这条通道与服务端上的木马程序取得联系,并通过木马程序对服务端进行远程控制。

11.3.3　木马的分类

根据木马程序所执行的功能差异,大致可以将其分为以下几类。

1. 远程访问型

这是现在传播比较广泛的特洛伊木马,只要用户运行计算机上木马的服务器端程序,攻击者就可以通过客户端程序远程控制计算机,可以在本地计算机上做任意的事情,比如记录键盘操作、上传下载、截取屏幕等。这种类型的木马常见的有 Back Office、国产的冰河等。

2. 窃取信息型

这种木马程序会查找系统中各类重要的信息,如用户名、系统密码、键盘按键情况等,找到机密文件后设法将文件发送到特定的攻击者的电子邮箱中。

3. 修改系统配置型

此类木马在目标系统上运行后会修改系统的配置,比如共享木马(Share all),它可修改注册表使磁盘共享随之关闭。

4. 破坏型

此类木马程序是以破坏系统的正常工作为目的,一旦触发条件成立,即执行破坏操作。形形色色的逻辑炸弹都可以归为这种类型的木马。

11.4　恶意代码的防治对策

计算机技术和网络技术正在飞速发展,新的威胁也在疯狂增长,没有百分之百安全的网络环境。用户如何保证自己的计算机不受感染,并且不把恶意代码传播到相连的其他计算机上,这需要用户掌握一些基本的防范和治理措施。

11.4.1　计算机病毒的防治

自计算机病毒技术出现以来,人们就开始了防治病毒技术的研究,随着计算机和网络技术的发展,病毒技术与防治病毒的技术也在不断发展、斗争。病毒技术变幻莫测,防治病毒的技术往往滞后。计算机病毒的防治技术大致可以分为 3 个方面:预防病毒、检测病毒和清除病毒。

1. 预防病毒

防患于未然要比亡羊补牢的效果好很多,预防病毒能够降低计算机感染病毒的风险。预防病毒从技术和管理的角度出发,应采取如下措施。

(1) 配置好的计算机首先安装杀毒软件,对硬盘和软件进行查杀操作后再使用。

(2) 不要赋予用户账户管理员权限,禁止别人使用计算机导致恶意软件被引入。

(3) 经常对数据进行备份,避免病毒修改后无法恢复。

(4) 在没有安装杀毒软件的计算机上,尽可能避免使用 U 盘等移动磁盘。

(5) 对于可疑的文件、网页和邮件,不要轻易打开。

（6）安装一套比较好的反病毒软件，进行实时监控，及时升级。

2. 检测病毒

常用的检测病毒方法有：特征代码法、校验和法、行为监测法、软件模拟法等。这些方法依据的原理不同，实现时所需开销不同，检测范围也不同，各有所长。

1）特征代码法

特征代码法被广泛地应用在病毒检测工具中。特征代码法是检测已知病毒的最简单、开销最小的方法。特征代码法的工作原理如下。

采集已知病毒样本，在病毒样本中，抽取特征代码。抽取时依据如下原则：抽取的代码比较特殊，不大可能与普通正常程序代码吻合。抽取的代码要有适当长度，一方面维持特征代码的唯一性，另一方面又不要有太大的空间与时间的开销。如果病毒的特征代码增长一个字节，若要检测 3000 种病毒，增加的空间就是 3000 字节。所以要在保持唯一性的前提下，尽量使特征代码长度短一些，以减少空间与时间开销。还要将特征代码纳入病毒数据库。检测病毒时，打开被检测文件，在文件中检查是否含有病毒数据库中的病毒特征代码。由于特征代码与病毒一一对应，因此如果在文件中发现了符合病毒特征代码的内容，便可以断定，被查文件中患有该种病毒。采用病毒特征代码法的检测工具，面对不断出现的新病毒，必须不断更新版本。病毒特征代码法由于无法事先知道新病毒的特征代码，因而无法检测未知病毒。

特征代码法的优点：检测准确快速、可识别病毒的名称、误报警率低，并且依据检测结果，可做相关杀毒处理。缺点：不能检测未知病毒、须要事先搜集已知病毒的特征代码、在网络上效率低（在网络服务器上，长时间检测会使整个网络性能变坏）。

2）校验和法

计算出正常文件的程序代码的校验和，并保存起来，可供被检测的对象对照比较，以判断是否感染了计算机病毒。有 3 种方式运用校验和法检测病毒。

（1）在检测病毒工具中加入校验和法，对被查对象文件计算其正常状态的校验和，将校验和值写入被查文件中或检测工具中，而后进行比较。

（2）在应用程序中，可提供校验和法自我检测功能，将文件正常状态的校验和写入文件本身。每当应用程序启动时，比较现行校验和与原校验和值，实现应用程序的自我检测。

（3）将校验和检查程序常驻内存，每当应用程序运行时，自动比较应用程序内部或别的文件中预先保存的校验和。

这种技术的优点是可侦测到各种计算机病毒，包括未知病毒，能发现被查文件的细微变化。不足之处在于，误判率高，它不能识别病毒名称，某些正常的程序操作引起的文件内容改变会被误认为是病毒攻击。此外，它不能对付一些隐蔽性病毒。有些聪明的病毒在进驻内存后，会自动剥去染毒程序中的病毒代码，使算出的校验和是正常值以逃避校验和法的检测。

3）行为监测法

由于病毒在感染及破坏时都表现出一些共同行为，而且比较特殊，这些行为在正常程序中比较罕见，因此可以通过监测这些行为来检测病毒存在与否。通常这些行为包括以下内容。

（1）占用 INT 13H。所有的引导型病毒，对 Boot 扇区进行攻击。当系统启动时，Boot 扇区获得执行权，由于这时操作系统功能尚未设置好，无法利用，所以引导型病毒一般都会占用 INT 13H。

（2）对 COM 及 EXE 文件做写入动作。计算机病毒要传染给其他文件，必须要对 COM 或 EXE 文件进行写入动作，而正常的程序很少会写入可执行文件。

（3）病毒程序与宿主程序切换。有些计算机病毒在传染的时候，首先要将病毒代码植入被传染的程序(也称宿主)中，并修改宿主程序的入口地址，使之分别指向病毒的感染模块和破坏模块。这样当宿主程序执行时，病毒代码会首先执行感染和破坏功能，完成后再将程序的执行权交给宿主程序。

（4）截获系统操作。在 DOS 系统下，病毒通过在中断向量表中修改 INT 21H 的入口地址来截获 DOS 系统服务。Windows 下的病毒则使用钩挂系统服务的方法。比较常见的有 CIH 病毒，利用 IFSMGR. VXD 提供的一个系统级文件钩子来截获系统中所有文件操作。

行为监测法的优点是不仅可以检测出已知病毒，还能预报未知病毒，与校验和法一样都可能产生误报，但准确度比校验和法要高。

4）软件模拟法

软件模拟法专门针对多态性病毒，多态性病毒在每次传染时都通过加密变化其特征码，使得计算机对检测对象扫描时查找特定字符串失败。软件模拟技术可监视病毒运行，并且在其设计的虚拟计算机下模拟执行病毒的解码程序，将病毒密码进行破译，使其显露出真实面目。

软件模拟法的优点是可以较有效地对付通过加密进行变形的病毒，但是实现起来难度比较大。

3. 清除病毒

计算机病毒被检测出类型后，要立即从受感染的文件中删除所有的病毒并恢复正常的程序。如果对病毒检测成功但鉴别或者清除没有成功，则必须删除受感染的文件，以阻止病毒的进一步感染。

病毒的清除可以手工进行，也可以用专用杀毒软件。无论采用哪种方式，都是一种危险的操作。因为完全将病毒代码从受感染的程序中清除而不破坏原有的程序需要很高的技术，一不小心就会毁坏原有的程序并永久不能恢复该程序。对于引导型病毒，由于其攻击部位主要在 Boot 扇区、主引导区或 FAT 表，这种情况要注意不同区的重写问题。对于文件型病毒，则必须仔细识别病毒特征代码，将特征代码从原有的程序中清除掉。但有时，文件会遭到多种病毒的交叉感染，清除病毒需要更高的技术手段。

11.4.2　其他恶意代码的防治

除了计算机病毒外，其他恶意代码包括蠕虫、特洛伊木马、Rootkit、僵尸等，现在大部分都可以通过防病毒技术进行查杀，但是用户还需要掌握基本的手工清除方法。蠕虫病毒的防治方法在本章前面已经介绍过了，下面以特洛伊木马为例，介绍木马病毒的防治对策。

特洛伊木马入侵后,一般被植入木马的计算机通常的表现有以下几种。

(1) 磁盘无原因地被读取,网络连接出现异常。

(2) 正常应用程序的图标被修改成其他图案。

(3) 启动一个文件,没有任何反应或者会弹出一个程序出错的对话框,如弹出一个对话框,上面写有"文件损坏,无法运行"的字样。

(4) 进程中出现类似于系统文件名的进程正在运行。

(5) 在没有启动任何服务的情况下,发现主机上有不常见的端口处于被监听状态。

(6) 磁盘剩余空间突然缩减,且缩减幅度较大,如突然少了几百兆空间。

(7) 浏览器自动运行,并且固定访问同一个异常的网站。

(8) 在运行的计算机上,突然弹出一个或多个提示框。

(9) 计算机系统配置自动被修改,如日期时间设置、屏保设置等。

以上这些并不能完全描述所有中了木马病毒的计算机的情况,没有这些现象也并不表示计算机是绝对安全的。检查是否存在木马需要对木马入侵有相当高的警惕性以及较多的经验。

用户通常使用 360 安全卫士等防病毒软件对木马进行查杀,除此之外手动检测和清除木马病毒的基本步骤如下。

(1) 断开网络。

(2) 检查进程,立即杀掉可疑的进程。

(3) 检查注册表。在注册表及与系统启动有关的文件里查找木马启动文件,通常木马会在注册表的 RUN、RUN SERVER、LOAD 等项下加入键值,使其能在系统启动时自动加入。

(4) 在系统中找到木马文件,删除文件并删除注册表或系统启动文件中关于木马的信息。

(5) 安全处理。更改用户名和密码,包括登录 Network 的用户名、密码、邮箱和 QQ 密码等,防止黑客已经在上次入侵过程中知道了你的密码。

当前恶意代码的发展出现了融传统的计算机病毒、蠕虫病毒、特洛伊木马等攻击技术于一体的趋势,攻击手段在不断发展,即使是最先进的防范技术都不可能百分之百地阻止所有攻击。因此,用户只有不断跟踪技术的发展,动态地进行防护和管理,才能获得相对的安全。

11.5　关 键 术 语

恶意代码(Malicious Code)

蠕虫(Worm)

特洛伊木马(Trojan Horse)

11.6　习　题　11

11.1　计算机病毒的特征有哪些？它基本分为哪些类型？

11.2　计算机病毒的结构包括哪些模块？各个模块是如何工作的？

11.3　什么是蠕虫病毒？它与一般计算机病毒之间的联系和区别有哪些？

11.4　什么是特洛伊木马病毒？它是如何工作的？

11.5　计算机病毒的防治措施有哪些？如何防治蠕虫病毒和木马？

参 考 文 献

[1] William Stallings 著. 密码编码学与网络安全——原理与实践. 4 版. 孟庆树, 王丽娜, 傅建明, 等译. 北京: 电子工业出版社, 2006.

[2] 赖溪松, 等著. 张玉清, 肖国镇改编. 计算机密码学及其应用. 北京: 国防工业出版社, 2001.

[3] 冯登国. 计算机通信网络安全. 北京: 清华大学出版社, 2001.

[4] 卿斯汉. 安全协议 20 年研究进展. 软件学报, 2003, 14(10): 1740~1752.

[5] 范红, 冯登国. 安全协议理论与方法. 北京: 科学出版社, 2003.

[6] 卿斯汉. 密码学与计算机网络安全. 北京: 清华大学出版社, 2000.

[7] M Wenbo. Modern Cryptography: Theory and Practice. 北京: 电子工业出版社, 2004.

[8] D Chauml Blind Signature Systems. Proc CRYPTO'83. 1984, 1530~1561.

[9] M Mambo, K Usuda, E Okamoto. Proxy Signatures: Delegation of the Power to Sign Messages.

[10] IEICE Transactions Fundamentals. 1996, E79A(9): 1338~1354.

[11] G. Stoneburner. Underlying Technical Models for Information Technology Security, NIST Publication 800-xx, Draft Version 0.2, 2001.

[12] 洪帆, 崔国华, 付小青. 信息安全概论. 武汉: 华中科技大学出版社, 2005.

[13] 胡向东. 应用密码学教程. 北京: 电子工业出版社, 2005.

[14] 杨波. 现代密码学. 北京: 清华大学出版社, 2003.

[15] D. R. Stinson 著. 密码学原理与实践. 2 版. 冯登国译. 北京: 电子工业出版社, 2003.

[16] 关振胜. 公钥基础设施 PKI 及其应用. 北京: 电子工业出版社, 2007.

[17] 王昭, 袁春. 信息安全原理与应用. 北京: 电子工业出版社, 2010.

[18] 赵俊阁. 信息安全概论. 北京: 国防工业出版社, 2009.

[19] Tony Bradley 著. 计算机安全精要. 罗守山, 陈萍, 等译. 北京: 科学出版社, 2008.

[20] 鲁立, 龚涛. 计算机网络安全. 北京: 机械工业出版社, 2011.

[21] 熊平, 朱天清. 信息安全原理及应用. 2 版. 北京: 清华大学出版社, 2012.

[22] 刘建伟, 王育民. 网络安全——技术与实践. 2 版. 北京: 清华大学出版社, 2011.

[23] GM/T 0002-2012 SM4 分组密码算法. 国家密码管理局, 2012.

[24] GM/T 0003-2012 SM2 椭圆曲线公钥密码算法. 国家密码管理局, 2012.

[25] GM/T 0004-2012 SM3 密码杂凑算法. 国家密码管理局, 2012.

图 书 资 源 支 持

❖❖❖

感谢您一直以来对清华版图书的支持和爱护。为了配合本书的使用，本书提供配套的资源，有需求的读者请扫描下方的"书圈"微信公众号二维码，在图书专区下载，也可以拨打电话或发送电子邮件咨询。

如果您在使用本书的过程中遇到了什么问题，或者有相关图书出版计划，也请您发邮件告诉我们，以便我们更好地为您服务。

❖❖❖

我们的联系方式：

地　　址：北京海淀区双清路学研大厦 A 座 707

邮　　编：100084

电　　话：010－62770175－4604

资源下载：http：//www.tup.com.cn

电子邮件：weijj@tup.tsinghua.edu.cn

QQ：883604(请写明您的单位和姓名)

用微信扫一扫右边的二维码，即可关注清华大学出版社公众号"书圈"。

资源下载、样书申请

书圈